YUDONG DIQU SHUILI GONGCHENG TONGLAN

豫东地区水利工程通览

师现营　侯晓丽　主编

河南省豫东水利工程管理局　编

黄河水利出版社

· 郑州 ·

图书在版编目(CIP)数据

豫东地区水利工程通览/师现营,侯晓丽主编;河南省豫东水利工程管理局编. —郑州:黄河水利出版社,2021.12

ISBN 978 - 7 - 5509 - 3152 - 7

Ⅰ. ①豫… Ⅱ. ①师… ②侯… ③河… Ⅲ. ①水利工程 - 概况 - 河南 Ⅳ. ①TV68

中国版本图书馆 CIP 数据核字(2021)第 222113 号

出 版 社:黄河水利出版社　　　　　　　　　　网址:www.yrcp.com
　　　地址:河南省郑州市顺河路黄委会综合楼 14 层　邮政编码:450003
发行单位:黄河水利出版社
　　　发行部电话:0371 - 66026940、66020550、66028024、66022620(传真)
　　　E-mail:hhslcbs@ 126. com
承印单位:河南瑞之光印刷股份有限公司
开本:890 mm × 1 240 mm　　1/16
印张:26. 25
字数:575 千字　　　　　　　　　　　　　　　印数:1—1 000
版次:2021 年 12 月第 1 版　　　　　　　　　　印次:2021 年 12 月第 1 次印刷
定价:178. 00 元

《豫东地区水利工程通览》

编辑委员会

涡河（柘城县）

惠济河（开封市城区）

浍河(永城市)

沱河(永城市)

沙河（西华县）

颍河（西华县）

贾鲁河(西华县)

茨河(郸城县)

郑阁水库（商丘市梁园区）

刘口水库（商丘市梁园区）

马楼水库（虞城县）

石庄水库（虞城县）

王安庄水库(虞城县)

洪河头水库(虞城县)

黑岗口调蓄水库（开封市）

二坝寨引黄调蓄工程（兰考县）

栗城水库（夏邑县）

赵口灌区（渠首闸）

三义寨灌区（三分枢纽）

涡河玄武闸（鹿邑县）

涡河付桥闸(鹿邑县)

惠济河砖桥闸(柘城县)

惠济河东孙营闸（鹿邑县）

沙河大路李枢纽（商水县）

沙河葫芦湾枢纽(商水县)

颍河逍遥闸(西华县)

颍河黄桥闸（西华县）

沙颍河周口闸（周口市川汇区）

沙颍河郑埠口航运枢纽(周口市淮阳区)

沙颍河槐店闸(沈丘县)

泉河娄堤闸(项城市)

泉河李坟闸(沈丘县)

涡河裴庄闸（通许县）

引江济淮工程（河南段）清水河

赵口灌区二期工程（总干渠）

三义寨抗旱应急泵站

前　言

　　豫东地区是指郑州以东地区,位于河南省东部,北依黄河,东部、南部与山东、安徽接壤,是河南省乃至我国重要的商品粮产区,农业经济意义重大。具体包括开封、商丘、周口3个地级市和兰考县、永城市、鹿邑县3个省直管县(市)。豫东地区按流域划分为淮河流域和黄河流域,其中,淮河流域面积为2.86万平方千米,主要河流有沙颍河、涡河和黄河故道等;黄河流域0.028万平方千米。豫东地区属黄淮海平原,是我国地势第三阶梯的一部分,地貌按其成因和形态类型的特征,分为黄河冲积平原、淮河冲积平原、剥蚀残丘等类型区,主要为黄河冲积平原区。

　　豫东地区地处黄河下游,远古时期,人们在这里繁衍生息,并创造了灿烂的文明,是中华民族发源地之一,也是各方文化的交会地带,有着坦荡的平原文化。这里的地理条件特殊,地处黄泛区,多次被洪水淹没,催生出历史悠久的豫东水利。中华人民共和国成立后,豫东人民在各级党委、政府的领导下,进行了大规模的兴水利、除水害活动,取得了辉煌的成就。相继建立了三义寨、柳园口、赵口三个大型灌区,引水灌溉与蓄水补源相结合;完成了任庄、林七、吴屯等11座中小型水库的建设,防洪抗旱能力不断加强;对涡河、沙颍河、惠济河、贾鲁河等多条干、支流河道进行有序治理,防洪标准全面提高。2011年中央一号文件《中共中央　国务院关于加快水利改革发展的决定》出台,豫东地区水利事业更是步入了发展的快车道,引江济淮工程、赵口灌区二期工程相继实施,三义寨灌区续建配套与现代化改造工程即将上马,水利建设向着大规模、高速度和多目标开发的方向发展,豫东水网初现雏形。这进一步完善了豫东水利工程体系,提升了防洪和水资源调控能力,水利工程对人民生命财产安全的保障作用、对经济社会发展的支撑能力和改善生态环境的功效,进一步增强和凸显。

　　豫东地区长期以来人多水少、时空分布不均,水资源自然分布与经济社会发展空间布局不相匹配。豫东地区水资源总量为53.68亿立方米,占全省的13.79%,人均水资源量约占全省平均水平的二分之一,不及全国平均水平的十分之一。水源不够、水量不足、水质不优、水工程不多等问题已成为制约豫东地区经济高质量发展的"水瓶颈"。高效利用水资源、系统修复水生态、综合治理水环境、科学防治水灾害是解决豫东地区水问题,助力经济高质量发展的必然选择。新形势下面临的困难和挑战,对水利工作者提出了新的、更高的要求。为了更好地发挥水利工程效益,做到水资源优化配置和高效利用,切实提高防灾减灾能力,同时便于水利工作者系统了解掌握豫东地区水利工程情况,提高实际业务能力和专业素养,河南省豫东水利工程管理局组织编纂了《豫东地区水利工程通览》一书。

　　《豫东地区水利工程通览》分设章、节、目三个层次,共计七章。第一章为自然概况,第二章为水资源,第三章为河道,第四章为水库,第五章为灌区,第六章为水闸,第七章为其他水利工程。同时,在附录中摘载了与水利工程相关的法律、法规和名词解释。全书以文为主,并附带图表,力求图文并茂,资料翔实,数据准确,使它能较详尽地反映豫东地区的水系和水利工程情况。全书集知识性、基础性、系统性、专业性于一体,内容简约而精髓,实用价值较高。希望能够为豫东地区水利工作者提供借鉴,同时也希望更多的人可以通过本书了解豫东地区水文水情,为豫东地区今后的水利事业发展增光添彩。

本书所载内容截止日若无特别说明均为2020年年底,主要来源于水资源公报、河南省水利年鉴、第一次全国水利普查统计数据、河南省第三次水资源调查评价和各地市水利(务)局提供数据等。计量单位采用国家规定的计量单位,面积用亩、万亩表示。

在本通览的编写过程中,水利厅多个部门领导和专家给予了悉心指导,同时也得到了豫东各市县水利部门的支持与帮助,在此表示诚挚感谢!

由于对系统的编制工作缺乏经验,本书难免会有缺漏和不足之处,恳切希望各界人士批评指正。

编 者

2021 年 9 月

目　录

附图1　河南省豫东水利工程管理局供水工程图

附图2　河南省赵口引黄灌区工程示意图

附图3　河南省三义寨引黄灌区平面布置图

附图4　河南省柳园口引黄灌区平面布置图

附图5　河南省黑岗口引黄灌区平面布置图

附图6　引江济淮工程（河南段）输水线路布置图

附图7　三义寨抗旱应急泵站工程位置图

第 1 章　自然概况

1.1　自然环境

1.1.1　地理位置

豫东地区是指河南省省内、郑州以东地区,介于东经 113°52′~116°40′,北纬 33°03′~35°02′,地域面积约 2.89 万平方千米,占全省总面积的 17.3%。具体包括开封、商丘、周口 3 个地级市以及兰考县、永城市、鹿邑县 3 个省直管县(市)在内的 19 个县(市),其中开封市 3 个(杞县、通许县、尉氏县),商丘市 6 个(夏邑县、虞城县、柘城县、宁陵县、睢县、民权县),周口市 7 个(扶沟县、西华县、商水县、太康县、郸城县、沈丘县和项城市)。豫东地区北依黄河,与新乡隔河相望,西与郑州、许昌、漯河毗邻,南接驻马店,东接鲁、皖两省。

豫东地区地理位置示意图如图 1-1 所示。

图 1-1　豫东地区地理位置示意图

1.1.2　地质地貌

河南省地处中国地势的第二阶梯和第三阶梯的过渡地带,地势西高东低,呈阶梯状分布,其中豫东地区属黄淮海平原,是中国地势第三阶梯的一部分。豫东地区地貌按成因和形态特征,分为黄河冲积平原、淮河冲积平原、剥蚀残丘等,并以黄河冲积平原区为主,地势平坦,略向东南倾斜,海拔在 200 米以下,其中绝大部分地区海拔介于 40~100 米,接近山麓的山前平原地区,海拔增高到 100 ~ 200 米。

1.1.2.1　地形地貌

豫东地区除永城北部的芒山有零星的基岩出露外,绝大部分地区均为被第四系覆盖的平原。此外,豫东地区还分布有较广泛的风沙地貌。

1. 侵蚀低山丘陵

流水作用是外营力中最活跃、最普遍的因素之一。流水对抬升的山体进行强烈的侵蚀、剥蚀,当这种作用的效应大于内营力对地貌的影响时,便形成了侵蚀低山丘陵形态。

在豫东平原最东部,散布着一些石质残丘,如芒砀山、戏山、陶山、马山等,主要由寒武纪、奥陶纪灰岩和燕山期花岗岩构成。主峰芒砀山海拔 156 米,相对高度在 120 米以上,发育有溶蚀洞穴。

2. 平原

平原地貌主要形成于挽近时期地质构造的凹陷地区,如豫东沉降带就是豫东平原形成的构造基础。平原地表组成物质为第四纪松散堆积物,有冲击、洪积、冲积 - 洪积、风积等多种成因类型。大致以沙颍河为界,豫东地区北部是以黄河冲积扇为主体的冲积平原,地表起伏状态和平原的形成是黄河长期以来南北摆动泛滥冲积的结果;南部基本上未受到黄河泛滥的影响,主要有淮河及其支流泛滥冲积和湖沼堆积而形成的低缓平原。按照平原堆积形式的不同和地貌形态特征的明显差异,豫东平原可分为冲积扇形平原和冲积低平缓平原两种类型。

(1)冲积扇形平原。它是由大河的冲积扇形成的一种平原地貌类型。豫东地区的冲积扇平原以黄河大冲积扇为主。花园口至兰考东坝头南北大堤之间的河道,构成黄河冲积扇的脊轴;扶沟县、祥符区、睢县一线西北,为黄河冲积扇南翼的上部,由于距黄河近,决口洼地广泛分布;扶沟县、祥符区(原开封县)、睢县一线东部地带,为黄河大冲积扇南翼的下部,地貌以微倾斜平地为主,其中散布着一些浅平的坡洼地。

(2)冲积低平缓平原。它主要分布在黄河冲积扇以南、淮河以北地区,海拔多介于35 ~ 55 米,构成东部平原中相对低洼的地区。淮河沿其南缘由西而东流出省界,淮河北侧支流由西北向东南流经该洼地或在其中注入淮河,这些河流频繁泛滥决口沉积,形成低平缓平原类型。其地貌以微倾斜平地为主,并有许多坡洼地、浅平洼地及湖洼地散布。

3. 特殊地貌

历史上黄河在豫东平原频繁溃决,给平原带来了丰富的沙源,加上春、冬干旱多劲风,起沙风(风速 >5 米/秒)以及土地的不合理利用,使地面裸露,形成了豫东平原形态复杂的风沙地貌类型。主要地貌类型有固定沙丘、半固定沙丘、活动沙丘、波状沙地、风蚀洼地等。

(1)固定沙丘。它系一种经过长期治理基本固定的沙丘。这类沙丘在豫东地区呈斑点状分布,其植被覆盖度已达 40% 以上,在起沙风的作用下起沙已不显著,多呈盾状、垄状或新月形,一般高 8 ~ 10 米,最高可达 20 米,延伸方向不明显,沙丘两坡差异很大。

（2）半固定沙丘。它是一种经过治理处于半固定状态的沙丘。半固定沙丘植被覆盖率为 20% ~40% ,一般沙丘大部分为植被所覆盖,若遇大风强烈吹扬时,局部地方可出现斑点状裸露沙。其形态特征与固定沙丘相同,但分布比较广泛,豫东地区的沙丘多半属于此种类型。

（3）活动沙丘。它是一种在起沙风力的作用下随风移动的沙丘,其植被覆盖率在 20% 以下,甚至无植被覆盖。一般高 8 ~10 米,最高可达 20 米以上,呈西北—东南向延伸,与盛行风向垂直,迎风坡缓,背风坡陡,其危害性最大,是治理的重点。

（4）波状沙地。它是在风力和人为作用影响下形成的一种波状起伏的沙地。其中最多的沙堆、沙垄是灌丛阻挡流沙堆积而成的,呈平缓的盾状或垄状,且分布散乱;沙埂则广泛地沿田间防护林展布,高度多在 3 米以下,呈网格状,非常规则。此类型在民权、兰考一带,以及朱仙镇、韩庄镇和开封一带呈大面积地连片分布,在贾鲁河谷地则呈带状分布。

（5）风蚀洼地。它由风力吹扬起沙形成,交错分布于沙丘之间,即所谓"两岗夹一洼"。其形状极不规则,多呈碟形和椭圆形。面积由数百平方千米至数千平方千米,一般低于地表 1 ~2 米。有些洼地因潜水面低,易于干旱;有些洼地因潜水面太高,遭受盐渍威胁。

1.1.2.2　地质构造

1. 地层

河南省地层发育较齐全,从太古界至新生界第四系地层均有出露,以下仅阐述豫东地区第四系地层分布情况。

下更新统:豫东地区以黄河下游厚度最大,一般为 80 ~200 米,坳陷中心厚度大于 200 米,底板埋深东部为 300 ~400 米,开封一带大于 400 米。主要为冰水、冲积及冲洪积、湖积沉积物。

中更新统:豫东地区沙颍河以北主要为黄河冲积物,厚度一般为 40 ~60 米,最厚 100 多米,岩性为浅棕黄色、棕红色、褐黄色杂有灰绿色的似黄土状土、粉土、粉质黏土夹厚度不等的中细砂、粉细砂互层。

上更新统:豫东地区沙颍河以北主要为黄河冲洪积而成的大冲洪积扇,厚度较大,一般为 30 ~50 米,坳陷中心超过 60 米。岩性组成颗粒较粗,粗粒相前缘达兰考、太康一带。扇体上部砂层大面积分布,岩性为灰黄、土黄、褐黄砂砾,以中粗砂、中砂、含砾中粗砂、中细砂、细砂为主。扇体下部为砂层和粉土互层,砂层以中细砂、细砂、粉细砂为主。

全新统:在黄河冲积平原区较发育,隆起区厚度较薄,为 10 ~20 米,其他地区为 20 ~30 米,开封坳陷最厚达 40 米,主要为黄河物质经河水搬运堆积而成。岩性为灰黄色、灰黑色、黄灰色的粉土、粉质黏土与厚层粉砂、粉细砂、局部中细砂,形成具有"二元结构"的旋回层。

2. 构造

河南省处于巨型秦岭—昆仑纬向构造体系东段与新华夏系第二沉积带之华北坳陷和第三隆起带之太行隆起的复合、联合部位,发育了不同的构造体系和构造带。

周口、郸城以北,至黄河北岸属小秦岭—嵩山东西向构造体系。东部通许、太康隆起影响新生界地层分布、厚度和富水程度。豫东地区新华夏系形迹地表不明显。根据物探资料,在宁陵、夏邑、永城东的断裂和郸城断裂都呈北北东—北东向延展,在断陷带内发育中、新生代沉积,与东西向构造复合控制着开封、周口新生代富水盆地发育。

1.2　气象水文

1.2.1　气候特征

豫东地区地处河南省东部,属暖温带半湿润大陆性季风气候,春暖、夏热、秋凉、冬寒,四季分明。年平均气温在 14.5 ~ 15.8 ℃,年平均气温变差为 27 ℃左右,年平均日照时数约 2 200 小时,平均无霜期 207 ~ 219 天,年平均风速为 2.1 ~ 4.2 米/秒,以东北偏北风为主。夏季西太平洋副热带高压增强,暖湿海洋气团从西南、东南方向侵入,冷暖气团交绥极易造成暴雨,年均降雨量 600 ~ 900 毫米。受大气环流季节变化和降水天气系统的影响,降雨年内分配不均匀,6—9 月降雨约占全年降雨量的 70%;降雨量的年际变化大,如开封站 1930 年全年降雨量只有 179 毫米,不足多年平均降雨量的 1/3,柘城站 1934 年全年降雨量达 1311 毫米,为多年平均降雨量的 2.2 倍。

1.2.2　水文

豫东地区河流众多,分属三大水系。黄河大堤以南分淮河水系和沂沭泗河水系,流域面积共计 2.86 万平方千米;黄河大堤以北滩区为黄河水系,流域面积 0.028 万平方千米。淮河水系主要有涡河、沙颍河和贾鲁河、惠济河、沱河等;沂沭泗河水系主要有黄河故道等。

涡河位于河南省东部和安徽省西北部,全长 411 千米,流域面积 1.59 万平方千米,多年平均径流量 2.401 亿立方米;沙颍河位于河南省东部和安徽省西北部,全长 613 千米,流域面积 3.67 万平方千米,多年平均径流量 35.57 亿立方米;黄河故道涉及豫、鲁、皖、苏四省,全长 731 千米,流域面积 0.28 万平方千米,年平均径流深 105.2 毫米。

1.3　河流水系

豫东地区河流众多,分属三大水系,黄河大堤以南以黄河故道为界分淮河水系和沂沭泗河水系,两个水系通过京杭大运河、淮沭新河和徐洪河贯通;黄河大堤以北滩区为黄河水系。淮河水系与沂沭泗河水系原为一个统一的水系,黄河夺泗河下游、淮河下游入海后,由于 600 余年的淤积,形成地上河。黄河改道入渤海后,留下高出地面 3 ~ 8 米的脊岭,将沂沭泗河水系与淮河干流分开,形成淮河和沂沭泗河两个水系。

1.3.1 淮河水系

淮河流域是中华五千年文明发祥地之一,淮河水系主源发源于河南省桐柏县桐柏山,东临黄海,南以大别山、皖山余脉及通扬运河、如泰运河南堤与长江流域毗邻,北以黄河南堤、黄河故道与黄河、沂沭泗河水系为界,流经豫鄂皖苏四省,流域面积约19万平方千米,主流在江苏省扬州市三江营入长江。

淮河水系流经豫东地区的主要有涡河水系和沙颍河水系,其中涡河和沙颍河汇水面积达1万平方千米以上。涡河是淮河左岸支流,也是淮河第二大支流,流域位于河南省东部和安徽省西北部。据《尔雅》记载:"涡为洵"。晋郭景纯注云:"大水溢出别为小水也,本作过,省文为涡,义取漩流也",涡河之名即由此得之。涡河发源于开封市龙亭区杏花营农场马寨村,于鹿邑县太清宫镇蒋营村出省入安徽省亳州市,后于安徽省蚌埠市怀远县城关镇涡河村注入淮河。沙颍河是淮河左岸最大支流,周口以上称沙河,安徽称颍河,河南省境内统称为沙颍河,发源于平顶山市鲁山县尧山镇西竹园村,于周口市沈丘县付井镇卜楼村出省,后于安徽省阜阳市颍上县正阳关镇沫河口注入淮河。

1.3.2 沂沭泗河水系

沂沭泗河水系位于淮河流域东北部,北起沂蒙山脉,西至黄河右堤,东临黄海,南以黄河故道与淮河水系为界,地跨豫鲁皖苏四省,流域面积约8万平方千米,其中90%的面积在鲁苏两省。沂沭泗河水系于黄河夺淮600余年后北徙至渤海入海,是沂沭泗河脱离淮河干流、经多年变迁和治理形成的。流域内主要有泗河、沂河、沭河三大水系,其干流均发源于沂蒙山,京杭运河南北穿过。地势北高南低、西高东低。流域内有干、支河流500多条,其中流域面积大于1 000平方千米的河流26条,超过500平方千米的河流47条。

沂沭泗河水系中,流经豫东地区的主要有黄河故道等河流,汇水面积达2 000平方千米。黄河在1855年从铜瓦厢(今兰考县东坝头以西)决口后,主流北徙而下,而原黄河留下由兰考经徐州、淮安到滨海中山河口的一段废黄河,称为黄河明清故道,也称为咸丰废黄河,发源于兰考县三义寨乡和东坝头乡,于套子口入黄海。

1.3.3 黄河水系

黄河是中国的第二条大河,多泥沙,具有强大的造陆作用。在漫长的历史时期内,黄河填海造陆,缔造了包括豫东平原、豫北平原在内的面积达25万平方千米的黄淮海平原。黄河水系流经河南的主要有洛河、沁河水系,直接入黄河流域,面积大于1 000平方千米的有伊洛河、沁河、宏农涧河、蟒河、天然文岩渠、金堤河以及流域面积在100~1 000平方千米的有83条河流。

先秦时期,黄河流经今郑州市北广武山下,东北流经今新乡市东、卫辉市南、滑县东、浚县南、内黄东,流入河北出境。黄河多河患,包括支流洛河、沁河在内,自古以来即频繁决溢,使河南部分地区人民长期遭受巨大的灾难。自周定王五年(公元前 602 年)至清咸丰五年(公元 1855 年)的 2 400 多年间,黄河决口 1 500 多次,大的改道达 26 次,有 5 次大的变迁。今黄河在灵宝市进入河南省境,流经三门峡、济源、洛阳、郑州、焦作、新乡、开封、濮阳 8 个市中的 24 个县(区)。由于水流摆动不定,游荡面积达 1 500 多平方千米,占河道面积的 47%。在兰考县三义寨乡,河流流向由东转为东北向,基本上成为河南、山东的省界,至台前县张庄附近出省,省内河长 711 千米,河床比降由孟津县至郑州段的 1/4 000 降至兰考县至濮阳县的 1/6 000。

1.4　社会经济

截至 2019 年,豫东地区总人口达到 2 993 万人,占全省人口的 27.33%;常住人口 2 333 万人,占全省常住人口的 24.20%。2019 年国民生产总值 9 878.37 亿元,占全省国民生产总值的 18.21%,其中第一产业增加值 1 415.21 亿元,第二产业增加值 4 160.01 亿元,第三产业增加值 4 303.14 亿元。

豫东地区是河南重要的农副产品产区之一,2018 年耕地面积达 3 429.3 万亩❶。2019 年粮食种植面积达 5 158.53 万亩,占河南省粮食种植面积的 32.04%。粮食总产量达 2 238.08 万吨,占河南省粮食总产量的 33.43%。棉花产量达 2.09 万吨,油料产量达 143.11 万吨。

开封地势平坦,土壤多为黏土、壤土和沙土,适宜农作物种植,是河南省重要的农业种植区,主要有粮食作物、经济作物、蔬菜、瓜果及落叶乔木等,已形成小麦、花生、无公害瓜果、菊花、畜牧等农业产业链条。开封植物资源丰富,陆生植物和水生植物约有 800 余种。动物种类繁多,主要有猪、牛、羊、驴、鸡、鸭、鹅、兔及鱼类、鸟类等饲养动物及 60 余种野生动物。开封是全省重要的猪、牛、羊繁育基地,"开封黄河鲤鱼"被誉为"鱼之上乘",驰名中外。开封所辖区域地下资源已探明的有石油和天然气,预计石油总生成量为 5.6 亿吨,天然气储量为 485 亿立方米。煤炭资源埋藏较深,预测可靠储量为 77.9 亿吨。此外,地下还有丰富的石灰岩、岩盐、石膏等矿藏。

商丘土壤肥沃,资源丰富。截至 2020 年,商丘市已发现的矿产资源有 17 种,占全省已发现 144 种矿产的 12%。境内新发现的通柘煤田,储量 230 亿吨,是河南省迄今为止发现的最大煤田。商丘市永城市是全国六大无烟煤基地之一、全国七大煤化工基地之一,年产量 2 800 万吨;小麦产量常年稳定在 18 亿斤❷以上,年加工面粉 60 亿斤,被授予"中国面粉城"称号,已成功举办 9 届中国·永城面粉食品博览会。商丘是国家粮食生产核心示范区,粮食产量连续 5 年稳定在 140 亿斤以上,是全国 20 个粮食产量超百亿斤的地级市之一。2020 年,粮食总产量达 148.38 亿斤,再创历史新高。商丘是全国重要的商品粮基地

---

❶　1 亩 =1/15 公顷,下同。
❷　1 斤 =0.5 千克,下同。

和优质绵山羊、板山羊、瘦肉型猪等农副产品生产基地,盛产小麦、玉米、棉花、油料、林果、蔬菜、畜产品,宁陵金顶谢花酥梨、虞城惠楼山药、柘城三樱椒等享誉全国。

周口是全国重要的粮、棉、油、肉、烟生产基地,为保障国家粮食安全做出了贡献。周口还是国家重要的黄牛、槐山羊、生猪的养殖及肉类出口基地,所产槐山羊皮为出口免检产品,远销美、英、意、日及东欧各国。周口还是闻名全国的平原绿化先进市,森林覆盖率达 20%,素有"平原林海"之称。2020 年,粮食总产量达 186.86 亿斤,再创历史新高。规模以上农产品加工企业达 400 多家,经营收入超 800 亿元。周口农高区创建正式进入国家第二批拟建序列。太康被评为"全国主要农作物生产机械化示范县"。周口有各种植物 170 余种,动物近 80 种。生物名贵品种有周口黄牛、槐山羊、淮阳驴、项城猪(灭绝)、鲈鱼、白龟;白花泡桐、高口樱桃、陈老将梨;黄花菜、逍遥大葱、房坟韭菜、芦笋。

1.5 水旱灾害

1.5.1 豫东地区主要洪涝灾害

豫东地区洪水均为暴雨所致,7、8 两月,冷暖气流经常在全省范围内交绥摆动,极易产生暴雨洪水。开封、商丘和周口三市由于濒临主要防洪河道,其地面高程又处于临近的防洪河道设防水位以下,因此河道洪水和内涝是豫东地区洪涝灾害的主要成因。

警戒水位是指江河普遍漫滩行洪或重要堤段开始临水(或偎堤),可能发生险情,需要开始防守的水位。

保证水位是指保证堤防及其附属工程安全挡水的上限水位。堤防的高度、宽度、坡度及堤身、堤基质量已达到规划设计标准的河段,其设计水位即为保证水位。

1.5.1.1 1957 年洪水

1957 年 7 月初,冷锋自西北向东南方向移动,同时有一条暖锋与冷锋合成产生气旋波,形成强烈的带状暴雨区,15 天内连续 4 次暴雨,豫东地区形成全区性洪灾。7 月 10 日,尉氏县、通许县和杞县日降雨量分别为 122.2 毫米、206.3 毫米、188.4 毫米;7 月 10—14 日,最大 5 天雨量尉氏县、通许县、杞县、扶沟县和太康县分别为 248.6 毫米、360.8 毫米、359.0 毫米、210.9 毫米、145 毫米;7 月 10—20 日,通许县、柘城县、民权县、睢县等地 10 天暴雨量达 260～615 毫米,尤其是民权县、睢县 7 月降雨 745.5 毫米和 614.6 毫米,分别为多年均值的 4.14 倍和 2.96 倍。7 月 13 日,睢县、民权县城被洪水淹没。涡河、惠济河决口 170 多处,长 30 千米,中小支流决口 820 多处,长 450 千米,冲毁桥梁、冲断公路,致使地面平均水深 0.6～1.5 米,深者达 2～3 米,水围村庄 1.7 万个,房屋倒塌 5.56 万间,死伤 273 人。

1.5.1.2 1963 年洪水

1963 年豫东地区又发生了仅次于 1957 年的大水。商丘及开封地区 5 月降雨量超过同期月降雨量的 5 倍,1963 年 5 月 18 日,民权站日降雨量达 256 毫米,唐砦站为 218 毫米,民权县积水面积 75 万亩,有 457 个村庄受淹,从内黄集车站到县城 20 千米一片汪洋,禾苗不见。8 月 1—7 日,这一地区又发生普遍 200~300 毫米的大雨,暴雨中心地区达 400~500 毫米。8 月 2—9 日,开封地区降雨 206.7 毫米,淹没土地 5.3 万亩,成灾 3.3 万亩,倒塌房屋 4 547 间,水围村庄 14 个。6—9 月开封、商丘两地区降雨量为年平均降雨量的 1.36 倍。周口太康县由于降雨集中,加上外地来水较多,致使县境骨干河流均发生了重大决口和漫溢,平地水深 0.35 米左右,深的达 1.0 米以上,遍地积水成灾。

1.5.1.3　1984 年洪水

1984 年 7—9 月,豫东地区连降大雨,持续时间较长,部分地带雨量猛而集中,同时带有风、雹。由于阴雨连绵,土壤吸水能力饱和,致使大部分农田积水,河水暴涨,全区形成不同程度的水涝灾害。1984 年 8 月 9 日 5—17 时,受 7 号台风影响,开封市出现特大暴雨天气,12 小时内降雨 206 毫米,1 小时内最大降雨 66.7 毫米,为新中国成立以来所罕见。由于降雨猛而急,河道和市区排水设备不足,顿时地面积水成河,全市有 95 座仓库受淹。西郊工业区因黄汴河两处决口,河水四溢,导致北起孙李堂,南至郑汴路一片汪洋,造成毛纺一厂、色织厂、肉联厂等 18 个工厂部分至全部停产;市区重工、轻工、化工纺织、一畜、二畜、物资、交通等 17 个系统和城区四郊 200 多个单位被水包围,损失达 443.5 万元。同期商丘睢县成灾 42.3 万亩、柘城成灾 32.9 万亩、宁陵成灾 2.18 万亩、民权成灾 15.1 万亩。周口太康县受灾面积 100.99 万亩,绝收 60.91 万亩,倒塌房屋 3.57 万间,水毁桥梁 440 座,涵洞 5 座,霉粮 547 万千克,淹死树木 37 万株。流域成灾面积 384 万亩,占总耕地面积的 40%。

1.5.1.4　1985 年洪水

1985 年 7 月 8 日 14 时,受华北低涡、切变线影响,柘城、宁陵暴雨如注,6 小时降雨 397 毫米。柘城 8 个乡受重灾,258 个村庄被水包围,积水面积 9.43 万亩,倒塌房屋 15 104 间,水毁桥梁 100 座。民权县、睢县遭受两次严重雹灾,其中 6 月 15 日 16 时两县 22 个乡 165 个村,受到暴风雨和冰雹袭击,雹粒直径 10~20 毫米,历时 30 分钟,受灾面积 30.14 万亩,倒塌房屋 3 055 间,毁树 51.6 万株,损失小麦 181.59 万千克,成灾面积 263 万亩。

1.5.1.5　2000 年洪水

2000 年 7 月,受副热带高压、切变线和低涡的共同影响,豫东地区发生大范围降水。7 月 4—6 日通许县普降大到暴雨,局部特大暴雨,全县平均降雨量 188.3 毫米,邸阁水文站水位达 60.68 米,流量达 117 立方米/秒,农田受灾面积 35 万亩,成灾面积 20 万亩,绝收面积 2.5 万亩,总损失达 7 000 多万元。太康县 7 月 4—15 日降雨量达 412.7 毫米,最大为 563 毫米,涡河水位超过 20 年一遇防洪水位,全县一片汪洋,受灾面积达 135.64 万亩,成灾面积 83.26 万亩,直接经济损失 4.4 亿元。7 月 13—15 日柘城连续出现强降雨过程,连续降雨形成了大量地面径流,加之 15 日 17:00 时涡河上游突然来水,古桥测站水位达 47.35 米,超警戒水位(45.93 米)1.42 米,距保证水位(47.93 米)差 0.58 米。涡河左岸堤防 15 处出现险情,部分堤段洪水漫溢,柘城宋庄涵闸被冲毁,造成柘城 23 个乡(镇)的 72 个村受灾,受洪水围困 33 个村庄。农田受灾面积 70 万亩,成灾 45 万亩,浸泡小麦 1 000 多万千克,受灾人口 30 万人,直接经济损失 9 000 多万元。

1.5.1.6　2018 年洪水

2018 年 8 月 17—18 日,受 18 号台风"温比亚"的影响,河南省京广线以东大部分地区出现了暴雨、特大暴雨过程,尤其是开封市、商丘市、周口市辖区出现了罕见的暴雨过程。暴雨强度大、笼罩面积广、量级高,造成豫东平原大范围的洪涝灾害。据统计,最大 6 小时降雨量分别为:商丘市睢县一刀刘雨量站 243 毫米,宁陵县唐洼雨量站 233.5 毫米,周口市太康县闫庄雨量站 225.5 毫米;最大 24 小时降雨量分别为:宁陵县唐洼雨量站 437.5 毫米,睢县一刀刘雨量站 425 毫米,开封市杞县板木雨量站 424 毫米。受降雨影响,涡河、惠济河出现涨水过程,惠济河开封市杞县大王庙水文站 19 日 14 时最大流量 75.1 立方米/秒,最高水位 57.76 米。商丘市柘城县惠济河砖桥水文站 19 日 10 时最大流量 155 立方米/秒,21 日 2 时最高水位 40.39 米(警戒水位 41.16 米,保证水位 43.52 米)。涡河玄武站 20 日 14 点开闸,21 日 11 时 6 分流量最大 43.0 立方米/秒,25 日 9 时 32 分关闸结束,历时 115 小时。暴雨后,涝水滞留河道、雍高水位,从低洼的沟口、路口倒灌,造成两岸村庄和农田大面积受灾。

周口市因暴雨大风造成 135.96 万人受灾,农作物受灾面积 167.82 万亩、成灾面积 19.98 万亩,因灾造成直接经济损失 2.264 亿元,其中农业直接经济损失 2.11 亿元,水利交通工程损失 1 531 万元。据统计,此次台风暴雨灾害共造成商丘市 50 余个乡镇不同程度受灾,受灾人口 67.85 万人,全市损坏堤防 46 处、长 7.57 千米,损坏护岸 78 处,损坏中型水闸 2 座、小型涵闸 127 座。

1.5.2　豫东地区主要干旱灾害

豫东地区属暖温带半湿润大陆性季风气候,降水年际变化大,季节分配不均匀。由于特殊的地理位置和气候条件,旱灾几乎年年发生,只是轻重程度不同。新中国成立以来,虽然修建了大大小小的水利工程,抗御水旱灾害的能力有较大提高,但随着经济社会的发展,工农业用水量日益增加,干旱问题仍很突出,严重威胁着豫东地区农业的发展和城乡供水等。

干旱是指在当前的农业生产水平条件下,较长时段内因降水量比常年平均值特别偏少,引起供水量不足,导致工农业生产和城乡居民生活遭受影响,生态环境受到破坏的自然现象。从形式上可分为农业干旱、城市干旱和生态干旱。

农业干旱是指由外界环境因素造成作物体内水分失去平衡,发生水分亏缺,影响作物正常生长发育,进而导致减产或失收的现象。农业旱灾面积分为受灾面积、成灾面积和绝收面积。受灾面积是指农作物产量因受旱而比正常年份减少 10% 以上的面积;成灾面积是指农作物产量因受旱而比正常年份减少 30% 以上的面积;绝收面积是指农作物产量因受旱而比正常年份减少80%以上的面积。

1.5.2.1 1959—1961年连续大旱

这次旱灾从1957年7月夏旱开始,持续到1961年秋季才逐渐结束。1959年,上半年雨水基本正常,7月,黄河以南长期处于暖高压控制下,晴热少雨,出现了80多天的突出高温天气,气温持续在38~41 ℃,出现严重伏旱。7—9月,周口地区降水量达25.3毫米,只有当地均值的14%。1960年,除6、7、9月的降水量接近或稍大于多年平均值外,其余9个月的降水量只有多年均值的70%,尤其是4—5月,正当夏作物大量需要水的时期,降水量只有均值的60%。其中,1960年周口地区4—5月、开封地区4—6月的降水量只为当地同期均值的37%和28%;周口地区从1960年10月—1961年7月连续干旱少雨,10个月的降水量只有同期均值的68%。

由于降雨少、气温高、蒸发量大,地表径流大为减少,河道流量很小,有的甚至断流。如沙河周口站,多年平均6—9月的月平均流量为220立方米/秒,而1959年8、9月只有8.48立方米/秒、1.14立方米/秒;1960年6月只有0.37立方米/秒。沙颍河流域周口地区1961年的受灾面积达到耕地面积的50%~70%。周口、开封地区连续3年受灾面积占耕地面积的30%以上,灾情十分严重。

1.5.2.2 1965—1966年连续大旱

这次旱灾是由豫北、豫西以及豫南地区大旱随后发展到豫东、豫中地区,形成的全省性的大旱,这次灾情超过1961年,但持续时间不长,而且实施了抗旱救灾,损失没有之前严重。

1965年是有旱有涝、以旱为主的一年,周口地区汛期降水量不到多年平均值的50%。商丘、开封地区,1966年也是大旱年,从降水量看,两地区的年降水量不足400毫米。据《商丘地区水利志》记载:1966年全区大旱,睢县、柘城、宁陵全年大旱,从3月下旬至10月下旬,干旱少雨,秋作物严重减产,抗旱种麦迟至11月初。商丘县夏旱,6月11日到7月20日总雨量25.8毫米,大豆种上基本不出苗。开封地区1966年的降水量为390.8毫米,是1950年以来年水量最小的一年,比1959—1961年各年的降水量还少100~200毫米。

1.5.2.3 1985—1988年连续大旱

这次大旱是1950年以来干旱持续时间最长、受旱范围最广、受灾程度很重的一次旱灾。所幸由于水利设施已有一定基础,灌溉抗旱能力较以往有所提高,加强了抗旱救灾能力,使旱灾带来的损失大为减轻。

1985年旱灾,周口地区是豫东地区主要受灾区域,主要是6—7月干旱少雨,降雨量比常年同期少50%以上,如项城站6月雨量只有5.5毫米,7月雨量也不到100毫米,比常年同期雨量少50%以上,造成秋旱。

1986年全省大旱。开封站1—2月无雨,开封、项城两站4—6月降水不足100毫米,7—8月水量普遍减少40%~80%。7月开封站只有27.9毫米;8月项城站只有34.8毫米。9月1日,沙颍河周口站流量为2立方米/秒,连续三四季少雨,干旱十分严重。周口地区秋旱受灾面积达 847.5 万亩,受灾率达 71.9%。

1987 年继续干旱,旱情较 1986 年缓和。开封、周口等地区降水量比多年均值少 10%~20%,主要是 7—9 月降水偏少,比多年均值少 30% 以上。如 7 月降雨量开封站为 42.1 毫米,比多年均值少 70% 以上。

1988 年旱灾也很严重,秋旱严重程度稍轻于 1986 年,夏旱重于 1986 年,总的来看是稍次于 1986 年的一个大旱年。

1988 年,全省平均年降水量达 642.9 毫米,为多年平均值的 82%,4 月项城站雨量小于 10 毫米。由于干旱少雨,河道流量减少,沙颍河周口站汛期的最枯流量仅 1 立方米/秒,豫东各河几近断流。夏旱商丘地区受灾率在全省最大,达 55%,开封达 41%,秋旱商丘、周口地区受灾率大于 70%。

1.5.2.4　2010—2011 年旱灾

2010 年 10 月—2011 年 1 月,开封市累计降水量仅为 1.9 毫米,这是开封市有气象记录以来同期降水量最少的一次,这一数字远远低于常年同期 70 毫米以上的降水量,而开封市气温较常年同期却偏高 2.9 ℃。由于气温持续偏高、风力较大,土壤失水较快,旱情发展迅速,造成了开封市面临 50 年一遇的特大旱情。由于降雨少、气温高、蒸发量大,地表径流大为减少,河道流量很小,有的甚至断流。

2010 年 9 月 27 日—2011 年 2 月 24 日,周口市有 151 天无有效降水,按照干旱评估标准,冬春季节 90 天以上无有效降水属严重干旱。2011 年的旱情时间之长、水量之少、范围之广、程度之重,为 1951 年有统计资料以来最严重的年份,降水量偏少频率超过百年一遇。2010 年 10 月—2011 年 1 月,降水量为零。2011 年 2 月 9 日,周口市出现一次降水过程,平均降水量为 4.4 毫米,最大的沈丘站降水量为 7.1 毫米,最小的扶沟站只有 1.1 毫米,对缓解旱情作用不大。2 月 25—28 日,周口市普降小到中雨雪。据统计,全市 4 日累计平均降水量 35.1 毫米,最大降水量郸城 45.7 毫米,最小降水量西华黄桥 26.6 毫米,旱情解除。

第 2 章　水资源

20 世纪 80 年代,河南省进行了第一次水资源调查评价工作,2002 年 3 月启动了第二次水资源调查评价工作,并于 2008 年完成了《河南省水资源综合规划报告》,2016 年又开始了第三次水资源调查评价。根据第三次水资源调查评价成果,河南省多年平均水资源总量 389.2 亿立方米,多年平均地表水资源量 289.3 亿立方米,多年平均地下水资源量 189.5 亿立方米。其中豫东地区水资源总量 53.68 亿立方米,地表水资源量 23.312 亿立方米,地下水资源量 37.308 亿立方米,分别占全省的 13.79%、8.06%、19.69%。按行政区域划分,豫东地区水资源总量分布如下:开封市(含兰考县)水资源总量 10.02 亿立方米,商丘市(含永城市)水资源总量 19.15 亿立方米,周口市(含鹿邑县)水资源总量 24.51 亿立方米。

2.1　水资源总量

水资源是指以气态、液态、固态的形式赋存在地球表层全部水的统称。水资源总量是指当地降水形成的地表和地下产水量,即地表径流量与降水入渗补给量之和,而不是简单的地表和地下水资源相加之和。

2.1.1　豫东地区各地市水资源总量

1956—2000 年系列,河南省水资源总量 389.20 亿立方米,产水模数 23.5 万立方米/平方千米,产水系数 0.31。其中淮河流域产水模数 27.3 万立方米/平方千米,产水系数 0.33;黄河流域产水模数 15.2 万立方米/平方千米,产水系数 0.24。

$$产水模数 = 某地区水资源总量 / 地区总面积$$

$$产水系数 = 某地区产水模数 / 年降雨总量$$

豫东地区水资源总量成果见表 2-1。

表 2-1　豫东地区水资源总量成果

行政区或流域	计算面积/ 万平方千米	均值/ 亿立方米	产水模数/ (万立方米/平方千米)	降水量/ 毫米	产水系数
河南省	16.553 6	389.20	23.5	768.5	0.31
开封	0.63	10.02	16.0	646.4	0.25
商丘	1.07	19.15	17.9	728.7	0.25
周口	1.20	24.51	20.5	756.8	0.27
淮河流域	8.64	236.30	27.3	838.9	0.33
黄河流域	3.62	55.06	15.2	634.9	0.24

2.1.2 豫东地区水资源总量变化

各年水资源量是个动态变量,年与年之间都不相同。1981—1983 年河南省开始了第一次水资源调查评价,采用了 1956—1979 年水文资料系列,评价结果是河南省多年平均水资源总量为 417.96 亿立方米,豫东地区多年平均水资源总量是 60.29 亿立方米。2002 年进行了第二次水资源调查评价,采用了 1956—2000 年水文资料系列,评价结果是河南省多年平均水资源总量为 403.5 亿立方米,豫东地区多年平均水资源总量是 57.75 亿立方米。第三次水资源调查评价,采用了 1956—2016 年水文资料系列,评价结果是河南省多年平均水资源总量为 389.2 亿立方米,豫东地区多年平均水资源总量是 53.68 亿立方米。三者相比,河南省多年平均水资源总量分别较之前偏少了 6.88% 和 3.54%;豫东地区多年平均水资源总量分别较之前偏少了 10.96% 和 7.05%,水资源变化幅度较河南省大。

2.2 地表水资源

2.2.1 地表水资源量

地表水资源量是指河流、护坡、冰川等地表水体中由当地降水形成的、可以逐年更新的动态水量,用河川天然径流量表示。

河南省 1956—2016 年多年平均地表水资源量 289.3 亿立方米,折合径流深 174.77 毫米。其中,淮河流域多年平均地表水资源量 170.6 亿立方米,折合径流深 197.39 毫米;黄河流域多年平均地表水资源量 42.01 亿立方米,折合径流深 116.17 毫米。豫东地区地表水资源量成果见表 2-2。

表 2-2 豫东地区地表水资源成果

行政区或流域	面积/万平方千米	均值		C_v	不同频率地表水量/万立方米			
		/亿立方米	/毫米	矩法	20%	50%	75%	95%
河南省	16.553 6	289.3	174.77	2.5	393.4	258.9	182.3	115.7
开封市	0.63	3.986	63.66	2.5	5.504	3.567	2.464	1.506
商丘市	1.07	7.196	67.25	2.5	10.68	5.308	3.007	1.820
周口市	1.20	12.13	101.43	2.5	17.91	9.200	5.414	3.152
淮河流域(全省)	8.64	170.6	197.39	2.5	235.7	151.6	113.6	62.1
黄河流域(全省)	3.62	42.01	116.17	3	55.73	37.76	27.9	19.4

2.2.2 地表水资源分布特征

2.2.2.1 区域分布

河南省地表水资源量呈现南部多于北部、西部山区多于东部平原的区域分布特点。

全省自南向北,按河流水系可划分为地表水资源富水区(年径流深大于 250 毫米)、地表水资源过渡区(年径流深 100~250 毫米)和地表水资源贫水区(年径流深小于 100 毫米)。豫东地区三市中,周口市地表径流深为 101.43 毫米,属地表水资源过渡区;开封市、商丘市分别为 63.66 毫米、67.25 毫米,均不足 100 毫米,属地表水资源贫水区。

2.2.2.2　年际变化

河南省处于南方湿润区与北方干旱区的过渡带,既有南方湿润区的特征,北方干旱区的特点也非常显著。地表水资源量年际变化大,丰枯非常悬殊。据 1956—2016 年系列计算分析,1964 年全省地表水资源量最多,为 725.64 亿立方米,而 1966 年最少,仅为 95.88亿立方米,丰枯倍比为 7.57 倍。豫东地区三市中商丘市的丰枯倍比值最大,为 22.18;开封市次之,丰枯倍比值为 18.77;周口市的丰枯倍比值最小,为 17.62。豫东地区地表水资源极值分析见表 2-3。

表 2-3　豫东地区地表水资源极值分析

行政区	面积/平方千米	1956—2016 年系列均值/亿立方米	地表水资源量/亿立方米				最大与最小倍比值
			最大		最小		
			水量/亿立方米	出现年份	水量/亿立方米	出现年份	
河南省	165 536	289.3	725.64	1964	95.88	1966	7.57
开封市	6 261	3.986	14.17	1964	0.75	1966	18.77
商丘市	10 700	7.196	34.91	1963	1.57	1966	22.18
周口市	11 959	12.13	40.46	1984	2.30	1966	17.62

2.2.3　地表水水质

2.2.3.1　河流水质评价

此次地表水水质现状评价采用 2019 年监测河流数据,依据《地表水环境质量标准》(GB 3838—2002)、《地表水资源质量评价技术规程(附条文说明)》(SL 395—2007)进行。评价项目 20 个:pH、溶解氧、高锰酸盐指数、化学需氧量、五日生化需氧量、氨氮、总磷、铜、锌、氟化物、砷、汞、硒、镉、铬(六价)、铅、氰化物、挥发酚、阴离子表面活性剂、硫化物。

水质站水质类别分为全年期、汛期、非汛期三个水期进行评价,各水质项目浓度值为对应水期内多次监测结果的算术平均值。豫东地区涉及淮河流域和黄河流域,淮河流域的汛期时段为 6—9 月,非汛期时段为 1—5 月和 10—12 月;黄河流域汛期时段为 7—10月,非汛期时段为 1—6 月和 11—12 月。

2.2.3.2　河流水质评价结果

豫东地区主要河流水质评价结果见表 2-4。

表 2-4　豫东地区主要河流水质评价结果

河流	水期	评价河长及比例	水质类别							合计
			Ⅰ类	Ⅱ类	Ⅲ类	Ⅳ类	Ⅴ类	劣Ⅴ类	断流	
涡河	全年期	评价河长/千米	0	0	0	193.5	0	0	7	200.5
		占评价河长/%	0	0	0	96.5	0	0	3.5	100
	汛期	评价河长/千米	0	0	0	193.5	0	0	7	200.5
		占评价河长/%	0	0	0	96.5	0	0	3.5	100
	非汛期	评价河长/千米	0	0	88	105.5	0	0	7	200.5
		占评价河长/%	0	0	43.9	52.6	0	0	3.5	100
惠济河	全年期	评价河长/千米	0	0	30	90	38.5	21.2	0	179.7
		占评价河长/%	0	0	16.7	50.1	21.4	11.8	0	100
	汛期	评价河长/千米	0	0	15.5	143	0	8	13.2	179.7
		占评价河长/%	0	0	8.6	79.6	0	4.5	7.3	100
	非汛期	评价河长/千米	0	0	30	71.5	57	21.2	0	179.7
		占评价河长/%	0	0	16.7	39.8	31.7	11.8	0	100
沱河	全年期	评价河长/千米	0	0	0	0	42.5	66.5	0	109
		占评价河长/%	0	0	0	0	39.0	61.0	0	100
	汛期	评价河长/千米	0	0	0	11.5	31	66.5	0	109
		占评价河长/%	0	0	0	10.6	28.4	61.0	0	100
	非汛期	评价河长/千米	0	0	0	0	76	33	0	109
		占评价河长/%	0	0	0	0	69.7	30.3	0	100
沙河	全年期	评价河长/千米	0	71	0	0	0	0	0	71
		占评价河长/%	0	100	0	0	0	0	0	100
	汛期	评价河长/千米	0	0	71	0	0	0	0	71
		占评价河长/%	0	0	100	0	0	0	0	100
	非汛期	评价河长/千米	0	71	0	0	0	0	0	71
		占评价河长/%	0	100	0	0	0	0	0	100
颍河	全年期	评价河长/千米	0	19	98.5	0	0	0	0	117.5
		占评价河长/%	0	16.2	83.8	0	0	0	0	100
	汛期	评价河长/千米	0	0	117.5	0	0	0	0	117.5
		占评价河长/%	0	0	100	0	0	0	0	100
	非汛期	评价河长/千米	0	19	98.5	0	0	0	0	117.5
		占评价河长/%	0	16.2	83.8	0	0	0	0	100
贾鲁河	全年期	评价河长/千米	0	22.5	90.8	32.5	0	0	0	145.8
		占评价河长/%	0	15.4	62.3	22.3	0	0	0	100
	汛期	评价河长/千米	0	0	95.8	50	0	0	0	145.8
		占评价河长/%	0	0	65.7	34.3	0	0	0	100
	非汛期	评价河长/千米	0	27	86.3	32.5	0	0	0	145.8
		占评价河长/%	0	18.5	59.2	22.3	0	0	0	100
汾泉河	全年期	评价河长/千米	0	0	146.8	0	0	0	0	146.8
		占评价河长/%	0	0	100	0	0	0	0	100
	汛期	评价河长/千米	0	0	100	46.8	0	0	0	146.8
		占评价河长/%	0	0	68.1	31.9	0	0	0	100
	非汛期	评价河长/千米	0	0	146.8	0	0	0	0	146.8
		占评价河长/%	0	0	100	0	0	0	0	100

　　由此可以看出,豫东地区涡河评价河长200.5千米,惠济河评价河长179.7千米,沱河评价河长109千米,沙河评价河长71千米,颍河评价河长117.5千米,贾鲁河评价河长

145.8 千米,汾泉河评价河长 146.8 千米。

　　全年期评价结果表明:涡河Ⅳ类水质河长 193.5 千米,占评价河长的 96.5%;断流 7 千米,占评价河长的 3.5%。惠济河Ⅲ类水质河长 30 千米,占评价河长的 16.7%;Ⅳ类水质河长 90 千米,占评价河长的 50.1%;Ⅴ类水质河长 38.5 千米,占评价河长的 21.4%;劣Ⅴ类水质河长 21.2 千米,占评价河长的 11.8%。沱河Ⅴ类水质河长 42.5 千米,占评价河长的 39.0%;劣Ⅴ类水质河长 66.5 千米,占评价河长的 61.0%。沙河Ⅱ类水质河长 71 千米,占评价河长的 100%。颍河Ⅱ类水质河长 19 千米,占评价河长的 16.2%;Ⅲ类水质河长 98.5 千米,占评价河长的 83.8%。贾鲁河Ⅱ类水质河长 22.5 千米,占评价河长的 15.4%;Ⅲ类水质河长 90.8 千米,占评价河长的 62.3%;Ⅳ类水质河长 32.5 千米,占评价河长的 22.3%。汾泉河Ⅲ类水质河长 146.8 千米,占评价河长的 100%。

　　汛期评价结果表明:涡河Ⅳ类水质河长 193.5 千米,占评价河长的 96.5%;断流 7 千米,占评价河长的 3.5%。惠济河Ⅲ类水质河长 15.5 千米,占评价河长的 8.6%;Ⅳ类水质河长 143 千米,占评价河长的 79.6%;劣Ⅴ类水质河长 8 千米,占评价河长的 4.5%;断流 13.2 千米,占评价河长的 7.3%。沱河Ⅳ类水质河长 11.5 千米,占评价河长的 10.6%;Ⅴ类水质河长 31 千米,占评价河长的 28.4%;劣Ⅴ类水质河长 66.5 千米,占评价河长的 61.0%。沙河Ⅲ类水质河长 71 千米,占评价河长的 100%。颍河Ⅲ类水质河长 117.5 千米,占评价河长的 100%。贾鲁河Ⅲ类水质河长 95.8 千米,占评价河长的 65.7%;Ⅳ类水质河长 50 千米,占评价河长的 34.3%。汾泉河Ⅲ类水质河长 100 千米,占评价河长的 68.1%;Ⅳ类水质河长 46.8 千米,占评价河长的 31.9%。

　　非汛期评价结果表明:涡河Ⅲ类水质河长 88 千米,占评价河长的 43.9%;Ⅳ类水质河长 105.5 千米,占评价河长的 52.6%;断流 7 千米,占评价河长的 3.5%。惠济河Ⅲ类水质河长 30 千米,占评价河长的 16.7%;Ⅳ类水质河长 71.5 千米,占评价河长的 39.8%;Ⅴ类水质河长 57 千米,占评价河长的 31.7%;劣Ⅴ类水质河长 21.2 千米,占评价河长的 11.8%。沱河Ⅴ类水质河长 76 千米,占评价河长的 69.7%;劣Ⅴ类水质河长 33 千米,占评价河长的 30.3%。沙河Ⅱ类水质河长 71 千米,占评价河长的 100%。颍河Ⅱ类水质河长 19 千米,占评价河长的 16.2%;Ⅲ类水质河长 98.5 千米,占评价河长的 83.8%。贾鲁河Ⅱ类水质河长 27 千米,占评价河长的 18.5%;Ⅲ类水质河长 86.3 千米,占评价河长的 59.2%;Ⅳ类水质河长 32.5 千米,占评价河长的 22.3%。汾泉河Ⅲ类水质河长 146.8 千米,占评价河长的 100%。

2.3　地下水资源

　　地下水资源是指与大气降水、地表水体有直接补排关系的动态重力水,即赋存于地面以下饱水带岩土空隙中参与水循环且可以更新的浅层地下水。浅层地下水广泛分布于一般平原与河谷平原、山间盆地及黄土丘陵区,具有埋藏浅、补给快、储存条件好、富水性强、易于开采等特点,是目前河南省地下水资源开发利用的主要对象。

2.3.1　地下水资源量

地下水类型区共划分 3 级,其中 I 级类型区划分 2 类,即平原区和山丘区,相应地下水资源为平原区地下水资源和山丘区地下水资源。根据河南省第三次水资源调查评价,河南省 2001—2016 年平均浅层地下水资源量为 189.5 亿立方米,豫东地区行政分区和水资源分区 2001—2016 年平均浅层地下水资源量成果分别见表 2-5、表 2-6。

表 2-5　豫东地区行政分区 2001—2016 年平均浅层地下水资源量

行政分区	淡水区(M≤2 克/升)				微咸水区(M>2 克/升)			全矿化度合计			
	山丘区地下水资源量	平原区地下水资源量	平原区与山丘区之间地下水重复量	分区地下水资源量	平原区地下水资源量	平原区与山丘区之间地下水重复量	分区地下水资源量	山丘区地下水资源量	平原区地下水资源量	平原区与山丘区之间地下水重复量	分区地下水资源量
开封市		7.408		7.408	0.140 1		0.140 1		7.548		7.548
商丘市		12.66		12.66	0.722		0.722		13.38		13.38
周口市		15.62		15.62	0.754 4		0.754 4	0	16.38		16.38
全省	79.62	114.4	8.445	185.4	4.094	0	4.094	79.62	118.5	8.628	189.5

表 2-6　豫东地区水资源分区 2001—2016 年平均浅层地下水资源量

水资源分区	淡水区(M≤2 克/升)				微咸水区(M>2 克/升)			合计			
	山丘区地下水资源量	平原区地下水资源量	平原区与山丘区之间地下水重复量	分区地下水资源量	平原区地下水资源量	平原区与山丘区之间地下水重复量	分区地下水资源量	山丘区地下水资源量	平原区地下水资源量	平原区与山丘区之间地下水重复量	分区地下水资源量
黄河流域	17.96	16.86	2.407	32.41	1.538		1.538	17.96	18.39	2.407	33.95
淮河流域	34.45	76.61	2.306	108.8	1.616		1.616	34.45	78.22	2.306	110.4
全省	79.62	114.4	8.628	185.4	4.094		4.094	79.62	118.5	8.628	189.5

2.3.2　地下水资源分布特征

地下水资源量主要受水文气象、地形地貌、水文地质、植被、水利工程等因素的影响,其区域分布一般采用模数表示。

平原区地下水资源量模数总的变化趋势仍然是南部大、北部小。北汝河、沙颍河以南至淮河干流之间平原区,地下水资源量模数一般在 15 万～20 万立方米/平方千米,洪汝河两岸模数在 20 万～25 万立方米/平方千米,周口以南的商水、项城一带模数在 10 万～15 万立方米/平方千米。

豫东平原中部的许昌—商丘一带,地下水资源量模数一般在 10 万～15 万立方米/平方千米。

黄河两岸地区,由于大量引黄灌溉,使其模数比临近平原区要大些,地下水资源量模数一般在 15 万～20 万立方米/平方千米,局部为 10 万～15 万立方米/平方千米,其中郑州与开封之间因表层土以粉细砂居多,模数达 20 万～25 万立方米/平方千米。

2.3.3　地下水水质

2.3.3.1　地下水水质评价

此次地下水水质现状评价采用 2019 年流域机构监测地下水井数据,评价标准依据《地下水质量标准》(GB/T 14848—2017),按照评价标准划分各项目组分所属质量类别,不同类别标准值相同时,从优不从劣,评价结果分为Ⅰ、Ⅱ、Ⅲ、Ⅳ、Ⅴ共五类水质。评价检测项目有必测项目(20 项):pH、氨氮、硝酸盐、亚硝酸盐、挥发性酚、氰化物、砷、汞、铬(六价)、总硬度、铅、氟化物、镉、铁、锰、溶解性总固体、高锰酸盐指数、硫酸盐、氯化物、总大肠菌群;选测项目(19 项):色、嗅和味、浑浊度、肉眼可见物、铜、锌、钼、钴、阴离子合成洗涤剂、碘化物、硒、铍、钡、镍、滴滴涕、六六六、细菌总数、总 α 放射性、总 β 放射性。

2.3.3.2　地下水水质评价结果

豫东地区行政分区地下水水质类别评价见表 2-7。

表 2-7　豫东地区行政分区地下水水质类别评价

地级行政区	监测井数	水质类别										超标率/%
		Ⅰ类		Ⅱ类		Ⅲ类		Ⅳ类		Ⅴ类		
		井数	占区内监测井/%	井数	占区内监测井/%	井数	占区内监测井/%	井数	占区内监测井/%	井数	占区内监测井/%	
开封市	10	0	0	0	0	0	0	7	70.0	3	30.0	100
商丘市	25	0	0	0	0	1	4.0	13	52.0	11	44.0	96.0
周口市	19	0	0	0	0	0	0.0	15	78.9	4	21.1	100.0

由表 2-7 可以看出,开封市共评价地下水监测井 10 眼,其中Ⅳ类水 7 眼,占总评价井数的 70.0%,Ⅴ类水 3 眼,占 30.0%;商丘市共评价地下水监测井 25 眼,其中Ⅲ类水 1 眼,占总评价井数的 4.0%,Ⅳ类水 13 眼,占总评价井数的 52.0%,Ⅴ类水 11 眼,占总评价井数的 44.0%;周口市共评价地下水监测井 19 眼,其中Ⅳ类水 15 眼,占总评价井数的 78.9%,Ⅴ类水 4 眼,占总评价井数的 21.1%。

2.3.4　地下水超采区

20 世纪 60 年代以前,河南省地下水水位都是随自然因素而波动的,且维持在较高的水平。一般平原地区的地下水位埋深都在 2~4 米。20 世纪 70 年代以来,随着农业灌溉和城市工业的发展,地下水开采量日益增加,引起了地下水位的急剧下降。据 1980 年后地下水观测资料统计分析,至 2014 年,河南省地下水位呈现下降趋势。由于过度开采,全省出现 25 个超采区,其中浅层地下水超采区 14 个;深层承压水超采区 7 个,岩溶水超采区4 个。全省除信阳市、洛阳市和三门峡市外,其余均涉及地下水超采问题。河南省地下水超采区的研究对象是孔隙水与裂隙岩溶水,豫东地区属于孔隙水开发利用的重点区域。据初步分析,豫东平原部分城市区域,地下水位持续下降趋势明显。

地下水开采量超过可开采量,造成地下水水位呈持续下降趋势,或因开发利用地下水引发了生态与环境地质问题,是判定地下水超采和划分地下水超采区的依据。河南省在2012—2014 年进行第二次地下水超采区评价划定结果,本次采用 2001—2010 年资料序列进行地下水超采区划分,以评价期内年均地下水水位变化速率、年均地下水开采系数、地下水开采引发的生态与环境地质问题,作为衡量指标划分超采区。超采区划分主要采用水位动态法,并利用开采系数法及引发问题法进行参证。

本次超采区划分,以河南省历年监测资料和相关研究成果、统计资料为基础,筛选出资料系列相对完整的地下水监测井共 1 273 眼。其中浅层地下水监测井 1 212 眼,观测系列普遍较长,代表性良好,主要分布于全省平原区;深层承压水监测井 61 眼,分布于省辖市城区,基本能监控主要城市深层承压水近期动态。其中豫东地区超采区划分选用监测井统计见表 2-8。

表 2-8　豫东地区超采区划分选用监测井统计

地级行政区(流域)	面积/平方千米	地下水监测井数量/眼		
		浅层地下水	深层承压水	小计
开封市	6 262	86	12	98
商丘市	10 700	171	14	185
周口市	11 958	138	4	142
河南省	165 537	1 212	61	1 273
淮河流域	86 428	734	59	793
黄河流域	36 164	185		185

通过对各监测井水位降幅进行计算,结果显示:

黄河以南平原区水位埋深普遍小于 6 米,局部如郑州市、开封市城区水位埋深下降速率一般为 0～0.5 米/年。深层承压水水位埋深变化情况为:商丘市城区水位埋深下降速率一般为 1.0～2.0 米/年;永城市城区水位埋深下降速率一般为 1.5～3.0 米/年;开封市城区水位埋深下降速率一般为 0.2～1.2 米/年;周口市城区水位埋深下降速率为 0.8～1.9 米/年。

2.3.4.1　地下水超采区划分

以地下水开采系数为评判指标进行超采区划分。在地下水超采区中,把评价期内年均地下水开采系数大于 1.3 的区域划分为严重超采区,其他区域划分为一般超采区。但是河南省调查资料系列中,地下水位动态资料、泉水流量资料相对最为全面,也最为客观和可信,而开采量调查及可开采量评价则相对误差较大,可靠程度偏低。因此,河南省孔隙水超采区划分主要依据水位动态法、开采系数法及水质污染问题作为参证。

1. 浅层地下水超采区划定

河南省浅层地下水动态资料较丰富,利用水位动态法(开采系数法参证),全省平原区共划定 14 个浅层地下水超采区,总面积 14 195 平方千米,主要分布于豫北平原、豫东平原局部、南阳盆地局部。

2. 深层承压水超采区划定

河南省深层承压水动态监测系统尚不够完善,本次利用部分调查资料,结合全国水利普查资料与 2007 年全省超采区划分成果,将深层承压水开采的区域划定为超采区,全省 7 个地级行政区共划定 7 个深层承压水超采区,总面积 27 996 平方千米,主要分布于黄淮海平原远离山前的东部平原。

2.3.4.2 地下水超采区评价

超采区评价内容包括地下水超采区数量、面积与分布、地下水水位动态、地下水超采量、地下水超采程度、因地下水超采引发的生态与环境地质问题等。

1. 浅层地下水超采区评价

1）杞县—通许浅层水超采区

杞县—通许浅层水超采区分布于杞县中部、通许县中东部,面积 482 平方千米。该超采区地处开封市淮河流域,属孔隙水中型超采区。评价可开采量为 7 230 万立方米,年均实际开采 7 985 万立方米,年均超采量 755 万立方米,开采系数 1.10,超采程度属一般超采区。

2）兰考—民权浅层水超采区

兰考—民权浅层水超采区分布于兰考县中南部、民权县北部,面积 625 平方千米。该超采区地处淮河流域,属孔隙水中型超采区。其中开封市域面积 421 平方千米,商丘市域面积 204 平方千米。评价可开采量为 6 148 万立方米,年均实际开采量 6 587 万立方米,年均超采量 439 万立方米,开采系数 1.07,超采程度属一般超采区。

2. 深层承压水超采区评价

全省 7 个地级行政区共划定 7 个深层承压水超采区,总面积 27 996 平方千米,主要分布于黄淮海平原远离山前的东部平原,豫东地区开封市、商丘市、周口市均属于超采区,其中开封市、商丘市及省直管永城市存在严重超采现象。

1）开封市

开封市深层承压水超采区总面积 4 939 平方千米(其中兰考县 968 平方千米),分布于开封市黄河大堤以南开封市区、祥符区(原开封县)、兰考县、尉氏县中北部,通许县、杞县大部,年均超采量 8 256 万立方米。根据监测资料,开封市区深层承压水开采层位集中在 140～300 米深度(第三组承压水为主)及 700～1 400 米深度(第四组承压水),城市超采区平均水位下降速率 0.50 米/年。城市中心区属严重超采区,面积 33 平方千米。

2）商丘市

商丘市深层承压水超采区总面积 10 700 平方千米,分布于商丘市辖区全境,年均超采量 11 812 万立方米。根据监测资料,商丘市区深层承压水开采层位主要集中在 300～550 米深度(第三组承压水),城市超采区平均水位下降速率 1.34 米/年。商丘市中心城区深层承压水属严重超采区,面积 93 平方千米。

永城市城区周边深层承压水属严重超采区,面积 320 平方千米。根据监测资料,永城市深层承压水主要开采户为城市自来水公司水源地、电厂水源地及一般企事业单位自备井,开采层位集中在 100～300 米深度(第二组承压水),城市超采区平均水位下降速率 2.29 米/年,年均超采量 1 339 万立方米,超采程度属严重超采区。

３)周口市

周口市深层承压水超采区总面积 5 844 平方千米,分布于川汇区全境,项城市、沈丘县北部,商水县中部,淮阳区、鹿邑县、太康县、郸城县大部,年均超采量 16 022 万立方米,属一般超采区。

3. 超采区评价综述

１)超采区面积

根据超采区划定,豫东地区共有 5 个超采区,总面积 21 483 平方千米,其中浅层地下水超采区 2 个,面积 1 107 平方千米;深层承压水超采区 3 个,面积 21 483 平方千米;重叠区面积 1 107 平方千米。

豫东地区地下水超采面积汇总统计见表 2-9。

表 2-9　豫东地区地下水超采面积汇总统计　　　　　单位:平方千米

地级行政区	县级行政区	浅层水一般超采区面积	深层承压水超采区面积			岩溶水超采区面积			超采区重叠面积	超采区面积合计
			严重超采区	一般超采区	小计	严重超采区	一般超采区	小计		
开封市	开封市区		33	298	331					331
	祥符区			1 252	1 252					1 252
	杞县	302		1 180	1 180				302	1 180
	通许县	180		670	670				180	670
	尉氏县			538	538					538
	兰考县	421		968	968				421	968
	小　计	903	33	4 906	4 939				903	4 939
商丘市	商丘市区		93	1 560	1 653					1 653
	永城市		320	1 700	2 020					2 020
	虞城县			1 541	1 541					1 541
	民权县	204		1 240	1 240				204	1 240
	宁陵县			797	797					797
	睢县			921	921					921
	夏邑县			1 486	1 486					1 486
	柘城县			1 042	1 042					1 042
	小　计	204	413	10 287	10 700				204	10 700
周口市	周口市区			137	137					137
	商水县			801	801					801
	太康县			1 159	1 159					1 159
	鹿邑县			1 110	1 110					1 110
	郸城县			825	825					825
	淮阳县			1 390	1 390					1 390
	沈丘县			224	224					224
	项城市			198	198					198
	小　计			5 844	5 844					5 844
合计		1 107	446	21 037	21 483				1 107	21 483

２)超采区超采量

豫东地区超采区超采量统计分别见表 2-10、表 2-11。

表 2-10　豫东地区浅层地下水超采区超采量统计

超采区名称	编码	分布范围	地级行政区	水资源二级区	超采区总面积/平方千米	严重超采区面积/平方千米	一般超采区面积/平方千米	年均可开采量/万立方米	年均实际开采量/万立方米	年均超采量/万立方米	开采系数	年均水位下降速率/(米/年)
杞县—通许浅层水超采区	41023111	杞县—通许中部	开封市	淮河中游	482		482	7 230	7 985	755	1.10	
兰考县浅层水超采区	41023112	兰考县中南部	开封市	沂沭泗河	421		421	4 210	4 547	337	1.08	
民权县浅层水超采区	41143111	民权县城以北	商丘市	沂沭泗河	204		204	1 938	2 040	102	1.05	
小计					625		625	6 148	6 587	439	1.07	
豫东地区浅层超采区合计					1 107		1 107	13 378	14 572	1 194	1.09	

表 2-11　豫东地区深层承压水超采区超采量统计

超采区名称	编码	分布范围	地级行政区	水资源二级区	超采区总面积/平方千米	严重超采区面积/平方千米	一般超采区面积/平方千米	年均可开采量/万立方米	年均实际开采量/万立方米	年均超采量/万立方米	开采系数	年均水位下降速率/(米/年)
开封市区深层承压水超采区	41022121	开封市黄河大堤以南、尉氏县以东区域	开封市	淮河中游与沂沭泗河	4 939	33	4 906		8 256	8 256		
商丘市深层承压水超采区	41151124	商丘市城	商丘市	淮河中游与沂沭泗河	10 700	413	10 287		11 812	11 812		
周口市深层承压水超采区	41161125	周口市城	周口市	淮河中游	5 844		5 844		16 022	16 022		
豫东地区深层承压水超采区合计					21 483	446	21 037		36 090	36 090		

2.3.4.3　地下水禁采区与限采区划分

1. 划分标准

根据水利部《全国地下水超采区评价技术大纲》2012 年 7 月规定,禁采区和限采区划分标准如下:

(1)在地下水严重超采区内,下列区域应划为禁采区:

城市管网覆盖并能满足供水要求的地区;具备其他替代水源条件的地区;发生了严重的生态与环境地质问题的区域;高速铁路等国家重点基础设施保护区、重要文物保护区;其他需要禁采的区域。

(2)在地下水超采区内,除禁采区外的区域,应全部划为限采区。

2. 禁采条件分析

根据超采区划定,豫东地区地下水严重超采区有 3 个,分别为:开封市、商丘市、永城市 3 个深层承压水严重超采区。

开封市、商丘市、永城市地处豫东平原,河道地表水污染严重,市境周边无大中型地表水调蓄工程,也无外调水,而浅层地下水因总硬度、矿化度、氟化物、硫酸盐普遍超标(其中总硬度、矿化度、氟化物等主要因天然水化学成分含量较高),目前城市生活及工业用水主要靠开采深层承压水。虽然城市居民饮用水替代水源不足,但工业用水在提高非常规水源利用方面存在潜力,因此具备一定的禁采条件。

3. 深层禁采区划分

通过替代水源分析,开封市、商丘市、永城市具备一定的禁采条件,裂隙岩溶水超采区不具备禁采条件,故建议将将开封市、商丘市、永城市 3 市中心城区深层承压水划为禁采区。

(1)开封市。禁采区北界至东京大道,西界至夷山大街,南界至郑汴路,东界至劳动路,禁采区面积 33 平方千米。

(2)商丘市。禁采区北界至建设路,西界至昆仑路,南界至北海路,东界至睢阳大道,禁采区面积 40 平方千米。

(3)永城市。新城区禁采区北界至欧亚路,西界至芒砀路,南界至沱滨路,东界至文化路;老城区(城关镇)禁采区北界至沱河南岸,西界至解放路,南界至 311 国道,东界至小青沟。永城市禁采区面积共 10 平方千米。

2.4　水资源可利用量

水资源可利用量是从资源的角度分析可能被消耗利用的水资源量。

水资源可利用总量是指在可预见的时期内,在统筹考虑生活、生产和生态环境用水的基础上,通过经济合理、技术可行的措施在当地水资源中可提供一次性利用的最大水量。

2.4.1　地表水资源可利用量

地表水可利用量是指在可预见的时期内,在统筹考虑河道内生态环境和其他用水的基础上,通过经济合理、技术可行的措施,可供河道外生活、生产、生态一次性利用的最大水量(不包括回归水的重复利用)。

2.4.1.1　主要河流地表水利用量

主要河流控制站的多年平均径流量减去河道生态环境需水量和多年平均下泄洪水量,求得主要控制站多年平均地表水可利用量。豫东地区淮河流域主要控制站地表水可利用量分析计算成果见表 2-12。

表 2-12　豫东地区淮河流域主要控制站地表水可利用量分析计算成果

流域	河流	控制站	面积/平方千米	多年平均天然径流量/亿立方米	河道生态环境需水量/亿立方米	地表水资源可利用量/亿立方米
淮河流域	沙颍河	周口	25 800	35.57	5.336	21.5
	汾泉河	沈丘	3 094	3.965	0.465	2.15
	涡河	玄武	4 020	2.401	0.360	1.15
	惠济河	砖桥	3 410	2.162	0.324	1.05
	沱河	永城	3 032	1.418	0.177	0.655

2.4.1.2　分区地表水可利用量

分区地表水可利用量计算是在主要河流可利用量计算成果基础上汇总求得的。

全省多年平均地表水可利用量 145 亿立方米,占多年平均天然径流量 289.3 亿立方米的 50.12%。分流域中,淮河流域地表水可利用量为 88.4 亿立方米,占多年平均天然径流量 170.6 亿立方米的 51.82%。

豫东地区流域分区地表水可利用量计算分析成果见表 2-13。

表 2-13　豫东地区流域分区地表水可利用量计算分析成果

水资源分区名称		面积/平方千米	多年平均天然径流量/亿立方米	河道生态环境需水量/亿立方米	地表水资源可利用量/亿立方米
一级分区	三级分区				
黄河流域	花园口以下干流区间	1 679	1.115	0.13	0
淮河流域	王蚌区间北岸	46 477	53.590	7.50	29.50
	蚌洪区间北岸	5 155	3.703	0.32	1.63
	南四湖湖西区	1 734	1.090	0.11	0.48
	流域小计	53 366	58.383	7.93	31.61
豫东地区合计		55 045	59.498	8.06	31.61

2.4.2　地下水可开采量

地下水可开采量是指在可预见时期内,通过经济合理、技术可行的措施,在不致引起生态环境恶化的条件下允许从含水层中获取的最大水量。

河南省多年平均地下水可开采量为 117.6 亿立方米。分流域中,黄河流域多年平均地下水可开采量 16.05 亿立方米,淮河流域多年平均地下水可开采量 64.53 亿立方米。

豫东地区行政分区和流域分区多年平均地下水可开采量分别见表 2-14、表 2-15。

表 2-14 豫东地区行政分区多年平均地下水可开采量

行政分区	平原区可开采量 /亿立方米	山丘区可开采量 /亿立方米	平原区与山丘区之间 重复地下水可开采量 /亿立方米	分区可开采量 /亿立方米
开封市	6.554	0.000	0.000	6.554
商丘市	11.063	0.000	0.000	11.063
周口市	15.338	0.000	0.000	15.338
豫东地区合计	32.955	0	0	32.955

表 2-15 豫东地区流域分区多年平均地下水可开采量

水资源分区		平原区可开采量 /亿立方米	山丘区可开采量 /亿立方米	平原区与山丘区之间 重复地下水可开采量 /亿立方米	分区可开采量 /亿立方米
黄河流域	花园口以下干流区间	1.246		0.000	1.246
	流域小计	1.246		0.000	1.246
淮河流域	王蚌区间北岸	36.47	7.675	0.962	43.18
	蚌洪区间北岸	5.541		0.000	5.541
	南四湖区	1.615		0.000	1.615
	流域小计	43.626	7.675	0.962	50.336
豫东地区合计		44.872	7.675	0.962	51.582

2.4.3 水资源可利用总量

水资源可利用总量是指在可预见的时期内,在统筹考虑生活、生产和生态环境用水的基础上,通过经济合理、技术可行的措施在当地水资源中可提供一次性利用的最大水量。

水资源可利用总量和水资源总量一样,是分析由当地降水形成的水资源的可利用量,不包括外来水。

水资源可利用总量与水资源总量相对应,包括地表水和地下水两部分可利用量,且扣除地表水和地下水之间相互转化的重复利用水量。

河南省水资源可利用总量为 243.92 亿立方米,可利用模数为 14.74 万立方米/平方千米,可利用率为 62.67%。豫东地区水资源分区水资源可利用总量计算成果分析见表 2-16。

表 2-16 豫东地区水资源分区水资源可利用总量计算成果分析

水资源分区名称			面积/平方千米	水资源总量/亿立方米	水资源可利用总量/亿立方米	水资源可利用率/%	水资源可利用模数/(万立方米/平方千米)
一级分区	二级分区	三级分区					
黄河流域	花园口以下	花园口以下干流区间	1 679	2.066	0.97	46.95	5.77
淮河流域	淮河中游	王蚌区间北岸	46 477	91.63	66.28	72.33	14.26
		蚌洪区间北岸	5 155	10.02	7.08	70.66	13.73
	沂沭泗河	南四湖区	1 734	2.449	1.87	76.36	10.78
	流域小计		53 366	104.099	75.23	72.27	14.10
豫东地区合计			55 045	106.165	76.20	71.78	13.84
全省合计			165 536	389.20	243.92	62.67	14.74

第 3 章 河 道

豫东地区分属淮河、黄河两大流域,其流域面积分别为 2.86 万平方千米和 281 平方千米。本次只编写豫东地区流域面积 50 平方千米以上的河道,共计 194 条河道,其中涡河及其支流 83 条,浍河及其支流 11 条,沱河及其支流 21 条,洪碱河及其支流 2 条,黄河故道及其支流 4 条,沙颍河及其支流 63 条,茨河及其支流 10 条。流域面积大于 5 000 平方千米的河道有涡河、沱河、沙颍河、颍河、贾鲁河、泉河等 6 条;1 000 ~ 5 000 平方千米的河道有惠济河、大沙河、油河、武家河、浍河、王引河、黄河故道、清流河、双洎河、新运河、茨河等 11 条;1 00 ~ 1 000 平方千米的河道有 105 条;50 ~ 100 平方千米的河道有 75 条。豫东地区主要河流关系见表 3-1。

表 3-1 豫东地区主要河流关系

水系	干流	一级支流	二级支流	备注
淮河水系	淮河	涡河	惠济河等	
		怀洪新河	浍河	怀洪新河位于河南省外
			沱河	
		萧濉新河	洪碱河	萧濉新河位于河南省外
		沙颍河	贾鲁河等	
		茨淮新河	茨河	茨淮新河位于河南省外
沂沭泗水系	黄河故道	朱刘沟等	小堤河	

3.1 涡 河

涡河是淮河左岸支流,也是淮河第二大支流,据《尔雅》记载:"涡为洵",晋郭景纯注云:"大水溢出别为小水也,本作过,省文为涡,义取漩流也",涡河之名即由此得之,流域位于东经 114°13′ ~ 117°11′,北纬 32°57′ ~ 34°46′。它发源于开封市龙亭区杏花营农场马寨村,于鹿邑县太清宫镇蒋营村出河南省入安徽省亳州市,后于安徽省蚌埠市怀远县城关镇涡河村注入淮河。河道干流依次流经开封市龙亭区、开封市祥符区、尉氏县、通许县、扶沟县、杞县、太康县、柘城县、鹿邑县,安徽省亳州市谯城区、涡阳县、蒙城县和怀远县等 13 个县(区),长度为 411 千米,流域面积为 1.59 万平方千米,其中河南省内长 179.3 千米,占总长的 43.63%,流域面积为 1.17 万平方千米,占总流域面积的 73.95%。

涡河流域地处黄河冲积平原,以平原地形为主,由西北向东南倾斜,海拔介于 46.1 ~ 61.0 米,地面坡度 0.167‰ ~ 0.2‰。河流平均比降 0.102‰,区域地震烈度为 Ⅵ ~ Ⅶ度。

涡河流域地处内陆,属暖温带大陆性季风气候,四季分明,冬季寒冷干燥、夏季炎热多雨,按省内统计数据,年平均气温14 ℃,最高和最低气温分别为43.4 ℃和 - 19.1 ℃。流域年降水量时空分布不均,在季节分配上,主要集中于7—9月(占全年降水量的70%),地区分布上,由南向北递减。汛期和枯水期界限分明,流域多年平均降水量715.2毫米,年均蒸发量930~1 100毫米。降雪期和冰冻期为每年11月—次年3月,全年无霜期平均约为230天,年平均日照累计为2 500小时左右。流域内夏季多东南风,冬季多偏北风,春、秋两季为过渡期,风向多变。

河南省境内涡河现有一级功能区2个:涡河太康开发利用区、涡河豫皖缓冲区;二级功能区5个:涡河开封通许农业用水区、涡河开封周口过渡区、涡河太康农业用水区、涡河太康排污控制区、涡河太康鹿邑农业用水区。

河南省境内涡河干流上建有大型节制闸2座,分别为玄武闸、付桥闸;中型节制闸5座,分别为裴庄闸、箍桶刘闸、芝麻洼闸、吴庄闸、魏湾闸。裴庄闸和箍桶刘闸均位于开封市通许县,裴庄闸于2015年改建,7孔;箍桶刘闸于2007年建成,9孔。芝麻洼闸、吴庄闸、魏湾闸均位于周口市太康县,芝麻洼闸于2001年8月建成,10孔,闸孔宽6米,设计标准为20年一遇,流量706立方米/秒,用于调节涡河上下游水位和下泄流量。吴庄闸于1975年5月建成,11孔,闸孔宽5米,设计标准为20年一遇的85%,流量650立方米/秒,用于调节涡河上下游水位和下泄流量。魏湾闸于2006年改建,9孔,闸孔宽6米,设计标准为20年一遇,流量800立方米/秒。

涡河开封段堤防级别4级,左、右岸堤长均为44.898千米,均始于杞县官庄乡孟庄村,止于通许县孙营乡大渚刘村;扶沟段堤防级别4级,左岸堤长2.770千米,始于江村镇赵庄村,止于江村镇卢白村,右岸堤长1.171千米,始于江村镇宋庄村,止于江村镇宋庄村;太康段堤防级别4级,左岸堤长62千米,右岸堤长59.5千米,均始于芝麻洼乡宴城河城西,止于朱口镇代河村东;柘城段堤防长29.5千米,左岸堤长15千米,始于李原乡丁刘村,止于鹿邑县刘楼西,右岸堤长14.5千米,始于安平乡贾庄村,止于鹿邑县玄武镇;鹿邑段左岸堤长30.23千米,始于玄武镇时口村,止于涡河镇五门村庄,右岸堤长45.9千米,始于高集乡香施堂村,止于太清宫镇东昌庄。

涡河历史上进行过多次治理,清乾隆二十二至二十三年(1757—1758年),涡河加宽上游,加深下游,鹿邑以下增筑月堤。民国时期长期战乱,河道失修。后经黄泛,涡河上游水系紊乱,堤防残缺,河床淤塞。1949年以后,对涡河干流进行了局部治理。

1954年,太康县组织民工对三所楼—王荆玄段进行了疏通,1957年夏又对涡河堤防和险工段进行了整修加固。1958年春,按3年一遇除涝标准的85%、10年一遇防洪标准对全段进行治理,3月1日开工,5月5日竣工,出动民工2.5万人,完成土方350万立方米,初步改变了涡河的旧貌。1964年冬—1965年春又进行了河道疏浚和堤防治理,按3年一遇除涝、20年一遇防洪(1964年水文资料)标准实施,疏浚段上自太康县大堰沟口,下至鹿邑县玄武集,长48.9千米,工程分冬、春两期进行,太康、柘城、鹿邑县分段治理。由于河槽积水深,稀淤难方多,采取先下后上分段施工的方法。下游古桥—玄武段,鹿邑县于

1964 年冬完成;柘城、太康两县于 1965 年春施工,柘城工段上至铁底河口,下至古桥,长 6. 65 千米,于 1965 年 2 月 10 日开工,4 月 5 日竣工,参加劳力 1. 45 万人,完成土方 84. 83 万立方米,投资 74. 02 万元。治理后,涡河干流左岸堤顶宽 5 米,右岸堤顶宽 7 米,边坡 1:3。

1977—1979 年太康县加固大堰沟以上—通许县界堤防,长 28. 4 千米,鹿邑县修复加固玄武老口门右堤,长 0. 8 千米。1999—2000 年对通许县段按 5 年一遇除涝、20 年一遇防洪标准进行治理,治理长度 21 千米。2000 年柘城县加固左岸丁口—闫口段堤防,长 7. 5 千米。

2004—2009 年涡河治理工程按照 5 年一遇除涝、20 年一遇防洪标准对魏湾闸下至省界进行治理。魏湾闸—玄武闸段进行河道疏浚,疏浚河长 39. 25 千米,左岸柘城董楼村—鹿邑王桥寨段、右岸鹿邑香施堂村—时口村段进行堤防加固,共计加固堤防 21. 55 千米;左岸鹿邑王桥寨—省界段新建堤防,长 20. 19 千米,右岸鹿邑小刘庄—省界段新建堤防,长 21. 73 千米;右岸鹿邑小刘庄村西退建堤防 0. 88 千米。其间,2006 年通许县对涡河进行局部治理,治理长度 3. 2 千米,治理标准为 5 年一遇除涝、20 年一遇防洪。

豫东地区涡河及其主要支流基本情况如表 3-2 所示。

3.1.1　运粮河

(1)流域概况。

运粮河是涡河左岸支流。发源于郑州市中牟县雁鸣湖镇万庄村,于开封市祥符区万隆乡四合庄村汇入涡河。河道干流依次流经中牟县和开封市祥符区等 2 个县(区),长度为 54 千米,流域面积为 178 平方千米。

(2)地形地貌。

运粮河流域地处黄河下游冲积扇南翼之首,地势由西北向东南倾斜,部分地区岗洼相间,海拔介于 62 ~ 69 米,地面坡度 0. 14‰ ~ 0. 2‰,河流平均比降 0. 23‰,区域地震烈度为Ⅶ度。

(3)防洪工程。

运粮河干流上建有小型节制闸 2 座,分别为小王店节制闸、朱仙镇节制闸。小王店节制闸建于 1996 年,建筑级别 3 级,5 孔,闸孔总净宽 20 米;朱仙镇节制闸建于 2010 年,建筑级别 4 级,2 孔,闸孔总净宽 5 米。

运粮河开封段堤防级别 4 级,堤长 34. 27 千米,始于杏花营农场新庄,止于祥符区万隆乡四合村。

(4)河道治理

2010—2013 年对运粮河及运粮河西支进行了治理,总投资 5 589. 55 万元,总清淤土方 166. 06 万立方米。运粮河总治理长度 34. 265 千米,建设内容包括河道清淤及堤防加固,重建、新建排水涵洞 61 座,重建、新建桥梁 18 座,维修桥梁 1 座,修建防汛道路 18. 294 千米,重建运粮河管理房 1 处,维修加固小王店节制闸(3 孔,净宽 7. 5 米)1 座。

表 3-2　豫东地区涡河及其主要支流基本情况

河名	编号	干支流关系	发源地	入河口	河长(省内河长)/千米	流域面积(省内流域面积)/平方千米	流经地区
涡河	3.1	淮河左岸支流	开封市龙亭区北营农场马寨村	安徽省怀远县城关镇涡河村	411	15 862(11 730.5)	开封市龙亭区、祥符区、尉氏县、通许县、太康县、扶沟县、杞县、柘城县、鹿邑县、安徽省亳州市谯城区、涡阳县、蒙城县、怀远县
运粮河	3.1.1	涡河左岸支流	中牟县雁鸣湖镇万庄村	开封市祥符区万隆乡四合庄村	54	178	中牟县、开封市祥符区
孙城河	3.1.2	涡河左岸支流	开封市祥符区范村乡齐岗村	通许县厉庄乡万寨村	26	111	开封市祥符区、通许县
下惠贾渠	3.1.3	涡河左岸支流	通许县冯庄乡小城村	通许县邸阁乡戴庄村	25.7	136.8	通许县
大高庙沟	3.1.3.1	下惠贾渠右岸支流	开封市祥符区范村乡周里岗村	通许县冯庄乡小双沟村	19	76.2	开封市祥符区、通许县
百邸沟	3.1.4	涡河右岸支流	尉氏县水坡镇窑咎村	通许县邸阁乡王庄村	31	165	尉氏县、通许县
涡河故道	3.1.5	涡河左岸支流	开封市鼓楼区仙人庄街道北梁牧村	太康县芝麻洼乡邢楼村	72	548	开封市鼓楼区、祥符区、通许县、杞县、太康县
上惠贾渠	3.1.5.1	涡河故道左岸支流	开封市禹王台区汪屯乡后伍村	通许县冯庄乡小城村	18.3	112.8	开封市禹王台区、祥符区、通许县
小清河	3.1.5.2	涡河故道左岸支流	开封市祥符区半坡店乡半坡村	杞县官庄乡杨王庄村	42	139	开封市祥符区、通许县、杞县
标台沟	3.1.5.3	涡河故道右岸支流	通许县邸阁乡东秦庄	杞县官庄乡宗寨村	18	73.5	通许县、杞县
大堰沟	3.1.6	涡河左岸支流	杞县官庄乡官庄村	太康县城郊乡高庄村	31	296	杞县、太康县
小白河	3.1.6.1	大堰沟左岸支流	杞县沙沃乡白塔寨村	太康县高贤乡高西村	31	126	杞县、太康县

续表 3-2

河名	编号	干支流关系	发源地	入河口	河长(省内河长)/千米	流域面积(省内流域面积)/平方千米	流经地区
梁庄沟	3.1.6.2	大堰沟左岸支流	杞县湖岗乡宋院村东	太康县高贤乡北贾孟庄东	23	55.1	杞县、太康县
老涡河	3.1.7	涡河右岸支流	尉氏县永兴镇陈村	太康县马厂镇大施村	78	659	尉氏县、扶沟县、太康县
尉扶河	3.1.7.1	老涡河左岸支流	尉氏县张市镇尹庄村	太康县清集镇黄岗村	57	274	尉氏县、扶沟县、太康县
申柳沟	3.1.7.1.1	尉扶河左岸支流	尉氏县十八里镇申庄	尉氏县永兴镇三柳东南	15	67.3	尉氏县
兰河	3.1.7.2	老涡河右岸支流	太康县常营镇常南村	太康县马厂镇武庄村	38	148	太康县
大新沟	3.1.8	涡河左岸支流	杞县板木乡张仙庄村	太康县马厂镇后陈村	42	325	杞县、太康县
新高底河	3.1.8.1	大新沟右岸支流	太康县王集乡草刘村	太康县高朗乡张车岗村	20	63.1	太康县
小新沟	3.1.8.2	大新沟左岸支流	杞县板木乡南杨庄	太康县马厂镇黄庄村	38	95.8	杞县、太康县
铁底河	3.1.9	涡河左岸支流	开封市祥符区半坡店乡杨庄村	太康县朱口镇谢桥村	102	639	开封市祥符区,通许县、杞县、太康县
小温河	3.1.9.1	铁底河左岸支流	杞县傅集镇陆庄村	太康县杨庙乡王湾村	32	108	杞县、睢县、太康县
潘河	3.1.9.2	铁底河左岸支流	太康县转楼镇孙桥北	太康县朱口镇芦李村南	23	62.6	太康县
马头沟	3.1.10	涡河左岸支流	太康县马头镇任屯村	柘城县李原乡闫口村	31	89	太康县、柘城县
五里河	3.1.11	涡河左岸支流	鹿邑县杨湖口镇郑庄村	安徽省亳州市谯城区牛集镇丁庄村	20(18.9)	53.8(48.7)	鹿邑县、安徽省亳州市谯城区
惠济河	3.1.12	涡河左岸支流	开封市禹王台区济梁闸	安徽省亳州市谯城区牛集镇大王村	191(166.5)	4429(4411.7)	开封市禹王台区、祥符区、杞县、睢县、柘城县、鹿邑县、安徽省亳州市谯城区

续表 3-2

河名	编号	干支流关系	发源地	入河口	河长（省内河长）/千米	流域面积（省内流域面积）/平方千米	流经地区
黄汴河	3.1.12.1	惠济河左岸支流	开封市龙亭区水稻乡黑岗口东南堤外	开封市禹王台区济梁闸	18	62.8	开封市龙亭区、鼓楼区、禹王台区
马家河	3.1.12.2	惠济河右岸支流	中牟县狼城岗	开封市禹王台区汪屯乡伍村	31.65	206	中牟县、开封市龙亭区、鼓楼区、禹王台区
马家河北支	3.1.12.2.1	马家河左岸支流	中牟县狼城岗镇曹寨村	开封市鼓楼区南苑街道刘寺村	19	83.6	中牟县、开封市龙亭区、鼓楼区
惠北泄水渠	3.1.12.3	惠济河右岸支流	开封市龙亭区柳园口乡牛庄村	开封市祥符区陈留镇二里寨村	27	92.6	开封市龙亭区、顺河回族区、祥符区
下泄水渠	3.1.12.4	惠济河左岸支流	开封市祥符区兴隆乡兴隆村	开封市祥符区仇楼镇西白坟村	16	102	开封市祥符区
柏慈沟	3.1.12.5	惠济河左岸支流	开封市祥符区八里湾镇柏树坟	杞县平城乡慈母岗村	18	54.9	开封市祥符区、杞县
淤泥河	3.1.12.6	惠济河左岸支流	开封市祥符区杜良乡陈寨村	杞县城郊乡老徐村	52	627	开封市祥符区、杞县
圈章河	3.1.12.6.1	淤泥河左岸支流	开封市祥符区杜良乡堌东村	杞县平城乡杏行村	25	152	开封市祥符区、杞县
济民沟	3.1.12.6.2	淤泥河左岸支流	兰考县三义寨乡三义寨村	杞县泥沟乡前小寨村	26	96.8	兰考县、杞县
金狮沟	3.1.12.6.2.1	济民沟左岸支流	兰考县三义寨乡张寺寨村	杞县阳堌镇前丁城村	17	52.9	兰考县、杞县
杜庄河	3.1.12.6.3	淤泥河左岸支流	兰考县三义寨乡薛楼村	杞县柿园乡付里庄村	30	142	兰考县、杞县
茅草河	3.1.12.7	惠济河左岸支流	民权县双塔镇大曹村	睢县西陵寺镇杜公集村	35	200	民权县、杞县、睢县
茅草河东支	3.1.12.7.1	茅草河右岸支流	民权县白云寺镇老尹店集村	睢县蓼堤镇刘早村	16	51.1	民权县、睢县
通惠渠	3.1.12.8	惠济河左岸支流	兰考县仪封乡仪封村	睢县河集乡卢庄村	55	537	兰考县、民权县、睢县
大山子沟	3.1.12.8.1	通惠渠右岸支流	民权县双塔乡大山子村	民权县人和镇台上村	11	57.5	民权县
老通惠渠	3.1.12.8.2	通惠渠左岸支流	民权县野岗镇高寨村	民权县白云寺镇青行村	21	63.4	民权县
吴堂河	3.1.12.8.3	通惠渠左岸支流	民权县野岗镇朱庄村	睢县涧岗乡小乔村	26	141	民权县、睢县

续表 3-2

河名	编号	干支流关系	发源地	入河口	河长(省内河长)/千米	流域面积(省内流域面积)/平方千米	流经地区
利民河	3.1.12.9	惠济河左岸支流	睢县董店乡黄台村	睢县河堤乡万口村	31.4	67.9	睢县
申家沟	3.1.12.10	惠济河左岸支流	民权县南华街道办事处王义楼村	睢县白楼乡朱桥村	41	202	民权县,睢县,宁陵县
蒋河	3.1.12.11	惠济河左岸支流	杞县葛岗镇楚楼村	柘城县张桥乡大魏庄	91	748	杞县,睢县,太康县,柘城县
祁河	3.1.12.11.1	蒋河左岸支流	杞县裴村店乡张六户村	睢县平岗镇祖六村	39	299	杞县,睢县
祁河西支	3.1.12.11.1.1	祁河右岸支流	杞县裴村店乡屯庄村	睢县匡城乡蔡庄村	19	65.8	杞县,睢县
周塔河	3.1.12.11.1.2	祁河左岸支流	睢县西陵寺镇孟楼村	睢县平岗镇平西村	30	156	睢县
废黄河	3.1.12.12	惠济河左岸支流	睢县董店乡朱台村	柘城县陈青集镇梁湾村	64	389	睢县,宁陵县,柘城县
毛张河	3.1.12.12.1	废黄河左岸支流	宁陵县张弓镇毛楼村	宁陵县黄岗镇张桥村	11	86.9	宁陵县
小沙河	3.1.12.12.2	废黄河左岸支流	柘城县惠济乡周店村	柘城县长江新城办事处郭口村	21	107	柘城县
小洪河	3.1.12.13	惠济河右岸支流	太康县马头镇马庄村	鹿邑县杨湖口镇西刘村	42	136	太康县,柘城县,鹿邑县
永安沟	3.1.12.14	惠济河左岸支流	柘城县远襄镇北街村	柘城县陈青集镇王口村	28	81.5	柘城县
太平沟	3.1.12.15	惠济河左岸支流	宁陵县刘楼乡郑庙村	鹿邑县贾滩镇戴园村	62	335	宁陵县,商丘市睢阳区,柘城县,鹿邑县
明净沟	3.1.12.16	惠济河左岸支流	柘城县胡襄镇毛桃村	鹿邑县马铺镇戴庄村	41.15	165.1	柘城县,鹿邑县
丰河	3.1.13	涡河左岸支流	鹿邑县马铺镇德营村	安徽省亳州市谯城区魏岗镇谭营村	17(4)	96(30.4)	鹿邑县,安徽省亳州市谯城区
大沙河	3.1.14	涡河左岸支流	民权县绿洲街道办事处断堤头村	安徽省亳州市谯城区花戏楼办事处桑园社区	123	1 813(1 677.9)	民权县,宁陵县,商丘市睢阳区,鹿邑县,安徽省亳州市谯城区
上清水河	3.1.14.1	大沙河左岸支流	民权县绿洲街道办事处蒋坡楼村	宁陵县城郊乡张老庄村	26	101	民权县,宁陵县

续表 3-2

河名	编号	干支流关系	发源地	入河口	河长(省内河长)/千米	流域面积(省内流域面积)/平方千米	流经地区
下清水河	3.1.14.2	大沙河左岸支流	宁陵县城郊乡贾庄村	商丘市睢阳区路河镇李老家村	36	248	宁陵县、商丘市梁园区、睢阳区
陈两河	3.1.14.2.1	下清水河左岸支流	民权县孙六镇小张庄村	商丘市睢阳区郭村镇郭楼村	43	99.4	民权县、宁陵县、商丘市梁园区、睢阳区
古宋河	3.1.14.3	大沙河左岸支流	民权县绿洲街道办事处史村铺村	商丘市睢阳区李口镇任楼村	72	490	民权县、宁陵县、商丘市梁园区、睢阳区
大坡河	3.1.14.3.1	古宋河右岸支流	商丘市梁园区观堂镇汶河村	商丘市睢阳区新城街道办事处董瓦房	16	56.3	商丘市梁园区、睢阳区
忠民河	3.1.14.3.2	古宋河左岸支流	商丘市梁园区李庄乡邓口村	商丘市睢阳区古宋街道办事处南关	17.6	64.5	商丘市梁园区、睢阳区
陈良河	3.1.14.3.3	古宋河左岸支流	商丘市梁园区观堂镇徐楼村	商丘市睢阳区李口镇贾楼村	25	61.5	商丘市梁园区、睢阳区
洮河	3.1.14.4	大沙河右岸支流	宁陵县阴驿乡郭店村南	安徽省亳州市谯城区魏岗镇大陈村	76(67.6)	338(305.2)	宁陵县、商丘市睢阳区、柘城县、鹿邑县、安徽省亳州市谯城区
鸿雁沟	3.1.14.5	大沙河左岸支流	商丘市睢阳区包公庙乡院庄村	安徽省亳州市谯城区古井镇刘庄村	22	56.3(14.9)	商丘市睢阳区、鹿邑县、安徽省亳州市谯城区
亳宋河	3.1.15	涡河左岸支流	商丘市睢阳区李口镇火楼村	安徽省亳州市谯城区汤陵办事处丰水源社区	46	189(95.2)	商丘市睢阳区、安徽省亳州市谯城区
赵王河	3.1.16	涡河右岸支流	鹿邑县玄武镇时口村	安徽省亳州市谯城区百尺河村	83(44.36)	960(430.3)	鹿邑县、安徽省亳州市谯城区
兰沟河	3.1.16.1	赵王河右岸支流	鹿邑县邱集乡梨园陈	鹿邑县观堂镇观堂村	26	69.7	鹿邑县

续表 3-2

河名	编号	干支流关系	发源地	入河口	河长(省内河长)/千米	流域面积(省内流域面积)/平方千米	流经地区
八里河	3.1.16.2	赵王河左岸支流	鹿邑县玄武镇大朱庄	鹿邑县王皮溜镇大朱滩村	35	168	鹿邑县
急三道河	3.1.16.3	赵王河左岸支流	鹿邑县真源办事处	安徽省亳州市谯城区赵桥乡王寨村	34	163(75.7)	鹿邑县,安徽省亳州市谯城区
广亮沟	3.1.16.3.1	急三道河右岸支流	鹿邑县王皮溜镇张庄村	安徽省亳州市谯城区十八里镇大张庄	20	68.7(32.3)	鹿邑县,安徽省亳州市谯城区
油河	3.1.17	涡河右岸支流	太康县张集镇温良村	安徽省亳州市谯城区城父镇工元村	128	1 088(683.4)	大康县,柘城县,鹿邑县,郸城县,安徽省亳州市谯城区
洪河	3.1.17.1	油河右岸支流	鹿邑县张店镇赵庄村	郸城县张完乡洪河头	34	133	鹿邑县,郸城县
练沟河	3.1.17.2	油河右岸支流	郸城县汲水乡梁桥营	郸城县南丰镇十字河村	17	81.5	郸城县
洺河	3.1.17.3	油河右岸支流	郸城县白马镇张胖店村	安徽省亳州市谯城区大杨镇聂关村	40(16.5)	296(154)	郸城县,安徽省亳州市谯城区
武家河	3.1.18	涡河左岸支流	商丘市睢阳区东方办事处相苗村	安徽省亳州市谯城区闸北镇	130	1 060(432)	商丘市睢阳区,虞城县,安徽省亳州市谯城区
杨大河	3.1.18.1	武家河左岸支流	商丘市睢阳区闫集镇赵口集	商丘市睢阳区均衡镇澹楼村	20	59.8	商丘市睢阳区
小洪河	3.1.18.2	武家河右岸支流	商丘市睢阳区李口镇大刘庄村	虞城县木兰镇陈桥村李大庄	29	86.2	商丘市睢阳区,虞城县
老杨河	3.1.18.3	武家河左岸支流	虞城县沙集乡柳杭村	安徽省涡阳县牌坊镇燕大村	72(15.35)	185(59.9)	虞城县,安徽省亳州市谯城区,涡阳县
母猪沟	3.1.18.4	武家河左岸支流	安徽省亳州市谯城区观堂镇大夏楼村	安徽省涡阳县牌坊镇燕修桥	31(13.3)	132(54)	安徽省亳州市谯城区,河南省永城市,安徽省涡阳县
五道沟	3.1.19	涡河左岸支流	永城市李寨镇李寨村	安徽省涡阳县闸北镇周庄村	39(9.2)	188(31.5)	永城市,安徽省涡阳县

3.1.2　孙城河

（1）流域概况。

孙城河是涡河左岸支流。发源于开封市祥符区范村乡齐岗村,于开封市通许县厉庄乡万寨村西北汇入涡河。河道干流依次流经开封市祥符区和通许县等 2 个县（区）,长度为 26 千米,流域面积为 111 平方千米。

（2）地形地貌。

孙城河流域地处黄河冲积平原,海拔介于 58 ~ 67 米,地面坡度 0.17‰ ~ 0.4‰,河流平均比降 0.436‰,区域地震烈度为Ⅶ度。

（3）防洪工程。

孙城河干流上建有中型节制闸 2 座,分别为张瑞宇节制闸、黄岗村节制闸。

孙城河现存堤防级别 4 级,堤长 21.76 千米,始于祥符区范村乡五道河口,止于通许县厉庄乡万寨村。

（4）河道治理。

截至 2017 年底,孙城河仅在 1977 年进行过大规模治理,按 3 年一遇除涝、20 年一遇防洪标准对香冉沟口以下段进行治理,治理长度 12.51 千米。

3.1.3　下惠贾渠

（1）流域概况。

下惠贾渠是涡河左岸支流,1990 年赵口灌区东二干渠建设时,将冯庄乡小城倒虹吸以上的惠贾渠改入涡河故道,故分为上惠贾渠和下惠贾渠,发源于开封市通许县冯庄乡小城村,于通许县邸阁乡戴庄村西汇入涡河。河道干流只流经通许县 1 个县,长度为 25.7 千米,流域面积为 136.8 平方千米。

（2）地形地貌。

下惠贾渠流域属黄淮冲积平原,地势平缓,海拔介于 60.5 ~ 65.5 米,地面坡度 0.33‰ ~ 0.17‰,河流平均比降 0.119‰,区域地震烈度为Ⅶ度。

（3）防洪工程。

截至 2016 年底,下惠贾渠干流上建有中型节制闸 1 座,为厉庄节制闸（5 孔,孔宽 4 米）;小型节制闸 2 座,分别为惠贾渠节制闸（6 孔,孔宽 5 米）、冯庄节制闸（3 孔,孔宽 2 米）。

下惠贾渠现有堤防级别 4 级,堤长 25.7 千米。

（4）河道治理。

2017 年 8 月—2019 年 6 月对下惠贾渠入涡河口段进行治理,工程投资 2 000.93 万元,河道疏浚清淤 18 千米,拆除重建桥梁 4 座,拆除重建涵闸 8 座,拆除重建穿堤排涝涵闸 4 座,新建混凝土防汛道路 8.69 千米。

2018—2019 年对河道进行治理,投资 3 024.82 万元,完成河道清淤 18.3 千米,两岸堤防加固整修共 16.928 千米;新建左岸堤顶道路 8.464 千米,重建跨河生产桥梁 15 座,新建排水涵闸 5 座、防洪排涝闸 2 座,重建进水闸 1 座,改建进水闸 1 座,重建倒虹吸 1 座,重建沟口桥 1 座。

2019 年对河道进行治理,投资 1 248.76 万元,疏浚河道 7.7 千米;重建水闸 3 座;拆除重建桥梁 3 座;修建管理道路 6.017 千米;衬砌河道长 710 米。

3.1.3.1　大高庙沟

(1)流域概况。

大高庙沟为下惠贾渠右岸支流,发源于开封市祥符区范村乡周里岗村,于开封市通许县冯庄乡小双沟村汇入下惠贾渠。河道干流依次流经开封市祥符区和通许县等 2 个县(区),长度为 19 千米,流域面积为 76.2 平方千米。

(2)地形地貌。

大高庙沟流域属黄淮冲积平原,地势平缓,海拔介于 60.5 ~ 65.5 米,地面坡度 0.17‰ ~ 0.33‰,区域地震烈度为Ⅶ度。

(3)防洪工程。

大高庙沟干流上建有节制闸 2 座,分别为后边岗闸(2 孔,孔宽 3 米)、东周李岗闸(1 孔,孔宽 1 米);退水闸 1 座,入下惠贾渠处退水闸(2 孔,孔宽 2 米)。

3.1.4　百邸沟

(1)流域概况。

百邸沟是涡河右岸支流,原是 1938 年黄河决口冲刷形成的自然沟,汛期坡水多顺其排泄,1951 年沿自然串沟开挖成百(百里池)邸(邸阁)沟,发源于开封市尉氏县水坡镇李砦村,于开封市通许县邸阁乡王庄村汇入涡河。河道干流依次流经尉氏县和通许县等 2 个县,长度为 31 千米,流域面积为 165 平方千米。

(2)地形地貌。

百邸沟流域属黄淮冲积平原,地势平缓,海拔介于 60.5 ~ 65.5 米,地面坡度 0.18‰ ~ 0.43‰,河流比降 0.181‰ ~ 0.4‰,区域地震烈度为Ⅶ度。

(3)防洪工程。

百邸沟干流上建有节制闸 2 座,分别为大王货闸、前李闸。

(4)河道治理。

尉氏县和通许县曾分别对百邸沟进行治理。

尉氏县于 2014 年 9 月—2015 年 9 月对百邸沟进行治理,按 5 年一遇除涝、20 年一遇防洪标准,清淤 14.135 千米,两岸堤防加固整修共 15.70 千米,新建右岸堤顶防汛道路 7.85 千米。重建跨河桥梁工程 7 座、重建顺堤桥 2 座;重建沿河两岸排水涵洞 15 座、新建排水涵洞 10 座;新建、重建防洪排涝闸 2 座;改建节制闸 1 座,投资 2 022.96 万元。

通许县于 2015 年 2—10 月对百邸沟进行治理,共完成河道清淤 12.765 千米;两岸堤防加固整修共 25.53 千米;新建右岸堤顶防汛道路 12.765 千米;重建跨河桥梁工程 7 座,新建顺堤桥 2 座,重建顺堤桥 1 座;重建沿河两岸排水涵洞 14 座、新建排水涵洞 1 座;重建防洪排涝闸 1 座,项目总投资 2 126.03 万元。

3.1.5　涡河故道

（1）流域概况。

涡河故道是涡河左岸支流,古为黄水入涡的泛道,通许县称境内涡河故道为郭河,20世纪 50 年代治理后改名为涡河故道,发源于开封市鼓楼区仙人庄街道北梁坟村,于周口市太康县芝麻洼乡邢楼村汇入涡河。河道干流依次流经开封市鼓楼区、开封市祥符区、通许县、杞县和太康县等 5 个县(区),长度为 72 千米,流域面积为 548 平方千米。

（2）地形地貌。

涡河故道流域以平原地形为主,由西北向东南微倾斜,部分地区形成岗洼相间、沙丘洼地并存、波状沙地、风吹沙移等地貌。海拔介于 58 ~ 67 米,地面坡度 0.16‰ ~ 0.33‰,河流比降一般介于 0.25‰ ~ 0.33‰,区域地震烈度为Ⅶ度。

（3）水功能区。

涡河故道有一级功能区 1 个,为涡河故道通许保留区。起始断面为通许县冯庄小城,终止断面为太康县入涡河口,水质目标为Ⅲ类。

（4）防洪工程。

涡河故道干流上建有中型节制闸 3 座,分别为阎台节制闸、阴岗节制闸、塔湾节制闸;橡胶坝 1 座。

涡河故道堤防级别 4 级,堤长 41.31 千米,始于通许县冯庄乡小城村小城枢纽处,止于入涡河口。

（5）河道治理。

2012—2014 年实施了开封市涡河故道下游段治理工程,治理范围为入涡河口—故道西支口。共对 28.207 千米的河道进行了清淤与堤防加固,并新建排水涵洞 9 座,重建排水涵洞 9 座,新建防洪排涝闸 2 座,重建公路Ⅱ级,折减生产桥 3 座,工程总投资 2 623 万元。

2014—2015 年实施了开封市涡河故道县城防洪段治理工程,治理范围为厉庄乡毛李村—冯庄乡小城村,共完成河段清淤 7.607 千米、两岸堤防加固整修 15.214 千米、新建右岸堤顶防汛道路 7.607 千米,重建跨河桥梁 5 座、新建沿河两岸 13 座排水涵洞、新建 1 座防洪排涝闸,重建涡河故道河道管理所 1 处,工程总投资 1 933 万元。

2016—2017 年实施了通许县城生态水系工程,治理标准为 50 年一遇防洪标准,共对8.753 千米河道进行了清淤、护岸、绿化,工程总投资 14 690 万元。

3.1.5.1　上惠贾渠

（1）流域概况。

上惠贾渠是涡河故道左岸支流,1990 年赵口灌区东二干渠建设时,将冯庄乡小城倒虹吸以上的惠贾渠改入涡河故道,称上惠贾渠,发源于开封市禹王台区汪屯乡后伍村附近,于开封市通许县冯庄乡小城村汇入涡河故道。河道干流依次流经开封市禹王台区、开封市祥符区和通许县等 3 个县(区),长度为 18.3 千米,流域面积为 112.8 平方千米。

(2)地形地貌。

上惠贾渠流域属黄淮冲积平原,地势平缓,海拔介于 60.5 ～ 65.5 米,地面坡度 0.167‰～0.33‰,河流平均比降 0.119‰,区域地震烈度为Ⅶ度。

(3)防洪工程。

上惠贾渠堤防级别 4 级,堤长 8.464 千米,始于祥符区半坡店乡任寨村,止于入涡河故道口。

(4)河道治理。

2018—2019 年对上惠贾渠进行治理,完成河道清淤 18.3 千米;两岸堤防加固整修共 16.928 千米;新建左岸堤顶道路 8.464 千米;重建跨河生产桥梁 15 座,新建排水涵闸 5 座、防洪排涝闸 2 座,重建进水闸 1 座,改建进水闸 1 座,重建倒虹吸 1 座,重建沟口桥 1 座,投资 3 024.82 万元。

3.1.5.2　小清河

(1)流域概况。

小清河是涡河故道左岸支流,发源于开封市祥符区半坡店乡半坡店村,于开封市杞县官庄乡杨王庄村汇入涡河故道。河道干流依次流经开封市祥符区、通许县和杞县等 3 个县(区),长度为 42 千米,流域面积为 139 平方千米。

(2)地形地貌。

小清河流域地处黄河冲积平原,由西北向东南微倾斜,部分地区岗洼相间,海拔介于 58 ～ 67 米,地面坡度 0.2‰～0.25‰,河流比降 0.143‰～0.25‰,区域地震烈度为Ⅶ度。

(3)防洪工程。

小清河干流上建有中型节制闸 1 座,为岭西节制闸;小型节制闸 3 座,分别为前七步节制闸、徐庄节制闸、林场节制闸;防洪排涝闸 3 座、涵洞(管)15 座。

小清河堤防级别 4 级,堤长 14.743 千米,始于枣林沟口,止于入涡河故道口。

(4)河道治理。

2014—2015 年对小清河县界—枣林沟入口段进行治理。完成河道清淤疏浚 11 千米,两岸堤防加固整修长 22 千米,配套各类建筑物 22 座,河道混凝土护砌 4 处,总长度 593 米,左岸堤顶新建防汛道路 1 条,总长 10.407 千米,新增小清河七步枢纽管理所管理房面积 50 平方米,工程总投资 2 622.86 万元。

2017—2018 年对通许县四所楼镇仲舒岗村—林场节制闸段进行治理。完成河道疏浚 17.285 千米,堤防加固整修 6.926 千米,新建左岸堤顶防汛道路 3.463 千米,重建排水涵洞 1 座,新建排水涵洞 3 座,新建防洪排涝闸 3 座,重建节制闸 1 座,重建跨河生产桥 8 座,岸坡护砌长 280 米,项目总投资 2 106.12 万元。

祥符区半坡店乡四府村—惠贾渠小清河进水闸段曾进行过河道疏浚。

3.1.5.3　标台沟

(1)流域概况。

标台沟是涡河故道右岸支流,发源于开封市通许县邸阁乡东秦庄,于开封市杞县官庄乡宗寨村汇入涡河故道。河道干流依次流经通许县和杞县等 2 个县,长度为 18 千米,流域面积为 73.5 平方千米。

(2)地形地貌。

标台沟流域地势自西北向东南微倾斜,海拔介于 58 ~ 62 米,地面坡度 0.2‰ ~ 0.25‰。河流平均比降 0.182‰,区域地震烈度为Ⅶ度。

(3)防洪工程。

标台沟干流上建有小型节制闸 1 座,为蔡庄闸。

标台沟堤防级别 4 级,两岸堤长 2.06 千米,始于安岭沟口,止于入涡河故道口。

3.1.6　大堰沟

(1)流域概况。

大堰沟是涡河左岸支流,1938 年黄水泛滥后,筑堰挡水,因此称大堰沟。发源于开封市杞县官庄乡官庄村,于周口市太康县城郊乡高庄村汇入涡河。河道干流依次流经杞县和太康县等 2 个县,长度为 31 千米,流域面积为 296 平方千米。

(2)地形地貌。

大堰沟流域以平原地形为主,由西北向东南倾斜,海拔介于 46.1 ~ 67 米,地面坡度 0.167‰ ~ 0.25‰,河流平均比降 0.303‰,区域地震烈度杞县为Ⅶ度,太康县为Ⅵ度。

(3)防洪工程。

大堰沟干流上建有中型节制闸 1 座,为小郭节制闸。小郭节制闸于 2013 年 10 月竣工,主要作用是除涝蓄水,4 孔,孔径 5 米,设计流量 212 立方米/秒。

(4)河道治理。

太康县共对大堰沟进行过 4 次治理。

1950 年 3 月首次对大堰沟进行疏浚,1951 年又组织 3 000 民工对大堰沟疏浚。

1964 年按老 3 年一遇除涝、20 年一遇防洪标准对漳岗—入涡河口段进行治理,11 月 25 日开工,次年 1 月 25 日竣工,治理长度 12.48 千米,出动民工 1.5 万人,完成土方 52.29 万立方米,工日 30 万个。

1976 年 4 月按 3 年一遇除涝、20 年一遇防洪标准进行治理,出动民工 1.25 万人,完成土方 80 万立方米,工日 36.2 万个。

太康县的姜岗东、西闸,1978 年 6 月竣工,主要通过幸福渠调水,1 孔,孔径 3.5 米,设计流量 9 立方米/秒。

3.1.6.1　小白河

（1）流域概况。

小白河是大堰沟左岸支流,发源于开封市杞县沙沃乡白塔寨村,于周口市太康县高贤乡高西村汇入大堰沟。河道干流依次流经杞县和太康县等 2 个县,长度为 31 千米,流域面积为 126 平方千米。

（2）地形地貌。

小白河流域以平原地形为主,由西北向东南倾斜,海拔介于 58 ~ 67 米,地面坡度 0.2‰ ~ 0.25‰,河流平均比降 0.254‰,区域地震烈度为Ⅶ度。

3.1.6.2　梁庄沟

（1）流域概况。

梁庄沟是大堰沟左岸支沟。发源于开封市杞县湖岗乡宋院村东,在周口市太康县高贤乡北孟庄东汇入大堰沟。河道干流依次流经杞县和太康县等 2 个县,长度为 23 千米,流域面积为 55.1 平方千米。

（2）地形地貌。

梁庄沟流域属黄淮冲积平原,地势平缓,海拔介于 60.5 ~ 65.5 米,地面坡度 0.18‰ ~ 0.43‰,区域地震烈度为Ⅶ度。

3.1.7　老涡河

（1）流域概况。

老涡河是涡河右岸支流,原是涡河流经的河道,1958 年涡河治理改道,原河段称为老涡河,发源于开封市尉氏县永兴镇陈村,于周口市太康县马厂镇大施村汇入涡河。河道干流依次流经尉氏县、扶沟县和太康县等 3 个县,长度为 78 千米,流域面积为 659 平方千米。

（2）地形地貌。

老涡河流域以平原地形为主,由西北向东南倾斜,海拔介于 46.1 ~ 65.5 米,地面坡度 0.18‰ ~ 0.43‰,河流比降 0.164‰ ~ 0.206‰,区域地震烈度分别为尉氏Ⅶ度、扶沟Ⅶ度、太康Ⅵ度。

（3）水功能区。

老涡河有一级功能区 1 个,为老涡河尉氏开发利用区;二级功能区 1 个,为老涡河尉氏太康农业用水区。老涡河尉氏太康农业用水区起始断面为尉氏县老白潭,终止断面为太康县入涡河口,水质目标为Ⅲ类。

（4）防洪工程。

老涡河干流太康段上建有中型节制闸 2 座,分别为黄口节制闸、丁庄节制闸;小型节制闸 1 座,为前河节制闸。黄口闸于 1976 年 3 月竣工,主要作用为除涝蓄水,6 孔,孔径 5 米,设计流量 373 立方米/秒。

河道干流在尉氏县及扶沟县境内无堤防。老涡河太康县段堤防级别 4 级,堤长 71.2

千米,左、右岸堤长均为 35.6 千米,始于常营镇半截楼村,止于马厂镇小丁桥村。

(5)河道治理。

1949 年以来太康县对老涡河进行过 4 次河道治理。

1965 年,对老涡河按老 3 年一遇除涝、20 年一遇防洪标准进行治理,自尉扶河入口—涡河口共治理 31.6 千米,出动民工 3.5 万人。

1976 年 2 月对老涡河上游(太扶县界—尉扶河入口),按老 3 年一遇除涝、20 年一遇防洪标准进行治理,出动民工 1.5 万人,完成土方 31 万立方米,工日 15 万个。

1987 年对老涡河按 5 年一遇除涝、20 年一遇防洪标准进行治理,治理长度 2.8 千米,出动民工 1.1 万人,11 月 5 日开工,25 日全部竣工,共完成土方 30 万立方米,工日 22 万个,国家及群众投资 95 万元。

2011 年 4 月 20 日按 5 年一遇排涝标准对县境内老涡河全段进行治理,疏浚河道44.758 千米,重建支斗沟排涝涵闸 5 座,重建农用生产桥 1 座、交通桥 1 座,完成土方开挖204.89 万立方米,土方回填 1.23 万立方米。砌体 0.06 万立方米,混凝土及钢筋混凝土0.34 万立方米,累计完成投资 2 690 万元。

3.1.7.1　尉扶河

(1)流域概况。

尉扶河是老涡河左岸支流,原为 1938 年黄河决口之串沟,1965 年经河南省规划设计治理,命名为尉扶河,发源于开封市尉氏县张市镇尹庄村,于周口市太康县清集镇黄岗村汇入老涡河。河道干流依次流经尉氏县、扶沟县和太康县等 3 个县,长度为 57 千米,流域面积为 274 平方千米。

(2)地形地貌。

尉扶河流域以平原地形为主,自西北向东南微倾斜,海拔介于 46.1 ~ 65 米,地面坡度0.167‰ ~ 0.25‰,河流比降 0.143‰ ~ 0.222‰,区域地震烈度分别为尉氏Ⅶ度、扶沟Ⅶ度、太康Ⅵ度。

(3)防洪工程。

尉扶河干流上建有中型节制闸 3 座,分别为司马节制闸、常庄节制闸、水饭店节制闸;小型节制闸 1 座,为杜柏闸。

尉扶河开封段无堤防,周口段堤防级别 4 级,堤长 49.91 千米,其中左岸堤长 24.057千米,始于扶沟县江村镇李桥村东,止于太康县清集镇黄口村西;右岸堤长 25.853 千米,始于扶沟县崔桥镇李景彦村东北,止于太康县清集镇黄口村西。

(4)河道治理。

1949 年以后至今共对尉扶河进行过 6 次河道治理,其中尉氏县、扶沟县和太康县各治理 2 次。

2015 年 5 月—2016 年 5 月,尉氏县对尉扶路—尉扶河引水闸段按 5 年一遇除涝标准进行治理。治理长度 13.591 千米,完成河道清淤疏浚 13.591 千米、河道清淤 17.04 万立方米、清除垃圾 0.32 万立方米、岸坡整治总长 27.182 千米,生态修复面积 23.53 万平方米,修建泥结碎石管护便道一条,长 9.592 千米,拆除重建桥梁 15 座,其中跨河桥 14 座、顺堤桥 1 座,重建节制闸 1 座,重建引水闸 1 座,项目总投资 2 243.50 万元。2017 年 10 月—2019 年 1 月,尉氏县对尉、扶县界—尉扶路(省道)段按 5 年一遇除涝标准进行治理。治理长度 10.394 千米,完成河道清淤疏浚 10.394 千米;河道两岸岸坡整治 20.588 千米;建筑物工程 13 座,其中拆除重建桥梁 10 座,拆除重建水闸 3 座(含节制闸 1 座、沟口涵闸 2座),项目总投资 2 715.34 万元。

扶沟县先于 1965 年对尉扶河进行疏浚,分 2 期施工。第一期为度汛工程,3 月 15 日开工,疏浚河道 19.7 千米,历时 18 天竣工;第二期工程按 3 年一遇排涝标准设计,11 月 15日开工,完成土方 49.2 万立方米。扶沟县后又于 2018 年按 5 年一遇除涝标准对河道进行疏浚,长度为 12.205 千米,开挖土方 84.79 万立方米,土方回填 0.89 万立方米,混凝土及钢筋混凝土 3 512 立方米,投资 105.95 万元。

太康县在新中国成立初期对尉扶河进行过疏浚,后又于 1965 年 4 月 16 日—5 月 25日,对尉扶河扶太县界—入老涡河口段按老 3 年一遇除涝、20 年一遇防洪标准进行治理,治理长度 15.42 千米,出动民工 3.5 万人,完成土方 236 万立方米,工日 109.8 万个(包括老涡河的治理)。

3.1.7.1.1　申柳沟

(1)流域概况。

申柳沟是尉扶河左岸支流,发源于开封市尉氏县十八里镇申庄,于尉氏县永兴镇三柳东南汇入尉扶河。河道干流只流经尉氏县 1 个县,长度为 15 千米,流域面积为 67.3 平方千米。

(2)地形地貌。

申柳沟流域自西北向东南微倾斜,海拔介于 62 ~ 69 米,地面坡度 0.20‰ ~ 0.25‰。河流平均比降约为 0.286‰,区域地震烈度为Ⅶ度。

(3)防洪工程。

申柳沟干流上建有小型节制闸 1 座,为永兴节制闸。

3.1.7.2　兰河

(1)流域概况。

兰河是老涡河右岸支流,清代称兰河沟,后经黄泛水冲,沟河延伸扩大,新中国成立初期治理时称兰河,发源于周口市太康县常营镇常南村,至太康县马厂镇武庄村汇入老涡河。河道干流只流经太康县 1 个县,长度为 38 千米,流域面积为 148 平方千米。

(2)地形地貌。

兰河流域以平原地形为主,由西北向东南倾斜。海拔介于 46.1 ~ 59.0 米,地面坡度 0.167‰ ~ 0.200‰,河流平均比降 0.089‰,区域地震烈度为Ⅵ度。

(3)防洪工程。

兰河干流上建有中型节制闸 1 座,为任庄闸;小型节制闸 1 座,为林庄闸。任庄闸于

1993 年 7 月竣工,主要作用是除涝蓄水,5 孔,孔径 3.5 米,设计流量 175 立方米/秒,设计蓄水量 140 万立方米;林庄闸于 1995 年 9 月竣工,主要作用为除涝蓄水,2 孔,孔径 3 米,设计流量 28 立方米/秒。

(4)河道治理。

1949 年以来兰河共进行了 4 次治理。

1956 年首次治理,在一定程度上减轻了涝灾。

1965 年 6 月 8 日—7 月 3 日进行第二次治理,按老 3 年一遇除涝、20 年一遇防洪标准治理兰支沟入口—入老涡河口段,治理长度 27 千米,出动民工 1.3 万人,完成土方 54.7 万立方米,工日 26.1 万个,治理后涝碱灾害缓解。

1985 年 7 月 17—23 日进行第三次治理,治理了兰支沟入口—安庄段,长度为 13.1 千米,出动民工 8 000 人,完成土方 9 万立方米,进一步提高了排涝能力。

1987 年 11 月 5—30 日,按 5 年一遇除涝、20 年一遇防洪标准对兰河进行了第四次治理,治理长度 38.5 千米,出动民工 10 万人,完成土方 210 万立方米,工日 128 万个,国家投资 12.978 万元,群众自筹 450 万元,这次治理为根治兰河流域低洼易涝奠定了基础。

3.1.8　大新沟

(1)流域概况。

大新沟是涡河左岸支流,为清初黄泛水冲河道。据清道光八年(1828 年)《太康县志》载:大新沟在县北二十里,自大吉岗地方起至撞庄村入七里河……。现大新沟发源于开封市杞县板木乡张仙庄村,于周口市太康县马厂镇后陈村入涡河。河道干流依次流经杞县和太康县等 2 个县,长度为 42 千米,流域面积为 325 平方千米。

(2)地形地貌。

大新沟流域以平原地形为主,由西北向东南倾斜,海拔介于 46.1～59.0 米,地面坡度 0.167‰～0.200‰,河流平均比降 0.146‰,区域地震烈度为Ⅵ～Ⅶ度。

(3)防洪工程。

大新沟干流上建有水闸 3 座,分别为张车岗闸、马厂闸和团李闸。张车岗闸于 1957 年 9 月竣工,主要作用为除涝蓄水,4 孔,孔径 5.5 米,设计流量 180 立方米/秒;马厂闸于 2006 年 10 月竣工,主要作用为除涝蓄水,5 孔,孔径 4 米,设计流量 180 立方米/秒;团李闸于 1996 年 3 月竣工,主要作用为除涝,1 孔,孔径 3.6 米,设计流量 54.6 立方米/秒。

大新沟现存堤防,左、右岸堤长均为 24.5 千米,始于王集乡田庄村,止于马厂镇东村。

(4)河道治理。

1949 年以后太康县共对大新沟进行了九次治理。

1950—1957 年四次对大新沟进行了低标准疏通,1958 年后大搞引黄灌溉,河道严重淤塞,地下水位抬高,流域内大面积产生次生盐碱地。

1965 年按老 3 年一遇除涝、20 年一遇防洪标准对大新沟进行治理。分两段进行,第一段治理高底河入口—入涡河口,治理长度 7.2 千米,出动民工 6 062 人,4 月 1 日开工,5 月 25 日竣工,完成土方 38.6 万立方米;第二段治理高底河入口以上,出动民工 3.1 万人,11 月 1 日开工,11 月 30 日竣工,完成土方 175.6 万立方米,工日 93 万个(其中包括小新沟治理)。

1971 年 11 月 15 日,按 3 年一遇除涝标准,对大新沟太杞县界—入涡河口进行了治理,12 月 5 日竣工,治理长度 35.5 千米,出动民工 9 184 人,完成土方 40.9 万立方米,工日 19.4 万个。

1978 年 11 月 19 日—12 月 8 日,对大新沟入涡河口—马楼沟口段按 5 年一遇除涝、20 年一遇防洪标准进行了治理,治理长度 27 千米,出动民工 3.87 万人,完成土方 71.5 万立方米,工日 41.5 万个。

1981 年冬—1982 年春对大新沟上游按 5 年一遇除涝、20 年一遇防洪标准进行了治理,出动民工 1 万多人,完成土方 36.5 万立方米,工日 20 万个(其中包括小新沟治理)。

2020 年 4 月对大新沟赫庄北—入涡河口按 5 年一遇除涝、20 年一遇防洪标准进行了治理。完成清淤河道 20 千米,维修加固堤防 37.56 千米,新(重)建支沟涵闸 6 座,新(重)建穿堤排水涵 10 座,重建生产桥 9 座。共计土方开挖 39.35 万立方米,土方回填 21.17 万立方米,混凝土及钢筋混凝土 9 105 立方米,石方 196 立方米,总投资 2 943.65 万元。

3.1.8.1　新高底河

(1)流域概况。

新高底河是大新沟右岸支流,原名白河,1958 年治理时,因常年淤积,河底比地面还高,群众称之为高底河,因有老高底河,故称新高底河。发源于周口市太康县王集乡茅草刘村,于太康县高朗乡张车岗村汇入大新沟。河道干流只流经太康县 1 个县,长度为 20 千米,流域面积为 63.1 平方千米。

(2)地形地貌。

新高底河流域以平原地形为主,由西北向东南倾斜,河流平均比降为 0.15‰,区域地震烈度为Ⅵ度。

(3)河道治理。

1949 年以后太康县共对新高底河进行了 2 次治理。

1958 年初步治理,1982 年按 5 年一遇除涝标准进一步治理,治理长度 20 千米。

3.1.8.2　小新沟

(1)流域概况。

小新沟是大新沟左岸支流,是清初黄泛水冲河道,发源于开封市杞县板木乡南杨庄,于周口市太康县马厂镇黄庄村汇入大新沟。河道干流依次流经杞县和太康县等 2 个县,长度为 38 千米,流域面积为 95.8 平方千米。

(2)地形地貌。

小新沟流域以平原地形为主,由西北向东南倾斜,海拔介于 46.1 ~ 59.0 米,地面坡度

0.167‰～0.200‰,河流平均比降约为 0.145‰,区域地震烈度杞县为Ⅶ度,太康县为Ⅵ度。

（3）防洪工程。

小新沟干流上建有小型节制闸 2 座,分别为兀术岗闸、肖槽庄闸。兀术岗闸于 1976 年 2 月竣工,主要作用为除涝蓄水,孔径 4 米,设计流量 32 立方米/秒;肖槽庄闸于 1996 年 10 月竣工,主要作用为除涝蓄水,孔径 3.4 米,设计流量 47.2 立方米/秒。

（4）河道治理。

杞县处于上游段,河道未进行过治理,太康县共对小新沟进行了 6 次治理。

1950 年和 1957 年对小新沟进行低标准疏通,未能根除涝碱灾害。

1965 年按老 3 年一遇除涝、20 年一遇防洪标准对小新沟进行治理,11 月 1 日开工,11 月 30 日竣工,治理长度 38 千米,出动民工 3.1 万人,完成土方 175.6 万立方米,工日 93 万个(其中包括大新沟治理)。

1971 年 11 月 15 日按 3 年一遇除涝标准对小新沟太杞县界—入大新沟口进行了治理,12 月 5 日竣工,治理长度 34.7 千米,出动民工 8 860 人,完成土方 39.7 万立方米,工日 18.6 万个。

1978 年 11 月 19 日—12 月 8 日,按 5 年一遇除涝、20 年一遇防洪标准对小新沟下游杨庙民太公路—入大新沟口段进行了治理,治理长度 20 千米,出动民工 3.8 万人,完成土方 71.5 万立方米,工日 41.5 万个(其中包括大新沟治理)。

1981 年冬—1982 年春按 5 年一遇除涝、20 年一遇防洪标准对小新沟上游进行了治理,出动民工 1 万多人,完成土方 36.5 万立方米,工日 20 万个(其中包括大新沟治理)。

3.1.9　铁底河

（1）流域概况。

铁底河是涡河左岸支流,原名铁里河,新中国成立初期治理时,由于底层砂姜坚硬如铁,被说成铁底河,发源于开封市祥符区半坡店乡杨庄村,于周口市太康县朱口镇谢桥村南汇入涡河。河道干流依次流经开封市祥符区、通许县、杞县和太康县等 4 个县(区),长度为 102 千米,流域面积为 639 平方千米。

（2）地形地貌。

铁底河流域以平原地形为主,由西北向东南倾斜,海拔介于 46.1～66.0 米,地面坡度 0.167‰～0.250‰,河流平均比降 0.145‰～0.250‰,区域地震烈度为Ⅵ～Ⅶ度。

（3）水功能区。

铁底河有一级功能区 1 个,为铁底河杞县保留区。起始断面为开封市张庄,终止断面为柘城县入涡河口,水质目标为Ⅲ类。

（4）防洪工程。

铁底河干流上建有中型节制闸 4 座,分别为金村闸、铁佛寺闸、东风闸、谢桥闸;引调提水工程 1 座,为杨楼闸,引水流量 6.5 立方米/秒。

铁底河现存堤防,开封市境内左、右岸堤长均为 43.363 千米,其中通许县朱砂镇王洼村(北铁沟口)—杞县沙沃乡黄村堤防级别为 5 级,防洪标准为 10 年一遇;杞县沙沃乡黄村—太康杞县交界堤防级别 4 级,防洪标准为 20 年一遇。

周口市境内左、右岸堤防长度均为 43.22 千米,起于太康县龙曲镇轩庄,止于朱口镇谢桥村南,堤防级别 4 级。

(5)河道治理。

开封市共对铁底河进行了 4 次治理,周口市太康县对铁底河进行了 7 次治理。

1964 年,按 5 年一遇除涝标准对杞县板木乡—宗店乡麦庄段进行治理,治理长度 49.5 千米。1974 年,按 3 年一遇除涝标准对祥符区段进行除涝治理,除涝流量 11.27 立方米/秒。

2009 年按 5 年一遇除涝标准、20 年一遇防洪标准对杞县沙沃乡黄村—幸福闸段进行治理,治理长度 22.731 千米,项目总投资 2 645 万元。

2012 年,按 5 年一遇除涝标准对杞县高阳镇常寨村—沙沃乡黄村段、杞县板木乡府里庄西—宗店乡麦庄段进行治理,治理长度 16.476 千米,杞县高阳镇常寨村—沙沃乡黄村段按 10 年一遇防洪标准设计,板木乡府里庄西—宗店乡麦庄段按 20 年一遇防洪标准。两岸堤防加固整修长 32.952 千米,配套各类建筑物 18 座,项目总投资 2 676.08 万元。

1951 年,太康县首次开始对铁底河进行低标准疏浚。1956 年 3 月,治理铁底河湾子桥以下段,治理长度 8.5 千米,出动民工 9 913 人,34 天完成土方 46 万立方米,加宽河口至 25～30 米,底宽 15～17 米,深 1.4～1.9 米,河槽边坡 1:2。

1957 年,太康县又组织民工 4 万人,疏浚治理铁底河上游湾子桥以上段。

1962 年 5 月 8 日开工治理铁底河轩庄—王湾段,5 月 18 日竣工,治理长度 18 千米,动员民工 1 万人,完成土方 12.44 万立方米。

1964 年,按老 3 年一遇除涝、20 年一遇防洪标准于春、冬两季对铁底河进行了治理。春季于 3 月 12 日开工,施工到 5 月底,历时 80 天,出动民工 2 万人。由于天气原因,实际施工 35 天,完成土方 174.1 万立方米,工日 64.4 万个。冬季于 11 月 20 日开工,12 月底竣工,组织民工 2.5 万人,完成土方 77.1 万立方米,工日 39.6 万个。

1966 年,按老 3 年一遇除涝、20 年一遇防洪标准分两期对铁底河进行了治理。第一期完成入涡河口—王湾段长 25.8 千米,于 3 月 25 日开工,4 月 18 日竣工,出动民工 4 万人,完成土方 196.1 万立方米,工日 100 万个。第二期治理王湾以上—太杞边界段,治理长度 17.5 千米,于 4 月 25 日开工,5 月 11 日完成,出动民工 3.3 万人,完成土方 85.1 万立方米,工日 35.7 万个。这次治理使铁底河流域内涝灾迅速缓解。

2013 年,按 5 年一遇除涝、20 年一遇防洪标准对铁底河洼陈—入涡河口段进行整修加固堤防,长度为 12.3 千米,土方开挖 132.29 万立方米,土方回填 6 万立方米,混凝土 5 105.61 立方米,砌石 353.29 立方米,总投资 2 454.47 万元。

3.1.9.1　小温河

（1）流域概况。

小温河是铁底河左岸支流,为民国时期黄泛水冲河道,原名翁河,新中国成立初期治理时,群众顺音叫成小温河。发源于开封市杞县傅集镇陆庄村,于周口市太康县杨庙乡王湾村汇入铁底河。河道干流依次流经杞县、睢县和太康县等3个县,长度为32千米,流域面积为108平方千米。

（2）地形地貌。

小温河流域以平原地形为主,自西北向东南倾斜,海拔介于46.1～59.0米,地面坡度0.13‰～0.22‰,河流平均比降约为0.145‰,区域地震烈度为Ⅵ～Ⅶ度。

（3）防洪工程。

小温河干流上建有小型节制闸1座,为孟河节制闸。

小温河现存堤防级别4级,左、右岸堤长均为10.2千米,始于太康县转楼镇徐庄太杞县界,止于太康县杨庙乡李善庄。

（4）河道治理。

1949年以后共对小温河进行过4次治理。

1956年5月对小温河进行了首次疏浚。1964年5—6月对小温河进行第二次治理,治理长度10千米,完成土方42.3万立方米。1966年4月25日—5月11日,对小温河按老3年一遇除涝、20年一遇防洪标准进行第三次治理,治理长度10.195千米。完成土方27.6万立方米,工日15.7万个。

1989年11月1日—1990年3月,对小温河按5年一遇除涝、20年一遇防洪标准进行第四次治理。这次治理首次采用了机械化施工,治理长度10.22千米(其中杞县治理3千米),完成土方80.66万立方米,工日2万个,总投资190.47万元。

3.1.9.2　潘河

（1）流域概况。

潘河是铁底河左岸支流,原称盼河,后谐音成潘河,发源于周口市太康县转楼镇孙桥北,于太康县朱口镇芦李村南汇入铁底河。河道干流只流经太康县1个县,长度为23千米,流域面积为62.6平方千米。

（2）地形地貌。

潘河流域以平原地形为主,由西北向东南倾斜,海拔介于46.1～59.0米,地面坡度0.167‰～0.200‰,河流平均比降约为0.145‰,区域地震烈度为Ⅵ度。

（3）防洪工程。

潘河干流上建有小型节制闸1座,为三孔桥节制闸。该闸于1998年5月竣工,主要作用为除涝蓄水,2孔,孔径3.4米,设计流量46立方米/秒。

（4）河道治理。

1949年以后太康县共对潘河进行了2次治理。

1956 年太康县政府组织人工新挖此河,解决了上游的内涝排水。

1974 年,按照 5 年一遇的 70% 除涝标准进行了第二次治理,治理长度 22.4 千米。

3.1.10 马头沟

(1)流域概况。

马头沟是涡河左岸支流,相传北宋时期,经此河运粮,沿岸设有码头,太康境内又称运粮河,柘城境内又称厂河,发源于周口市太康县马头镇任屯村,于商丘市柘城县李原乡闫口村汇入涡河。河道干流依次流经太康县和柘城县等 2 个县,长度为 31 千米,流域面积为 89.0 平方千米。

(2)地形地貌。

马头沟流域以平原地形为主,由西北向东南倾斜,海拔介于 42.9 ~ 59.0 米,地面坡度约为 0.2‰,河流平均比降 0.145‰ ~ 0.167‰,区域地震烈度为Ⅵ度。

(3)防洪工程。

马头沟干流上建小型节制闸 1 座,为马头沟闸。

(4)河道治理。

新中国成立初期太康县对马头沟进行过一次治理,后又于 1986 年按 5 年一遇除涝标准治理,治理长度 10.1 千米。

柘城县于 1965 年按 3 年一遇除涝标准治理,4 月 21 日开工,5 月 15 日完工,治理长度 13 千米,出工 6 081 人,完成土方 32.5 万立方米,工日 16.59 万个,投资 21.5 万元。

1987 年按 5 年一遇除涝标准治理,11 月 13 日开工,12 月 25 日完工,治理长度 13.24 千米,完成土方 30 万立方米。2015 年 4 月 15 日—5 月 15 日,完成河道疏挖 6.8 千米,土方 38 万立方米,改善除涝面积 1.6 万亩,引水补源面积 1.2 万亩。

3.1.11 五里河

(1)流域概况。

五里河是涡河左岸支流,发源于鹿邑县杨湖口镇郑庄村南,于鹿邑县涡北镇大严庄出省进入安徽省亳州市,后于亳州市谯城区牛集镇丁庄村汇入涡河。河道干流依次流经鹿邑县和安徽省亳州市谯城区等 2 个县(区),长度为 20 千米,流域面积为 53.8 平方千米,其中河南省境内长 18.9 千米,占总长的 94.5%,流域面积 48.7 平方千米,占总流域面积的 90.5%。

(2)地形地貌。

五里河流域地处平原,地势平坦开阔,低缓倾斜,西北高东南低,海拔介于 37.4 ~ 46.5 米,地面坡度 0.167‰ ~ 0.220‰。

(3)防洪工程。

五里河干流上建有小型节制闸 1 座,为前李闸。

（4）河道治理。

2016 年鹿邑县对五里河按 5 年一遇除涝标准治理，投资 2 860 万元。主要建设内容包括：河道疏浚 18.629 千米，生活区岸坡整治 13 千米，生产区岸坡整治 24.258 千米，桥梁拆除重建 17 座，新建穿堤涵 2 座。河道设计流量为 7.5~48.4 立方米/秒，并修建前李闸。

3.1.12　惠济河

（1）流域概况。

惠济河是涡河左岸支流，故名潍水，清乾隆帝取"惠我中州，济我黎民"之意，赐名"惠济河"。流域位于东经 114°20′~115°37′，北纬 33°52′~34°48′。发源于开封市禹王台区济梁闸，至鹿邑县贾滩镇柿园村出河南省入安徽省，于安徽省亳州市谯城区牛集镇大王村注入涡河。河道干流依次流经开封市禹王台区、开封市祥符区、杞县、睢县、柘城县，鹿邑县和安徽省亳州市谯城区等 7 个县（区），长度为 191 千米，流域面积为 4 429 平方千米，其中河南省境内长度为 166.5 千米，占总长的 87.17%，流域面积为 4 411.7 平方千米，占总流域面积的 99.60%。

（2）地形地貌。

惠济河流域地处黄河冲积平原，地势西北高东南低，海拔介于 32~79 米，地面坡度 0.125‰~0.250‰。河流平均比降 0.171‰，区域地震烈度为 Ⅵ~Ⅶ度。

（3）水功能区。

惠济河现有一级功能区 2 个，分别为惠济河开封开发利用区、惠济河豫皖缓冲区；二级功能区 12 个，分别为惠济河开封农业用水区、惠济河开封市景观娱乐区、惠济河开封排污控制区、惠济河开封杞县农业用水区、惠济河杞县排污控制区、惠济河开封商丘过渡区、惠济河睢县农业用水区（一）、惠济河睢县排污控制区（一）、惠济河睢县农业用水区（二）、惠济河睢县排污控制区（二）、惠济河柘城农业用水区、惠济河柘城排污控制区。

（4）防洪工程。

河南省境内惠济河干流上建大型节制闸 2 座，分别为砖桥闸、东孙营闸；中型节制闸 6 座，分别为群力闸、罗寨闸、李岗闸、板桥闸、夏楼闸、李滩店闸。节制闸设计总蓄水量 4 145 万立方米，设计灌溉 142.5 万亩。

河南省境内两岸堤防长 252 千米。

（5）河道治理。

惠济河河道系统治理始于清乾隆二十二年（1757 年），河道治理制定了以疏导为主、上下结合、全面治理的方针，动用王权解决了河南向安徽排水的水利纠纷，在历史上实属首例。工程于乾隆二十二年（1757 年）九月兴工，至二十三年（1758 年）三月告竣。此后，惠济河因黄泛淤为平陆，分别于 1772 年、1785 年复加挑浚。后因黄河 1841 年张湾决口和 1843 年中牟决口，惠济河复淤。同治七年（1868 年），为泄开封城中积水，疏挖上自开封东南水门（今济梁闸）起，往东至高家楼，经陈留、杞县、睢县、柘城县、鹿邑县入涡河，而中牟分水闸至开封一段因淤塞严重未予开挖。自此以后,惠济河河源皆以济梁闸为起点,沿用至今。

惠济河第一次大规模治理为 1963 年。1963 年 12 月水利部将治理惠济河干支流列为国家基本建设项目,按 5 年一遇除涝标准,兼顾防洪及排地下水进行治理。工程于 1963 年 3 月开始,1966 年工程竣工。自开封市济梁闸到柘城县济渎池,治理干支流河道总长度为 607. 25 千米。同时完成了罗寨、榆厢、蔡桥、平岗、李滩店等枢纽的处理和杞县境内的西坡吴、侯庄、侯家坟、龙门口、贺营及睢县境内的榆厢、板桥、尚屯、党里等险工险段的处理。

1977 年河南省水利局将惠济河干流治理工程列入全省 1978 年度水利基本建设予以治理。治理工程包括疏浚、筑堤、修建桥涵、扩建拦河闸、提水灌溉等项目。治理河段自开封市黄汴河口至柘城县陈口,全长 130. 2 千米。治理标准除涝为 5 年一遇,防洪为 20 年一遇,并适当考虑上游引黄工程退水。1977 年 11 月中旬开工,1978 年 1 月底基本完成土方任务,1978 年 5 月间又组织劳力进行工程扫尾,并同时开始建筑物施工。

2004—2009 年对惠济河济渎池至省界 43. 73 千米河道,按 20 年一遇防洪、5 年一遇除涝标准进行治理,新建堤防左岸自柘城济渎池至孙沟桥 13. 28 千米,右岸自济渎池至蒋河口 7. 35 千米。

3. 1. 12. 1 黄汴河

(1)流域概况。

黄汴河是惠济河左岸支流,因自黄河南岸流至开封城(简称“汴”),故名黄汴河,发源于开封市龙亭区水稻乡黑岗口沉沙池东南堤外,至禹王台区陇海铁路上游的济梁闸汇入惠济河。河道干流依次流经开封市龙亭区、鼓楼区和禹王台区等 3 个区,长度为 18 千米,流域面积 62. 8 平方千米。

(2)地形地貌。

黄汴河流域地势西北高东南低,海拔介于 69. 0 ~ 78. 0 米,地面坡度 0. 25‰ ~ 0. 50‰。河流平均比降约为 0. 286‰,区域地震烈度为Ⅶ度。

(3)河道治理。

2017 年黄汴河列入开封市一渠六河连通综合治理工程,总治理长度 10. 1 千米。主要建设内容包括河道整治工程、河道建筑物工程、景观工程、桥梁工程、控源截污工程及黑臭水体治理工程、水生态修复工程等。

3. 1. 12. 2 马家河

(1)流域概况。

马家河是惠济河右岸支流,发源于郑州市中牟县狼城岗镇,于开封市禹王台区汪屯乡伍村汇入惠济河。河道干流依次流经中牟县、开封市龙亭区、鼓楼区和禹王台区等 4 个县(区),长度为 31. 65 千米,流域面积为 206 平方千米。

(2)地形地貌。

马家河流域地势平坦,部分地区形成岗洼相间,沙丘洼地并存、波状沙地、风吹沙移等地貌。海拔介于 62 ~ 69 米,河底纵比降 0. 25‰ ~ 0. 33‰,河道边坡 1:2. 3 ~ 1:2. 6,区域地震烈度为Ⅶ度。

（3）防洪工程。

马家河宋城路—入惠济河口段现存堤防级别4级,堤长38.67千米。

（4）河道治理。

2012年4月,对马家河进行清淤疏浚、堤防加固、生产桥重建等治理,投资2 662.67万元。

3.1.12.2.1　马家河北支

（1）流域概况。

马家河北支是马家河左岸支流,1972年为排泄马家河上游以北地区内涝积水而开挖,发源于郑州市中牟县狼城岗镇曹寨村,于开封市鼓楼区南苑街道刘寺村南汇入马家河。河道干流依次流经中牟县、开封市龙亭区和鼓楼区等3个县（区）,长度为19千米,流域面积为83.6平方千米。

（2）地形地貌。

马家河北支流域地势北高南低,海拔介于69～78米,地面坡度0.25‰～0.50‰,河流平均比降约为0.286‰,区域地震烈度为Ⅶ度。

（3）河道治理。

2015年分为上、下两段,按5年一遇除涝、20年一遇防洪标准对河流进行治理。上段自马家河北支与黑岗口西干渠交叉口至中牟,长度为6.77千米;下段自马家河北支陇海铁路桥—入马家河口,长度2.884千米。总治理长度9.65千米,新开挖河道2.86千米,铺设防汛道路。

3.1.12.3　惠北泄水渠

（1）流域概况。

惠北泄水渠是惠济河左岸支流,1964年为排泄惠济河以北区域内涝积水而开挖,发源于开封市龙亭区柳园口乡牛庄村,于祥符区陈留镇二里寨村汇入惠济河。河道干流依次流经开封市龙亭区、顺河回族区和祥符区等3个区,长度为27千米,流域面积为92.6平方千米。

（2）地形地貌。

惠北泄水渠流域地处黄淮冲积平原,地势平缓,海拔介于60.5～65.5米,地面坡度0.18‰～0.43‰,区域地震烈度为Ⅶ度。

（3）防洪工程。

截至2017年底,惠北泄水渠干流上建有小型节制闸3座,退水闸1座,渡槽7座。

惠北泄水渠现存堤防级别4级,堤长9.59千米,始于蒋店桥,止于陈留北关。

3.1.12.4　下泄水渠

（1）流域概况。

下泄水渠是惠济河左岸支流,发源于开封市祥符区兴隆乡兴隆村东,于祥符区仇楼镇西白坉村汇入惠济河。河道干流只流经开封市祥符区 1 个区,长度为 16 千米,流域面积为 102 平方千米。

（2）地形地貌。

下泄水渠流域属黄淮冲积平原,地势平缓,海拔介于 60.5～65.5 米,地面坡度 0.18‰～0.43‰,区域地震烈度为Ⅷ度。

（3）防洪工程。

下泄水渠现存堤防级别 4 级,堤长 8.7 千米,始于祥符区高庄,止于入惠济河口。

3.1.12.5　柏慈沟

（1）流域概况。

柏慈沟是惠济河左岸支流,是柳园口灌区向杞县输水的主要干沟之一,以起止两地村名首字命名,发源于开封市祥符区八里湾镇柏树坟,于开封市杞县平城乡慈母岗村南入惠济河。河道干流依次流经开封市祥符区和杞县等 2 个县（区）,长度为 18 千米,流域面积为 54.9 平方千米。

（2）地形地貌。

柏慈沟流域地处黄淮冲积平原,自西北向东南倾斜,地面坡度 0.167‰～0.220‰,区域地震烈度为Ⅷ度。

（3）防洪工程。

柏慈沟干流上共修建小型水闸 3 座,其中节制闸 2 座,分别为白丘节制闸（3 孔,孔宽 2.5 米）、开杞县界节制闸（孔数为 3,孔宽为 2 米）;枢纽 1 处,为郭君枢纽（4 孔,孔宽 2.5 米）。

（4）河道治理。

2010 年、2011 年共实施了 2 次清淤整治工程,共对 19.471 千米河道进行了河道疏浚和部分建筑物配套工程,2012 年配套了剩余的建筑物,共投入 1 281.25 万元。其中 2010 年对柏慈沟桩号 6+900～19+471 长 12.571 千米的河道进行治理,治理内容包括:重建桥梁 7 座,改建郭君枢纽 1 座,新建郭君管理所 1 处,完成清淤土方 5.44 万立方米,批复投资 275.92 万元;2011 年对桩号 0+000～6+900 长 6.9 千米的河道进行治理,治理内容包括:重建桥梁 3 座,新建白丘节制闸 1 座,完成清淤土方 19.57 万立方米,批复投资 352.35 万元。

3.1.12.6　淤泥河

（1）流域概况。

淤泥河是惠济河左岸支流,早时因河水含淤沙严重,称淤泥河,发源于开封市祥符区杜良乡陈寨村,于开封市杞县城郊乡老徐庄村汇入惠济河。河道干流依次流经开封市祥符区和杞县等 2 个县（区）,长度为 52 千米,流域面积为 627 平方千米。

（2）地形地貌。

淤泥河流域地处黄淮冲积平原,地势平坦,部分地区形成岗洼相间、沙丘洼地并存、波状沙地、风吹沙移等地貌,河流平均比降 0.21‰,区域地震烈度为Ⅷ度。

（3）防洪工程。

淤泥河干流上建有中型节制闸 3 座,分别为黑木节制闸（10 孔,孔宽 3 米）、王庄节制闸（7 孔,孔宽 3 米）、蒋桥节制闸（5 孔,孔宽 4.5 米）;小型节制闸 1 座,为夕阳节制闸（2 孔,孔宽 2.5 米,已废弃）。

淤泥河现存堤防级别 4 级,堤长 35 千米,始于蒋桥节制闸处,止于入惠济河口处。

（4）河道治理。

2014—2015 年对杞县淤泥河入惠济河口—黑木段进行防洪治理工程,工程总投资 2 505 万元。共对干流段 11.3 千米长的河段清障、两岸堤防加固整修 11.3 千米、新建右岸堤顶防汛道路 11.3 千米、重建跨河桥梁 7 座、重建沿河两岸 9 座排水涵洞（新建 2 座、重建 7 座）、重建 3 座防洪排涝闸、重建杞县淤泥河管理所。

2014—2015 年对开封市祥符区淤泥河蒋桥节制闸进行除险加固工程,并重建其管理房。

2018—2019 年对祥符区淤泥河县界—开兰公路桥段进行防洪治理工程,工程总投资 3 120.80 万元,治理河段清淤 16.17 千米,两岸堤防加固整修共 20.8 千米,新建右岸堤顶防汛道路 10.4 千米。重建、新建生产桥 9 座。重建、改建进水闸 3 座,重建、改建、新建防洪排涝闸 5 座,重建、新建排水涵洞 7 座。重建淤泥河管理所 1 处,办公区建筑面积 150 平方米,防汛仓库面积 50 平方米。

3.1.12.6.1　圈章河

（1）流域概况。

圈章河是淤泥河左岸支流,发源于开封市祥符区杜良乡埠东村,于开封市杞县平城乡杏行村汇入淤泥河。河道干流依次流经开封市祥符区和杞县等 2 个县（区）,长度为 25 千米,流域面积为 152 平方千米。

（2）地形地貌。

圈章河流域地处黄淮冲积平原,地势平坦,部分地区形成岗洼相间,沙丘洼地并存、波状沙地、风吹沙移等地貌,河流平均比降 0.175‰,区域地震烈度为Ⅶ度。

（3）防洪工程。

圈章河干流上建有小型节制闸 2 座,分别为丘堤寺闸、富民闸。丘堤寺闸建于 1973 年,位于祥符区罗王乡,建筑级别 4 级,5 孔,闸孔总净宽 10 米;富民闸建于 1994 年,位于杞县泥沟乡,建筑级别 3 级,3 孔,闸孔总净宽 18 米。

圈章河现存堤防级别 4 级,堤长 16.4 千米,始于陇海铁路与圈章河交汇处,止于淤泥河入河口。

（4）河道治理。

2011 年 11 月对富民节制闸进行除险加固工程,总投资 363.46 万元。工程的总体布局不变,原水闸的轴线位置不改变。除险加固后水闸主要由上游连接段、闸室段、消力池段和下游连接段组成,总布置长度 79.2 米,其中上游连接段长 25 米,闸室段长 9.2 米,消力池段长 15 米,下游连接段长 30 米。

2018 年 5 月实施了开封市祥符区圈章河埌东村段改线工程,工程总投资 420.40 万元。由于埌东新村安置区的建设实施,导致圈章河埌东村段运行不通和柳园口灌区北干渠右岸桩号 11 + 156 处埌东村支渠无法引水,故将圈章河穿埌东村段及北干渠右岸桩号 11 + 156 处右岸支渠进行改线。圈章河埌东村改线段长度为 1.45 千米,圈章河埌东村段原线为从 S213 向东流经埌东村西,在柳园口灌区北干渠桩号 11 + 192 处经圈章河倒虹穿北干渠后继续向东南流向;圈章河埌东村段改线为,河道穿 S213 后沿埌东新村安置区外侧向东北方向流,随后在圈章河倒虹新址处(北干渠桩号 11 + 725)穿北干渠向南行驶,在埌东新村安置区东南部汇入原圈章河。埌东村支渠改线长度 0.810 千米,埌东村支渠由原北干渠右岸桩号 11 + 156 处引水改为从北干渠右岸桩号 10 + 810 处引水,然后向南在167 米处向正东方向与原埌东村支渠连接。

3.1.12.6.2 济民沟

(1)流域概况。

济民沟是淤泥河左岸支流,兰考境内又称三老河,发源于兰考县三义寨乡三义寨村,于开封市杞县泥沟乡前小寨村汇入淤泥河。河道干流依次流经兰考县和杞县等 2 个县,长度为 26 千米,流域面积为 96.8 平方千米。

(2)地形地貌。

济民沟流域自西北向东南微倾斜,地面比较平坦。部分地区形成岗洼相间,沙丘洼地并存、波状沙地、风吹沙移等地貌,平均海拔 58 米,河流平均比降 0.17‰,区域地震烈度为Ⅶ度。

(3)防洪工程。

济民沟在 1984 年建有三义寨灌区尖庄进水闸,2 孔,闸孔总净宽 3 米;1986 年建三义寨灌区济民沟节制闸 1,2 孔,闸孔总净宽 2 米;1988 年建三义寨灌区济民沟节制闸 2,2 孔,闸孔总净宽 5 米。

3.1.12.6.2.1 金狮沟

(1)流域概况。

金狮沟是济民沟左岸支流,流域位于东经 114°77′~114°76′,北纬 34°82′~34°68′。发源于兰考县三义寨乡张寺寨村,于开封市杞县阳埌镇前了城村汇入济民沟。河道干流依次流经兰考县和杞县等 2 个县,长度为 17 千米,流域面积为 52.9 平方千米。

(2)地形地貌。

金狮沟流域自西北向东南微倾斜,地面比较平坦,部分地区形成岗洼相间,沙丘洼地并存、波状沙地、风吹沙移等地貌,平均海拔 58 米,河流平均比降 0.12‰~0.33‰,区域地震烈度为Ⅶ度。

(3)防洪工程。

金狮沟干流上建有金狮闸,建于 1968 年,2 孔,闸孔总净宽 5 米。

（4）河道治理。

兰考县分别于1979年10—12月及2012年12月—2013年5月对境内河道进行清淤整治。

3.1.12.6.3 杜庄河

（1）流域概况。

杜庄河是淤泥河左岸支流，发源于兰考县三义寨乡薛楼村，于开封市杞县柿园乡付里庄村汇入淤泥河。河道干流依次流经兰考县和杞县等2个县，长度为30千米，流域面积为142平方千米。

（2）地形地貌。

杜庄河流域地处黄淮冲积平原，自西北向东南微倾斜，地面坡度0.167‰~0.330‰，平均海拔58米，河流平均比降0.227‰，区域地震烈度为Ⅶ度。

（3）防洪工程。

杜庄河干流上建有中型节制闸1座，为谢寨闸。

（4）河道治理。

兰考县于1979年10—12月对杜庄河东支进行了整治，主要是河道清淤。2012年利用河塘整治资金再次进行河道清淤，工程于2012年12月开工，2013年5月竣工。两次治理均以除涝为主。

2012年对谢寨节制闸进行了除险加固，拆除重建上部结构，进出口挡土加高，护坡重建。

3.1.12.7 茅草河

（1）流域概况。

茅草河是惠济河左岸支流，是黄河决口时遗留下来的一条大坡洼，沿岸村庄稀少，多沙荒茅草，故称茅草河，发源于商丘市民权县双塔镇大曹村，于商丘市睢县西陵寺镇杜公集村汇入惠济河。河道干流依次流经民权县、杞县和睢县等3个县，长度为35千米，流域面积为200平方千米。

（2）地形地貌。

茅草河流域地势平坦，北高南低，河流平均比降0.059‰，区域地震烈度为Ⅶ度。

（3）防洪工程。

茅草河现存堤防级别5级，两岸堤长21.76千米，始于蓼堤镇彭寨村西，止于西陵寺镇杜公集村，全部为土堤。

（4）河道治理。

民权县先于1962年对茅草河进行第一次治理。

民权县又于1964年按老5年一遇除涝标准（约合新5年一遇除涝标准的50%）进行第二次治理。

第三次治理于1978年12月完成，实作土方187.79万立方米，投资24万元。

第四次治理是 1985 年 6 月 28 日开工,对茅草河进行清淤,其设计标准为水深 1.4 ~ 1.6 米,底宽 1.0 ~ 16 米。

3.1.12.7.1　茅草河东支

(1)流域概况。

茅草河东支是茅草河左岸支流,是 1965 年 4 月新开挖的干渠配套工程,发源于商丘市民权县白云寺镇老尹店集村,于商丘市睢县蓼堤镇刘早村汇入茅草河。河道干流依次流经民权县和睢县等 2 个县,长度为 16 千米,流域面积为 51.1 平方千米。

(2)地形地貌。

茅草河东支流域以平原地形为主,北高南低,海拔介于 58.0 ~ 62.6 米,河流平均比降 0.06‰。

(3)防洪工程。

茅草河东支现存堤防级别 5 级,两岸堤长 2.2 千米,始于睢县蓼堤镇大岗村东,止于入河口,全部为土堤。

3.1.12.8　通惠渠

(1)流域概况。

通惠渠是惠济河左岸支流,因流入惠济河,故称通惠渠,发源于兰考县仪封乡仪封村,于商丘市睢县河集乡卢庄村东南汇入惠济河。河道干流依次流经兰考县、民权县和睢县等 3 个县,长度为 55 千米,流域面积为 537 平方千米。

(2)地形地貌。

通惠渠流域以平原地形为主,自西北向东南倾斜,海拔介于 57.6 ~ 63.2 米,地面坡度 0.2‰。河流平均比降 0.208‰,区域地震烈度为Ⅵ ~ Ⅶ度。

(3)水功能区。

通惠渠有一级功能区 1 个,为通惠渠睢县开发利用区;二级功能区 2 个,分别为通惠渠兰考民权睢县农业用水区、通惠渠睢县排污控制区。通惠渠兰考民权睢县农业用水区起始断面为兰考县代寨,终止断面为睢县城西公路桥,水质目标为Ⅳ类;通惠渠睢县排污控制区起始断面为睢县城西公路桥,终止断面为睢县入惠济河口。

(4)防洪工程。

通惠渠干流上建有节制闸 4 座,总有效设计蓄水量 58 万立方米,总有效灌溉补源面积 15 万亩;拦河坝 1 座,为孟庄橡胶坝。

通惠渠现存堤防级别 5 级,堤长 54 千米,始于民权县白云寺镇青行村,止于河集乡卢庄村。

(5)河道治理。

1949 年以来,结合行洪排涝和发展引黄灌溉,对通惠渠商丘段进行了 3 次以固堤、疏浚为主的综合治理。民权县于 1964 年春进行治理,包含四段改道施工,完成土方 103 万立方米,投资经费 97.1 万元,1978 年 12 月又对通惠渠民权段进行治理;同年睢县对境内河段进行了治理,治理后通惠渠全段达到防洪 10 年一遇、除涝 5 年一遇标准。

2012 年兰考县对境内河道进行清淤整治,2012 年 12 月开工,2013 年 5 月竣工。

2019 年民权对通惠渠进行治理,11 月开工,次年 5 月完工,治理长度 20.8 千米,新建、重建桥梁 9 座。

2020 年 6 月按 5 年一遇标准对通惠渠进行治理,治理长度 5.3 千米,7 月完工。

3.1.12.8.1　大山子沟

(1)流域概况。

大山子沟是通惠渠右岸支流,河道流经东大山子、西大山子,故称大山子沟,发源于商丘市民权县双塔乡大山子村,于民权县人和镇台上村汇入通惠渠。河道干流只流经民权县 1 个县,长度为 11 千米,流域面积为 57.5 平方千米。

(2)地形地貌。

大山子沟流域地处黄河冲积平原,地势北高南低,海拔介于 57.0 ~ 58.9 米,河流平均比降 0.21‰。

(3)防洪工程。

大山子沟干流上建有小型节制闸 1 座,为龙虎寺闸。

3.1.12.8.2　老通惠渠

(1)流域概况。

老通惠渠为通惠渠左岸支流,原为通惠渠上游河道,发源于商丘市民权县野岗镇高寨村,于民权县白云寺镇青行村西北汇入通惠渠。河道干流只流经民权县 1 个县,长度为 21 千米,流域面积为 63.4 平方千米。

(2)地形地貌。

老通惠渠流域地处黄河冲积平原,地势平坦开阔,海拔介于 55.6 ~ 60.0 米。河流平均比降 0.20‰。

(3)防洪工程。

老通惠渠干流上建有小型节制闸 1 座,为徐堂闸。

(4)河道治理。

老通惠渠曾分别于 1964 年、2016 年初治理过全段,1964 年治理通惠渠时,原通惠渠上游改称老通惠渠。2016 年又对河道进行了治理,并在徐堂村建小型节制闸。

3.1.12.8.3　吴堂河

(1)流域概况。

吴堂河是通惠渠左岸支流,原名济民渠,因流经龙塘镇吴堂村东得现名,发源于商丘市民权县野岗镇朱庄村,于商丘市睢县涧岗乡小乔村汇入通惠渠。河道干流依次流经民权县和睢县等 2 个县,长度为 26 千米,流域面积为 141 平方千米。

(2)地形地貌。

吴堂河流域地处黄河冲积平原,地势北高南低,海拔介于 58.6 ~ 60.4 米,河流平均比降 0.172‰。

（3）防洪工程。

吴堂河干流上建小型节制闸 2 座,分别为黄庄闸、付店闸。黄庄闸位于民权县龙塘镇黄庄村西南。

（4）河道治理。

1964 年按 5 年一遇防洪标准对吴堂河进行治理;1978 年 12 月,按 5 年一遇除涝标准对吴堂河进行治理,完成土方 120.99 万立方米,投资 61.5 万元。

3.1.12.9　利民河

（1）流域概况。

利民河是惠济河左岸支流,发源于商丘市睢县董店乡黄台村,于睢县河堤乡万口村入惠济河。河道干流只流经睢县 1 个县,长度为 31.4 千米,流域面积为 67.9 平方千米。

（2）地形地貌。

利民河流域以平原地形为主,自西北向东南倾斜,海拔介于 51～57 米,河流平均比降 0.16‰,区域地震烈度为Ⅵ度。

（3）防洪工程。

利民河干流上建有小型节制闸 5 座,分别为田楼闸、余庄闸、白井闸、马路口闸、万口闸。

（4）河道治理。

利民河历经 2 次治理。

2015 年首次疏竣治理,对利民河董店乡皇台—城郊乡赵楼段进行治理,治理长度 7.5 千米。

2017 年对利民河白庙乡裴堂—河堤乡万口段进行治理,治理长度 10 千米。

3.1.12.10　申家沟

（1）流域概况。

申家沟是惠济河左岸支流,发源于商丘市民权县南华街道办事处王叉楼村,于商丘市睢县白楼乡朱桥村汇入惠济河。河道干流流经民权县、睢县和宁陵县 3 个县,长度为 41 千米,流域面积为 202 平方千米。

（2）地形地貌。

申家沟流域以平原地形为主,由北向南倾斜,海拔介于 51.0～60.6 米,地面坡度约为 0.2‰,河流平均比降 0.218‰,区域地震烈度为Ⅵ度。

（3）防洪工程。

申家沟干流上建有小型节制闸 5 座,分别为伯党闸、雷屯闸、大林店闸、大屯闸、刘赵闸。

申家沟现存两岸堤防为土堤,堤防级别 5 级,堤长 23 千米,始于胡堂乡归德屯村,止于白楼乡朱桥村。

（4）河道治理。

1949 年以来，为了提高申家沟的行洪除涝能力，宁陵县于 1963 年春按 5 年一遇除涝标准进行了治理，治理长度 2.3 千米。2013 年冬再次按 5 年一遇除涝标准进行了治理，治理长度 2.3 千米，保证了河势稳定和行洪畅通，确保了流域内的人民生命财产安全。

睢县于 2019 年 3—10 月对申家沟民睢交界董店乡赵楼村—胡堂乡归德屯村段进行治理，治理长度 22 千米。

3.1.12.11　蒋河

（1）流域概况。

蒋河是惠济河右岸支流，发源于开封市杞县葛岗镇楚寨村，于商丘市柘城县张桥乡大魏庄汇入惠济河。河道干流依次流经杞县、睢县、太康县和柘城县等 4 个县，长度为 91 千米，流域面积为 748 平方千米。

（2）地形地貌。

蒋河流域以平原地形为主，自西北向东南倾斜，地面坡度 0.18‰～0.43‰，河流平均比降 0.190‰，区域地震烈度为Ⅶ度。

（3）水功能区。

蒋河有一级功能区 1 个，为蒋河杞县开发利用区；二级功能区 3 个，分别为蒋河杞县农业用水区、蒋河杞县排污控制区、蒋河杞县睢县柘城农业用水区。蒋河杞县农业用水区起始断面为杞县葛岗镇曹寨，终止断面为杞县城南公路桥，水质目标为Ⅳ类；蒋河杞县排污控制区起始断面为杞县城南公路桥，终止断面为杞县邢口乡大魏店公路桥；蒋河杞县睢县柘城农业用水区起始断面为杞县邢口乡大魏店公路桥，终止断面为柘城县入惠济河口，水质目标为Ⅳ类。

（4）防洪工程。

蒋河干流上建有中型节制闸 3 座，分别为大岑寨闸、草庙王闸、伯岗闸。草庙王闸建于 1975 年 6 月，位于睢县后台乡草庙王村北，10 孔，按 5 年一遇除涝标准，过闸流量为 180 立方米/秒，设计蓄水量 41 万立方米。伯岗节制闸建于 1977—1978 年，位于柘城县伯岗桥上游 800 米处，9 孔，按 5 年除涝流量设计，设计蓄水量 112 万立方米，控制流域面积 517 平方千米，可发展灌溉面积 6 万亩。

（5）河道治理。

1949 年以后，蒋河经过两次全线治理。1964 年蒋河改道，同时对蒋河按 5 年一遇除涝、20 一遇防洪标准进行第一次全线治理，上起杞睢县界，下至柘城关桥入惠济河口，治理长度 56.8 千米；1973 年 12 月，进行第二次全线治理，由睢县、柘城同时疏浚，治理后除涝设计流量为 210 立方米/秒，防洪设计流量为 336 立方米/秒。

3.1.12.11.1　祁河

（1）流域概况。

祁河是蒋河左岸支流，发源于开封市杞县裴村店乡张庄户村，于商丘市睢县平岗镇祖六村汇入蒋河。河道干流依次流经杞县和睢县等 2 个县,长度为 39 千米,流域面积为 299 平方千米。

(2)地形地貌。

祁河流域地处平原,地势自西北向东南微倾,河流平均比降 0.16‰,区域地震烈度为 Ⅵ ~ Ⅶ度。

(3)防洪工程。

祁河干流上建有小型节制闸 2 座,分别为西陵寺镇魏堂闸、长岗镇李庙闸。

3.1.12.11.1.1 祁河西支

(1)流域概况。

祁河西支是祁河右岸支流,发源于开封市杞县裴村店乡屯庄村,于商丘市睢县匡城乡蔡庄村汇入祁河。河道干流依次流经杞县和睢县等 2 个县,长度为 19 千米,流域面积为 65.8 平方千米。

(2)地形地貌。

祁河西支流域地处平原,地势自西北向东南微倾,海拔介于 56.6 ~ 58.5 米,河流平均比降 0.16‰,区域地震烈度为 Ⅵ ~ Ⅶ度。

3.1.12.11.1.2 周塔河

(1)流域概况。

周塔河是祁河左岸支流,发源于商丘市睢县西陵寺镇孟楼村,于睢县平岗镇平西村汇入祁河。河道干流只流经睢县 1 个县,长度为 30 千米,流域面积为 156 平方千米。

(2)地形地貌。

周塔河流域以平原地形为主,自西北向东南微倾,海拔介于 52 ~ 57 米,河流平均比降 0.065‰,区域地震烈度为 Ⅵ度。

(3)防洪工程。

周塔河干流上建有小型节制闸 3 座,分别为长岗镇李庙闸、匡城乡尚庄闸、孙聚寨闸。

3.1.12.12 废黄河

(1)流域概况。

废黄河是惠济河左岸支流,古名小黄河,又称古黄河、运粮河。清咸丰五年(1855 年)黄河北走,小黄河断流,逐渐变成废河,发源于商丘市睢县董店乡朱营村,于商丘市柘城县陈青集镇梁湾村西南汇入惠济河。河道干流依次流经睢县、宁陵县和柘城县等 3 个县,长度为 64 千米,流域面积为 389 平方千米。

(2)地形地貌。

废黄河流域以平原地形为主,自西北向东南倾斜,地面坡度约为 0.2‰,河流平均比降 0.205‰,区域地震烈度为 Ⅵ度。

(3)防洪工程。

废黄河干流上建有中型节制闸 3 座,分别为朱寨闸、郭口闸,付庄闸;小型节制闸 1 座,为聂楼闸。朱寨闸位于柘城县朱寨,建于 1975 年 3 月,2013 年 7 月对朱寨闸进行了除险加固,2015 年 12 月竣工。郭口闸位于柘城县城关镇东北角,建于 1976 年 10 月。付庄闸位于柘城县浦东办事处付庄村,2006 年 10 月开工,次年 10 月竣工,5 孔,孔宽 4 米,设计流量 140.49 立方米/秒。聂楼闸位于睢县尤吉屯乡聂楼村,建于 2003 年。

(4)河道治理。

睢县、宁陵县和柘城县均对境内废黄河进行过治理,保证了河势稳定和行洪畅通,确保了沿河城镇及人民生命财产安全。

睢县分别于 1978 年 12 月和 2003 年 12 月对境内废黄河进行治理,清除了多年淤积,提高了除涝能力;宁陵县分别于 1964 年、1968 年、1978 年和 1995 年对境内废黄河进行治理。2001 年宁陵县在太平沟—废黄河段开挖了废黄河一干和废黄河二干,通过该引渠可将黄河水调至废黄河;柘城县分别于 1965 年、1974 年和 2001 年对境内废黄河进行综合治理。

3.1.12.12.1　毛张河

(1)流域概况。

毛张河是废黄河右岸支流,发源于商丘市宁陵县张弓镇毛楼村,于宁陵县黄岗镇张桥村汇入废黄河,河道干流只流经宁陵县 1 个县,长度为 11 千米,流域面积为 86.9 平方千米。

(2)地形地貌。

毛张河流域地处平原地带,由西北向东南微倾,海拔介于 49.4～52.2 米,地面坡度约为 0.2‰。流域内的土壤主要为沙壤土和黏土,区域地震烈度为Ⅵ度。

(3)河道治理。

宁陵县分别于 2002 年和 2012 年对毛张河进行治理,保证了河势稳定和行洪畅通,确保了沿河城镇及人民生命财产安全。

2002 年冬按 5 年一遇除涝标准对毛张河进行全段治理,历时 20 天,主要为河道疏浚,完成土方 15 万立方米,投资 60 万元。2012 年冬又按 5 年一遇标准对毛张河进行治理。

3.1.12.12.2　小沙河

(1)流域概况。

小沙河是废黄河左岸支流,原称远襄沟,曾是黄河泛道,因河道多沙故名,发源于商丘市柘城县惠济乡周店村,于柘城县长江新城办事处郭口村西南汇入废黄河。河道干流只流经柘城县 1 个县,长度为 21 千米,流域面积为 107 平方千米。

(2)地形地貌。

小沙河流域以平原地形为主,由南向北倾斜,河流平均比降为 0.280‰,区域地震烈度为Ⅵ度。

(3)河道治理。

小沙河多年未曾治理,淤积严重,河床窄浅,阻碍行洪。2011 年 3 月柘城县按 5 年一遇除涝标准对柘城县远襄镇杜庄村—下游入废黄河口段进行治理,治理长度 11 千米。2012 年按 5 年一遇除涝标准对小沙河上游段进行治理,治理长度 10.6 千米,完成土方 50 万立方米,总投资 350.4 万元。工程完成后,提高了小沙河的灌溉、防洪、除涝能力,促进了农业增产,农民增收,使沿河两岸 3.6 万人受益,改善除涝面积 5.60 万亩,引水补源面积 2.50 万亩。目前河道的除涝标准为 5 年一遇,比降上游为 0.2‰,下游为 0.18‰,边坡 1∶3,底宽 8 米,除涝流量为 30 立方米/秒。

3.1.12.13　小洪河

(1)流域概况。

小洪河是惠济河右岸支流,发源于周口市太康县马头镇马庄村,于鹿邑县杨湖口镇西刘村汇入惠济河。河道干流依次流经太康县、柘城县和鹿邑县等 3 个县,长度为 42 千米,流域面积为 136 平方千米。

(2)地形地貌。

小洪河流域以平原地形为主,由西北向东南倾斜,海拔介于 32.87～59.00 米,地面坡度 0.17‰～0.22‰,河流平均比降 0.096‰,区域地震烈度为Ⅵ度。

(3)防洪工程。

小洪河干流上建有节制闸 2 座,分别为小赵闸、小洪河闸。

(4)河道治理。

1949 年后,小洪河太康段进行过 2 次治理,柘城段进行过 5 次治理,鹿邑段进行过 1 次治理。

太康县先是在新中国成立初期进行过 1 次治理,后又于 1965 年按 3 年一遇除涝标准对小洪河进行治理,治理长度 8.2 千米,

柘城县于 1964 年对小洪河进行第一次治理,按 3 年一遇除涝标准对小秦—北支入口段进行治理,4 月 7 日开工,5 月 25 日完工,治理长度 8.9 千米;1968—1969 年进行了第二次治理,开挖小秦庄—曹庙段,长度 26.55 千米;1978 年冬进行了第三次治理,治理长度 27.6 千米;2015 年进行了第四次治理,按 5 年一遇除涝标准,4 月开工,同年 5 月竣工,治理了上游段 14.8 千米,完成土方工程量 52 万立方米,总投资 338 万元。治理后,改善除涝 6.3 万亩,引水补源面积 2.8 万亩,使沿河两岸 2 万多人受益;2016 年进行了第五次治理,按 5 年一遇除涝标准,3 月开工,5 月竣工,治理了柘城境内下游段 23.7 千米,完成土方 105 万立方米,投资 750 万元。

鹿邑县于 1975 年对小洪河玄武段进行了治理,设计除涝标准为 5 年一遇。

3.1.12.14　永安沟

(1)流域概况。

永安沟是惠济河左岸支流,因新中国成立初期汇入太平沟,又称太平支沟,发源于商丘市柘城县远襄镇北街村,于柘城县陈青集镇王口村汇入惠济河。河道干流只流经柘城县 1 个县,长度为 28 千米,流域面积为 81.5 平方千米。

（2）地形地貌。

永安沟流域以平原地形为主，自西北向东南倾斜，海拔介于 39.87~46.72 米，河流平均比降 0.20‰~0.28‰，河底宽度 7.5~16.0 米，区域地震烈度为Ⅵ度。

（3）防洪工程。

永安沟干流上建有小型节制闸 3 座，分别为高八闸、沈庄闸、王口闸。

（4）河道治理。

1957 年治理疏浚户庄—王口段，长度为 9 千米，于户庄南太平支沟上打一土坝，户庄以上的太平支沟变成永安沟上段，从此永安沟就直接入惠济河。

1958 年开挖周商永运河前，永安沟上游开挖至远襄集北入周商永运河，之后永安沟便源于此。1963—1964 年平除运河，恢复了原有水系。

柘城县于 1964 年按 5 年一遇除涝（考虑排碱）、10 年一遇防洪标准对王座—王口段进行治理，11 月 9 日开工，治理长度 18.1 千米，历经 23 天，完成挖填土方 37 万立方米，混凝土方 10 万立方米。

1978 年按 5 年一遇除涝标准对汪楼—王口段进行治理，11 月 10 日开工，12 月 15 日竣工，治理长度 24 千米。

2011 年对远襄、马集、牛城段进行治理，治理长度 6.5 千米，完成土方 51 万立方米，投资 344.3 万元。

3.1.12.15　太平沟

（1）流域概况。

太平沟是惠济河左岸支流，原为古睢与涣水的余波，经多次开挖，清光绪九年（1883 年）定名为太平沟，意在少受水灾，求保太平，发源于商丘市宁陵县刘楼乡郑庙村，于鹿邑县贾滩镇柿园村入惠济河。河道干流依次流经宁陵县、商丘市睢阳区、柘城县和鹿邑县等 4 个县（区），长度为 62 千米，流域面积为 335 平方千米。

（2）地形地貌。

太平沟流域以平原地形为主，自西北向东南倾斜，地面坡度 0.2‰，河流平均比降 0.182‰，区域地震烈度为Ⅵ度。

（3）防洪工程。

太平沟干流上建有中型节制闸 3 座，分别为李寨闸、詹庄闸、太平沟闸；小型节制闸 2 座，分别为苗楼闸、大黄闸。太平沟闸位于鹿邑县马铺镇西高庄，5 孔。苗楼闸、大黄闸总有效设计蓄水量 157.5 万立方米。

太平沟现存堤防，左岸堤长 40 千米，右岸堤长 39 千米，均始于柘城县马集乡林楼村，柘城段堤防级别 3 级，鹿邑段堤防级别 5 级。

（4）河道治理。

太平沟历史上河道多以分段治理。1949 年以后，为了提高太平沟防洪除涝能力，分别于 1951 年、1965 年、1974 年进行了 3 次以固堤、疏浚为主的大规模的综合治理。1951 年

3—5 月,按老 5 年一遇除涝标准治理;1965 年 12 月再次治理,以除涝为主,结合治碱,利用疏浚土方整修加固堤防;1974 年 4—5 月,按新 5 年一遇除涝、10 年一遇防洪标准开挖太平沟,治理后设计除涝流量为 123 立方米/秒,设计防洪流量为 180 立方米/秒。

2000 年,柘城县对太平沟进行治理,1 月 3 日开工,5 月 30 日竣工,疏浚河道 26 千米,整修堤防 52 千米。

2014 年 3 月 10 日—7 月 31 日宁陵县对境内太平沟进行治理,疏浚长度 5.5 千米。

2014 年 3—8 月,对河道进行治理,清淤疏浚 23.42 千米;两岸堤防整修加固 18.64 千米;拆除生产桥 18 座、重建生产桥 17 座;修建排水涵闸 25 座,其中新建 22 座、拆除重建 3 座;险工护砌 0.14 千米;左岸堤顶铺设泥结碎石路 11.09 千米。

2018 年,鹿邑县按 5 年一遇除涝、10 年一遇防洪标准对太平沟刘楼—入惠济河口段进行治理,治理长度 11.135 千米,河道清淤疏浚 9.05 千米,重建沟口排涝闸 1 座,重建生产桥 6 座,新建过路涵 3 座、新建混凝土管护道路 8.0 千米,中央、省、县财政投资 1 924 万元。

3.1.12.16　明净沟

(1)流域概况。

明净沟是惠济河左岸支流。发源于商丘市柘城县胡襄镇毛桃村,于鹿邑县马铺镇戴庄村入惠济河。河道干流依次流经柘城县和鹿邑县 2 个县,长度为 41.15 千米,流域面积为 165.1 平方千米。

(2)地形地貌。

明净沟流域地处黄河冲积平原,自西北向东南倾斜,海拔介于 42.5～46.8 米,河流平均比降 0.17‰,区域地震烈度为Ⅵ度。

(3)河道治理。

1951 年 3—5 月,疏通治理明净沟毛桃李—来楼段,长度 11.95 千米;1964 年 11 月—1965 年 2 月,治理谢堂—来楼段 11.95 千米,王虎雷—谢堂段 6.5 千米。

2013 年 10 月治理了柘城县上游段 1.4 千米。2013—2014 年,对明净沟柘城县下游段 17.6 千米进行疏挖治理,完成土方 75 万立方米,总投资 487.5 万元。2014 年 3—4 月,柘城县开展明净沟治理工程,治理后,改善除涝面积 5.6 万亩、引水补源面积 2.0 万亩,大大提高了灌溉、补源、防洪、排涝能力,使沿河两岸 4 万多人受益。

2018 年鹿邑县对境内明净沟进行治理,10 月完工,完成河道疏浚 12.15 千米,岸坡整治 24.3 千米,拆除重建桥梁 12 座,新建涵闸 1 座,中央、省、县共投入资金 1 550 万元。

3.1.13　丰河

(1)流域概况。

丰河是涡河左岸支流,发源于鹿邑县马铺镇燕庄村,于马铺镇火王庄村出河南省入安徽省亳州境,后于亳州市谯城区魏岗镇谭营村汇入涡河。河道干流依次流经河南省鹿邑县和安徽省亳州市谯城区等 2 个县（区），长度为 17 千米，流域面积为 96 平方千米，其中河南省境内长 4 千米，占总长的 23.5%，流域面积为 30.4 平方千米，占总流域面积的 31.67%。

（2）地形地貌。

丰河流域属黄河夺淮形成的冲积平原，地势平坦。

3.1.14　大沙河

（1）流域概况。

大沙河是涡河左岸支流，安徽境内称小洪河，是黄河决口后遗留下来的坡河，因流域多为沙荒地，故称大沙河，流域位于东经 115°10′~115°45′，北纬 33°52′~34°35′。发源于商丘市民权县绿洲街道办事处断堤头村东北，在鹿邑县宋河镇陈楼村出省，后于安徽省亳州市谯城区花戏楼办事处桑园社区汇入涡河。河道干流依次流经民权县、宁陵县、商丘市睢阳区、鹿邑县和安徽省亳州市谯城区等 5 个县（区），长度为 123 千米，流域面积为 1 813 平方千米，其中省内流域面积为 1 677.9 平方千米，占总流域面积的 92.5%。

（2）地形地貌。

大沙河流域地处黄河冲积平原，自西北向东南倾斜，平均地面坡度约为 0.2‰，由于黄河历次变迁改道，交错分布着一些槽形、洼地，地形略有起伏。河流平均比降 0.23‰，区域地震烈度为Ⅵ度。

（3）水功能区。

河南省境内大沙河有一级功能区 2 个，分别为大沙河商丘市开发利用区、大沙河豫皖缓冲区；二级功能区 5 个，分别为大沙河民权饮用水水源区、大沙河民权排污控制区、大沙河民权宁陵农业用水区、大沙河宁陵排污控制区、大沙河商丘农业用水区。大沙河商丘市开发利用区水质目标按二级区划执行；大沙河豫皖缓冲区水质目标为Ⅲ类。大沙河民权饮用水水源区水质目标为Ⅲ类；大沙河民权宁陵农业用水区水质目标为Ⅳ类；大沙河商丘农业用水区水质目标为Ⅳ类。

（4）防洪工程。

大沙河干流上建有中型水闸 4 座，分别为解洼闸、凤凰桥闸、李老家闸、包公庙闸；小型水闸 2 座，分别为王叉楼闸、张楼闸；橡胶坝 1 座，为任楼橡胶坝。总有效设计蓄水量 1 000 多万立方米，总有效设计灌溉面积 33 万亩，下游蓄水河段还可对沿岸 440 平方千米的区域补给地下水。

（5）河道治理。

《归德府志》记载，曾于清乾隆十六年（1751 年）和乾隆十七年（1752 年）分别对宁陵县境段和睢阳区（原商丘县）境段进行了治理。此后因多年未治理，河道芦苇丛生、河床淤塞，排水能力甚低。

1967—1968 年，由当时专署水利局统一规划，采用复式断面设计，按 5 年一遇除涝标准,进行全河疏浚。工程分两期,由鹿邑、睢阳区(原商丘县)、宁陵、民权4县施工,累计治理河段长度98.2千米,完成土方392万立方米,投资74.6万元,之后20多年里没有治理过。

为了提高大沙河行洪除涝标准,发展引黄灌溉,商丘市于1989年开始对大沙河进行分段治理,1989年、1996年分别对民权段进行治理;1989年春对宁陵段36千米按5年一遇标准进行了治理;2001—2002年对睢阳区段进行了高标准治理,治理长度32.5千米,共完成土方375万立方米。2018—2019年,睢阳区又对境内大沙河进行了治理,治理长度18.35千米,加固堤防19.4千米。

3.1.14.1　上清水河

(1)流域概况。

上清水河是大沙河左岸支流,发源于商丘市民权县绿洲街道办事处蒋坡楼村,于商丘市宁陵县城郊乡张老庄村南汇入大沙河。河道干流依次流经民权县和宁陵县等2个县,长度为26千米,流域面积为101平方千米。

(2)地形地貌。

上清水河流域属平原地形,自西北向东南倾斜,地面平均坡度0.2‰,河流平均比降0.25‰,区域地震烈度为Ⅵ度。

(3)防洪工程。

上清水河干流上建有小型节制闸4座,分别为三丈寺闸、吕河闸、任庄闸、茶庄闸。三丈寺闸位于逻岗镇三丈寺南,吕河闸位于柳河镇吕河西南,任庄闸位于石桥镇任庄东,茶庄闸位于城郊乡茶庄西。总有效设计蓄水量120万立方米。

(4)河道治理。

宁陵县曾于1998年和2013年对上清水河进行了两次疏浚治理,目前河道达到5年一遇除涝标准。

3.1.14.2　下清水河

(1)流域概况。

下清水河是大沙河左岸支流,为原清水河的下游段,故称下清水河,发源于商丘市宁陵县城郊乡贾庄村西南,于商丘市睢阳区路河镇李老家村汇入大沙河。河道干流依次流经宁陵县、商丘市梁园区和睢阳区等3个县(区),长度为36千米,流域面积为248平方千米。

(2)地形地貌。

下清水河流域以平原地形为主,自西北向东南微斜,海拔介于48.08～54.26米,地面坡度0.2‰,河流平均比降0.25‰,区域地震烈度为Ⅵ度。

(3)防洪工程。

下清水河干流上建有中型水闸2座,分别为孔桥闸、前黎楼闸;小型水闸4座,分别为双楼分水闸、东王观庙闸、王申庄闸、东关节制闸。

（4）河道治理。

1949 年以来,为了提高下清水河的行洪排涝能力,发展引黄灌溉,先后进行了 4 次治理。

1964—1965 年进行第一次治理,由宁陵、睢阳区(原商丘县)两县(区)施工。原商丘县施工段长 15 千米,由郭村区组织民工进行疏浚,完成土方 17.77 万立方米。本次施工只是在原有河床上稍加深扩宽,且宁、商两县标准不一,又分冬春两期进行,疏浚质量很差,标准较低。

1973 年春对该河进行第二次治理,按 5 年一遇除涝标准疏浚,治理长度 27.54 千米,开挖土方 132.55 万立方米,用工日 78.05 万个。

第三次治理于 2001 年 11 月 26 日开工,12 月 4 日竣工,对下清水河按 5 年一遇除涝标准进行治理,治理长度 7 千米,共出动施工机械 1 000 余台套,完成土方 190 万立方米。

第四次治理于 2013 年 12 月 1 日开工,2014 年 7 月 6 日完工,对下清水河宁陵五王沟口—入大沙河口段河道进行疏浚,长度为 6 千米,共完成土方 6.5 万立方米,拆除重建生产桥梁 4 座、水保环保以及管理房等附属设施建设。工程实施后,河道的防洪标准由原来的不足 5 年一遇提高到 10 年一遇。

3.1.14.2.1　陈两河

（1）流域概况。

陈两河是下清水河左岸支流,原名陈梁沙河,睢阳区境内又称西沙支沟,发源于商丘市民权县孙六镇小张村南,于商丘市睢阳区郭村镇郭楼村汇入下清水河。河道干流依次流经民权县、宁陵县、商丘市梁园区和睢阳区等 4 个县(区),长度为 43 千米,流域面积为 99.4 平方千米。

（2）地形地貌。

陈两河流域以平原地形为主,自西北向东南倾斜,海拔介于 50.27 ~ 57.00 米,地面平均坡度约 0.2‰,河流比降 0.200‰ ~ 0.250‰,区域地震烈度为Ⅵ度。

（3）防洪工程。

陈两河干流上建有中型节制闸 1 座,为郭楼闸;小型节制闸 3 座,分别为王仪宾闸、万集闸、翟楼闸。

（4）河道治理。

陈两河第一次治理始于 1966 年,配合陇海铁路两侧涝碱沙治理工程,完成土方 48.68 万立方米。

1972 年,治理河道长 39.5 千米,完成土方 158.37 万立方米,工日 88.13 万个。

1976 年冬—1977 年春,出工 1 万余人,完成土方 40 万立方米。

1983 年按 5 年一遇除涝标准对陈两河进行治理,6 月 22 日开工,6 月 29 日竣工,治理长度 42.5 千米。

1997 年按 5 年一遇除涝标准对陈两河进行治理,11 月 1 日开工,11 月 20 日竣工,治理长度 27 千米。

3.1.14.3　古宋河

（1）流域概况。

古宋河是大沙河左岸支流,因流经古宋都商丘而得名,发源于商丘市民权县绿洲街道办事处史村铺村,于商丘市睢阳区李口镇任楼村汇入大沙河。河道干流依次流经民权县、宁陵县、商丘市梁园区和睢阳区 4 个县(区),长度为 72 千米,流域面积为 490 平方千米。

（2）地形地貌。

古宋河流域以平原地形为主,自西北向东南倾斜,地面坡度 0.125‰～0.220‰。河流平均比降 0.2‰,区域地震烈度为Ⅵ度。

（3）防洪工程。

古宋河干流上建有中型水闸 1 座,为董瓦房闸;小型水闸 5 座,分别为翟庄闸、赵村集闸、余楼闸、王楼闸、鲁庄闸。总有效设计蓄水量 534.9 万立方米,总有效设计灌溉面积 14.55 万亩。

（4）河道治理。

清乾隆十六年(1751 年),陈宏谋调任河南巡抚,向清政府上《请开归德水利疏》,九月归德知府陈锡辂耗资 6 万多两白银,历经 13 个月,完成了对古宋河等 12 条干河的疏浚。

1949 年以来,为提高古宋河行洪除涝标准,发展引黄灌溉,先后共进行了 3 次以固堤、疏浚为主要内容的综合治理。民权县分别于 1968 年和 1985 年春对境内古宋河进行治理;宁陵县分别于 1952 年、1968 年 11 月和 1997 年 11 月对境内古宋河进行治理;梁园区、睢阳区在 1968 年和 1980 年对古宋河两区段河道进行治理。经过多次河道治理,目前,古宋河已达到防洪 10 年一遇、除涝 5 年一遇标准。

3.1.14.3.1　大坡河

（1）流域概况。

大坡河是古宋河右岸支流,发源于商丘市梁园区观堂镇汶河村,于商丘市睢阳区新城办事处董瓦房汇入古宋河。河道干流依次流经商丘市梁园区和睢阳区等 2 个区,长度为 16 千米,流域面积为 56.3 平方千米。

（2）地形地貌。

大坡河流域地处平原,地势自西北向东南倾斜,海拔介于 45.70～52.46 米,河流比降 0.22‰～0.29‰,区域地震烈度为Ⅵ度。

（3）防洪工程。

大坡河干流上建有小型节制闸 1 座,为高庄闸。

（4）河道治理。

为战胜涝碱灾害,1949 年以后曾对大坡河二次治理。首次治理进行于 1962 年,由当时王楼乡组织沿岸群众,按对口水文资料 3 年一遇的标准,对河道进行疏浚,共完成土方 8.5 万立方米。

1972 年对大坡河二次疏浚,按 1970 年 2 月中央淮河规划组水文成果 3 年一遇除涝标准进行治理,共完成土方 22 万立方米。

3.1.14.3.2　忠民河

(1)流域概况。

忠民河是古宋河左岸支流。原发源于商丘市梁园区李庄乡邓斌口村西北包河南岸低洼地,现主要通过南赵庄分水闸(忠民沟渠首闸)连接包河、引包河水入梁园区平原街道,于商丘市睢阳区古宋街道办事处南关汇入古宋河。河道干流依次流经商丘市梁园区和睢阳区等 2 个区,长度为 17.6 千米,流域面积为 64.5 平方千米。

(2)地形地貌。

忠民河流域地处平原,北侧为黄河故道高滩地,地势平坦,地面坡度 0.077‰ ～0.125‰,海拔介于 46.53 ～48.84 米,区域地震烈度为Ⅵ度。

(3)防洪工程。

忠民河干流上建有小型节制闸 1 座,为南湖与忠民河连接闸。

(4)河道治理。

1963 年冬,按 5 年一遇标准对忠民河进行治理,治理长度 6 千米,完成土方 2.1 万立方米。

1966 年,按 5 年一遇除涝标准对忠民河进行治理,治理长度 9 千米,投资 1.01 万元。

2017 年,按 20 年一遇除涝标准对忠民河进行治理,治理长度 6.2 千米。

2018 年治理河长 17.6 千米。

3.1.14.3.3　陈良河

(1)流域概况。

陈良河是古宋河右岸支流,发源于商丘市梁园区观堂镇徐楼村,于商丘市睢阳区李口镇贾楼村汇入古宋河。河道干流依次流经商丘市梁园区和睢阳区等 2 个区,长度为 25 千米,流域面积为 61.5 平方千米。

(2)地形地貌。

陈良河流域以平原地形为主,自西北向东南倾斜,海拔介于 48.84 ～52.58 米,河流比降 0.167‰ ～0.333‰,区域地震烈度为Ⅵ度。

(3)防洪工程。

陈良河全段无堤防,河道干流上建有中型节制闸 2 座,分别为西马庄闸、贾楼闸;小型节制闸 1 座,为张屯闸。

(4)河道治理。

1964 年春,按对口水文 5 年一遇标准治理,治理长度 21 千米,出工 3 330 人,工期 55 天,完成土方 23 万立方米,工日 16.6 万个。

1972 年按 3 年一遇标准治理,治理长度 25.7 千米,完成土方 64.84 万立方米,工日 29.23 万个。

2013 年治理长度 7.6 千米。

3.1.14.4　洮河

（1）流域概况。

洮河是大沙河右岸支流,发源于商丘市宁陵县阳驿乡郭店村南,至鹿邑县宋河镇张大庄出省,于安徽省亳州市谯城区魏岗镇大陈村汇入大沙河。河道干流依次流经宁陵县、商丘市睢阳区、柘城县、鹿邑县和安徽省亳州市谯城区 5 个县（区）,长度为 76 千米,流域面积为 338 平方千米,其中河南省内长度为 67.6 千米,占总长的 88.9%,流域面积为 305.2 平方千米,占总流域面积的 90.3%。

（2）地形地貌。

洮河流域以平原地形为主,由近代黄河冲积扇顶平沙地和丘间洼地,向河间低洼地过渡,地势西北高、东南低,地面坡度约为 0.24‰,河流平均比降 0.20‰,区域地震烈度为Ⅵ度。

（3）防洪工程。

洮河干流上建有 3 座节制闸,分别为孙庄闸、南胡庄闸、杨庄闸,总有效设计蓄水量 152 万立方米。

（4）河道治理。

洮河的系统治理在 1949 年后,除民权境内的河道外,以下河道多次治理。1952 年疏挖了柘城马集乡胡楼—商鹿县界,由柘城县、睢阳区（原商丘县）分段施工,开挖口宽 10 米,挖深 3.5 米;1963 年睢县按 10 年一遇防洪、3 年一遇除涝标准对境内河段进行治理,治理后设计除涝流量 15 立方米/秒;1965 年宁陵、柘城、睢阳区境内的河段按 5 年一遇标准进行治理,治理中睢阳区段将自十字河东的洮河河道改入大沙河故道,老河道平复耕种,通过此次治理基本达到 5 年一遇标准,设计除涝流量达到 61 立方米/秒。2001 年、2002 年、2003 年睢阳区对境内勒马乡段进行治理,累计治理长度 10.3 千米;2005 年宁陵县对境内部分河段采用机械作业的方式进行疏挖,疏挖长度 8 千米。

3.1.14.5　鸿雁沟

（1）流域概况。

鸿雁沟是大沙河左岸支流,发源于商丘市睢阳区包公庙乡院庄村,于宋集镇林河村出省,后于安徽省亳州市谯城区古井镇刘庄村汇入大沙河。河道干流依次流经商丘市睢阳区、鹿邑县和安徽省亳州市谯城区等 3 个县（区）,长度为 22 千米,流域面积为 56.3 平方千米,其中河南省内长 6.58 千米,占总长的 29.9%,流域面积为 14.9 平方千米,占总流域面积的 26.5%。

（2）地形地貌。

鸿雁沟流域地处平原,地势平坦,河流比降小。

（3）河道治理。

鸿雁沟睢阳段近期未进行过治理。鹿邑段曾于 1965 年进行治理,2018 年又对鹿邑段进行治理,疏浚河道长度 2.98 千米,重建桥梁 3 座。

3.1.15　亳宋河

（1）流域概况。

亳宋河是涡河左岸支流，又称小白河、盆沙河，发源于商丘市睢阳区李口镇火楼村，于睢阳区宋集镇南街出省，后于安徽省亳州市谯城区汤陵办事处丰水源社区汇入涡河。河道干流依次流经商丘市睢阳区和安徽省亳州市谯城区等 2 个区，长度为 46 千米，流域面积为 189 平方千米，其中河南省内流域面积为 95.2 平方千米，占总流域面积的 50.37%。

（2）地形地貌。

亳宋河流域地处平原，地势平坦，由西北向东南微斜，海拔介于 41.37～46.05 米，地面坡度 0.167‰～0.22‰。河流平均比降 0.283‰，区域地震烈度为Ⅵ度。

（3）防洪工程。

睢阳区境内亳宋河干流上建有小型节制闸 2 座，分别为半塔闸、牛庄闸。半塔闸位于宋集镇半塔村西，建于 2011 年，3 孔，每孔净宽 3.5 米，设计流量（5 年一遇）53.2 立方米/秒；牛庄闸位于包公庙乡大崔庄东，建于 2011 年，2 孔，每孔净宽 3.5 米，设计流量（5 年一遇）32 立方米/秒。

（4）河道治理。

1964 年对亳宋河干支流进行系统治理，自河源—商亳界，全长 25 千米，工程标准按除涝 3 年一遇，分春、冬两期进行施工。春季施工因粮食不足，工程标准先按设计标准将宽度开够，挖深距水位线 1 米处进行疏通，工段自上游至半塔长 20 千米，工期 15 天，完成土方 30.44 万立方米，用工日 19.02 万个。第二期工程施工进行于 11 月初，至 12 月 10 日告竣，工段自顺河至县界，全长 19.6 千米，完成土方 24.8 万立方米，用工日 15.5 万个。两期工程共完成土方工程量 55.24 万立方米，用工日 34.52 万个。2010 年，商丘对亳宋河源头—商亳界段按 5 年一遇除涝标准进行治理，治理长度 25.23 千米。

3.1.16　赵王河

（1）流域概况。

赵王河是涡河右岸支流，又称白沟河，发源于鹿邑县玄武镇时口村，于郑集乡程楼村入安徽亳州境内，后于安徽省亳州市谯城区百尺河村汇入涡河。河道干流依次流经河南省鹿邑县和安徽省亳州市谯城区等 2 个县（区），长度为 83 千米，流域面积为 960 平方千米，其中河南省内长度为 44.36 千米，占总长的 53.4%，流域面积 430.3 平方千米，占总流域面积的 44.8%。

（2）地形地貌。

赵王河流域地处平原，地势平坦开阔，河流平均比降 0.19‰，区域地震烈度为Ⅵ度。

（3）水功能区。

赵王河有一级功能区 1 个，为赵王河豫皖缓冲区，起始断面为鹿邑县王皮溜公路桥，终止断面为安徽省亳州市十字河公路桥,水质目标为Ⅲ类。

(4)防洪工程。

赵王河干流上建有中型节制闸2座,分别为观堂镇张庄闸、王皮溜镇李楼闸。

河南省境内赵王河现存堤防级别4级,左岸堤长30.96千米,始于邱集乡盆刘村,止于豫皖界,右岸堤长37.5千米,始于邱集乡盆刘村,止于郑集乡焦庄村。

(5)河道治理。

1965年初次治理,2月开工,3月28日竣工,治理长度35.3千米。

2010—2020年分期分段对河道进行了治理,设计标准为20年一遇防洪、5年一遇除涝,防洪流量为115~207立方米/秒,重建生产桥22座;建中型闸2座:观堂镇张庄闸、王皮溜镇李楼闸;跨河涵闸3座:桥刘闸、刘庄闸、石佛寺闸以及沿河14座沟口涵闸。

3.1.16.1 兰沟河

(1)流域概况。

兰沟河是赵王河右岸支流。发源于鹿邑县邱集乡梨园陈,于鹿邑县观堂镇观堂村入赵王河。河道干流只流经鹿邑县1个县,长度为26千米,流域面积为69.7平方千米。

(2)地形地貌。

兰沟河流域地处平原,地势平坦开阔、低缓倾斜,西北高东南低,河道平均比降0.083‰,区域地震烈度为Ⅵ度。

(3)防洪工程。

兰沟河干流上建有小型节制闸3座,分别为兰沟河闸、余楼闸、孙余闸。兰沟河闸位于观堂镇观堂村,余楼闸位于生铁冢镇余楼村,孙余闸位于赵村乡孙余村。

(4)河道治理。

兰沟河生铁冢镇段于1992年进行了局部清淤,其他河段自1976年后多年未曾治理,河槽严重淤积,建筑物老化损坏,多座桥梁因砖墩腐酥已经坍塌,河道穿村庄段河槽内垃圾常年积存,对河道水质造成污染。为了提高该河道的排涝能力,改善区域内生态环境,保障区域农业和社会经济的可持续发展,2019年鹿邑县对兰沟河进行综合整治,设计5年一遇除涝流量22立方米/秒,11月开工,2020年8月竣工,主要治理措施是河道疏浚全长27.1千米,即兰沟河入赵王河口—梨园陈段,疏挖边坡1:2,岸坡整治长54.2千米,拆除重建生产桥14座,拆除重建节制闸2座,中央、省、县共投入资金4741万元。

3.1.16.2 八里河

(1)流域概况。

八里河是赵王河左岸支流,发源于鹿邑县玄武镇大朱庄西,于鹿邑县王皮溜镇王河滩村汇入赵王河。河道干流只流经鹿邑县1个县,长度为35千米,流域面积为168平方千米。

(2)地形地貌。

八里河流域地处平原,地势平坦开阔,西北高、东南低,河流平均比降为0.162‰,区域地震烈度为Ⅵ度。

（3）防洪工程。

八里河干流上建有小型节制闸 3 座，分别为汪庄闸、周寨闸、槐树刘闸。

（4）河道治理。

八里河自 1974 年治理以后，近 40 年未曾治理，岸坡变形、河槽淤积严重，涵闸、生产桥大部分建于 20 世纪 70 年代，老化损毁严重。2016 年对八里河进行综合整治，疏浚河道长度 34.0 千米，重建桥梁 25 座、新建水闸 3 座、维修加固水闸 1 座，5 年一遇除涝流量 7.3 ~ 12.3 立方米/秒，河底宽度 3 ~ 10 米。中央、省及县财政投资 4 000 万元。

3.1.16.3　急三道河

（1）流域概况。

急三道河是赵王河左岸支流。发源于鹿邑县真源办事处，于鹿邑县郑家集乡刘庙村出省入安徽省亳州境，后于亳州市谯城区赵桥乡王寨村汇入赵王河。河道干流依次流经河南省鹿邑县和安徽省亳州市谯城区等 2 个县（区），长度为 34 千米，流域面积为 163 平方千米，其中河南省内流域面积为 75.7 平方千米，占总流域面积的 46.4%。

（2）地形地貌。

急三道河流域地处平原，地势平坦，西北高东南低，海拔介于 37.4 ~ 46.5 米，河流平均比降 0.172‰，区域地震烈度为Ⅵ度。

（3）防洪工程。

河南省境内急三道河干流上建有小型节制闸 2 座，分别为刘庄闸、王菜园闸。刘庄闸，2 孔，位于鹿邑县卫真办事处刘庄村；王菜园闸，3 孔，位于鹿邑县郑集乡王菜园村。

急三道河现存堤防级别 5 级，左岸堤长 4.74 千米，右岸堤长 6.3 千米，始于郑集乡韩洼村，止于郑集乡刘小庙村。

（4）河道治理。

1965 年对急三道河加宽，扩大过水能力，疏浚排水系统，10 月 15 日开工，11 月 30 日竣工。鹿邑县投入经费 7.47 万元，粮食 111.27 吨。

2016 年按 5 年一遇除涝标准对急三道河进行治理，河底宽度 6.5 ~ 19.5 米，疏挖边坡 1:2.5 ~ 1:2，设计除涝水位 37.00 ~ 38.36 米，河底高程 33.40 ~ 35.28 米，设计流量为 19.7 ~ 77.3 立方米/秒，中央、省及县财政投资 1 500 万元。

3.1.16.3.1　广亮沟

（1）流域概况。

广亮沟是急三道河右岸支流，发源于鹿邑县王皮溜镇张庄村，于郑家集乡程楼村东出河南省，后于安徽省亳州市谯城区十八里镇大张庄汇入急三道河。河道干流依次流经河南省鹿邑县和安徽省亳州市谯城区等 2 个县（区），长度为 20 千米，流域面积为 68.7 平方千米，其中河南省内长 10.3 千米，占总长的 51.5%，流域面积 32.3 平方千米，占总流域面积的 47.02% 。

（2）地形地貌。

广亮沟流域属平原地形，地势平坦开阔，低缓倾斜，西北高东南低。

（3）防洪工程。

广亮沟干流上建有小型节制闸 1 座，为王竹园闸。

（4）河道治理。

2018 年鹿邑县对广亮沟进行治理，疏浚河道 10.3 千米，重建桥梁 9 座、建水闸 1 座。

3.1.17 油河

（1）流域概况。

油河是涡河右岸支流，因河道游移不定，古称游河，又名清水河，介于东经 115°00′~115°44′，北纬 33°53′~34°01′。发源于周口市太康县张集镇温良村，于周口市郸城县南丰镇蔺庄出河南省入安徽省，后于安徽省亳州市谯城区城父镇工元村汇入涡河。河道干流依次流经太康县、柘城县、鹿邑县、郸城县和安徽省亳州市谯城区等 5 个县（区），长度为 128 千米，流域面积为 1 088 平方千米，其中河南省内流域面积为 683.4 平方千米，占总流域面积的 62.8% 。

（2）地形地貌。

油河流域以平原地形为主，由西北向东南倾斜，海拔介于 37.4~45.7 米，地面坡度 0.143‰，河流平均比降 0.111‰，区域地震烈度为Ⅵ度。

（3）防洪工程。

油河干流上现存堤防，郸城段堤防级别 5 级，左岸堤长 10.2 千米，起于张完集镇落耙头王庄村，止于南丰镇蔺庄西；右岸堤长 28.8 千米，始于虎头岗乡和庄，止于南丰镇十字河村。鹿邑县境内除九龙口以上河段，河道两岸均有堤防，堤防级别 4 级，一般高 3 米左右，堤防尚完整，堤距 46~75 米。左岸堤长 45.85 千米，右岸堤长 26.32 千米。

（4）河道治理。

1959 年春，在淮委的统一规划下，在练沟口下将西泥河堵坝，按 5 年一遇除涝、20 年一遇防洪标准治理，3 月 9 日开工，5 月 15 日竣工，治理长度 55 千米。练沟河口处，河槽底宽 24 米，水深 4.2 米，边坡 1∶2，出土滩距 15 米，设计除涝流量 138 立方米/秒，相当于现在的 3 年一遇标准。

2015 年按 5 年一遇除涝、20 年一遇防洪标准对油河洪河口—练沟河口段进行治理，2015 年 5 月 20 日开工，2018 年 8 月 27 日竣工。疏浚河道长度 8.058 千米，新建堤防 0.35 千米，修复堤防缺口 5 处；新建排涝涵闸 5 座、重建 1 座，重建引水闸 1 座，重建桥梁 1 座。工程完成土方开挖 70.35 万立方米，土方回填 3.61 万立方米，砌体 0.08 万立方米，混凝土及钢筋混凝土 0.84 万立方米。工程概算投资 2 388 万元。

3.1.17.1　洪河

（1）流域概况。

洪河是油河右岸支流,发源于鹿邑县张店镇赵庄村,于周口市郸城县张完乡洪河头汇入油河。河道干流依次流经鹿邑县和郸城县2个县,长度为34千米,流域面积为133平方千米。

（2）地形地貌。

洪河流域以平原地形为主,由西北向东南倾斜,海拔介于37~41米,地面坡度0.143‰。河流平均比降0.072‰,区域地震烈度为Ⅵ度。

（3）防洪工程。

洪河干流上建有小型拦河水闸1座,为于老家拦河闸。于老家闸建于1975年1月,主要作用是除涝蓄水,4孔,孔径4×4米,除涝流量75立方米/秒。

洪河干流上现存堤防,堤长44.6千米,堤防级别5级以下,始于罗家沟口,止于张完乡洪河头,左岸堤长22.3千米,右岸堤长22.3千米。

（4）河道治理。

1949年以后共对洪河进行过4次治理。

1957年春对张小楼—洪河头村段进行初步疏导,长度27千米,复堤土方12万立方米,疏浚土方0.624万立方米,共12.624万立方米。

1965年3—5月,按现在5年一遇标准的94%对洪河郸、鹿边界—清水河入河口段进行治理,治理长度28.2千米,土方100.3万立方米。洪河头入口处河底宽15米,水深3.1米,边坡1:2,设计除涝流量63.6立方米/秒。

1984年,汲水乡疏浚了本乡于老家闸—杨桥河段,长度9千米,标准超过了5年一遇。

1985年,吴台、虎岗、汲水三乡疏浚了杨桥—郸、鹿交界河段,治理标准也超过了5年一遇。

3.1.17.2　练沟河

（1）流域概况。

练沟河是油河右岸支流,发源于周口市郸城县汲水乡梁桥砦,于郸城县南丰镇十字河村北汇入油河。河道干流只流经郸城县1个县,长度为17千米,流域面积为81.5平方千米。

（2）地形地貌。

练沟河流域以平原地形为主,由西北向东南倾斜,海拔介于36~39米,地面坡度0.143‰,河流平均比降0.125‰,区域地震烈度为Ⅵ度。

（3）防洪工程。

练沟河干流上建有小型拦河闸3座,分别为竹恺店闸、刘胡庄闸、练沟河闸。竹恺店闸建于1979年10月,主要作用是除涝蓄水,2孔,孔径3×4米,设计流量17.5立方米/秒;刘胡庄闸建于1975年12月,主要作用是除涝蓄水,3孔,孔径6×4米,设计流量63

立方米/秒;练沟河入油河(清水河)口建有练沟河闸,新建于 2018 年 8 月,开敞式,4 孔,孔径 3.5×3.6 米,设计流量 79.4 立方米/秒。

(4)河道治理。

1949 年以后共对练沟河进行过 2 次治理。1966 年春,治理洪河的同时,将练沟河加深疏浚;1974 年又按 5 年一遇除涝标准对仵沟沿—十字河入口段进行了治理,土方 43 万立方米,底宽 2~10 米,水深 2.0~3.8 米,边坡 1:2,除涝流量 56 立方米/秒。

3.1.17.3 洺河

(1)流域概况。

洺河是油河右岸支流,又名东洺河,发源于河南省周口市郸城县白马镇张胖店村,于郸城县白马镇王河口村出河南省入安徽省太和县,后于安徽省亳州市谯城区大杨镇聂关村汇入油河。河道干流依次流经郸城县、安徽省阜阳市太和县和亳州市谯城区等 3 个县(区),长度为 40 千米,流域面积为 296 平方千米,河南省境内长度为 16.5 千米,占总长的 41.25%,流域面积为 154 平方千米,占总流域面积的 52.03%。

(2)地形地貌。

河南省境内洺河流域以平原地形为主,由西北向东南倾斜,海拔介于 35~38 米,地面坡度 0.143‰,河流平均比降 0.100‰,区域地震烈度为Ⅵ度。

(3)防洪工程。

洺河郸城段堤防级别 5 级,左岸堤长 16.48 千米,右岸堤长 10.27 千米,均始于郸城县白马镇张胖店村,止于豫皖省界(龚庄村西—五元井村北区间河段右岸无堤防)。

(4)河道治理。

1949 年后洺河历经 2 次河道治理。1951 年治理淮河初期,在淮委主持下,于王河口处将西沘河筑坝截流,将洺河改道东北方向入涡河水系油河。

1958 年治理洺河张胖店—王河口段,3 月 9 日开工,治理长度 16.5 千米,设计除涝流量 65 立方米/秒,5 月 15 日竣工。

3.1.18 武家河

(1)流域概况。

武家河是涡河左岸支流,流域位于东经 115°38′~116°12′,北纬 33°31′~34°25′。发源于商丘市睢阳区东方办事处相庙村,于商丘市虞城县木兰镇陈桥村南出河南省,入安徽省境内分东西两支,西支称武杨河,于亳州市谯城区沙土镇东注入涡河;东支还称武家河,于亳州市涡阳县闸北镇西注入涡河。河道干流依次流经商丘市睢阳区、虞城县、安徽省亳州市谯城区和涡阳县等 4 个县(区),长度为 130 千米,流域面积为 1 060 平方千米,省内流域面积为 432 平方千米,占总流域面积的 40.75%。

(2)地形地貌。

河南省境内武家河流域以平原地形为主,地面由西北向东南微斜,海拔介于 39.70~

49.00 米,河流平均比降 0.130‰,区域地震烈度为Ⅵ度。

（3）防洪工程。

河南省内河段两岸无堤防,商丘市睢阳区段建有液压坝 2 座,分别为运河口液压坝和宋大庄液压坝。

（4）河道治理。

武家河南北穿过商丘市主城区,为睢阳区的主要纳污水体,曾经是有名的臭水沟,2012 年商丘市实施市内河治理计划,武家河水质得到有效改善。2015 年通过商丘市内河治理工程对运河口—归德路段进行了治理及绿化。2018 年 12 月通过武家河疏通治理应急工程对武家河沈营闸—入杨大河口进行了治理,治理长度 20.85 千米,治理标准为 5 年一遇除涝。2019 年 1 月竣工,投资额 320 万元。

3.1.18.1　杨大河

（1）流域概况。

杨大河是武家河右岸支流,发源于商丘市睢阳区闫集镇赵口集东北洼地,于睢阳区坞墙镇澹楼村汇入武家河。河道干流只流经睢阳区 1 个区,长度为 20 千米,流域面积为 59.8 平方千米。

（2）地形地貌。

杨大河流域主要为平原地形,地面由西北向东南微斜,海拔介于 42.75～46.15 米,地面坡度 0.20‰～0.25‰,区域地震烈度为Ⅵ度。

（3）防洪工程。

杨大河干流上建有小型节制闸 2 座,分别为张文庄闸和冯桥闸。张文庄闸位于杨大河源头不远处,1 孔,净宽 2 米,设计流量 2 立方米/秒;冯桥闸位于冯桥乡冯桥村,建于 1996 年,3 孔,净宽 3 米,设计流量(5 年一遇)40 立方米/秒。

（4）河道治理。

2006 年 10 月下旬对杨大河下游段土方清淤治理,治理长度 9 千米,完成土方 50 万立方米,共投资 350 余万元,同年 12 月完工。

2014 年 11 月对杨大河古宋办事处—冯桥段进行治理,治理长度 12.6 千米,土方 36.54 万立方米,总投资 219.24 万元,同年 12 月底竣工。

3.1.18.2　小洪河

（1）流域概况。

小洪河是武家河右岸支流,发源于商丘市睢阳区李口镇大刘庄村,于商丘市虞城县木兰镇陈桥村李大庄南汇入武家河,河道干流依次流经商丘市睢阳区和虞城县 2 个县(区),长度为 29 千米,流域面积为 86.2 平方千米。

（2）地形地貌。

小洪河流域主要为平原地形,地面由西北向东南微斜,河流比降 0.222‰～0.250‰,区域地震烈度为Ⅵ度。

（3）防洪工程。

小洪河干流上建有小型节制闸 2 座,分别为李油坊闸、后张庄闸。

（4）河道治理。

2011 年,小洪河进行初次治理,治理长度 12 千米,完成土方 55 万立方米,改善灌溉面积 8 万亩。

3.1.18.3　老杨河

（1）流域概况。

老杨河是武家河左岸支流,虞城境内称武河,发源于商丘市虞城县沙集乡柳杭村,于虞城县界沟镇刘公庄南出河南省进入安徽省,后于安徽省亳州市涡阳县牌坊镇燕大村汇入武家河。河道干流依次流经虞城县、安徽省亳州市谯城区和涡阳县 3 个县（区）,长度为72 千米,流域面积为 185 平方千米。河南省内长度为 15.35 千米、流域面积 59.9 平方千米,占总流域面积的 32.4%。

（2）地形地貌。

河南省境内老杨河流域以平原地形为主,地面由西北向东南微斜,海拔介于 39.6～42.2 米,地面坡度 0.18‰,区域地震烈度为Ⅵ度。

（3）河道治理。

老杨河虞城段于 1965 年 4 月按 3 年一遇标准首次进行治理,由虞城县政府组织黄冢区出工 3 000 人,杜集区出工 2 500 人,共完成土方 20 万立方米,用工日 10 万个,国家补助粮食 7.5 万千克,补助经费 3 万元。

第二次治理是 2005 年 11 月,虞城县对老杨河进行全段治理,完成土方 17.1 万立方米。

3.1.18.4　母猪沟

（1）流域概况。

母猪沟是武家河左岸支流,发源于安徽省亳州市谯城区观堂镇大夏楼村,于谯城区岳桥南入河南省永城境后又入安徽省亳州市涡阳县境,于亳州市涡阳县牌坊镇燕修桥北入武家河。河道干流依次流经安徽省亳州市谯城区、河南省永城市和安徽省亳州市涡阳县等 3 个市、县（区）,长度为 31 千米,流域面积为 132 平方千米。其中河南省境内长为 13.3千米,占总长的 42.9%,流域面积为 54 平方千米,占总流域面积的 40.9%。

（2）地形地貌。

河南省境内母猪沟流域地处黄淮冲积平原,由西北向东南微倾斜,区域地震烈度为Ⅵ度。

（3）河道治理。

1949 年以后,母猪沟永城段曾于 1957 年按低标准疏浚。1974 年 12 月,上游亳州段曾按 5 年一遇除涝标准进行疏浚。1975 年永城段按 3 年一遇除涝标准对母猪沟再次进行疏浚,5 月 5 日动工,上段水深 2 米、沟底宽 9 米;下段水深 2.2 米、沟底宽 10.5 米,边坡均为

1∶2,永涡边界共有段仅作清淤,由裴桥、马桥、李寨3个公社动员民工1万人施工,计作土方38万立方米,5月21日竣工。1984年11月,涡阳县对母猪沟下游段,包括永涡县界以上三千米的共有段,按3年一遇除涝标准进行了疏浚,计作土方33万立方米。2007年,上游安徽省亳州市谯城区段按5年一遇除涝标准进行疏浚,永涡边界以下涡阳县按5年一遇除涝标准进行疏浚。

2010年10月,永城市对母猪沟按5年一遇除涝标准分三段进行设计,永亳界—拖金沟段设计底宽6.0米,设计水深3.0米;拖金沟—坡洼沟段设计底宽7.0米,设计水深3.3米;坡洼沟—永涡界段设计底宽9.0米,设计水深3.4米。为了减少占地,河线以原河线为基础,不做大的裁弯取直,对局部陡弯处,适当切角抹顺,改善水流条件;弃土堆筑成堤,堤高不低于2.5米,顶宽5.0米,迎水坡为1∶2,背水坡为1∶1.5,滩地宽4.0米。

3.1.19　五道沟

（1）流域概况。

五道沟是涡河左岸支流,上游段又称新四沟或岭子沟,发源于永城市李寨镇李寨村西,于李寨镇大杨家出河南省入安徽境,后于安徽省亳州市涡阳县闸北镇周庄村汇入涡河。河道干流依次流经河南省永城市和安徽省亳州市涡阳县等2个市(县),长度为39千米,流域面积为188平方千米,其中河南省境内长9.2千米,占总长的23.59%,流域面积为31.5平方千米,占总流域面积的16.76%。

（2）地形地貌。

五道沟流域地貌为平原,地势北高南低,河流平均比降0.159‰,区域地震烈度为Ⅵ度。

（3）河道治理。

1965年,对五道沟按5年一遇除涝标准进行疏浚,3月25日动工,4月17日竣工。

3.2　浍　河

浍河是怀洪新河的最大支流,原是淮河的一条重要支流,曾是漴潼河水系的一部分,属淮河流域洪泽湖水系,流域位于东经115°33′~117°27′,北纬33°10′~34°33′。发源于商丘市夏邑县马头镇董大庄,至永城市侯岭乡李口村出省,后于安徽省蚌埠市固镇县刘集镇南部九湾村汇入香涧湖与潓河汇流,经洪泽湖而入淮。河道干流依次流经夏邑县、永城市和安徽省淮北市濉溪县、宿州市埇桥区和蚌埠市固镇县5个市、县(区),长度为213千米,流域面积为4 651平方千米,其中省内流域面积为1 944.4平方千米,占总流域面积的41.81%。

浍河流域内均为黄河泛滥淤积的平原地带,地势西略高于东,海拔介于30.7~37.7米,其土质均系黄河冲积的黄土性物,自西向东表面为沙土、两合土、淤土。地面平均比降

0.135‰,流域内无基岩出露,地质上基本为第四系全新统冲积及湖积 - 冲积层,局部有更新系统冲积层,岩性以黏土、壤土为主,夹粉性土及沙土层。

河南省内浍河干流上建有中型节制闸 2 座,分别为和顺闸和黄口闸。和顺闸位于永城市西南裴桥镇和顺集,该闸建成于 1978 年,控制流域面积 868 平方千米,蓄水深度 4 米,设计最大蓄水量 537 万立方米,12 孔,总净宽 60 米。黄口闸位于永城市南黄口乡黄口集,该闸于 1970 年 12 月建成,控制流域面积 1 210 平方千米,设计最大蓄水量 500 万立方米,12 孔,孔宽 5 米,总净宽 60 米。

历史上,浍河曾于清乾隆十七年(1752 年)疏浚淤浅长 13.5 千米。民国二十五年(1936 年)春,永城、夏邑两县共同施工,历时月余,于河底一侧挖了一道宽 1 米余,深 0.3 米左右的龙沟。

永城于 1964 年对浍河进行了大规模的疏浚,此次疏浚工程分为两期进行,第一期治理工程于 1964 年 5 月 12 日—6 月 30 日进行,张坦桥—贺桥段先以 3 年一遇标准清淤疏浚,长 12.7 千米;第二期治理工程于 1964 年 11 月 15 日—12 月 15 日进行,对永夏县界—大曹沟口进行疏浚,长 31.7 千米,标准为 5 年一遇(老标准),设计流量 230 立方米/秒。

1995 年,对浍河大曹沟口—省界段进行治理,设计标准采用 1970 年中央对口水文成果,按 3 年一遇的 82% 除涝标准开挖河槽。

1998 年,对浍河大曹沟口—东沙河口段按 1990 年中央对口水文成果 3 年一遇的 82% 除涝标准进行疏浚治理,治理长度 15.75 千米。

豫东地区浍河及其主要支流基本情况见表 3-3。

3.2.1　东沙河

(1)流域概况。

东沙河是浍河左岸支流,因在黄河故道南侧大沙河之东,故称东沙河。发源于商丘市梁园区李庄乡潘口集东,于永城市大王集镇郭庄村汇入浍河。河道干流依次流经商丘市梁园区、虞城县、夏邑县和永城市 4 个市、县(区),长度为 106 千米,流域面积为 442 平方千米。

(2)地形地貌。

东沙河流域地处平原地带,地势西北向东南倾斜,海拔介于 36.0 ~ 42.3 米,地面坡度为 0.167‰ ~ 0.200‰,河流平均比降为 0.187‰,区域地震烈度为Ⅵ度。

(3)水功能区。

东沙河有一级功能区 2 个,分别为东沙河商丘开发利用区、东沙河(浍河)豫皖缓冲区;二级功能区 2 个,分别为东沙河(浍河)商丘农业用水区、东沙河(浍河)永城排污控制区。东沙河商丘开发利用区水质目标按二级区划执行;东沙河(浍河)豫皖缓冲区水质目标为Ⅲ类。东沙河(浍河)商丘农业用水区水质目标为Ⅲ类。

(4)防洪工程。

东沙河梁园区段建有小型节制闸 4 座,分别为黄楼闸、朱台闸、沈牌坊闸和路口闸;虞

表3-3　豫东地区浍河及其主要支流基本情况

河名	编号	干支流关系	发源地	入河口	河长（省内河长）/千米	流域面积（省内流域面积）/平方千米	流经地区
浍河	3.2	怀洪新河左岸支流	夏邑县马头镇董大庄	安徽省固镇县刘集镇九湾村	213	4 651（1 944.4）	夏邑县、永城市、安徽省濉溪县、宿州市埇桥区、固镇县
东沙河	3.2.1	浍河左岸支流	商丘市梁园区李庄乡潘口集	永城市大王集镇郭庄村	106	442	商丘市梁园区、虞城县、夏邑县、永城市
文明沟	3.2.1.1	东沙河右岸支流	虞城县谷熟镇倒楼村	夏邑县中峰乡朱营村	22	91.4	虞城县、夏邑县
挡马沟	3.2.2	浍河右岸支流	夏邑县马头镇刘尹庄村	永城市大王集镇王油坊	34	113（94.8）	夏邑县、安徽省亳州市谯城区、永城市
洛沟	3.2.3	浍河右岸支流	虞城县站集镇曙光东村	永城市大王集镇石营村	60	123（114.2）	虞城县、安徽省亳州市谯城区、永城市
大涧沟	3.2.4	浍河左岸支流	夏邑县济阳镇娄庄村	永城市双桥镇王炉营村	50	141	夏邑县、永城市
包河	3.2.5	浍河右岸支流	商丘市梁园区谢集镇黄辛庄村	安徽省濉溪县临涣镇临南村	174	987（614.8）	商丘市梁园区、睢阳区、虞城县、安徽省亳州市谯城区、涡阳县、濉溪县
南惠民沟	3.2.5.1	包河左岸支流	虞城县芒种桥乡陈集村	虞城县杜集镇岗叉楼村	23	68.4	虞城县
富民沟	3.2.5.2	包河左岸支流	虞城县站集镇葛窑村	虞城县黄冢乡小赵楼村	14	73.9	虞城县
康家沟	3.2.5.3	包河左岸支流	安徽省亳州市谯城区颜集镇刘园村	永城市卧龙镇顾厂村	16（3）	50.2（12.2）	安徽省亳州市谯城区、永城市
甘城沟	3.2.5.4	包河左岸支流	永城市卧龙镇毛庄村	永城市新桥镇甘城村	26	76.5	永城市

城县段建有中型水闸 2 座,分别为马桥闸和张阁闸,马桥闸设计流量 105 立方米/秒,校核流量 156 立方米/秒,4 孔,孔径 5 米,控制流域面积 145.3 平方千米,设计蓄水量 118 万立方米,设计灌溉面积 2 万亩,张阁闸设计流量 110 立方米/秒,校核流量 165 立方米/秒,8 孔,孔径 5 米,控制流域面积 175 平方千米,设计蓄水量 158 万立方米,设计灌溉面积 2.5 万亩。夏邑县段建有中型水闸 1 座,业庙节制闸,该闸位于业庙乡业庙村北,建于 1998 年 6 月,控制流域面积 332.5 平方千米,按 5 年一遇除涝流量 193 立方米/秒设计,20 年一遇防洪流量 289 立方米/秒防洪标准校核,6 孔,孔净宽 5 米,蓄水量 132 万立方米,年可调节水量 264 万立方米,设计灌溉面积 1.06 万亩;永城市段建有中型节制闸 1 座,王大楼闸,该闸位于王集乡王大楼村,建于 1998 年,7 孔,孔宽 4.7 米,蓄水深度 3.4 米,设计蓄水量 155 万立方米。

东沙河堤防级别 4 级,堤长 15.87 千米,始于夏邑县业庙乡业庙拦河闸,止于夏(邑)永(城)交界处。

(5)河道治理。

东沙河曾于清乾隆十七年(1752 年)由知县王积祚奉檄浚治,据《水利志》记载,面宽二十余丈,底宽十五六丈不等,深凡七八尺以至一丈。1949 年以来,为了提高东沙河行洪除涝标准,先后多次分段进行以固堤、疏浚、拦蓄河水为主要内容的综合治理。

1964 年冬—1965 年 5 月,对东沙河丁柏树园—王大楼段进行疏浚,长度 12.8 千米。1967 年 3 月 22 日—4 月 12 日,对东沙河永夏边界的宋王庄—入浍河口段进行治理,长度 15.33 千米。1991 年,商丘、虞城、夏邑、永城 4 个县市统一进行了治理。

虞城县 2013 年按 5 年一遇除涝标准对境内 25.5 千米进行了全面治理。

2013 年 3 月 22 日—11 月 29 日,治理东沙河永夏界—入浍河口段,除涝标准 5 年一遇,防洪标准 20 年一遇,疏浚河道 15.75 千米,两岸堤防整修加固 31.51 千米;新建重建生产桥 5 座;修建排水涵闸 16 座,其中新建 11 座、重建 5 座;右岸堤顶铺设泥结碎石路 15.75 千米,新建管理站 1 处。

2018 年 9 月 1 日文明沟口—业庙闸段治理工程开工,治理长度 20.775 千米,2019 年 7 月 20 日完工。

3.2.1.1 文明沟

(1)流域概况。

文明沟是东沙河右岸支流,发源于商丘市虞城县谷熟镇倒楼村,于商丘市夏邑县中峰乡朱营村汇入东沙河。河道干流依次流经虞城县和夏邑县 2 个县,长度为 22 千米,流域面积为 91.4 平方千米。

(2)地形地貌。

文明沟流域以平原地形为主,自西北向东南微倾斜,有部分槽形洼地和蝶形洼地,缓坡河洼交错分布,海拔介于 38 ~ 48 米,地面坡度 0.200‰,河流比降 0.182‰ ~ 0.222‰,区域地震烈度为Ⅵ度。

（3）防洪工程。

文明沟干流上建有小型节制闸 1 座，为潘庄闸，3 孔，孔径 4 米，过闸流量 90 立方米/秒，设计灌溉面积 1.6 万亩。

（4）河道治理。

文明沟于 1965 年 2 月按 3 年一遇标准的 60% 进行第一次治理，谷熟、站集两个乡镇出动民工 7 000 人，完成土方 30 万立方米，做工日 22 万个，国家补助经费 8.27 万元，补助粮食 23.15 万千克。第二次治理是 1986 年 11 月，按 3 年一遇标准，谷熟、刘店、站集、大侯乡出动民工 2 万人，完成土方 107.4 万立方米，工日 53.7 万个，群众自筹资金 156 万元，粮食 78 万千克。2006 年 11—12 月按 5 年一遇除涝标准对文明沟进行治理，治理长度 15.25 千米，完成土方 29.65 万立方米。

3.2.2　挡马沟

（1）流域概况。

挡马沟是浍河右岸支流，发源于商丘市夏邑县马头镇刘尹庄村，东南流经马头镇魏庄村出河南省入安徽省亳州市，而后又在小营庄北流入河南省永城境，至永城市大王集镇王油坊东南入浍河。河道干流依次流经夏邑县、安徽省亳州市谯城区和河南省永城市 3 个市、县（区），长度为 34 千米，流域面积为 113 平方千米。河南省内流域面积为 94.8 平方千米，占总流域面积的 83.9%。

（2）地形地貌。

挡马沟流域地处平原，地势平坦，海拔介于 39.0 ~ 40.5 米，地面坡度 0.167‰，河流平均比降 0.2‰，区域地震烈度为 Ⅵ 度。

（3）治理工程。

1964 年冬—1965 年春对挡马沟按 5 年一遇除涝标准进行治理，治理长度 18.9 千米。工程分两期施工：一期自 1964 年 11 月 18 日起，至 12 月 30 日结束，二期自 1965 年 2 月 24 日起，至 3 月 21 日结束。共计完成土方 96.2 万立方米，投资 6.3 万元。

2004 年 12 月 10—28 日，对挡马沟按 5 年一遇除涝、20 年一遇防洪标准进行治理，治理长度 13.17 千米，完成土方 66.5 万立方米。

2013 年 1 月 4 日—2 月 2 日按 5 年一遇除涝标准对挡马沟夏邑段进行治理，设计除涝流量 27 立方米/秒，治理长度 9.184 千米，完成土方 14.13 万立方米，投资 62.18 万元。

3.2.3　洛沟

（1）流域概况。

洛沟是浍河右岸支流，河南永城市内又称小洪河，安徽省境内称小浑河，发源于商丘市虞城县站集镇曙光东村，后于商丘市夏邑县马头镇程阁村西南出河南省入安徽省亳州市，又于河南省永城市卧龙镇浑河集北入河南省，最终于永城市大王集镇石营村北汇入浍河。河道干流依次流经虞城县、夏邑县、安徽省亳州市和河南省永城市 4 个市(县),长度为 60 千米,流域面积为 123 平方千米,其中省内流域面积为 114.2 平方千米,占总流域面积的 92.8%。

(2)地形地貌。

河南省境内洛沟流域以平原地形为主,自西北向东南倾斜,海拔介于 33.0～42.9 米,地面坡度 0.167‰～0.200‰,河流平均比降 0.100‰～0.222‰,区域地震烈度为Ⅵ度。

(3)防洪工程。

河南省境内洛沟干流上建有小型节制闸 1 座,为李庄闸,设计蓄水量 80 多万立方米,有效设计灌溉面积 1 万亩。

(4)河道治理。

洛沟河南段曾由虞城县、夏邑县和永城市分别治理。

洛沟虞城段曾于 1966 年 8 月,按 3 年一遇除涝标准的 40% 进行治理,完成土方 30 万立方米,出动民工 9 800 人,完成工日 9.9 万个。1986 年 11 月,又按 3 年一遇除涝标准治理,出动民工 30 870 人,完成土方 75.391 万立方米,完成工日 41.26 万个。

洛沟夏邑段曾于 1963 年 12 月,按设计除涝流量 12.2 立方米/秒治理,治理长度 4.5 千米,完成土方 5.8 万立方米,国家投资 4.4 万元。1968 年春,按老 3 年一遇除涝标准治理,治理长度 4.6 千米。1986 年 11 月 4 日,按 3 年一遇除涝标准治理,治理长度 6.53 千米,完成土方 20 万立方米,同年 4 月 19 日竣工。

洛沟永城段曾于 1964 年治理,1964 年 3 月 13 日开工,5 月 25 日结束,按老 3 年一遇除涝标准,完成土方 81 万立方米。2011 年 2 月 8 日—5 月底,按设计洪水 5 年一遇标准,对河道岸坡护砌 3.4 千米,新建沟口涵闸 6 座,新建桥梁 12 座。

3.2.4　大涧沟

(1)流域概况。

大涧沟是浍河左岸支流,又称大金沟,发源于商丘市夏邑县济阳镇娄庄村,至永城市双桥镇王炉营村入浍河。河道干流依次流经夏邑县和永城市 2 个市(县),长度为 50 千米,流域面积为 141 平方千米。

(2)地形地貌。

大涧沟流域地势西北高东南低,海拔介于 31.0～39.5 米,河流平均比降 0.2‰,区域地震烈度为Ⅵ度。

(3)防洪工程。

大涧沟干流上建有节制闸 2 座,分别为代营闸和曹楼闸。代营闸位于永城市酇阳镇代营村,按 5 年一遇防洪标准设计,流量为 113.3 立方米/秒,采用液压坝形式,液压闸门挡水高度 3.0 米,单扇闸门宽 5 米,共 4 扇;曹楼闸位于永城市双桥镇曹楼村入沱河口处,始建于 1983 年,维修后,5 年一遇除涝流量为 135.5 立方米/秒,平面钢闸门,4 孔,每孔净宽

5.49 米,中间两孔孔高 3.8 米,两端两孔孔高 3.0 米。

（4）河道治理。

1949 年以后,曾对大涧沟于 1956 年、1958 年稍加疏通。1964 年 5 月按老 3 年一遇除涝标准对尹楼—马庄段进行治理,治理长度 22.61 千米,除涝流量 29.5 立方米/秒,完成土方 35.35 万立方米,国家投资 19.8 万元。1981 年 11 月 13 日按 3 年一遇除涝标准治理何庄沟口—永城马庄桥段,当年 12 月 2 日竣工,治理长度 15.62 千米,出动民工 2.6 万人,架车 5 820 辆,完成土方 55.9 万立方米,国家投资 41.79 万元。2016 年 9 月 19 日对会亭镇王酒店村—永夏界段进行治理,同年 12 月 21 日完工,治理长度 11.21 千米,完成土方 34.8 万立方米。2017—2019 年,永城市境内大涧沟进行了系统全面的整治,除涝标准按 5 年一遇,疏浚河道 28 千米,重建桥梁 14 座,新建节制闸 1 座,即大涧沟代营闸,维修节制闸 1 座,即大涧沟曹楼闸。新（重）建涵闸 18 座。治理后的大涧沟,河畅水清、岸绿景美、蓄排可控,极大地改善了河道两岸及其周边地区的生态环境。

3.2.5 包河

（1）流域概况。

包河是浍河右岸支流,古名苞河、泡河,汉代曰苞水,发源于商丘市梁园区谢集镇黄辛庄村附近的黄河故道南侧,于商丘市虞城县界沟镇吕楼村南出河南省入安徽省亳州市谯城区,又于河南省永城市卧龙镇前顾厂村流入河南省,于永城市黄口镇鱼地村（喇叭沟口）以下出河南省入安徽省亳州市涡阳县,后于安徽省淮北市濉溪县临涣镇临南村汇入浍河。河道干流依次流经商丘市梁园区、睢阳区、虞城县,安徽省亳州市谯城区,河南省永城市,安徽省亳州市涡阳县和淮北市濉溪县 7 个市、县（区）,长度为 174 千米,流域面积为 987 平方千米,其中省内流域面积 614.8 平方千米,占总流域面积的 62.3%。

（2）地形地貌。

河南省境内包河流域地处黄河冲积平原,地势由西北向东南倾斜,海拔高差较小。地层主要由第三系和第四系松散物沉积而成,上部颗粒较细,以亚沙土为主;下部颗粒较粗,以粉细沙、中沙为主。

（3）水功能区。

包河有一级功能区 2 个,分别为包河商丘开发利用区、包河豫皖缓冲区;二级功能区 4 个,分别为包河商丘市农业用水区、包河商丘市景观娱乐用水区、包河商丘市排污控制区、包河虞城农业用水区。包河商丘开发利用区水质目标按二级区划执行;包河豫皖缓冲区水质目标为Ⅲ类。包河商丘市农业用水区水质目标为Ⅳ类;包河商丘市景观娱乐用水区水质目标为Ⅳ类;包河虞城农业用水区水质目标为Ⅳ类。

（4）防洪工程。

截至 2017 年底,包河河南段建有中小型水闸 10 座、液压坝 1 座。

梁园区段建有小型节制闸 4 座,分别为高楼闸、老谢集西闸、王瓦房闸和金桥闸;中型节制闸 1 座,宁陈闸;示范区段建有中型节制闸 1 座,周家路口闸;虞城段建有中型节制闸 2 座,分别为王楼闸、焦楼闸,王楼闸控制流域面积 185.5 平方千米,设计流量 124 立方米/秒,5 孔,孔径 5 米,蓄水量 85.7 万立方米,灌溉面积 1.4 万亩;焦楼闸控制流域面积 403 平方千米,设计流量 213 立方米/秒,7 孔,孔径 5 米,蓄水量 144.3 万立方米,灌溉面积 1.8 万亩;永城市段建有中型节制闸 2 座,分别为裴桥节制闸、耿庄节制闸,裴桥节制闸位于裴桥镇,建于 1969 年 12 月,后经运行多年,1980 年废闸为桥。后裴桥闸重建,闸址位于原闸下游约 200 米,设计共 7 孔,每孔净宽 5 米,1994 年 3 月开工,1995 年 5 月完工。2013 年对裴桥闸进行除险加固,2013 年 3 月开工,12 月完工。耿庄节制闸位于马桥镇耿庄村北包河上,建于 1980 年 10 月,共 9 孔,每孔净宽 5 米。

包河干流上现存堤防。虞城全段有堤防,左岸堤长 40.624 千米,右岸堤长 44.068 千米,均始于芒种桥乡师庄村,止于界沟镇贾庄村。永城全段有堤防,左岸堤长 39 千米,右岸堤长 39 千米,均始于永城市卧龙镇前顾厂,止于黄口镇鱼地村。

(5)河道治理。

包河两岸多淤,1949 年以前未见系统治理。据《归德府志》记载,仅于清乾隆十七年(1752 年),知府陈锡辂率知县杨大崑相度用民力挑浚,自杨家堂—宗家桥止六里河段,面宽二丈,加深二尺。民国二十四年(1935 年)县水利委员会,曾疏浚碱、浍、包、巴四河。1949 年以后,为了提高包河行洪除涝的标准,彻底解决流域内的水灾隐患,更好地发挥防洪工程的作用,对包河进行了以疏浚、堤防加固为主要目标的综合治理。

第一次治理时间是 1952 年,对原商丘县小坝集—虞城县界沟镇段进行疏浚,全长 79.9 千米,计划总土方 183.3 万立方米;第二次治理时间是 1953 年,按 3 年一遇除涝、10 年一遇防洪标准治理,全长 142.5 千米。第三次治理进行于 1957 年 3—5 月,按 5 年一遇除涝标准进行疏浚,全长 104.9 千米,其中商丘、虞城境长 68.1 千米,永城境长 36.8 千米。第四次治理是 1978 年 11 月,按 3 年一遇 82%除涝、20 年一遇防洪标准对原商丘县汪河口—永涡县界段进行治理,全长 105 千米。1995 年,治理梁园区 310 国道—宁陈庄闸段 5 千米,铺设浆砌块石护坡。2013 年对虞城县与开发区界—芒种桥乡刘小庙桥段进行治理,治理长度 7 千米。2014 年按 5 年一遇除涝、20 年一遇防洪标准对芒种桥乡刘小庙桥—沙集乡崔桥段进行治理,治理长度 14.19 千米。“十二五”期间,商丘市通过中小河流治理分别实施了 2 次包河清淤治理工作,共对 27.09 千米的河道进行了清淤治理:分别为包河北海路桥—刘小庙桥段和刘小庙桥—崔桥桥段,治理标准为 5 年一遇除涝,防洪标准为商丘市区段 50 年一遇,其余段 20 年一遇。2016 年梁园区水利局对张祠堂—汪河口段进行了清淤治理,治理标准为 5 年一遇。2017—2019 年,按 5 年一遇除涝、20 年一遇防洪标准进行治理,分三期治理了包河贺庄—纪庄段、刘庄—贺庄段、万庄—刘庄段。

3.2.5.1 南惠民沟

(1)流域概况。

南惠民沟是包河左岸支流,发源于商丘市虞城县芒种桥乡陈集村,于虞城县杜集镇岗叉楼村注入包河。河道干流只流经虞城县 1 个县,长度为 23 千米,流域面积为 68.4 平方千米。

(2)地形地貌。

南惠民沟流域以平原地形为主,由西北向东南倾斜,海拔介于 42.1 ~ 45.9 米,地面坡度 0.20‰,河流平均比降 0.22‰,区域地震烈度为Ⅵ度。

(3)防洪工程。

南惠民沟干流上建有小型节制闸 1 座,为梁庄闸,设计蓄水量 80 多万立方米,有效设计灌溉面积 0.8 万亩。

(4)河道治理。

虞城县曾先后 2 次对南惠民沟进行治理。

1964 年 3 月,按老 3 年一遇除涝标准治理,出工 11 000 人,完成土方 49.40 万立方米,工日 43.2 万个。

1985 年 11 月,按 3 年一遇除涝标准,出工 2.5 万人,完成土方 59.5 万立方米,工日 34.5 万个,投资 9.85 万元。

3.2.5.2　富民沟

(1)流域概况。

富民沟是包河左岸支流,发源于商丘市虞城县站集镇葛窑村,于虞城县黄冢乡小赵楼村汇入包河。河道干流只流经虞城县 1 个县,长度为 14 千米,流域面积为 73.9 平方千米。

(2)地形地貌。

富民沟流域以平原地形为主,由西北向东南倾斜,海拔介于 40.4 ~ 43.0 米,地面坡度 0.18‰,区域地震烈度为Ⅵ度。

(3)防洪工程。

富民沟干流上建有小型节制闸 2 座,分别为冯庄闸、小王庄闸,总有效设计灌溉面积 1.0 万亩。

(4)河道治理。

1965 年 8 月初次治理,按 3 年一遇除涝标准的 60%,完成土方 15 万立方米。

1966 年 4 月,按 3 年一遇除涝标准的 60%,治理长度 1.78 千米,完成土方 6 万立方米,工日 1.8 万个,国家补助粮食 22 500 千克。

1987 年 11 月,按 3 年一遇除涝标准,治理长度 13.31 千米,完成土方 19.26 万立方米,工日 8.76 万个。

2008 年 11 月,按 5 年一遇除涝标准,治理长度 11.4 千米,完成土方 40 万立方米。

3.2.5.3　康家沟

(1)流域概况。

康家沟是包河左岸支流,发源于安徽省亳州市谯城区颜集镇刘园村,至河南省永城市卧龙镇三里井南入河南境,后于卧龙镇顾厂村汇入包河。河道干流依次流经亳州市谯城区和永城市 2 个市(区),长度为 16 千米,流域面积为 50.2 平方千米,其中河南省内长度为 3 千米,占总长的 18.8%,流域面积为 12.2 平方千米,占总流域面积的 24.3%。

(2)地形地貌。

河南省境内康家沟流域地处黄淮冲积平原,由西北向东南微倾斜,区域地震烈度为Ⅵ度。

3.2.5.4　甘城沟

(1)流域概况。

甘城沟是包河左岸支流,又名红鱼沟,发源于永城市卧龙镇毛庄村,于永城市新桥镇甘城村注入包河。河道干流只流经永城市 1 个市,长度为 26 千米,流域面积为 76.5 平方千米。

(2)地形地貌。

甘城沟流域地处平原,由西北向东南微倾斜,海拔介于 31 ~ 35 米,河流平均比降 0.2‰,区域地震烈度为Ⅵ度。

(3)河道治理。

1963 年按 3 年一遇标准对甘城沟进行疏浚。

2017—2019 年按 5 年一遇除涝标准对甘城沟进行治理。

3.3　沱　河

沱河是怀洪新河左岸支流,古称浍水,流域位于东经 115°40′ ~ 118°25′,北纬 33°13′ ~ 34°33′。发源于商丘市梁园区刘口镇朱楼村,于永城市高庄镇闫桥村出河南省入安徽省境,至安徽省五河县申集镇北部入沱湖,出沱湖于五河县城关镇张庙村汇入怀洪新河。河道干流依次流经商丘市梁园区、虞城县、夏邑县、永城市,安徽省淮北市濉溪县、烈山区、宿州市埇桥区、灵璧县、泗县和蚌埠市五河县等 10 个市、县(区),长度为 295.5 千米,流域面积为 5 051 平方千米,其中省内流域面积为 3 138.2 平方千米,占总流域面积的 62.1%。

河南省境内沱河流域地形平坦开阔,微波起伏,海拔介于 30.0 ~ 44.5 米,地面坡度 0.100‰ ~ 0.125‰,河流比降 0.09‰ ~ 0.15‰,区域地震烈度为Ⅵ度。

沱河流域内多年平均径流量 2.46 亿立方米,年际变化大,丰水年径流量最大 3.787 亿立方米,枯水年最小径流量 0.294 亿立方米。多年平均年径流深 84.4 毫米。2019 年,沱河小王桥断面地表水环境质量达到Ⅴ类,达标率 82%。

沱河有一级功能区 2 个,分别为沱河虞城开发利用区、沱河豫皖缓冲区;二级功能区 6 个,分别为沱河虞城排污控制区、沱河虞城夏邑农业用水区、沱河虞城景观用水区、沱河夏邑排污控制区、沱河夏邑永城过渡区、沱河永城饮用水源区。沱河虞城开发利用区水质目标按二级区划执行;沱河豫皖缓冲区水质目标为Ⅲ类。沱河虞城景观用水区水质目标为Ⅳ类;沱河虞城夏邑农业用水区水质目标为Ⅳ类;沱河夏邑永城过渡区水质目标为Ⅲ类;

沱河永城饮用水源区水质目标为Ⅲ类。

河南省境内沱河干流上建有中型节制闸5座,分别为汤楼闸、三座楼闸、丰楼闸、金黄邓闸、张板桥闸;小型节制闸2座,分别为史楼闸、汪大楼闸;西关橡胶坝1座;流域内建有小(2)型水库1座,为粟城水库。张板桥闸建于1971年3月,控制流域面积1 460平方千米,按10年一遇除涝标准设计,设计流量570立方米/秒,20年一遇防洪标准校核,校核流量598立方米/秒;金黄邓闸建于1971年12月,控制流域面积606平方千米,按10年一遇除涝标准设计,设计流量338立方米/秒,20年一遇防洪标准校核,校核流量376立方米/秒。设计灌溉面积2.4万亩。西关橡胶坝设计蓄水量120万立方米。粟城水库总库容64.5万立方米。

沱河干流上现存堤防,夏邑段堤防级别4级,堤长67.58千米,始于夏邑县何营乡胡庄村,止于夏邑县胡桥乡丁荒庄南。永城段堤防级别4级,左岸堤长42.5千米,右岸堤长41.5千米。

1951年对沱河进行初次治理,治理长度61.5千米,1952年7月15日竣工。1965年冬按3年一遇的50%除涝,20年一遇防洪治理,治理长度22.6千米,出工3万余人,完成土方164万立方米,投资58.69万元,补助粮食277万斤。1968年10月第三次治理,治理长度110千米。经三次治理,沱河防洪能力达到5年一遇除涝、20年一遇防洪标准。

豫东地区沱河及其主要支流基本情况见表3-4。

3.3.1 毛河

(1)流域概况。

毛河是沱河左岸支流,原名毛家河沟,发源于商丘市虞城县郑集乡小金村,于商丘市夏邑县城关镇南关村汇入沱河。河道干流依次流经虞城县和夏邑县等2个县,长度为32千米,流域面积为281平方千米。

(2)地形地貌。

毛河流域地处平原地带,地势由西北向东南倾斜,海拔介于43.4~45.1米,河流平均比降0.137‰,区域地震烈度为Ⅵ度。

(3)防洪工程。

毛河干流上建有中型节制闸1座,为张庄闸。张庄闸建于1999年8月,控制流域面积227平方千米,按5年一遇除涝、流量118立方米/秒设计,20年一遇防洪、流量193立方米/秒校核,年可调节蓄水量301万立方米。

毛河堤防级别4级,堤长42.2千米,左、右岸均始于夏邑县车站镇小候楼村,止于夏邑县城关镇南关村。

(4)河道治理。

1951年,首次治理,治理长度27千米,出工1万人,完成土方13万立方米。

1956年春,第二次治理,治理长度28千米,出工1.2万人,完成土方62万立方米。

表 3-4　豫东地区沱河及其主要支流基本情况

河名	编号	干支流关系	发源地	入河口	河长（省内河长）/千米	流域面积（省内流域面积）/平方千米	流经地区
沱河	3.3	怀洪新河左岸支流	商丘市梁园区刘口镇朱楼村	安徽省五河县城关镇张庙村	295.5	5 051（3 138.2）	商丘市梁园区、虞城县、夏邑县、永城市，安徽省濉溪县、淮北市烈山区、宿州市埇桥区、灵璧县、泗县、五河县
毛河	3.3.1	沱河左岸支流	虞城县郑集乡小金村	夏邑县城关镇南关村	32	281	虞城县、夏邑县
李集沟	3.3.1.1	毛河右岸支流	虞城县城郊乡时老家村	夏邑县李集镇后司集村	20	72	夏邑县、夏邑县
虬龙沟	3.3.2	沱河左岸支流	虞城县贾寨镇伍楼村	永城市蒋口镇前板桥村	79	751	虞城县、夏邑县、永城市
济民沟	3.3.2.1	虬龙沟右岸支流	虞城县贾寨镇周楼村	虞城县稍岗镇史河村	28	93.7	虞城县
涵洞沟	3.3.2.2	虬龙沟左岸支流	虞城县田庙乡甯贤集村	虞城县稍岗镇史河村	14	59.2	虞城县
北惠民沟	3.3.2.3	虬龙沟左岸支流	虞城县刘集乡朱集村	虞城县大杨集镇秦庄村头李楼	14	56.9	虞城县
柳公河	3.3.2.4	虬龙沟右岸支流	虞城县贾寨镇张庄村	虞城县大杨集镇秦庄村	36	106	虞城县
大利民沟	3.3.2.5	虬龙沟左岸支流	夏邑县太平镇小卜庄村	夏邑县北岭镇刘暗楼村	18	95.5	夏邑县
歧河	3.3.3	沱河右岸支流	夏邑县桑堌乡郭阁村	永城市十八里镇刘岗村	36	294	夏邑县、永城市
尹河	3.3.3.1	歧河右岸支流	夏邑县会亭镇连花台	永城市鄪阳镇孟油坊村	22	86.8	夏邑县、永城市

续表 3-4

河名	编号	干支流关系	发源地	入河口	河长(省内河长)/千米	流域面积(省内流域面积)/平方千米	流经地区
宋沟	3.3.4	沱河左岸支流	夏邑县孔庄乡高庄村	永城市蒋口镇谢庄村	35	114	夏邑县、永城市
韩沟	3.3.5	沱河左岸支流	夏邑县孔庄乡欧阳楼村	永城市城厢乡政府南	40	295	夏邑县、永城市
小白河	3.3.6	沱河左岸支流	永城市芒山镇李黑楼村	永城市城厢乡政府南	27	73.7	永城市
雪枫沟	3.3.7	沱河左岸支流	永城市陈集镇周庄村	永城市神火城市花园小区	18	52.7	永城市
汪楼沟	3.3.8	沱河左岸支流	永城市薛湖镇张楼村	永城市演集镇谢楼村	21	55.7	永城市
王引河	3.3.9	沱河左岸支流	虞城县乔集乡余砦村	淮北市烈山区古饶镇山南村	136	1 457(667.2)	虞城县、夏邑县、安徽省砀山县、河南省永城市、安徽省萧县、淮北市相山区、淮北市濉溪县、淮北市烈山区
周沟	3.3.9.1	王引河右岸支流	虞城县镇里堌乡大周庄	夏邑县骆集乡罗口村	16	54.4	虞城县、夏邑县
小运河	3.3.10	沱河左岸支流	永城市演集镇汪楼村	安徽省濉溪县刘桥镇刘集村	20	83(63.6)	永城市、安徽省濉溪县
小王引河	3.3.11	沱河左岸支流	永城市刘河镇杨阁子村	安徽省濉溪县刘桥镇火神庙村	28(23.6)	173(142.5)	永城市、安徽省濉溪县
小曹沟	3.3.11.1	小王引河左岸支流	永城市陈官庄乡堌尚村	安徽省濉溪县刘桥镇姜洼西南	22	74(47.4)	永城市、安徽省濉溪县

1965 年 3 月,按老 3 年一遇除涝标准治理,治理长度 24.3 千米,出工 7 500 人,完成土方 21.22 万立方米。

1968 年 12 月,按 5 年一遇除涝标准对毛河进行治理,治理长度 23.45 千米,完成土方 166.4 万立方米。

1973 年 4 月,进行第五次治理,治理长度 9.6 千米,完成土方 38.17 万立方米。

2001 年 11 月 20 日,按 5 年一遇除涝、20 年一遇防洪标准对毛河进行治理,治理长度 23.95 千米,2002 年 1 月 20 日竣工。

3.3.1.1 李集沟

(1)流域概况。

李集沟是毛河右岸支流,虞城境内又称小白河,发源于商丘市虞城县城郊乡时老家村南,于商丘市夏邑县李集镇后司集村东汇入毛河。河道干流依次流经虞城县和夏邑县等 2 个县,长度为 20 千米,流域面积为 72 平方千米。

(2)地形地貌。

李集沟流域以平原地形为主,地势由西北向东南倾斜,海拔介于 40.4 ~ 46.8 米,地面坡度 0.18‰,河流比降 0.200‰ ~ 0.222‰,区域地震烈度为Ⅵ度。

(3)防洪工程。

李集沟干流上建有小型节制闸 1 座,为李集闸。该闸位于夏邑县李集镇后司集村入毛河口处,按 5 年一遇过闸流量 49.7 立方米/秒设计,2018 年 3 月 3 日开工,同年 8 月 29 日完工。

(4)河道治理。

李集沟于 2018 年按 5 年一遇除涝标准治理,3 月 3 日开工,同年 8 月 29 日完工,清淤长度 7.32 千米,完成土方 15.25 万立方米,重建桥梁 6 座,新建李集闸。

3.3.2 虬龙沟

(1)流域概况。

虬龙沟是沱河左岸支流,明代时为息民沟,清代时虞城县称惠民沟,夏邑境称虬龙沟,永城境称卧龙沟,20 世纪中叶治理后统称虬龙沟。发源于商丘市虞城县贾寨镇张伍楼村,于永城市蒋口镇前板桥村注入沱河。河道干流依次流经虞城县、夏邑县和永城市等 3 个市(县),长度为 79 千米,流域面积为 751 平方千米。

(2)地形地貌。

虬龙沟流域地处平原地带,地势由西北向东南倾斜,平均海拔为 32 米,地面坡度 0.14‰,河流平均比降 0.142‰。

(3)防洪工程。

虬龙沟干流上建有中型节制闸 2 座,分别为黄庄闸、黄楼闸。

虬龙沟堤防级别 4 级,左岸堤长 41.644 千米,右岸堤长 45.240 千米,始于夏邑县车站镇薛庄村韩楼自然村,止于胡桥乡新桥村丁荒庄自然村。

(4)河道治理。

1949 年以来,虬龙沟曾进行过三次治理。1952 年进行首次治理,由虞城、夏邑两县进行施工,治理长度 69.5 千米。第二次治理始于 1966 年春,竣于冬,疏浚长度 71 千米,治理标准按 3 年一遇除涝、10 年一遇防洪设计。第三次治理于 1983 年冬,上自虞城县三里河,下至永城入沱河,治理长度 70.55 千米,此次治理工程在 1985 年 12 月被河南省人民政府评为"河南省优质工程";1986 年荣获水电部"优质工程奖";1987 年经国家质量奖审定委员会批准,获"虬龙沟综合治理工程银质奖"。虞城县 2016 年对北惠民沟下段—虞夏界段进行了治理,治理长度 4.1 千米,加固堤防长度 8.2 千米,2017 年对许老家南—北惠民沟下段进行了治理,河道清淤疏浚 24.6 千米,两岸堤防整修加固 10.8 千米,左岸堤顶铺设泥结碎石路 5.4 千米,拆除重建生产桥 11 座,新(重)建排水涵闸共 21 座(其中新建涵闸 15座,重建涵闸 6 座),治理标准为 5 年一遇除涝、20 年一遇防洪。

3.3.2.1 济民沟

(1)流域概况。

济民沟是虬龙沟右岸支流,"济民"一词来自"经世济民"(整治天下,拯救民众),发源于商丘市虞城县贾寨镇周楼东,在虞城县稍岗镇史河村汇入虬龙沟。河道干流只流经虞城县 1 个县,长度为 28 千米,流域面积为 93.7 平方千米。

(2)地形地貌。

济民沟流域以平原地形为主,地势由西北向东南倾斜,海拔介于 44.5～48.2 米,地面坡度 0.167‰。河流比降 0.143‰～0.250‰,区域地震烈度为Ⅵ度。

(3)防洪工程。

济民沟干流上建有小型节制闸 4 座,分别为民便集闸、八里堂闸、杨庄闸、米庄闸。

(4)河道治理。

1950 年和 1954 年虞城县对济民沟进行初步治理。

1974 年冬季,按 5 年一遇除涝标准对济民沟进行治理,出动民工 1.2 万人,完成土方115.4 万立方米,工日 47.2 万个,补助粮食 40 万千克,经费 16.5 万元。

1991 年 11 月 10—22 日,按 5 年一遇除涝标准对济民沟再次进行治理,治理长度 18.7千米,完成土方 45 万立方米,工日 30 万个,出动民工 2 万人。

2011 年,按 10 年一遇除涝标准对济民沟进行治理,治理长度 15.67 千米,完成土方 64万立方米。

3.3.2.2 涵洞沟

(1)流域概况。

涵洞沟是虬龙沟左岸支流,又称涵洞河,为 1958 年虞城县修建石庄水库田庙灌溉闸时,开挖的一条引水渠道,发源于商丘市虞城县田庙乡寓贤集村西,在虞城县稍岗镇史河村东汇入虬龙沟。河道干流只流经虞城县 1 个县,长度为 14 千米,流域面积为 59.2 平方千米。

（2）地形地貌。

涵洞沟流域以平原地形为主,西北高东南低,海拔介于 44.5~47.5 米,地面坡度 0.213‰,河流平均比降 0.167‰,区域地震烈度为Ⅵ度。

（3）防洪工程。

涵洞沟干流上建有小型拦河闸 4 座,分别为寓贤集闸、李河闸、刘楼闸、李油坊闸。

（4）河道治理。

1966 年 5 月,虞城县按 3 年一遇除涝标准对涵洞沟进行治理,完成土方 13 万立方米,工日 6.5 万个。

1975 年 7 月,虞城县按 5 年一遇除涝标准对涵洞沟进行治理,完成土方 22.5 万立方米,工日 7.3 万个。

1993 年 11 月 15—30 日,虞城县按 5 年一遇标准对涵洞沟进行第三次治理,治理长度 8.4 千米,出动民工 6 000 人,完成土方 7.4 万立方米,工日 4.4 万个。

2009 年 11 月,虞城县按 5 年一遇除涝标准对涵洞沟进行第四次治理,治理长度 13.5 千米,完成土方 28.35 万立方米。

3.3.2.3 北惠民沟

（1）流域概况。

北惠民沟是虬龙沟左岸支流,为减轻两岸洪涝灾害,惠及民众而开挖,发源于商丘市虞城县刘集乡朱集村,于虞城县大杨集镇秦庄村沟头李楼北汇入虬龙沟。河道干流只流经虞城县 1 个县,长度为 14 千米,流域面积为 56.9 平方千米。

（2）地形地貌。

北惠民沟流域以平原地形为主,北高南低,海拔介于 45.2~46.5 米,河流平均比降 0.2‰,区域地震烈度为Ⅵ度。

（3）防洪工程。

北惠民沟干流上建有小型节制闸 2 座,分别为大史楼闸、沟头李楼闸。

（4）河道治理。

北惠民沟曾于 1953 年进行首次治理。1966 年 5 月 15—30 日,按老 3 年一遇除涝标准对北惠民沟进行第二次治理,出动民工 6 800 人,完成土方 24 万立方米,工日 10.2 万个。1985 年 3 月 4—25 日,按 5 年一遇标准对北惠民沟进行第三次治理,出动民工 8 000人,完成土方 31.8 万立方米,工日 18.5 万个。

3.3.2.4 柳公河

（1）流域概况。

柳公河是虬龙沟右岸支流,明成化年间知县柳泽率民众开挖而成,故称柳公河,发源于商丘市虞城县贾寨镇张庄村,于虞城县大杨集镇秦庄村东汇入虬龙沟。河道干流只流经虞城县 1 个县,长度为 36 千米,流域面积为 106 平方千米。

（2）地形地貌。

柳公河流域以平原地形为主，西北高东南低，海拔介于 43.9~50.2 米，地面坡度 0.159‰，河流平均比降 0.15‰，区域地震烈度为Ⅵ度。

（3）防洪工程。

柳公河干流上建有小型节制闸 3 座，分别为荣庄闸、史楼闸、张关庙闸，有效设计灌溉面积 2.8 万亩。

（4）河道治理。

柳公河曾于 1952 年首次治理。1964 年春，按老 3 年一遇除涝标准对柳公河进行治理，4 月 9 日开工，5 月 13 日竣工，完成土方 52 万立方米，工日 44 万个，补助粮食 7 万千克，经费 4.2 万元。1969 年春，按 5 年一遇除涝标准对柳公河进行治理，完成土方 185.53 万立方米，完成工日 61.3 万个，补助粮食 46 万千克，经费 24.5 万元。1986 年冬，对柳公河进行清淤治理，出工 3.24 万人，完成土方 66.3 万立方米，工日 44.2 万个。2008 年 10 月，对柳公河上游段按 10 年一遇除涝标准的 80% 治理，治理长度 12.5 千米，土方 10 万立方米。2010 年 10 月，对柳公河下游段按 10 年一遇除涝标准的 80% 治理，治理长度 13.8 千米，土方 80 万立方米。

3.3.2.5　大利民沟

（1）流域概况。

大利民沟是虬龙沟左岸支流，发源于商丘市夏邑县太平镇小卜庄村，于北岭镇刘暗楼村南汇入虬龙沟。河道干流只流经夏邑县 1 个县，长度为 18 千米，长度为 95.5 平方千米。

（2）地形地貌。

大利民沟流域地处黄淮冲积平原，自西北向东南倾斜，海拔介于 38.5~43.1 米，河流平均比降 0.2‰，区域地震烈度为Ⅵ度。

（3）防洪工程。

大利民沟干流上建有小型节制闸 1 座，为金庄闸。该闸建成于 1978 年 11 月，位于夏邑县北岭镇刘暗楼村金庄自然村，按 5 年一遇除涝流量 59 立方米/秒设计，蓄水量 10 万立方米，设计灌溉面积 1 300.05 亩。

（4）河道治理。

1951 年 5 月对大利民沟进行初次治理，治理长度 17.31 千米，完成土方 7.86 万立方米，完成投资 1.79 万元。1955 年 11 月再次对大利民沟进行治理，治理长度 17.31 千米，完成土方 14.11 万立方米，完成投资 2.0 万元。1963 年 11 月治理运河—入虬龙沟段，治理长度 6.3 千米，完成土方 4.85 万立方米。1964 年 5 月按老 3 年一遇除涝标准治理，治理长度 11.0 千米，完成土方 9.5 万立方米，完成投资 1.5 万元。1967 年 4 月按老 5 年一遇除涝标准治理，治理长度 12.15 千米，完成土方 51.09 万立方米，完成投资 28.9 万元。1971 年 4 月按新 5 年一遇除涝标准治理，治理长度 17.31 千米，完成土方 38.92 万立方米，完成投资 13.59 万元。2018 年 1 月 29 日按 5 年一遇除涝标准治理，治理长度 17.31 千米，同年 3 月 30 日完工,完成土方 350.18 万立方米。

3.3.3 歧河

(1)流域概况。

歧河是沱河右岸支流,发源于商丘市夏邑县桑堌乡郭阁村,于永城市十八里镇刘岗村汇入沱河。河道干流依次流经夏邑县和永城市等 2 个市(县),长度为 36 千米,流域面积为 294 平方千米。

(2)地形地貌。

歧河流域地处平原,地势北高南低,海拔介于 31.0～43.0 米,地面坡度 0.2‰,河流平均比降 0.22‰,区域地震烈度为Ⅵ度。

(3)防洪工程。

歧河干流上建有拦河闸 2 座,分别为吕桥闸、歧河入沱河处翻板闸。

歧河永城段现存堤防,堤防级别 4 级,堤长 11.5 千米,始于永城市马牧镇歧麦口村,止于蒋口镇前刘岗村入沱河口处。

(4)河道治理。

据清光绪十九年《归德府志》记载:"乾隆十七年(公元 1752 年)知府陈锡辂橄县开浚",面宽一丈六、七尺,深五、六尺不等。清光绪二十九年《永城县志》中记载"歧河在城西四十里歧麦口,由夏邑东南入永城至刘岗入巴河"。

1956 年 4 月 28 日—5 月 16 日,出工 41 600 人,完成土方 33.96 万立方米。

1966 年 4 月,按老 3 年一遇除涝、20 年一遇防洪标准对歧河进行治理,治理长度 30 千米,完成土方 54.5 万立方米,投资 8.6 万元。

1970 年 3 月,按 5 年一遇标准对歧河进行治理,治理长度 30.13 千米,完成土方 12.72 万立方米,投资 16.5 万元。

2019 年,按 5 年一遇除涝、20 年一遇防洪标准对歧河进行治理,治理长度 11.5 千米,左右岸堤防加固 23 千米。

3.3.3.1 尹河

(1)流域概况。

尹河是歧河右岸支流,又名惠沟,发源于商丘市夏邑县会亭镇莲花台村,于永城市鄝阳镇孟油坊村南注入歧河。河道干流依次流经夏邑县和永城市等 2 个市(县),长度为 22 千米,流域面积为 86.8 平方千米。

(2)地形地貌。

尹河流域地处黄淮冲积平原,自西北向东南倾斜,海拔介于 31.0～39.5 米,地面坡度 0.154‰,河流比降 0.16‰～0.25‰,区域地震烈度为Ⅵ度。

(3)河道治理。

1966 年春,按老 5 年一遇除涝、20 年一遇防洪标准对尹河进行治理。

1972 年 11 月,按 5 年一遇标准对尹河再次治理,治理长度 17.28 千米,完成土方 37.97 万立方米,投资 15.7 万元。

1973 年春,按 5 年一遇除涝、20 年一遇防洪标准对尹河进行治理,治理长度 23.6 千米。

2015—2019 年,按 5 年一遇除涝、20 年一遇防洪标准对尹河进行综合治理,疏浚河道 6.3 千米。

3.3.4　宋沟

(1)流域概况。

宋沟是沱河左岸支流,发源于商丘市夏邑县孔庄乡高庄村,于永城市蒋口镇谢庄村南注入沱河。河道干流依次流经夏邑县和永城市等 2 个市(县),长度为 35 千米,流域面积为 114 平方千米。

(2)地形地貌。

宋沟流域地处平原,自西北向东南倾斜,海拔介于 38.2 ~ 42.3 米,地面坡度 0.25‰,河流平均比降 0.243‰,区域地震烈度为Ⅵ度。

(3)河道治理。

1934 年对宋沟进行疏浚治理,治理长度 15 千米;1957 年冬,对宋沟进行初步治理,泄水能力达到老 3 年一遇标准;1959 年,宋沟被周商永运河截为两段,上段改入运河,宋沟中下游段流域面积减为 86.4 平方千米。1963 年,对宋沟进行疏浚治理,排涝能力达到 3 年一遇标准;1964 年 6 月 24 日—8 月 20 日,对宋沟进行堤防修复治理,完成土方 15.9 万立方米,投资 7 万元,补助粮食 5 千克;1966 年 4 月 20 日—5 月 8 日,按 3 年一遇除涝、20 年一遇防洪标准对宋沟进行治理,治理长度 23.55 千米,完成土方 65 万立方米,投资 12.67 万元,补助粮食 33.95 千克;1969 年 11 月 25 日—12 月 20 日,按 5 年一遇除涝、20 年一遇防洪标准对宋沟进行治理,治理长度 22.3 千米,完成土方 127.6 万立方米。

2015—2019 年,永城市按 5 年一遇除涝、10 年一遇防洪标准治理境内宋沟全段,治理长度 22.3 千米,共分两次治理完成。第一次于 2016 年对宋沟永夏界—太丘镇蒋庄村丘庙桥段进行治理,2016 年 11 月开工,2017 年 2 月完工,治理长度 9.4 千米,完成土方 5.54 万立方米,投资 40.26 万元。第二次于 2018 年对宋沟太丘镇蒋庄村丘庙桥—蒋口镇包徐庄村入沱河口段进行治理,2018 年 9 月开工,2019 年 3 月完工,治理长度 12.9 千米,完成土方 7.78 万立方米,投资 84.69 万元。

3.3.5　韩沟

(1)流域概况。

韩沟是沱河左岸支流。发源于商丘市夏邑县孔庄乡欧阳楼村,于永城市城厢乡政府南汇入沱河。河道干流依次流经夏邑县和永城市等 2 个市(县),长度为 40 千米,流域面积为 295 平方千米。

（2）地形地貌。

韩沟流域地处平原,地势平坦,海拔介于 32.5 ~40.0 米,河流平均比降 0.140‰,区域地震烈度为 Ⅵ 度。

（3）防洪工程。

韩沟干流上现存堤防级别 5 级。

（4）河道治理。

1963 年冬,按 3 年一遇的 50% 标准疏浚,设计流量为 12.8 立方米/秒,长度 35.6 千米。

1963 年 11 月,治理长度 6.3 千米,完成土方 2.8 万立方米。

1964 年 5 月,治理长度 6.5 千米,完成土方 5.2 万立方米。

1965 年 3 月,按老 3 年一遇除涝标准对韩沟进行治理,治理长度 14.9 千米,完成土方 12.67 万立方米。

1971 年,按 5 年一遇除涝、20 年一遇 85% 防洪标准对韩沟进行治理,治理长度 42.2 千米,完成土方 380.5 万立方米,投资 106.3 万元,补助粮食 193.9 万千克。

2002 年 12 月,按 5 年一遇除涝、20 年一遇防洪标准对韩沟进行治理,治理长度 14.9 千米。

2005 年冬,按 5 年一遇除涝、20 年一遇防洪标准对韩沟进行治理。

3.3.6 小白河

（1）流域概况。

小白河是沱河左岸支流,发源于永城市芒山镇李黑楼村,于永城市城厢乡政府南注入沱河。河道干流只流经永城市 1 个市,长度为 27 千米,流域面积为 73.7 平方千米。

（2）地形地貌。

小白河流域上游为芒砀山区,中下游为平原地区,地势由西北向东南微倾,最高海拔为芒砀山主峰 159 米。

（3）防洪工程。

小白河现存堤防,左岸堤防为永砀公路的一段。

（4）河道治理。

1959 年冬对小白河进行治理,北自王引河,连接周商永运河,南通沱河,治理长度 28 千米,出工 4.7 万人,18 天告竣,完成土方 189 万立方米。1964 年,对小白河进行分割处理,郭沟以上段恢复原流势入郭沟,郭沟以下段恢复原小白河。1999 年再次对小白河进行治理,治理标准为河槽深 3 ~5 米,底宽 14 米,口宽 30 米左右;左岸以堤代路,顶宽 18 米,堤高 2.5 米。2014 年按 5 年一遇除涝标准治理,疏浚干支流河道长度 28 千米。

3.3.7　雪枫沟

（1）流域概况。

雪枫沟是沱河左岸支流，原名玉皇沟，因上源流经陈集周玉皇庙而得名。解放战争时期，永城曾改名雪枫县，雪枫县曾对玉皇沟进行疏浚，更名为雪枫沟。发源于永城市陈集镇周庄村附近，于永城市区神火城市花园小区南汇入沱河。河道干流只流经永城市1个市，长度为18千米，流域面积为52.7平方千米。

（2）地形地貌。

雪枫沟流域地处平原，地形平坦开阔，由西北向东南微倾斜，海拔介于31.5～36.5米，地面坡度0.2‰，河流平均比降0.25‰，区域地震烈度为Ⅵ度。

（3）防洪工程。

雪枫沟现存堤防级别5级。

（4）河道治理。

1949年以后，雪枫沟经历过三次疏浚。

1968年，按老5年一遇除涝标准治理，治理长度4.5千米。

1973年冬，按5年一遇除涝标准治理，完成土方24.9万立方米，投资2.08万元，补助粮食5.2万千克。

2015年，对雪枫沟进行河道疏浚治理，治理长度12千米。

3.3.8　汪楼沟

（1）流域概况。

汪楼沟是沱河左岸支流。发源于永城市薛湖镇张楼村，于永城市演集镇谢楼村汇入沱河。河道干流只流经永城市1个市，长度为21千米，流域面积为55.7平方千米。

（2）地形地貌。

汪楼沟流域地处黄淮冲积平原，以平原地形为主，地势北高南低，由西北向东南微倾斜，海拔介于31.5～66.5米，地面坡度0.2‰，河流平均比降0.121‰，区域地震烈度为Ⅵ度。

（3）防洪工程。

汪楼沟干流上建有小型节制闸1座，为谢楼闸。该闸建于1975年9月。

（4）河道治理。

2011年，按5年一遇除涝标准对汪楼沟进行治理。

2014年，对汪楼沟左岸进行扩挖，并对右岸进行回填，扩挖和回填宽度5～20米不等，改道段长度共1.4千米。

2015年，按5年一遇除涝标准对汪楼沟进行治理，治理长度21.13千米，拆除重建10座危桥，对谢楼闸进行维修加固。

3.3.9 王引河

（1）流域概况。

王引河是沱河左岸支流,夏邑县骆集乡罗口村以上称为洪河,罗口村—陈堤口段称巴清河,流域位于东经116°19′~116°49′,北纬33°44′~34°30′。发源于商丘市虞城县乔集乡余砦村,于商丘市夏邑县韩道口镇韩北村沿豫皖界向东,过固口闸向南复入永城市,又于陈官乡东南出河南境,后于安徽省淮北市烈山区古饶镇山南村汇入沱河。河道干流依次流经虞城县、夏邑县,安徽省宿州市砀山县,河南省永城市,宿州市萧县,淮北市相山区、濉溪县、烈山区等8个县、市(区),长度为136千米,流域面积为1 457平方千米,其中河南省境内流域面积为667.2平方千米,占总流域面积的45.8%。

（2）地形地貌。

王引河流域地处黄淮冲积平原,以平原地形为主,地势北高南低,由西北向东南微倾斜,海拔介于32~49米,河流平均比降0.137‰,区域地震烈度为Ⅵ度。

（3）防洪工程。

王引河干流上建有中型节制闸3座,分别为杨楼闸、黑李庄闸、芒山闸;小型节制闸1座,智集闸。杨楼闸建于1976年9月,控制流域面积201平方千米,按5年一遇加大10%除涝标准设计,流量102立方米/秒;20年一遇加大10%防洪标准校核,流量200立方米/秒。黑李庄闸建于1977年10月,控制流域面积269平方千米,按5年一遇加大10%除涝标准设计,流量122立方米/秒;20年一遇加大10%防洪标准校核,流量236立方米/秒。芒山闸建于1959年,后于1975年重建,12月建成,按5年一遇除涝标准,流量255.2立方米/秒;20年一遇防洪标准,流量484立方米/秒。

王引河夏邑段堤防级别4级,堤长42.83千米,始于夏邑县罗沟口,止于韩道口镇老庄村汪庄自然村;永城段堤防级别4级,堤长40.1千米,始于永城市条河镇前顾厂村,止于苗桥镇汤庙村。

（4）河道治理。

王引河下游的变迁颇多,王引河原系唐河之上源,至濉溪县翟桥入唐河,先经宿县、灵璧、泗县入沱湖,再由五河县的漴潼河入洪泽湖。1958年,安徽省濉溪县将王引河自孟口起沿永濉边界改道至代桥并入沱河。1964年春,根据豫皖两省关于"王引河复故,恢复原来水系,孟口—代桥改道段废除"的协议,由永城出民力将孟口—代桥的改道段平毁,使王引河归故。1965年,濉溪县又将王引河自大秦家闸上经东新建沟并入沱河。1968年新汴河开通,王引河及沱河同改入新汴河。

1952年春,对王引河进行首次低标准疏浚治理,完成土方155万立方米。补助粮食75万千克。

1958年,按老5年一遇除涝、10年一遇防洪标准对王引河进行治理,治理长度61.5千米,完成土方399万立方米,投资134.7万元。

1975—1976年,按5年一遇除涝、20年一遇防洪标准对王引河进行治理,治理长度43千米,完成土方844.9万立方米,投资454万元。

3.3.9.1　周沟

（1）流域概况。

周沟是王引河右岸支流,发源于商丘市虞城县镇里堌乡大周庄南,于商丘市夏邑县骆集乡罗口村汇入王引河。河道干流依次流经虞城县和夏邑县等2个县,长度为16千米,流域面积为54.4平方千米。

（2）地形地貌。

周沟流域以平原地形为主,由西北向东南微倾,有部分槽形、蝶形洼地,海拔介于38～48米,地面坡度0.01‰～0.02‰,河流平均比降0.20‰,区域地震烈度为Ⅵ度。

（3）河道治理。

虞城县和夏邑县曾分别对境内周沟进行治理。

虞城县先于1963年9月按3年一遇除涝标准治理周沟,出工0.2万人,完成土方8.8万立方米,工日3万个。后又于1976年1月,按5年一遇除涝标准对周沟进行治理,完成土方13.2万立方米,工日4.4万个。2009年,又按5年一遇除涝标准对周沟进行治理,完成土方10.5万立方米。

夏邑县曾于1965年3月,按老3年一遇除涝标准治理周沟,治理长度5.75千米,完成土方5.3万立方米。后于1975年12月,按5年一遇除涝标准对周沟进行治理,治理长度11.9千米,完成土方38.5万立方米,完成投资14.2万元。2014年12月,又按5年一遇除涝标准对周沟进行治理,治理长度3.51千米,完成土方8.78万立方米,完成投资42.13万元。2015年按5年一遇除涝标准治理周沟,9月11日开工,9月26日完工,治理长度8.0千米,完成土方13.55万立方米,完成投资62.91万元。

3.3.10　小运河

（1）流域概况。

小运河是沱河左岸支流,属永城和濉溪两地的边界河道,安徽省境内又名小巴河。发源于永城市演集镇汪楼村,于苗桥镇黄楼村出河南省入安徽省淮北市濉溪县,后于濉溪县刘桥镇刘集村南经由巴河、王引河改道段汇入沱河。河道干流依次流经河南省永城市和安徽省淮北市濉溪县等2个市（县）,长度为20千米,流域面积为83平方千米,其中河南省境内流域面积为63.6平方千米,占总流域面积的76.6%。

（2）地形地貌。

小运河流域地形平坦开阔,海拔介于31～33米,区域地震烈度为Ⅵ度。

（3）防洪工程。

河南省境内小运河干流上建有小型节制闸1座,为黄土楼闸。该闸为3孔闸,总蓄水量36.4万立方米,设计标准为5年一遇除涝、20年一遇防洪。

小运河现有堤防级别 5 级,堤长 11.2 千米,始于演集镇汪楼村,止于省界黄楼村。

(4)河道治理。

1964 年春夏之交—1965 年春,永城对小运河进行疏浚,分两期施工:一期于 1964 年 5 月 4 日开工,6 月 29 日竣工,主要疏浚濉溪县境河段,长度为 5.1 千米;二期于 1965 年 2 月 23 日开工,6 月 30 日竣工,主要疏浚永城境内河段,长度为 33.1 千米。

1974 年,按 5 年一遇除涝标准对小运河进行治理,小运河自杨楼改入汪楼沟提前入沱河,治理段总长(含上段及汪楼沟)97.3 千米,分两期施工:一期疏浚永城境内的河段,出工 5 万人,1974 年 6 月 5 日开工,7 月 31 日竣工,疏浚长度 17.3 千米,完成土方 136.2 万立方米。两期共完成土方 451.9 万立方米,投资 203.62 万元。

3.3.11　小王引河

(1)流域概况。

小王引河是沱河左岸支流,发源于永城市刘河镇杨阁子村,至永城市苗桥镇黄水寨村出河南省入安徽省淮北市濉溪县境,后于濉溪县刘桥镇火神庙村经由王引河改道段汇入沱河。河道干流依次流经河南省永城市和安徽省濉溪县等 2 个市(县),长度为 28 千米,流域面积为 173 平方千米,其中河南省境内长度为 23.6 千米,占总长的 84.3%,流域面积为 142.5 平方千米,占总流域面积的 82.4%。

(2)地形地貌。

小王引河流域地处平原,地势北高南低,海拔介于 30 ~ 33 米,区域地震烈度为Ⅵ度。

(3)防洪工程。

小王引河干流上建有小型节制闸 3 座,分别为刘河闸(2 孔,孔宽 3 米)、苗村闸(3 孔,孔宽 3 米)和大魏庄闸(液压坝)。

(4)河道治理。

根据商丘、宿县两专区于 1964 年 3 月 14 日达成的“关于解决边界水利问题的商定记录”的有关决议,由永城市分两期对小王引河进行治理。第一期工程于 1964 年 5 月 4 日开工,6 月 29 日竣工,永城市对小王引河濉溪段进行了疏浚,疏浚长度 8.7 千米;第二期工程于 1965 年 3 月 2 日开工,6 月 30 日竣工,对小王引河永城段进行了疏浚,疏浚长度 25.6 千米。2015—2017 年,永城市按 5 年一遇除涝、10 年一遇防洪标准对小王引河永城段分期分段进行治理,新建了刘河闸、苗村闸和大魏庄闸(液压坝)。

3.3.11.1　小曹沟

(1)流域概况。

小曹沟是小王引河左岸支流,安徽境内称曹沟,发源于永城市陈官庄乡埚尚村,于苗桥镇新庄村东出河南省入安徽省,于安徽省淮北市濉溪县刘桥镇姜洼西南汇入小王引河。河道干流依次流经永城市和安徽省濉溪县等 2 个市(县),长度为 22 千米,流域面积为 74 平方千米。河南省内流域面积 47.4 平方千米,占总流域面积的 64.1%。

（2）地形地貌。

小曹沟流域属平原地形，地势北高南低，海拔介于 31～35 米，河流平均比降 0.2‰，区域地震烈度为Ⅵ度。

（3）防洪工程。

小曹沟干流上建有节制闸 1 座，辛庄闸。该闸建于 1976 年，位于苗桥镇二牛庄村，按 5 年一遇除涝流量 30.0 立方米/秒设计，20 年一遇防洪流量 60.6 立方米/秒校核，4 孔，每孔 4 米，设计蓄水量 31 万立方米。

（4）河道治理。

1949 年以后，小曹沟进行了两次治理。第一次治理工程进行于 1964 年春夏之交—1965 年春，治理标准不高，仅按"老巴河现有标准"进行了河槽疏浚。第二次治理工程进行于 1974 年，按 5 年一遇除涝标准。

3.4　洪碱河

洪碱河是萧濉新河右岸支流，是元明时期黄河南泛形成的河道，现为豫皖两省边界河道。发源于安徽省宿州市砀山县砀城镇蒋营村，经程庄镇王屯沿豫皖边界，于张楼南出河南省入安徽省宿州市萧县，后于安徽省淮北市相山区渠沟镇桥头村东北注入萧濉新河。河道干流流经安徽省砀山县、萧县，河南省永城市和安徽省淮北市相山区等 4 个市、县（区），长度为 80 千米，流域面积为 510 平方千米。豫皖省界段河道长约 16 千米，省内流域面积为 69.0 平方千米，占总流域面积的 13.5%。

洪碱河流域内除分布有芒砀山群外，绝大部分属于黄泛冲积平原，平原间分布着岗地、洼地等微地貌景观，河流平均比降 0.09‰。

豫东地区洪碱河及其主要支流基本情况如表 3-5 所示。

3.4.1　碱河

（1）流域概况。

碱河是洪碱河右岸支流，原称碱水河。发源于安徽省宿州市砀山县朱楼镇北部，南流至河南省永城市条河乡种寨村入河南境，于芒山镇种李庄村东又流入安徽省宿州市萧县境，后于萧县张庄寨镇崔口村南汇入洪碱河。河道干流依次流经安徽省砀山县，河南省永城市和安徽省萧县等 3 个市（县），长度为 38 千米，流域面积为 88.6 平方千米，其中省内流域面积 35.5 平方千米，占总流域面积的 40.07%。

（2）地形地貌。

碱河流域地势北高南低，分布有芒砀山群的数座山峰，其余大部分属于黄泛冲积平原。区域地震烈度为Ⅵ度。

（3）防洪工程。

河南省境内碱河干流上建有水闸 1 座，种李庄闸。该闸位于永城市芒山镇种李庄村，4 孔，每孔 5 米，按 5 年一遇除涝、流量 57.3 立方米/秒设计，10 年一遇防洪、流量 90.7 立方米/秒校核。

（4）河道治理。

碱河永城段曾于清道光四年（1824 年）疏浚。1934 年，经永城县水利委员会组织疏浚，口宽 42 公尺❶，底宽 20 公尺，深 2 公尺。1958 年春，永城段按低标准疏通，1977 年 10 月又按不足 5 年一遇的除涝标准疏浚，上自洪楼，下至种李庄（永萧县界），长度 13.8 千米。2011 年采用 1970 年中央对口水文成果，河槽疏浚按 5 年一遇除涝标准进行设计，治理长度 18.3 千米，改善除涝面积 5.74 万亩，年除涝效益 459.2 万元。

3.5 黄河故道

黄河故道属淮河流域南四湖水系，又称废黄河。黄河在 1855 年从铜瓦厢（今兰考县东坝头以西）决口后，主流北徙而下，而原黄河留下由兰考经徐州、淮安到滨海中山河口的一段废黄河，称为黄河明清故道，也称为咸丰废黄河。流域位于东经113°31′~116°50′，北纬33°54′~34°55′。发源于河南省兰考县三义寨乡和东坝头镇，于江苏省响水县、滨海县交界套子口入黄海。河道流经兰考县、民权县、宁陵县、商丘市、虞城县、山东省东明县、曹县、单县，安徽省砀山县、萧县，江苏省丰县、铜山县、徐州市、睢宁县、宿迁县、泗阳县、淮安市淮阴区、淮安市淮安区、涟水县、阜宁县、响水县、滨海县等县（市），长度为 731 千米，流域面积为 2 777 平方千米，其中省内流域面积 978.4 平方千米，占总流域面积的 35.2%。

黄河故道形似一条巨大的丘岗，是淮河水系与沂沭泗河水系的分水岭，流域呈东偏南流向，西北高东南低，横向为南高北低，海拔介于 54~70 米，平均地面坡度 0.12‰。河南省境内河槽宽为 700~1 500 米，一般深 6~7 米，左、右大堤间堤距最宽处为 20 千米，窄处为 5 千米，滩地土质多砂质，区域地震烈度为Ⅵ~Ⅶ度。

河南省境内黄河故道上现有一级功能区 3 个，分别为废黄河兰考民权开发利用区、商丘黄河故道湿地国家级鸟类自然保护区、废黄河豫鲁皖缓冲区，规划水质目标均为Ⅲ类。

河南省境内黄河故道上建有梯级中型水库 7 座，分别为任庄水库、林七水库、吴屯水库、郑阁水库、马楼水库、石庄水库和王安庄水库；小（1）型水库 1 座，刘口水库。

1949 年以后，各级政府曾对黄河故道进行多次治理。

1950 年，黄河故道首次治理，治理长度 36 千米。1952 年 7 月对黄河故道进行清淤治理，治理长度 52.4 千米。1958 年，河南、山东两省共同建设三义寨引黄灌区，修建三义寨

---

❶ 1公尺＝1米，米的旧称，余同。

引黄渠首闸,修建任庄、林七、吴屯、郑阁、刘口、马楼、石庄、王安庄等 8 座梯级水库,兴利库容 1.6 亿立方米。

豫东地区黄河故道及其主要支流基本情况如表 3-6 所示。

3.5.1 朱刘沟

(1)流域概况。

朱刘沟是黄河故道右岸支流,发源于商丘市民权县孙六镇朱洼村,在商丘市梁园区孙福集乡张坝子村入民商虞干渠随后汇入黄河故道。河道干流依次流经民权县、宁陵县和商丘市梁园区等 3 个县(区),长度为 32 千米,流域面积为 72.9 平方千米。

(2)地形地貌。

朱刘沟流域地处黄河故道高滩地,西高东低,海拔高差较小,地面坡度 0.077‰ ~ 0.125‰,区域地震烈度为Ⅶ度。

(3)防洪工程。

朱刘沟干流上建有 2 座小型节制闸,分别为唐庄闸、王步口闸。唐庄闸,3 孔,设计蓄水量 25 万立方米,有效灌溉面积 3 750 亩;王步口闸,3 孔,设计灌溉面积 3.1 万亩。

(4)河道治理。

宁陵县曾于 1977 年按 3 年一遇除涝标准对朱刘沟进行疏浚治理。1979 年 12 月按 3 年一遇除涝标准对朱刘沟进行治理,治理长度 31.75 千米,完成土方 103 万立方米,工日 44.2 万个。2012 年冬,按 5 年一遇除涝标准对朱刘沟进行治理。

3.5.2 杨河

(1)流域概况。

杨河是黄河故道左岸支流,考城志叫乾河,是黄河变迁后的一条遗迹,发源于商丘市民权县北关镇鹿庄村,至民权县老颜集乡张平楼出省,于山东省菏泽市曹县梁堤头镇前刘村南汇入黄河故道。河道干流依次流经民权县和曹县等 2 个县,长度为 47 千米,流域面积为 454 平方千米。其中河南省内长 31.8 千米,占总长的 67.7%,流域面积 148 平方千米,占总流域面积的 32.6%。

(2)地形地貌。

杨河流域地势西高东低,海拔介于 57.3 ~ 61.3 米,河流平均比降 0.12‰,区域地震烈度为Ⅵ度。

(3)河道治理。

民权县政府曾分别于 1958 年 3 月、1968 年 10 月、1995 年 12 月对杨河民权段进行治理。2013 年又按 5 年一遇除涝标准对杨河进行治理,同年 11 月 2 日开工,2014 年 7 月 31 日竣工,治理长度 21.39 千米,项目内容包括:河道疏浚;重建桥梁 13 座;新建河道管理所 1 处;河道水保护坡 21.39 千米,投资 1 384.6 万元。

表 3-5 豫东地区洪碱河及其主要支流基本情况

河名	编号	干支流关系	发源地	入河口	河长(省内河长)/千米	流域面积(省内流域面积)/平方千米	流经地区
洪碱河	3.4	萧濉新河右岸支流	安徽省砀山县砀城镇将营村	安徽省淮北市相山区渠沟镇桥头村	80	510(69)	安徽省砀山县、萧县,河南省永城市,安徽省淮北市相山区
碱河	3.4.1	洪碱河右岸支流	安徽省砀山县朱楼镇北部	山东省萧县张庄寨镇崔口村	38	88.6(35.5)	安徽省砀山县、永城市,安徽省萧县

表 3-6 豫东地区黄河故道及其主要支流基本情况

河名	编号	干支流关系	发源地	入河口	河长(省内河长)/千米	流域面积(省内流域面积)/平方千米	流经地区
黄河故道	3.5	—	兰考县三义寨乡和东坝头镇	黄海(江苏省响水县、滨海县交界套子口)	731	2 777(978.4)	河南省,安徽省,山东省,江苏省
朱刘沟	3.5.1	黄河故道右岸支流	民权县孙六镇朱洼村	商丘市梁园区孙福集乡张坝子村	32	72.9	民权县、宁陵县,商丘市梁园区
杨河	3.5.2	黄河故道左岸支流	民权县北关镇鹿庄村	山东省曹县梁堤头镇前刘村	47(31.8)	454(148)	民权县,山东省曹县
小堤河	3.5.2.1	杨河右岸支流	民权县程庄镇河北岗村	民权县老颜集乡张平楼村	37.14	254	民权县

3.5.2.1　小堤河

（1）流域概况。

小堤河为杨河右岸支流，原叫堤子河，是商丘市黄河改道后的一条遗迹，后经人工开挖而成，发源于商丘市民权县程庄镇河北岗村，于民权县老颜集乡张平楼村汇入杨河。河道干流只流经民权县1个县，长度为37.14千米，流域面积为254平方千米。

（2）地形地貌。

小堤河流域地势北高南低，海拔介于61.5~67.9米，河流平均比降0.143‰，区域地震烈度为Ⅵ度。

（3）河道治理。

小堤河曾于2016—2017年进行河道治理，2016年7月开工，2017年5月竣工，河道疏浚长度25.07千米；重建生产桥12座；扩建生产桥1座；新建河道管理所1处等。

3.6　沙颍河

沙颍河是淮河左岸最大支流，周口以上称沙河，古称滍水，为古汝水右岸支流，元代初年，于漯河郾城截汝水向东经滍水入颍，颍河汇合口至省界称沙颍河，安徽境内称颍河，流域位于东经112°15′~116°30′，北纬32°30′~34°53′。发源于平顶山市鲁山县尧山镇西竹园村，于周口市沈丘县付井镇卜楼村出省，后于安徽省阜阳市颍上县正阳关镇沫河口注入淮河。河道干流流经鲁山县、叶县，舞阳县、漯河市郾城区、漯河市源汇区、漯河市召陵区、西华县、商水县、周口市川汇区、周口市淮阳县、项城市、沈丘县和安徽省界首市，阜阳市太和县、阜阳市区、颍上县等市、县（区），长度为613千米，流域面积为36 660平方千米，其中河南省境内长418千米，占总长的68.2%，流域面积32 815.5平方千米，占总流域面积的89.5%。

沙颍河流域地势西高东低，昭平台水库以上为山区，海拔多介于70~1 500米，最高达2 153米，地面平均坡度1.67%；中游山区向平原区过渡带有一个宽广的丘陵区，地面平均坡度0.33‰，海拔在100米以上；下游东部平原地势坦荡开阔，地面坡度一般为0.10‰~0.33‰，海拔介于30~100米。区域地震烈度为Ⅵ度或Ⅶ度。

沙颍河流域地处亚热带与暖温带气候交错的边缘地区，具有明显的过渡性特征，年平均气温在14.8~15.2 ℃，年降水量变化梯度大，由南向北逐渐递减，流域年平均降水量600~900毫米，年内分配很不均匀，6—9月平均降水量一般在400~600毫米。年平均蒸发量1 200~1 400毫米。年平均地表水资源量17.51亿立方米，年平均径流深157.6毫米。

河南省境内沙颍河有一级功能区5个，分别为沙河鲁山源头水保护区、沙河白龟山水库开发利用区、沙河平顶山开发利用区、颍河周口开发利用区、颍河豫皖缓冲区；二级功能区12个。一级功能区水质目标均为Ⅱ类，二级功能区水质目标为Ⅱ~Ⅲ类。

沙颍河流域内建有昭平台、白龟山、孤石滩、燕山、白沙、前坪 6 座大型水库,总库容 35.78 亿立方米;24 座中型水库,总库容 6.53 亿立方米;104 座小(1)型水库,227 座小(2)型水库,总库容 3.53 亿立方米;大型水闸 16 座;泥河洼滞洪区 1 处。

沙颍河自平顶山叶县大泥河入河口至省界两岸有堤防,堤防级别 2~4 级,左岸堤长 272 千米,右岸堤长 279.9 千米。

沙颍河治理开发历史悠久,元代时截潩、汝、灅水入颍;清代在疏治贾鲁河的同时疏治了沙河周口—沈丘段,形成今沙颍河流路。1949 年后,沙河最早被纳入治淮规划之中。大规模的系统治理主要在 1957—1959 年、1975—1986 年、2007 年。沙颍河干流河道治理以固堤、疏浚、绿化和综合开发为主要内容。

其中,1957—1959 年重点是培修两岸堤防;1958 年先后在上游干流修建昭平台和白龟山两座大型水库,基本上控制了上游的洪水泛滥。

1975 年 8 月,特大洪水灾害之后,重点开展了两岸堤防培修加固、岸坡防护等工程。

2007 年,实施沙颍河近期治理工程,治理范围为漯河陈湾—豫皖省界段,治理标准为 20 年一遇。工程分泥河洼滞洪区和沙颍河干流两部分。泥河洼滞洪区工程主要有:扩大马湾进洪闸规模,重建罗湾进洪闸,维修加固马湾拦河闸和纸房退水闸,按 3 级堤防级别加高加固泥河洼蓄洪大堤等;沙颍河干流工程主要有:加高加固漯河陈湾—省界段原有堤防,新筑沙颍河左岸槐店—省界段左堤 31.19 千米,维修加固干流节制闸 2 座,新建、重建、维修加固沟口防洪涵闸 37 座,干流河道险工治理 61 处等。

经历多次整治,在提高河道行洪标准的同时,基本理顺和控制了主河槽,保证行洪畅通和河势稳定,河道防洪标准达到 20 年一遇。

豫东地区沙颍河及其主要支流基本情况见表 3-7。

3.6.1　颍河

(1)流域概况。

颍河是沙河左岸支流,古称颍水,相传为纪念春秋时期郑人颍考叔而得名颍河,古为"八流"之一,流域位于东经 112°36′~114°36′,北纬 33°37′~34°30′。发源于登封市君召乡县林场,于周口市川汇区金海路办事处孙嘴村汇入沙颍河。河道干流依次流经登封市,禹州市,襄城县、许昌市建安,临颍县、漯河市郾城区,西华县,鄢陵县和周口市川汇区等 9 个市、县(区),长度为 264 千米,流域面积为 7 223 平方千米。

(2)地形地貌。

颍河流域属低山丘陵区或丘陵岗地区向平原区过渡地带,地势西北高东南低,海拔介于 48~800 米。流域上游为低山和丘陵,中游为山丘向平原过渡区,下游为平原区。区域地震烈度为Ⅵ~Ⅶ度。

(3)气象水文。

颍河流域属北温带大陆性季风气候,四季分明,年平均气温 14.6 ℃,年平均降水量

表3-7 豫东地区沙颍河及其主要支流基本情况

河名	编号	干支流关系	发源地	入河口	河长(省内河长)/千米	流域面积(省内流域面积)/平方千米	流经地区	备注
沙颍河	3.6	淮河左岸支流	鲁山县尧山镇西竹园村	安徽省颍上县沫河口	613(418)	36 660(32 815.5)	鲁山县、叶县、舞阳县、漯河市郾城区、漯河市源汇区、漯河市召陵区、西华县、商水县、周口市川汇区、周口市淮阳区、项城市、沈丘县、安徽省界首市、太和县、阜阳市颍上县	沙颍河在周口以上称沙河,颍河汇合口至省界称沙颍河
颍河	3.6.1	沙河左岸支流	登封市君召乡县林场	周口市川汇区金海路路办事处孙嘴村	264	7 223	登封市、禹州市、襄城县、许昌市建安区、临颍县、漯河市郾城区、西华县、鄢陵县、周口市川汇区	
五里河	3.6.1.1.1	清潩河右岸支流	临颍县固厢乡新赵村	鄢陵县陶城镇阎庄村	26	123	临颍县、西华县、鄢陵县	清潩河为颍河支流,编号为3.6.1.1,未流经豫东地区
鸡爪沟	3.6.1.1.2	清潩河右岸支流	临颍县台陈镇大王庄	西华县奉母镇孙庄村	36	277	临颍县、西华县	
北马沟	3.6.1.1.2.1	鸡爪沟左岸支流	临颍县台陈镇临洼张村	西华县奉母镇北尧庄村	25	100	临颍县、西华县	
乌江沟	3.6.1.1.2.2	鸡爪沟左岸支流	临颍县城关街道董董睢村	西华县奉母镇宋东村南	23	62	临颍县、西华县	
白潭沟	3.6.1.2	颍河左岸支流	鄢陵县望田镇郭寺村	西华县艾岗乡纸坊村	17	66.6	鄢陵县、西华县	
清流河	3.6.1.3	颍河左岸支流	长葛市石象镇张头村	西华县西夏亭镇奉仙寺李湾村	79	1 486	长葛市、许昌市建安区、鄢陵县、西华县	
大狼沟	3.6.1.3.1	清流河左岸支流	长葛市南岗乡李口村	鄢陵县南岗乡周桥村	69	505	长葛市、鄢陵县、扶沟县	
幸福沟	3.6.1.3.1.1	大狼沟左岸支流	扶沟县城郊乡谢村	扶沟县固城乡林庄村	22	127	扶沟县	
丰收河	3.6.1.3.2	清流河左岸支流	扶沟县城关镇万岗村	西华县艾岗乡侯桥村	18	131	扶沟县、西华县	

续表 3-7

河名	编号	干支流关系	发源地	入河河口	河长(省内河长)/千米	流域面积(省内流域面积)/平方千米	流经地区	备注
重建沟	3.6.1.4	颍河右岸支流	西华县逍遥镇颍河张百楼闸	西华县叶埠口乡二郎庙村	19	111	西华县	
贾鲁河	3.6.2	沙颍河左岸支流	新密市北部山区袁庄乡山顶村	周口市川汇区西寨村	264	6 137	新密市、郑州市区、中牟县、开封市祥符区、尉氏县、扶沟县、西华县、周口市川汇区	
丈八沟	3.6.2.1	贾鲁河右岸支流	新郑市孟庄镇陆沟村	开封市祥符区西姜寨乡李店村	40	366	新郑市、中牟县、尉氏县、开封市祥符区	
北康沟	3.6.2.2	贾鲁河右岸支流	尉氏县大营镇石槽王村	尉氏县城关镇东马庙桥	28	138	尉氏县、中牟县	
康沟河	3.6.2.3	贾鲁河右岸支流	尉氏县邢庄乡尚村北龙王庙	扶沟县曹里乡胡庄庙西	43	631	尉氏县、鄢陵县、扶沟县	
南康沟	3.6.2.3.1	康沟河右岸支流	尉氏县大营镇芦家村	尉氏县大桥乡冯村东	32	126	尉氏县	
杜公河	3.6.2.3.2	康沟河右岸支流	尉氏县岗乡任庄村	尉氏县南曹乡西黄庄村	28	237	尉氏县	
双洎河	3.6.2.4	贾鲁河右岸支流	新密市米村镇觅密关村北	扶沟县曹里乡摆渡口村北	202	1 918	新密市、新郑市、长葛市、尉氏县、鄢陵县、扶沟县	
黎明河	3.6.2.4.1	双洎河左岸支流	中牟县黄店镇武张村	尉氏县洧川镇鲁湾村	27	119	中牟县、尉氏县	
双狼沟	3.6.2.5	贾鲁河右岸支流	扶沟县练寺镇河套村南	西华县大王庄乡刘草楼村	36	157	扶沟县、西华县	
新运河	3.6.3	沙颍河左岸支流	太康县板桥镇大陆岗西	周口市淮阳区牛口西	59	1 366	太康县、西华县、周口市川汇区、周口市淮阳区	
黄水沟	3.6.3.1	新运河右岸支流	扶沟县包屯镇雁仓村	周口市淮阳区曹河乡冕庄村	51	330	扶沟县、太康县、西华县、周口市淮阳区	
东黄水沟	3.6.3.1.1	黄水沟右岸支流	太康县板桥乡菜园村东北	西华县东夏亭镇王普化村	21	57	太康县、西华县	
清水沟	3.6.3.2	新运河右岸支流	扶沟县白潭镇兰郭村	周口市川汇区搬口办事处西毛寨	80	494	扶沟县、西华县、周口市淮阳区、周口市川汇区	

续表 3-7

河名	编号	干支流关系	发源地	入河口	河长（省内河长）/千米	流域面积（省内流域面积）/平方千米	流经地区	备注
庙陵岗沟	3.6.3.2.1	清水沟右岸支流	扶沟县大李庄乡任庄	扶沟县汴岗镇庙陵岗	31	65.3	扶沟县	
流沙河	3.6.3.3	新运河右岸支流	西华县皮营乡冯营村	周口市城乡一体化示范区许湾办事处叶新庄村	29	195	西华县、周口市川汇区、淮阳区、城乡一体化示范区	
淮冲沟	3.6.3.3.1	流沙河右岸支流	西华县聂堆镇思郜岗村	周口市城乡一体化示范区搬口办事处王新村	31	113	西华县、周口市川汇区、城乡一体化示范区	
朱集沟	3.6.4	沙颍河左岸支流	周口市淮阳区新站镇梁坊庄村	周口市淮阳区豆门乡三合庄村	21	110	周口市淮阳区	
马家沟	3.6.5	沙颍河左岸支流	周口市淮阳区朱集乡小牛营	周口市淮阳区豆门乡孙营村	14.3	57.9	周口市淮阳区	
谷河	3.6.6	沙颍河右岸支流	商水县城关乡中兴寨村	项城市郑郭镇师寨	64	493	商水县、周口市川汇区、项城市	
任河	3.6.6.1	谷河右岸支流	商水县魏集镇郭楼村	项城市南顿镇刘湾村	11.9	50	商水县、项城市	
运粮河	3.6.6.2	谷河左岸支流	周口市川汇区大庆路办事处杨井沿居委会	项城市南顿镇南顿村	31	120	周口市川汇区、商水县、项城市	
人民沟	3.6.6.3	谷河左岸支流	项城市光武办事处解庄	项城市郑郭镇平顶楼东北	22	90.8	项城市	
西蔡河	3.6.7	沙颍河左岸支流	周口市淮阳区冯塘乡于刘寨村	沈丘县槐店回族镇东关	33	171	周口市淮阳区、沈丘县	
新蔡河	3.6.8	沙颍河左岸支流	周口市淮阳区齐老乡林寺营村	沈丘县新安集镇东安楼村	87	983	周口市淮阳区、郸城县、沈丘县	
七里河	3.6.8.1	新蔡河右岸支流	周口市淮阳区齐老乡柳北村	周口市淮阳区王店乡肖桥村	19	74.5	周口市淮阳区	
小泥河	3.6.8.2	新蔡河右岸支流	周口市淮阳区王店乡刘老家	周口市淮阳区刘振屯乡木集村	16.2	61.6	周口市淮阳区	
狼牙沟	3.6.8.3	新蔡河左岸支流	周口市淮阳区安岭镇张庄村	周口市淮阳区大连乡磨碾店村	28	140	周口市淮阳区	

续表 3-7

河名	编号	干支流关系	发源地	入河口	河长(省内河长)/千米	流域面积(省内流域面积)/平方千米	流经地区	备注
黄水冲	3.6.8.4	新蔡河右岸支流	周口市淮阳区冯塘乡杨庄村	郸城县宜路镇王康楼	25	139	周口市淮阳区、沈丘县、郸城县	
老蔡河	3.6.8.5	新蔡河右岸支流	沈丘县白集镇王冈村	沈丘县北杨集镇王庄寨村	26	200	沈丘县	
母猪沟	3.6.8.5.1	老蔡河右岸支流	沈丘县白集镇田营村	沈丘县新安集镇安庄村	19	112	沈丘县	
孔沟	3.6.9	沙颍河右岸支流	沈丘县石槽集乡程营村	沈丘县周营乡孔营村	18	102	沈丘县	
八丈沟	3.6.10	沙颍河右岸支流	沈丘县新安集镇瓦房庄村	沈丘县纸店镇徐楼村	13.2	68	沈丘县	
常胜沟	3.6.11	沙颍河左岸支流	郸城县石槽镇石槽北	沈丘县刘湾镇刘湾村东	30	151	郸城县、沈丘县	
泉河	3.6.12	沙颍河右岸支流	漯河市召陵区柳庄	安徽省阜阳市颍州区中市街道办事处三里湾	223(157.8)	5 206(3 361.8)	漯河市召陵区、商水县、项城市、沈丘县、安徽省临泉县、界首市、阜阳市颍泉区、阜阳市颍州区	
新枯河	3.6.12.1	泉河左岸支流	漯河市召陵区姬石镇韩庄村	商水县张庄镇张坡村西	42	320	漯河市召陵区、商水县	
黄碱沟	3.6.12.1.1	新枯河左岸支流	商水县郝岗镇大路李村	商水县谭庄镇铁炉村东南	18	107	商水县	
老枯河	3.6.12.2	汾河左岸支流	商水县邓城镇前史村	商水县老城街道龙王庙村	21	122	商水县	泉河在泥河口(也称三岔口)以上称汾河
青龙沟	3.6.12.3	泉河右岸支流	上蔡县华陂镇东南张庄村	商水县姚集乡赵黄庄村	35	303	上蔡县、商水县	
清水沟	3.6.12.3.1	青龙沟左岸支流	商水县大武乡罗庄	商水县白寺镇靳庄	21	91.4	商水县	

续表 3-7

河名	编号	干支流关系	发源地	入河口	河长(省内河长)/千米	流域面积(省内流域面积)/平方千米	流经地区	备注
界沟河	3.6.12.4	泉河右岸支流	上蔡县朱里镇周赵村	商水县固墙镇魏庄村	20	141	上蔡县、商水县	
漕河	3.6.12.5	泉河左岸支流	商水县化河乡后漕河村	商水县魏集镇苏童楼村	21	92.4	商水县	
黑沟	3.6.12.6	泉河右岸支流	商水县固墙镇李华实村	商水县胡吉镇许寨村东南	13.6	52.7	商水县	
苇沟	3.6.12.7	泉河右岸支流	商水县固墙镇叶庄村	商水县魏集镇营子村	13	115	商水县	
桃花沟	3.6.12.8	泉河右岸支流	上蔡县崇礼乡后店村东	商水县胡吉镇南岭村	16	63.1	上蔡县、商水县	
曹河	3.6.12.9	泉河左岸支流	商水县魏集镇陈楼村	项城市官会镇郑楼村	29	146	商水县、项城市	
港河	3.6.12.10	泉河左岸支流	项城市丁集镇尹欢村	项城市官会镇汾庄村	17	65.7	项城市	
直河	3.6.12.11	泉河左岸支流	项城市王明口镇谷河倒虹吸分水口	项城市官会镇钱老庄村	16	91.3	项城市	
新马河	3.6.12.12	泉河右岸支流	沈丘县石槽集乡杨庄	沈丘县范营乡李新庄村	16	79.6	沈丘县	
泥河	3.6.12.13	泉河右岸支流	漯河市召陵区霍庄办事处龙塘村西南	沈丘县老城镇晏庄村	122	994	漯河市召陵区、驻马店市西平县、上蔡县、项城市、沈丘县	
小泥河	3.6.12.13.1	泥河右岸支流	驻马店市平舆县庙湾镇梁庙东	项城市新桥镇刘营	23	87	平舆县、项城市	
北新河	3.6.12.13.2	泥河左岸支流	项城市孙店镇郑营西	项城市付集镇郑庄西南	29	111	项城市	

630 毫米,年平均陆面蒸发量 550 毫米。

（4）水功能区。

颍河有登封源头水保护区和许昌开发利用区 2 个一级功能区,水质目标均为Ⅲ类。许昌开发利用区下含 15 个二级功能区,功能包含工业用水、排污控制、过渡区、景观娱乐、农业用水、饮用水源、渔业用水,水质目标根据功能不同定为Ⅱ～Ⅳ类。

（5）防洪工程。

颍河干流上建有橡胶坝 3 座,分别为禹州市第一橡胶坝、第二橡胶坝、第三橡胶坝,总库容 1 320 万立方米;大型拦河节制闸 4 座,分别为化行闸、鄢城颍河闸、逍遥闸、黄桥闸。

颍河堤防级别 4 级,登封市大金店镇—入沙颍河口段有连续堤防,左岸堤长 212.75 千米,右岸堤长 213.70 千米。

（6）河道治理。

1949 年以来,颍河干流先后 6 次进行疏浚治理,治理河段长 110 余千米。

1949 年,对颍河姚湾—疯狗湾段 13.5 千米河段进行加固、培堤和截弯等治理;1950—1953 年,对鄢城吴公渠口—周口市孙嘴村段 79.1 千米河段进行治理;1957 年,颍河在临颍县段改道取直,按 10 年一遇防洪标准开挖河道,培修堤防;1969 年 10 月—1970 年 2 月,按 3 年一遇除涝、20 年一遇防洪标准对吴公渠口—孙嘴村段进行第二次系统治理,治理长度 79.1 千米,改善除涝面积 34.95 万亩;2003 年 12 月 19 日,对禹州市北关橡胶坝—第二橡胶坝段共 11 千米颍河河道岸坡进行整治护砌;2007—2011 年,对大金店—告成镇段共 39.2 千米河道进行低标准的疏挖治理;2013 年,按 20 年一遇防洪标准对张寺庄桥—韩界头段进行治理,治理长度 8.2 千米;2015 年 11 月 20 日,对禹州城区段第二橡胶坝—第三橡胶坝段进行治理,治理长度 5.79 千米,主要内容包括险工护岸和岸坡整治,2016 年 7 月完工。

3.6.1.1.1 五里河

（1）流域概况。

五里河是清潩河右岸支流,发源于漯河市临颍县固厢乡新赵村,于许昌市鄢陵县陶城镇阎庄村汇入清潩河。河道干流依次流经临颍县、西华县和鄢陵县等 3 个县,长度为 26 千米,流域面积为 123 平方千米。

（2）地形地貌。

五里河流域地处平原,地势平坦开阔,自西北向东南微倾,河流平均比降 0.544‰,现状河道断面规整,为梯形断面,主槽宽度 2～30 米,区域地震烈度为Ⅵ度。

（3）防洪工程。

五里河堤防级别 4 级,左、右岸堤长均为 10.2 千米,始于黄龙渠入河口,止于五里河入清潩河口。

（4）河道治理。

2015—2017 年,按 5 年一遇除涝标准分段对五里河进行治理,累计治理长度 25.21 千米,主要建设内容为河道疏浚、重建桥梁、排涝涵闸等。

3.6.1.1.2　鸡爪沟

（1）流域概况。

鸡爪沟是清潩河右岸支流，以形如鸡爪而得名，其支流北马沟汇合口以上河段又称南马沟，发源于漯河市临颍县台陈镇大王庄，于周口市西华县奉母镇孙庄村注入清潩河。河道干流依次流经临颍县和西华县等 2 个县，长度为 36 千米，流域面积为 277 平方千米。

（2）地形地貌。

鸡爪沟流域地处豫东南黄淮冲积平原，地势西北高东南低，区域地震烈度为Ⅵ度。

（3）防洪工程。

鸡爪沟干流上建有中型节制闸 1 座，为马孙桥闸。该闸位于鸡爪沟入清潩河口处的马孙桥，建于 1957 年，设计流量 120 立方米/秒，设计蓄水量 80 万立方米。

鸡爪沟周口段堤防级别 4 级，左、右岸堤长 17.17 千米，堤顶宽 1~3 米。

（4）河道治理。

1951 年和 1955 年，西华县对下游河道进行二次治理，按 3 年一遇除涝、20 年一遇防洪标准疏浚河长 12 千米，宽 29 米。2018—2019 年，按 5 年一遇除涝标准对鸡爪沟上游段进行治理，累计治理长度 19.55 千米。

3.6.1.1.2.1　北马沟

（1）流域概况。

北马沟是鸡爪沟左岸支流，发源于漯河市临颍县台陈镇临洭张村，于周口市西华县奉母镇北尧庄村东南汇入鸡爪沟。河道干流依次流经临颍县和西华县等 2 个县，长度为 25 千米，流域面积为 100 平方千米。

（2）地形地貌。

北马沟流域地处平原，地势平坦，西北高东南低，海拔介于 48~54 米，区域地震烈度为Ⅵ度。

（3）防洪工程。

北马沟临颍段两岸无堤防；西华段堤防级别 5 级，左、右岸均有堤防，堤长 1.5 千米。

（4）河道治理。

1964 年根据"以排为主，排灌兼施"的治水方针，按 3 年一遇除涝标准对北马沟西华段进行了治理，治理长度 1.5 千米。

2015—2019 年，临颍县按 5 年一遇除涝标准对北马沟进行治理，累计治理长度 23.84 千米，主要建设内容为河道疏浚、重建桥梁、重建节制闸、重建排水涵及穿路涵等。

3.6.1.1.2.2　乌江沟

（1）流域概况。

乌江沟是鸡爪沟左岸支流，发源于漯河市临颍县城关街道董畦村，于周口市西华县奉母镇宋东村南汇入鸡爪沟。河道干流依次流经临颍县和西华县等 2 个县，长度为 23 千米，流域面积为 62 平方千米。

（2）地形地貌。

乌江沟流域地形较为平坦,地势西北高东南低,地面坡度 0.167‰,区域地震烈度为Ⅵ度。

（3）防洪工程。

乌江沟西华段存有堤防,堤防级别 5 级,左、右岸堤长均为 6 千米。

（4）河道治理。

1964 年以后,按老 3 年一遇除涝标准对乌江沟下游进行治理。2015—2017 年,按 5 年一遇除涝标准对乌江沟临颍段上游进行治理,治理长度 16.23 千米。

3.6.1.2　白谭沟

（1）流域概况。

白谭沟是颍河左岸支流,又名鲤鱼沟,发源于许昌市鄢陵县望田镇郭寺村,黄泛前注入清流河,黄泛期间,河道淤塞,1950 年治理颍河时,将白谭沟改道于周口市西华县艾岗乡纸房村汇入颍河。白谭沟干流依次流经鄢陵县和西华县等 2 个县,长度为 17 千米,流域面积为 66.6 平方千米。

（2）地形地貌。

白谭沟流域处于黄河、双洎河冲积而成的黄土岗及黄泛沙土地区,地势自西北向东南缓慢倾斜,海拔介于 49.7～52.3 米,地面坡度 0.125‰～0.330‰,区域地震烈度为Ⅵ度。

（3）防洪工程。

白谭沟干流上建有水闸 2 座,分别为赵庄闸和纸房闸。赵庄闸位于陶城镇赵庄村东北。纸房闸建于 1956 年,位于入河口处,为小型防洪、排涝水闸。

白谭沟自艾岗乡祁庄至乡纸房段两岸有堤防,堤防级别 5 级,堤长 3 千米。

（4）河道治理。

1950 年治理颍河时,白谭沟改道入颍。1950—1956 年,对白谭沟西华县艾岗乡祁庄—艾岗乡纸房段进行了系统治理,治理长度 3 千米。1966 年按 3 年一遇除涝标准对上游鄢陵段进行了治理。2007 年冬,望田镇开挖疏浚了白潭沟上游,开挖疏浚排涝沟渠 3 条,长 7 千米,改善除涝面积 4 000 亩;陶城镇治理了白潭沟下游,开挖疏浚排涝沟渠 6 条,长 8 千米,治理改善除涝面积 6 000 亩。之后未再系统治理。

3.6.1.3　清流河

（1）流域概况。

清流河是颍河左岸支流,在长葛市境称为老潩水,流域位于东经 114°00′～114°22′,北纬 33°03′～34°47′。发源于长葛市石象镇坡张村,于周口市西华县西夏亭镇奉仙寺李湾村汇入颍河。河道干流依次流经长葛市、许昌市建安区、鄢陵县和西华县等 4 个市、县（区）,长度为 79 千米,流域面积为 1 486 平方千米。

（2）地形地貌。

清流河流域地处黄淮平原西部,属山前洪积冲积平原,地貌以平原为主,兼有部分岗丘、洼地,地势由西北向东南倾斜,河流比降 0.2‰ ~ 0.4‰。流域属华北地震区许昌—淮南地震带,区域地震烈度为Ⅵ ~ Ⅶ度。

（3）防洪工程。

清流河干流上建有中型拦河闸 1 座,周桥闸;流域内建有排涝涵闸 7 座。周桥闸蓄水量 120 万立方米。

清流河自许昌市建安区五女店军王村起至入颍河口有连续堤防,堤防级别 5 级,两岸堤防总长约 143.8 千米。

（4）河道治理。

清流河治理历史较长,自清康熙五十年(1711 年)春旱,知县归鸿调民众疏浚清流河。清乾隆十三年(1748 年)知县吴溶大兴水利,疏浚清流河,民国二十四年(1935 年)五月,疏浚清流河苏桥到赵牛口长 61 里。

1951 年,西华、鄢陵两县统一治理清流河,将白庙桥—孤树湾段长 1 950 米直接改道入颍,从而改变了清流河由麦庄向东南经 50 华里到赵口村注入贾鲁河的历史。

1966 年,对清流河鄢陵县只乐镇钱桥村—安赵村段进行清淤疏浚治理,治理长度 16.6 千米;1972 年,对清流河只乐镇安赵村—南坞镇周桥村段进行清淤疏浚治理,治理长度 13.1 千米。

1971 年初—1972 年 1 月,对清流河鄢陵县关庄—西华朱湾段进行治理,治理长度 16.8 千米。

2015 年 4 月—2016 年 4 月,按 5 年一遇除涝、20 年一遇防洪标准对鄢陵县南坞镇屯沟村—大狼沟入河口段进行治理,治理长度 13.1 千米,主要建设内容为河道清淤疏浚、堤防整修等。

2020 年,再次对清流河鄢陵县只乐镇钱桥村—只乐镇安赵村段河道进行综合整治,疏浚治理长度 16.6 千米,堤防整修加固 33.2 千米、拆除重建涵闸 11 座、新建涵闸 1 座、维修涵闸 1 座、修建堤顶道路 9.8 千米。

3.6.1.3.1　大狼沟

（1）流域概况。

大狼沟是清流河左岸支流,在长葛境内又名汶河,发源于长葛市董村镇李河口村,在许昌市鄢陵县南坞乡周桥村汇入清流河。河道干流依次流经长葛市、许昌市鄢陵县和扶沟县等 3 个市(县),长度为 69 千米,流域面积为 505 平方千米。

（2）地形地貌。

大狼沟流域地处平原,地势西北高东南低,海拔介于 52 ~ 83 米,坡度较缓,河流比降 0.90‰ ~ 0.13‰,区位地震烈度为Ⅶ度。

（3）水功能区。

大狼沟有一级功能区 1 个,大浪沟鄢陵开发利用区;二级功能区 3 个,分别为大狼沟长葛鄢陵农业用水区、长葛鄢陵排污控制区、鄢陵扶沟农业用水区,水质目标均为Ⅲ类。

（4）防洪工程。

大狼沟流域内有拦河闸 14 座，其中中型水闸 4 座，分别为楚庄闸、党岗拦河闸、于寨闸、海岗闸；小型水闸 10 座，分别为汶河源头闸（1 号闸）、南岗闸（2 号闸）、龙卧坡闸（3 号闸）、吴岗闸（4 号闸）、黄岗闸、朱毛赵闸、谢庄闸、小岗杨节制闸、党岗进水闸、王岗退水闸。

大狼沟自入许昌鄢陵县境至入清流河口两岸有堤防，堤防级别 4 级，左岸堤长 42.72 千米、右岸堤长 49.87 千米，堤宽 5 米。

（5）河道治理。

1966 年和 1979 年，先后对大狼沟鄢陵县安陵镇西街村西关桥以上河段进行过清淤疏浚。

2014 年，对大狼沟柏梁镇小岗杨闸—安陵镇城区与许扶运河交汇处段进行综合整治，清淤治理河道长 9.6 千米。2015 年，按 5 年一遇除涝、20 年一遇防洪标准对大狼沟马栏镇于寨闸—东章甫段进行治理，治理长度 12.2 千米，主要建设内容为疏浚河道、加固整修堤防、拆除重建排涝涵闸等。

2017 年 10 月 24 日，开始对大狼沟源头—长葛市与鄢陵县交界处段进行治理，治理长度 23.877 千米，主要建设内容包括全线河道清淤疏浚、维修及拆除重建桥闸、险工加固等。2017—2018 年，对大狼沟鄢陵县柏梁镇党岗闸—于寨闸段进行综合治理，治理长度 9.2 千米，主要建设内容为河道清淤疏浚、混凝土挡墙、岸坡整治、堤顶道路修建、河道截污、景观绿化。

3.6.1.3.1.1 幸福河

（1）流域概况。

幸福河是大狼沟左岸支流，又名二级河，发源于周口市扶沟县城郊乡谢村，于扶沟县固城乡林庄村入大狼沟。河道干流只流经扶沟县 1 个县，长度为 22 千米，流域面积为 127 平方千米。

（2）地形地貌。

幸福河流域地处黄河冲积平原，地势平坦，由西北向东南倾斜，海拔介于 55～61 米，地面坡度 0.167‰～0.200‰，河流平均比降 0.2‰，区域地震烈度为 Ⅶ 度。

（3）防洪工程。

幸福河干流上建有小型水闸 1 座，为贺楼闸。该闸建于 1975 年，4 孔，闸孔宽 3 米，闸孔高 3 米，设计标准为 20 年一遇，流量 90 立方米/秒，除涝标准为 5 年一遇，流量 60 立方米/秒。

3.6.1.3.2 丰收河

（1）流域概况。

丰收河是清流河左岸支流，为人工开挖河道，发源于周口市扶沟县城关镇万岗村西侧，于周口市西华县艾岗乡侯桥村北汇入清流河。河道干流依次流经扶沟县和西华县等 2

个县,长度为 18 千米,流域面积为 131 平方千米。

（2）地形地貌。

丰收河流域地处黄河冲积平原,地势平坦,由西北向东南倾斜,海拔介于 55～61 米,地面坡度 0.167‰～0.200‰,区域地震烈度为Ⅶ度。

（3）防洪工程。

丰收河流域建有中型水闸 1 座,为侯桥闸;小型水闸 1 座,为张集膏闸。

丰收河从固城乡张集膏至侯桥入清流河口左右岸均有堤防,堤防级别 5 级,堤长 2.5 千米,堤顶宽 2 米。

（4）河道治理。

1972 年,按 3 年一遇除涝标准对丰收河全段进行第一次治理,治理长度 18.1 千米。1999 年,按 10 年一遇除涝标准对丰收河进行第二次治理,治理长度 18.1 千米。2011—2012 年,按 5 年一遇除涝标准对丰收河进行第三次治理,治理长度 11.6 千米,重建桥梁 14 座。

3.6.1.4　重建沟

（1）流域概况。

重建沟是颍河右岸支流,是黄泛时回流淤积形成的洪沟,1949 年以后,经数次挖修而成,含重建家园之意,发源于周口市西华县逍遥镇颍河张百楼闸,于西华县叶埠口乡二郎庙村汇入颍河。河道干流只流经西华县 1 个县,长度为 19 千米,流域面积为 111 平方千米。

（2）地形地貌。

重建沟流域地势平坦,西北高东南低,地面坡度 0.167‰左右,海拔大部分介于 50～54 米,区域地震烈度为Ⅶ度。

（3）防洪工程。

重建沟干流上有小型引水闸 1 座,为张百楼闸;小型退水闸 1 座,为二郎庙闸。

重建沟两岸有连续堤防,堤防级别 5 级,左右岸堤防从西夏镇胡寨村至颍河二郎庙闸长 17.0 千米,堤顶宽 2.0 米。

（4）河道治理。

1950 年冬和 1951 年夏,先后两次疏挖重建沟长乐到二郎庙段,长度 6 千米。1954 年 10 月,进一步疏治,并向上开挖至西夏,长度 12 千米。1957 年对重建沟从陆城—入颍河口长 11 千米再次治理,并于沟口建二郎庙防洪闸一座。1965 年冬按 3 年一遇除涝标准对重建沟进行治理,共疏浚复堤长 31 千米。2010 年按 5 年一遇除涝标准对重建沟槽胡沟口—入颍河口段进行治理,治理长度 17.27 千米,河口宽 18～27 米,边坡 1∶2.5,底宽 15～24 米,比降 0.08‰,新建桥梁 11 座,下游重建重建沟二郎庙 4 孔防洪闸 1 座。

3.6.2　贾鲁河

（1）流域概况。

贾鲁河是沙颍河左岸支流,古称鸿沟、汴河,元至正十一年(1351 年),因工部尚书贾鲁堵复黄河决口、修治汴河得名贾鲁河,流域位于东经 113°07′~114°36′,北纬 33°39′~34°51′。发源于新密市北部山区袁庄乡山顶村,于周口市川汇区西寨村汇入沙颍河。河道干流依次流经新密市、郑州市区、中牟县,开封市祥符区、尉氏县,扶沟县、西华县和周口市川汇区等 8 个市、县(区),长度为 264 千米,流域面积 6 137 平方千米。

(2)地形地貌。

贾鲁河流域上游为浅山丘陵区,海拔一般介于 200~800 米,自西南向东北倾斜,地面坡度为 0.33%~10.00%;京广铁路附近南阳寨至皋村,处于山丘区向平原区过渡带,地面坡度 1.0‰左右;皋村以下属平原区,受黄泛影响,地面呈微起伏状,地面坡度 0.125‰~0.500‰,海拔介于 50~100 米。贾鲁河为下切河流,河谷蜿蜒曲折,河槽宽度不等,一般在 30~50 米,下切深度上游在 3~5 米,下游一般在 1.5~2 米。区域地震烈度为Ⅵ度或Ⅶ度。

(3)水文气象。

贾鲁河流域属北温带大陆性季风气候,冷暖气团交替频繁,春夏秋冬四季分明。区域多年平均气温在 15.6 ℃,以 1 月最冷,8 月最热。极端最高气温为 43 ℃,极端最低气温为 −17.9 ℃。全年无霜期 209 天,全年日照时间约 1 869.7 小时。流域年降水量时空分布不均,集中在 7—9 月,占全年总降水量的 63%~68%,多以暴雨形式出现。流域内多年平均降雨量 675 毫米,贾鲁河中牟水文站多年平均径流量 14 384 万立方米,多年平均径流深 71.3 毫米。流域实测最大洪水发生于 1935 年,最大流量 3 590 立方米/秒。

(4)水功能区。

贾鲁河有一级功能区 1 个,为贾鲁河郑州开发利用区;二级功能区 10 个,分别为贾鲁河郑州饮用水源区、贾鲁河中牟排污控制区、贾鲁河郑州中牟农业用水区、贾鲁河中牟农业用水区、贾鲁河郑州排污控制区、贾鲁河扶沟农业用水区、贾鲁河扶沟排污控制区、贾鲁河扶沟农业用水区、贾鲁河西华排污控制区、贾鲁河西华周口市郊农业用水区。贾鲁河郑州饮用水源区监测断面为尖岗水库,水质目标为Ⅲ类;贾鲁河中牟排污控制区监测断面为陇海铁路桥,水质目标为Ⅴ类;贾鲁河郑州中牟农业用水区监测断面为中牟水文站,水质目标为Ⅳ类;贾鲁河中牟农业用水区监测断面为后曹闸,水质目标为Ⅳ类;贾鲁河郑州排污控制区监测断面为新 107 贾鲁河桥,水质目标为Ⅴ类;贾鲁河扶沟农业用水区起始监测断面为扶沟县曹里乡高集闸,终止监测断面为扶沟县扶沟水文站,水质目标为Ⅳ类;贾鲁河扶沟排污控制区起始监测断面为扶沟县扶沟水文站,终止监测断面为扶沟县农牧场乡于沟村;贾鲁河扶沟农业用水区起始监测断面为扶沟县农牧场乡于沟村,终止监测断面为西华县城东公路桥,水质目标为Ⅳ类;贾鲁河西华排污控制区起始监测断面为西华县城东公路桥,终止监测断面为西华县皮营乡茅岗村;贾鲁河西华周口市郊农业用水区起始监测断面为西华县皮营乡茅岗村,终止监测断面为周口市贾鲁河闸,水质目标为Ⅳ类。

(5)防洪工程。

贾鲁河流域内建有中型水库 10 座,小(1)型水库 29 座,小(2)型水库 23 座,总库容为

36 195 万立方米。贾鲁河尖岗水库以下干流建有溢流坝 3 座、钢坝水景闸 3 座、液压坝 16 座、橡胶坝 1 座、中型水闸 6 座、大型水闸 1 座。

贾鲁河自郑州市科学大道至入沙颍河口有不连续堤防,总长 331.538 千米。其中郑州市科学大道—中牟大王庄段左堤长 74.965 千米、右堤长 74.783 千米,开封市境内左堤长 30.9 千米、右堤长 31.64 千米,周口市境内左堤长 62.6 千米、右堤长 56.65 千米。

(6)河道治理。

贾鲁河的治理与开发早有记载。如元至正十一年(1351 年)的贾鲁治河。1494 年刘大夏治河,在主要疏浚前朝贾鲁治理河段的同时,又疏浚孙家渡河,自中牟另开新河导水南行。1706—1708 年,自荥阳至沈丘,贾鲁河与沙颍河全面疏浚。清雍正年间,先后疏浚了中牟段和郑州—中牟段。乾隆元年(1736 年),疏浚修治郑州大凌庄—中牟合河口段,1714 年、1719 年,连续疏浚了因淤沙阻塞的贾鲁河,据不完全统计,清代共治理贾鲁河 19 次。

1957 年 9—12 月,对贾鲁河郑州市郊段进行疏挖、筑堤,河道防洪能力达到 20 年一遇标准。与此同时,在上游修建了尖岗、常庄、后胡等中小型水库 10 余座。1958—1960 年,实施贾鲁河引黄梯级开发,周口在区内兴建扶沟高集、北关、摆渡口闸和西华县阎岗 4 座拦河枢纽工程。1968—2014 年,郑州市、中牟县、周口市等市、县分别对境内贾鲁河进行了多次治理,包括裁弯取直、河道疏挖、修筑整治堤防等。

2016 年之后,郑州市对贾鲁河尖岗水库—南水北调总干渠段按 50 年一遇防洪标准、南水北调总干渠—京港澳高速段按 100 年一遇防洪标准、京港澳高速—中牟陇海铁路桥段按 50 年一遇防洪标准、陇海铁路桥—中牟大王庄段按 20 年一遇防洪标准,实施了大规模的综合治理及生态绿化工程。

3.6.2.1　丈八沟

(1)流域概况。

丈八沟是贾鲁河右岸支流,发源于新郑市孟庄镇陉沟村,在开封市祥符区西姜寨乡李店村注入贾鲁河。河道干流流经新郑市、中牟县、尉氏县和开封市祥符区等 4 个市、县(区),长度为 40 千米,流域面积为 366 平方千米。

(2)地形地貌。

丈八沟流域地处黄淮冲积平原,地势开阔平坦,地形西高东低,区域地震烈度为Ⅶ度。

(3)防洪工程。

丈八沟堤防级别 4 级,自中牟乔家跌水至前孙 6.0 千米长河段、中牟后孙许家闸至入贾鲁河口 12.35 千米长河段两岸筑有堤防。

(4)河道治理。

1954 年,为避开单家村以北重沙区段,将丈八沟由单家改道向东,与东部排水沟连接,形成现在丈八沟的流向,1957 年将刀刘村—单家段截弯取直。河道分别于 1966 年、1976 年、1978 年、1985 年按 5 年一遇除涝标准进行治理。

2003 年,按 3 年一遇除涝、10 年一遇防洪标准对丈八沟乔家跌水—后孙滞洪区河段进行疏挖治理,治理长度 6.0 千米,主要建设内容包括河槽开挖、堤防填筑。

2012 年,按 5 年一遇除涝、20 年一遇防洪标准对丈八沟中牟县许家闸—入贾鲁河口段进行治理,治理长度 12.35 千米,主要内容为河道疏浚、堤防加固等。

3.6.2.2　北康沟

（1）流域概况。

北康沟是贾鲁河右岸支流,发源于开封市尉氏县大营镇石槽王村,于尉氏县城关镇东马庙桥入贾鲁河。河道干流流经尉氏县和中牟县等 2 个县,长度为 28 千米,流域面积为 138 平方千米。

（2）地形地貌。

北康沟流域地处黄淮平原,地势开阔较平坦,西北高、东南低,地面平均坡度 0.2‰左右,区域地震烈度为Ⅶ度。

（3）防洪工程。

北康沟入贾鲁河口上游 900 米处建有节制闸 1 座,为史庄闸。该闸设计流量 90.46 立方米/秒,闸孔总净宽 15 米,共 5 孔。

北康沟下游段现存堤防级别 4 级,总长度 11.34 千米,始于拐扬桥,止于入贾鲁河口。

（4）河道治理。

1990 年,对尉氏县段北康沟河道进行清淤复堤,共完成土方 68 万立方米。

2015 年 8 月,尉氏县对北康沟进行治理,主要工程建设内容为:河道清淤疏浚 12.37 千米;岸坡整治两岸总长度为 24.74 千米;新建混凝土道路 2 064 米;拆除重建生产桥 12 座;拆除重建排涝涵洞 3 座;拆除重建跌水 1 座;改建枣朱跌水、坡地黄桥为陡坡 2 座。

2015 年 10 月,为了解决当地地表水资源条件差、地表水可利用量少的问题,对北康沟进行改道,原北康沟于史庄村东史庄渡槽处由东转向东南汇入贾鲁河,通过在史庄村东转弯处对北康沟取直,河道继续向东入贾鲁,取直段长度 940 米。主要工程建设内容为:北康沟河道疏浚、开挖长度为 940 米,堤防修筑两岸总长 1 640 米,河道两岸采用草皮护坡,总长 1 880 米,新建混凝土堤顶道路 820 米,新建贾鲁河桥梁 1 座,新建排水涵洞 1 座,项目总投资 771.12 万元。

3.6.2.3　康沟河

（1）流域概况。

康沟河是贾鲁河右岸支流,因明代以排泄康墙保诸坡之水得名,发源于开封市尉氏县邢庄乡尚村北龙王庙,于周口市扶沟县曹里乡胡庄庙西汇入贾鲁河。河道干流依次流经尉氏县,鄢陵县和扶沟县等 3 个县,长度为 43 千米,流域面积为 631 平方千米。

（2）地形地貌。

康沟河流域地势平坦,西北高东南低,海拔介于 59.1 ~ 63.0 米,地面坡度为 0.125‰ ~ 0.330‰,区域地震烈度为Ⅶ度。

（3）防洪工程。

康沟河流域内建有大苏沟防洪排涝闸、刘麦河防洪排涝闸,均为 2 孔,闸孔尺寸 2.5 米×2.5 米;在彭店镇代岗村建有引黄干渠渠首闸 1 座;下游有中型水闸 1 座,为代岗拦河闸,7 孔,单孔净宽 6 米,总宽 42 米。

康沟河全段均有堤防,堤防级别 4～5 级。

（4）河道治理。

1991 年,对康沟河全段进行了清淤复堤,共完成土方 138 万立方米。

2013 年 3 月,尉氏县按 5 年一遇除涝、20 年一遇防洪标准对南康沟口—明家倒虹吸河段进行治理,主要内容包括:河道清淤疏浚长度 11.466 千米,两岸堤防加固整修长 22.932 千米,项目总投资 2 101.42 万元。

2019 年对康沟河尉氏县与鄢陵县交界—鄢陵县与扶沟县交界段进行治理,主要建设内容为:河道疏浚长度 8.6 千米;堤防加固左右岸总长 17.2 千米;重建排涝涵闸 4 座,新建排涝涵闸 2 座等,工程于 2020 年 5 月 30 日完工。

3.6.2.3.1　南康沟

（1）流域概况。

南康沟是康沟河右岸支流,发源于开封市尉氏县大营镇芦家村,于尉氏县大桥乡冯村东入康沟河。河道干流只流经尉氏县 1 个县,长度为 32 千米,流域面积为 126 平方千米。

（2）地形地貌。

南康沟流域地势平坦,西北高东南低,地面平均坡度为 0.2‰左右,区域地震烈度为Ⅶ度。

（3）防洪工程。

南康沟流域内建有节制闸 4 座,分别为谭家闸、陈村桥闸、鸦赵闸、邵家桥闸。

南康沟堤防级别 4 级,总长度为 9.2 千米,始于上游卜家跌水,止于入河口。

（4）河道治理。

1988 年,对南康沟全段进行清淤复堤,共完成土方 98 万立方米。

2014 年 6 月,对南康沟下游段进行治理,治理长度 11.02 千米,总投资 2 487.23 万元。

2014 年 12 月,对南康沟河进行治理,河道清淤疏浚长度 6.7 千米,岸坡整治两岸总长度 13.4 千米,生活区村庄段新建混凝土道路 1 100 米;重建生产桥 8 座;重建排水路涵 2 座。

2015 年 8 月,尉氏县对南康沟河进行治理,主要工程建设内容为:河道清淤疏浚长度 13.83 千米;岸坡整治两岸总长度为 27.66 千米;新建混凝土路面 692 米;拆除重建生产桥 11 座;改建节制闸 4 座。

3.6.2.3.2　杜公河

（1）流域概况。

杜公河是康沟河右岸支流,发源于开封市尉氏县岗李乡任庄村,于尉氏县南曹乡西黄庄村汇入康沟河。河道干流只流经尉氏县 1 个县,长度为 28 千米,流域面积为 237 平方千米。

(2)地形地貌。

杜公河流域地处黄淮河平原,地势平缓,海拔介于 59.5 ~ 81.7 米,河流比降 0.181‰ ~ 0.400‰,区域地震烈度为Ⅶ度。

(3)防洪工程。

杜公河流域有小(1)型水库 1 座,为阎家水库,总库容 150 万立方米。

杜公河堤防级别 4 级,两岸堤长 15.59 千米,始于尉氏县洧川镇花桥刘村小清河口,止于尉氏县南曹乡西黄庄村。

(4)河道治理。

2017 年 7 月,对杜公河朱曲段进行治理,清淤疏浚长度 15.10 千米。

2019 年 7 月,对杜公河洧川段进行治理,清淤疏浚长度 13.18 千米,两岸堤防加固整修长 15.09 千米;新建重建各类建筑物 22 座;新建左右岸堤顶防汛道路 1 条,全长 7.545 千米,工程于 2020 年 5 月 12 日完工。

3.6.2.4 双洎河

(1)流域概况。

双洎河是贾鲁河右岸支流,古称洧水,因上游有洧、溱双源汇流灌釜浸润,明代称为双洎河,流域位于东经 113°12′ ~ 114°19′,北纬 34°09′ ~ 34°25′。发源于新密市米村镇巩密关村,于周口市扶沟县曹里乡摆渡口村北汇入贾鲁河。河道干流依次流经新密市、新郑市、长葛市、尉氏县、鄢陵县和扶沟县等 6 个市(县),长度为 202 千米,流域面积为 1 918 平方千米。

(2)地形地貌。

双洎河流域地处豫西山区向豫东平原区过渡带,低山、丘陵、岗洼和平原兼有。地形总趋势为西北高东南低,北部、南部高,中部低。西部、北部乡镇属深低山、浅低山,东部、南部属低丘陵。丘陵区海拔介于 180 ~ 250 米,地面多片蚀,切割深 10 ~ 20 米;平原区地形平缓,沿河两岸为带状冲积平原。区域地震烈度为Ⅶ度。

(3)水功能区。

双洎河有一级功能区 1 个,为双洎河新郑开发利用区;二级功能区 7 个,分别为双洎河新密饮用水源区,水质目标为Ⅱ类;双洎河新密排污控制区,水质目标为Ⅴ类;双洎河新密新郑过渡区,水质目标为Ⅳ类;双洎河新郑排污控制区,水质目标为Ⅴ类;双洎河新郑长葛过渡区,水质目标为Ⅳ类;双洎河长葛佛耳岗水库渔业用水区,水质目标为Ⅲ类;双洎河长葛农业用水区,水质目标为Ⅲ类。

(4)防洪工程。

双洎河流域建有中型水库 4 座,分别为李湾、佛耳岗、五星、老观寨水库;小(2)型水库 14 座;流域内建有中型水闸 2 座,分别为李河口水闸、彭店拦河闸;小型水闸 4 座,分别为古城闸、姚庄闸、孙村闸、慕寨闸。4 座中型水库总库容 8 569 万立方米;小(1)型水库总库容 4 988.53 万立方米;小(2)型水库总库容 780.73 万立方米。

双洎河上游新密境内堤防级别 4 级,总长 47.09 千米,自超化镇樊寨至出境;双洎河下游堤防级别 4 级,自长葛老城镇前白村至入河口有连续堤防,左岸堤长 60.37 千米,右岸堤长 73.27 千米。

(5)河道治理。

1949 年以后,多次对双洎河进行治理。1953 年、1956 年和 1990 年主要是对河道堤防进行培修加固和裁弯取直。

2000 年新郑市按 10 年一遇防洪标准对城区西关闸—炎黄大道段进行治理,治理长度 4.25 千米;2013 年、2014 年按 20 年一遇防洪标准对城关乡贾梁村—西关闸段和城区炎黄大道—梨河镇付庄段进行治理,治理长度分别为 4.18 千米、5.68 千米;2017 年按 20 年一遇防洪标准对交流寨(新密界)—城关乡贾梁村段河道进行治理,治理长度 11.09 千米。

2009—2013 年,新密市按 5 年一遇除涝、20 年一遇防洪标准对青石河口—黄湾寨苏湾段进行分段治理,治理长度 23.82 千米;2017 年按 10 年一遇防洪标准对李湾水库坝址—寺沟河口段进行治理,治理长度 7.95 千米。

2012—2013 年,长葛市新建双洎河大周镇后吴桥—新魏庄段左岸堤防 10.682 千米和老城镇前白村—王皮庙大桥段右岸堤防 5 千米;2017 年按 5 年一遇除涝、20 年一遇防洪标准对双洎河进行治理,加高加固双洎河两岸堤防总长 23.74 千米,除险加固险工段 9 处,拆除重建过路涵 1 座。

2013 年,鄢陵县按 3 年一遇除涝标准、20 年一遇防洪标准对双洎河鄢陵彭店镇范家东—豫 219 省道以西段进行了全面治理,共完成河道清淤 7.4 千米,加固左右岸堤防 11.06 千米。2018 年,对双洎河彭店闸下游段进行治理,按 3 年一遇除涝标准疏浚河道、20 年一遇防洪标准加固堤防进行治理,疏浚河道长 7.4 千米,堤防加固工程长度 11.06 千米。

3.6.2.4.1　黎明河

(1)流域概况。

黎明河是双洎河左岸支流,发源于郑州市中牟县黄店镇武张村,于开封市尉氏县洧川镇鲁湾村汇入双洎河。河道干流依次流经中牟县和尉氏县等 2 个县,长度为 27 千米,流域面积为 119 平方千米。

(2)地形地貌。

黎明河流域地处黄淮河平原,地势平缓,海拔介于 60.5 ~ 65.5 米,河流比降 0.181‰ ~ 0.400‰,区域地震烈度为Ⅶ度。

(3)防洪工程。

黎明河堤防级别 4 级,两岸堤长 4.14 千米,始于尉氏县岗李乡西段庄村,止于尉氏县洧川镇鲁湾村。

(4)河道治理。

2018 年,尉氏县按 5 年一遇除涝、20 年一遇防洪标准对黎明河治理,总投资 3 041.82

万元,治理长度 19 千米,河道清淤长度 19 千米;堤防加固两岸总长 8.086 千米;岸坡整治总长度 38 千米,植草护坡 38 千米;拆除重(新、改)建建筑物 25 座;新建防汛路 4.043 千米,新建生活区管护便道 2.75 千米。

3.6.2.5 双狼沟

(1)流域概况。

双狼沟是贾鲁河右岸支流,黄河泛滥前因西扶交界有大狼沟和二郎沟而得名,发源于周口市扶沟县练寺镇河套村南,于周口市西华县大王庄乡刘草楼村汇入贾鲁河。河道干流依次流经扶沟县和西华县等 2 个县,长度为 36 千米,流域面积为 157 平方千米。

(2)地形地貌。

双狼沟流域地处黄河冲积平原,地势平坦,西北高东南低,地面坡度 0.17‰左右,海拔介于 48 ~ 54 米,区域地震烈度为Ⅵ度。

(3)防洪工程。

双狼沟干流上建有中型节制闸 1 座,为迟营闸,蓄水量 75 万立方米。

双狼沟堤防级别 5 级,左右岸堤长均为 5 千米,始于西华县迟营乡迟营桥,止于西华县大王庄乡刘老家。

(4)河道治理。

双狼沟是新中国成立后新开挖河道,是扶西公路和贾鲁河间扶西两县的一条骨干排水河道。1950 年、1951 年冬,两次开挖双狼沟洼李到护当城以下,长 6 千米,并以西扶交界有大狼沟和二狼沟而命名为双狼沟;1964 年 7 月,对双狼沟上郭桥—刘老家段进行治理,治理长度 27.8 千米;1965 年冬—1966 年春,对双狼沟西华段按老 5 年除涝标准进行治理,治理长度 27.8 千米;1977 年 10 月,按 5 年除涝、20 年防洪标准治理了东风运河与双狼沟交叉处到入贾鲁河口,共长 22 千米;2010 年,对西华全段双狼沟河道按 5 年一遇除涝标准进行治理,治理长度 27.83 千米,河口宽 24 ~ 40 米,边坡 1∶3,底宽 5 ~ 12.5 米,新建桥梁 14 座,下游新建刘老家 3 孔节制闸 1 座。

3.6.3 新运河

(1)流域概况。

新运河是沙颍河左岸支流,原有老运河被黄泛淤废,1951 年沿黄泛冲开挖新河,命名为新运河。流域位于东经 114°37′ ~ 114°38′,北纬 33°37′ ~ 34°03′。发源于周口市太康县板桥镇大陆岗西,于周口市淮阳区牛口西注入沙颍河。河道干流依次流经太康县、西华县、周口市川汇区和淮阳区等 4 个县(区),长度为 59 千米,流域面积为 1 366 平方千米。

(2)地形地貌。

新运河流域地处黄河冲洪积平原,地形由西北向东南倾斜,海拔介于 44.5 ~ 61.0 米,地面平均比降为 0.2‰。流域内沟河发育,沟河沿岸为河谷地貌形态,河谷呈"U"形。区域地震烈度为Ⅵ度或Ⅶ度。

（3）防洪工程。

新运河干流上建有中型拦河闸 2 座，分别为宋双阁闸、龙路口闸。宋双阁闸建于 1958 年，于 1965 年进行了扩建，蓄水量 92 万立方米；龙路口闸建于 1971 年，蓄水量 100 万立方米。

新运河堤防级别 4 级，左岸堤长 76.8 千米，右岸堤长 70.3 千米，始于太康县板桥镇大陆岗西，止于淮阳区牛口西段。

（4）河道治理。

原有老运河被黄泛淤废，1951 年沿黄泛冲开挖新运河，由西华县东夏至淮阳县牛口入河口，开挖长 43 千米。

1957 年按 1953 年制定的 3 年一遇除涝、20 年一遇防洪标准，对新运河淮阳县晁庄黄水沟口至入沙颍河口段进行治理，治理长度 26.2 千米，设计河底宽 13.5 ~ 27.5 米，边坡 1:2.5。

1966 年为配合支流清水沟治理，对清水沟口以下的新运河按 1962 年制定的 3 年一遇除涝标准进行清淤疏浚，治理长度 13.8 千米。

1986 年冬为进一步改变新运河流域内农业生产条件，提高抗御灾害能力，对新运河影张沟口—太康县界进行了清淤治理，治理长度 11.8 千米。

3.6.3.1　黄水沟

（1）流域概况。

黄水沟是新运河右岸支流，发源于周口市扶沟县包屯镇雁仓村，于周口市淮阳区曹河乡晁庄村注入新运河。河道干流依次流经扶沟县、太康县、西华县和周口市淮阳区等 4 个县（区），长度为 51 千米，流域面积为 330 平方千米。

（2）地形地貌。

黄水沟流域地处黄河冲洪积平原，地形由西北向东南倾斜，海拔介于 50 ~ 70 米。流域地处中朝准地台华坳陷区内，新构造分区属豫皖断块区之通许隆起和周口坳陷。区域地震基本烈度为Ⅵ ~ Ⅶ度。

（3）防洪工程。

黄水沟干流上有中型节制水闸 1 座，为王普化闸；小型水闸 3 座，分别为常武营闸、双灵寺闸、让城寺闸。王普化闸蓄水量 85 万立方米，有效灌溉面积 3 万亩，除涝面积 11 万亩。

黄水沟堤防级别 5 级，从西华县西华营镇后套村至入黄水沟口两岸均有堤防，长 23 千米，堤顶宽 2 米。

（4）河道治理。

1965 年春，按 3 年一遇除涝、20 年一遇防洪标准对黄水沟进行治理，疏浚河道长度 26 千米，兴建公路桥 3 座。

1965 年 6 月 8 日，按 3 年一遇除涝、10 年一遇防洪标准对黄水沟太康焦庄—太西县界段进行治理,治理长度 13.5 千米。

1987 年 11 月 7 日,按 5 年一遇除涝、20 年一遇防洪标准对黄水沟西华后套—马倪庄段进行治理,治理长度 26 千米。

3.6.3.1.1 东黄水沟

（1）流域概况。

东黄水沟是黄水沟右岸支流,发源于周口市太康县板桥乡菜园村东北,于周口市西华县东夏亭镇王普化村汇入黄水沟。河道干流依次流经太康县和西华县等 2 个县,长度为 21 千米,流域面积为 57 平方千米。

（2）地形地貌。

东黄水沟流域地处黄河冲洪积平原,地势西北高东南低,海拔介于 48 ~ 54 米,区域地震烈度为Ⅶ度。

（3）河道治理。

1965 年春,按老 3 年一遇除涝标准对东黄水沟进行系统治理。1992 年,按 5 年一遇除涝标准对黄水沟进行第二次治理。2010 年,对东黄水沟西华营公路以南—孝义寺段河道进行清淤。

3.6.3.2 清水沟

（1）流域概况。

清水沟是新运河右岸支流,又称清水河,发源于周口市扶沟县白潭镇兰郭村,于周口市川汇区搬口办事处西毛寨汇入新运河。河道干流依次流经扶沟县、西华县、周口市淮阳区和川汇区等 4 个县（区）,长度为 80 千米,流域面积为 494 平方千米。

（2）地形地貌。

清水沟流域地处黄河冲积平缓平原区,海拔介于 52.0 ~ 63.0 米,地面坡度 0.125‰ ~ 0.200‰,区域地震烈度为Ⅵ ~ Ⅶ度。

（3）防洪工程。

清水沟干流上建有中型节制闸 6 座,分别为杜家闸、常岗闸、芦楼闸、汴岗闸、王庄闸、清河驿闸。

清水沟堤防级别 5 级,自西华县聂堆镇轩那村至入河口有堤防,左右岸堤长 43.8 千米,堤顶宽 2 ~ 4 米。

（4）河道治理。

1950 年,对清水沟西华县清河驿到王布袋庄段进行治理。

1963—1964 年,对清水沟西华县轩那—王布袋庄段进行治理,治理长度 31 千米。

1966 年,按老 3 年一遇除涝标准对清水沟扶沟县长岗—入新运河口段进行系统治理,治理长度 67 千米。

1989 年,按 3 年一遇除涝标准对清水沟芦楼—西华县王庄闸段进行治理,治理长度 20.9 千米。

1993—1995 年,对清水沟扶沟县高集—兰郭段和白潭乡兰郭村—吕潭乡芦楼村段进行治理,治理长度 30.55 千米。

2013 年,按 5 年一遇除涝标准对清水沟兰郭—常岗沟口段进行治理,治理长度 20.7千米。

3.6.3.2.1　庙陵岗沟

(1)流域概况。

庙陵岗沟是清水沟右岸支流,发源于周口市扶沟县大李庄乡任庄,于扶沟县汴岗镇庙陵岗汇入清水沟。河道干流只流经扶沟县 1 个县,长度为 31 千米,流域面积 65.3 平方千米。

(2)地形地貌。

庙陵岗沟流域地处黄河冲积平原,由西北向东南倾斜,海拔介于 55 ~ 61 米,地面坡度 0.167‰ ~ 0.200‰,河流平均比降 0.2‰,区域地震烈度为Ⅶ度。

(3)河道治理。

1979 年,按 5 年一遇除涝标准对庙陵岗沟进行了全段治理,治理长度 27.0 千米。

3.6.3.3　流沙河

(1)流域概况。

流沙河是新运河右岸支流,发源于周口市西华县皮营乡冯营村,于周口市城乡一体化示范区许湾办事处叶新庄村汇入新运河。河道干流依次流经西华县、周口市川汇区、淮阳区和城乡一体化示范区等 4 个县(区),长度为 29 千米,流域面积为 195 平方千米。

(2)地形地貌。

流沙河流域地处黄淮河冲积平原,西北高东南低,海拔介于 41.26 ~ 46.34 米,地面坡度 0.143‰,区域地震烈度为Ⅵ度。

(3)防洪工程。

流沙河流域内建有水闸 2 座,分别为流沙河文庄闸和流沙河排涝闸。

(4)河道治理。

1979 年,按 5 年一遇除涝、20 年一遇防洪标准对流沙河全段进行治理,设计底宽 1 ~ 16 米,治理长度 26.6 千米。

2019 年,周口市对流沙河贾东干渠交汇处—入新运河口段进行治理,治理长度 16.486千米,主要建设内容包括:防洪工程、景观工程、截污治污工程、桥梁工程等。

3.6.3.3.1　洼冲沟

(1)流域概况。

洼冲沟是流沙河右岸支流,又名大沙沟,发源于周口市西华县聂堆镇思都岗村,于周口市城乡一体化示范区搬口办事处王新村汇入流沙河。河道干流依次流经西华县、周口市川汇区和城乡一体化示范区等 3 个县(区),长度为 31 千米,流域面积为 113 平方千米。

（2）地形地貌。

洼冲沟流域地处黄淮冲积平原,地势平坦,西北高东南低,河谷形态呈"U"形,区域地震烈度为Ⅶ度。

（3）防洪工程。

洼冲沟干流上有小型拦河闸 1 座,为秦营闸。

（4）河道治理。

1965 年 11 月,对西华县境洼冲沟河段进行治理,治理长度 28 千米。1977 年冬,周口市按 5 年一遇除涝标准对洼冲沟自贾东干渠到周淮公路以下 1.5 千米进行治理。

1980 年,淮阳对入河口以上 4.76 千米按 5 年一遇标准治理。西华按新 5 年一遇除涝标准治理贾东干渠—东王营西丰产河口段,治理长度 7.5 千米。

2006 年,按 5 年一遇除涝标准对西华县田口—东王营乡段进行治理,治理长度 22 千米,河槽比降 0.2‰,边坡 1∶2.5,河口宽度 15 ~ 20 米。

2019 年,周口市按 10 年一遇除涝、20 年一遇防洪标准对洼冲沟贾东干渠交汇口—入流沙河口段进行治理,底宽 30 米,边坡 1∶3,治理长度 10.6 千米。

3.6.4　朱集沟

（1）流域概况。

朱集沟是沙颍河左岸支流,发源于周口市淮阳区新站镇染坊庄村,于淮阳区豆门乡三合庄村汇入沙颍河。河道干流只流经淮阳区 1 个区,长度为 21 千米,流域面积为 110 平方千米。

（2）地形地貌。

朱集沟流域位于黄河冲积平原的东南部,地势由西北向东南倾斜,海拔介于 35 ~ 45 米,地面坡度 0.125‰ ~ 0.200‰,上游较陡,下游平缓。流域处于华北地台新生代华北断陷区,华北断块地质构造较为复杂,其表现形式为较大规模的隆起与坳陷,断裂十分发育,既有控制断块边界的深大断裂,也有断块内部活动性较大的断裂。历史地震具有强度较小、频率较低、震源较浅的特点,区域地震烈度为Ⅵ度。

（3）防洪工程。

朱集沟干流上建有小型水闸 1 座,为三合庄闸。

朱集沟全段均有堤防,堤防级别 5 级,堤长 23 千米,堤顶宽 1 米。

（4）河道治理。

1964 年春,淮阳县以工代赈组织灾区群众拆除阻水工程,平毁串流沟,疏浚朱集沟。

1975 年,淮阳县组织民工 10 余万人,疏浚开挖西蔡河、朱集沟、白楼渠等 11 条河渠,土方 563 万立方米。

2020 年 6 月,周口市按 5 年一遇除涝标准对朱集沟全段进行了系统治理,治理长度 23.0 千米,包括边坡修正、河道疏浚。

3.6.5　马家沟

（1）流域概况。

马家沟是沙颍河左岸支流，发源于周口市淮阳区朱集乡小牛营，于淮阳区豆门乡孙营村汇入沙颍河。河道干流只流经淮阳区 1 个区，长度为 14.3 千米，流域面积为 57.9 平方千米。

（2）地形地貌。

马家沟流域地势平坦，由西北向东南倾斜，地面坡度 0.167‰，海拔介于 38～46 米，区域地震烈度为Ⅵ度。

（3）河道治理。

1974 年，按 3 年一遇除涝标准对马家沟全段进行治理，治理长度 14.3 千米。

3.6.6　谷河

（1）流域概况。

谷河是沙颍河右岸支流，又名清水河，发源于周口市商水县城关乡中兴寨村，于项城市郑郭镇师寨入沙颍河。河道干流依次流经商水县、周口市川汇区和项城市等 3 个市、县（区），长度为 64 千米，流域面积为 493 平方千米。

（2）地形地貌。

谷河流域属黄淮冲积平原，由于历史上河水泛滥，形成了背河洼地和缓坡平原两种微型地貌，地势西北高东南低，海拔介于 38.80～45.80 米，地面坡度 0.110‰～0.143‰，区域地震烈度为Ⅵ度。

（3）防洪工程。

谷河干流上建有节制闸 4 座，分别为上河沿拦河闸、南顿拦河闸、郭大庄拦河闸、师寨防洪闸。

谷河左右岸自商水县王石桥至项城市郑郭镇师寨村均有堤防，堤防级别 4 级，堤长 56.5 千米，防洪标准为 20 年一遇。

（4）河道治理。

1953 年，按 3 年一遇除涝、10 年一遇防洪标准对谷河进行第一次治理，治理范围自商水县白塔寺至项城市后师寨，治理长度 42 千米，设计河底宽 15～16 米。

1967 年，按 3 年一遇除涝、20 年一遇防洪标准对谷河进行第二次治理，治理范围自周口市藏岗坡至项城市后师寨，治理长度 67 千米，包括扩建、改建桥梁 37 座，涵闸 29 座。

1987 年，按 5 年一遇除涝、20 年一遇防洪标准对谷河进行第三次治理，治理范围自商水县清水河王石桥至商、项县界，治理长度 19.53 千米，包括扩建、改建桥梁 20 座，扩建拦河闸 1 座。

2015 年，对谷河进行第四次治理，按 5 年一遇除涝标准疏浚干流河道 13.2 千米、20 年一遇防洪标准加固两岸堤防 26.4 千米。

2017 年 3 月,对谷河进行第五次治理,按 5 年一遇除涝标准疏浚干流河道 11.665 千米、20 年一遇防洪标准加固两岸堤防 23.33 千米。

2019 年,对谷河进行第六次治理,治理范围自商水县上游藏岗坡至王石桥,按 5 年一遇除涝标准疏浚河道长 10.5 千米,重建生产桥梁 10 座。

3.6.6.1　任河

（1）流域概况。

任河是谷河右岸支流,发源于周口市商水县魏集镇郭楼村,于项城市南顿镇刘湾村汇入谷河。河道干流依次流经商水县和项城市等 2 个市(县),长度为 11.9 千米,流域面积为 50 平方千米。

（2）地形地貌

任河流域地处平原,地势平坦,地形西北高东南低,海拔介于 42～52 米,地面坡度 0.125‰～0.143‰,土质以沙姜黑土和联合土为主,区域地震烈度为Ⅶ度。

（3）防洪工程。

任河干流上建有小型节制闸 1 座,为王庄闸。

（4）河道治理。

1964 年,按 5 年一遇除涝标准对任河全段进行治理,治理长度 11.9 千米。

3.6.6.2　运粮河

（1）流域概况。

运粮河是谷河左岸支流,是沙河周口枢纽排蓄灌工程的骨干排、引水河道之一,发源于周口市川汇区太昊路办事处杨井沿居委会,于项城市南顿镇南顿村东汇入谷河。河道干流依次流经周口市川汇区、商水县和项城市等 3 个市、县(区),长度为 31 千米,流域面积为 120 平方千米。

（2）地形地貌。

运粮河流域地处黄淮冲积平原,流域内地势平坦,地形西北高东南低,河谷形态呈"U"形,河流平均比降 0.100‰,区域地震烈度为Ⅶ度。

（3）防洪工程。

运粮河干流上建有小型拦河闸 1 座,为张庄闸。

（4）河道治理。

1989 年,对运粮河按 3 年一遇除涝、10 年一遇防洪标准进行治理,治理长度 31.3 千米,设计断面底宽 3～5 米,边坡 1∶2,包括边坡修正、河道疏浚。

2019 年,项城市对运粮河项商县界—入谷河口段进行了河道清淤疏浚,长度 6.5 千米。

3.6.6.3　人民沟

（1）流域概况。

人民沟是谷河左岸支流,也叫发顿沟、鸿沟、尹大沟,发源于项城市光武办事处解庄,于项城市郑郭镇平顶楼东北汇入谷河。河道干流只流经项城市 1 个市,长度为 22 千米,流域面积为 90.8 平方千米。

（2）地形地貌。

人民沟流域位于黄河冲积扇平原向淮河冲积平原过渡边缘之南,总体趋势平坦、开阔。自西北向东南微倾斜,地面坡度 0.143‰~0.200‰,区域地震烈度为Ⅵ度。

（3）防洪工程。

人民沟干流上有小型水闸 1 座,为人民沟闸。

（4）河道治理。

1956 年,由于谷河改道,对人民沟同步按老 3 年一遇标准进行改道治理,由金营南注入谷河改道为从金营北入谷河,治理长度 13 千米。

1972 年,再次对人民沟全段按新 3 年一遇标准进行系统治理,治理长度 25.7 千米。

3.6.7　西蔡河

（1）流域概况。

西蔡河是沙颍河左岸支流,发源于周口市淮阳区冯塘集乡于刘寨村,于周口市沈丘县槐店回族镇东关入沙颍河。河道干流依次流经周口市淮阳区和沈丘县等 2 个县（区）,长度为 33 千米,流域面积为 171 平方千米。

（2）地形地貌。

西蔡河流域位于黄河冲积平原的东南部,地势由西北向东南倾斜,海拔介于 39.90~43.60 米,地面坡度 0.125‰~0.200‰,河流平均比降 0.072‰,区域地震烈度为Ⅵ度。

（3）防洪工程。

西蔡河干流上建有中型水闸 1 座,为西蔡河退水闸。

西蔡河从淮阳区冯塘集乡陈老家村至鲁台镇梁阁村两岸有堤防,堤防级别 5 级,堤长 28.5 千米。

（4）河道治理。

1964 年,按 3 年一遇除涝、10 年一遇防洪标准对西蔡河进行系统治理,治理长度 31 千米。

1975 年,按 5 年一遇除涝、10 年一遇防洪标准再次对西蔡河进行治理,治理长度 31 千米。

2020 年 6 月,按 5 年一遇除涝、10 年一遇防洪标准对西蔡河进行河道疏浚、边坡修正治理,治理长度 25.7 千米,设计断面底宽 8~16 米,边坡 1:2.0~1:2.5。

3.6.8　新蔡河

（1）流域概况。

新蔡河是沙颍河左岸支流,古称蔡水、蔡河,系古鸿沟分出的一支,发源于周口市淮阳区西北部齐老乡林寺营村,于周口市沈丘县新安集镇东贾楼村汇入沙颍河。河道干流依次流经周口市淮阳区、郸城县和沈丘县等 3 个县(区),长度为 87 千米,流域面积为 983 平方千米。

(2)地形地貌。

新蔡河流域地处平原,地形由北向东南倾斜,海拔介于 35~50 米,地面坡度 0.10‰~0.25‰,上游较陡,中下游平缓。1938—1947 年黄泛后地形地貌有了改变,排水系统被打乱,河道淤塞,并形成许多碟形、槽形洼地。流域位于中朝准地台华坳陷区内,区域地震烈度为Ⅵ度。

(3)水功能区。

新蔡河上有功能区 5 个,其中一级功能区 1 个,为新蔡河淮阳开发利用区;二级功能区 4 个,分别为新蔡河淮阳农业用水区、新蔡河淮阳景观娱乐区、新蔡河淮阳排污控制区、新蔡河淮阳郸城沈丘农业用水区,目标水质为Ⅲ类。

(4)防洪工程。

新蔡河干流上建有中型水闸 5 座,分别为齐庄闸、北杨集闸、新安集闸、三里闸、豆庄闸,总蓄水量 700 万立方米。

两岸自淮阳区齐老乡林寺营村至入沙颍河口筑有堤防,堤防级别 4 级,堤顶宽度 2~3 米。

(5)河道治理。

新蔡河历受黄泛侵袭,河线多变,特别是 1938 年起连续 9 年的黄泛后,河道严重淤塞,不少河段淤没。1949 年后沿黄水主流道重开新河,更名新蔡河。

1951 年,第一次治理了周口淮阳县肖桥—入沙颍河口段,当年 3 月开工,6 月完工,治理长度 59.5 千米。

1963 年,第二次治理按 1962 年制定的 3 年一遇除涝、10 年一遇防洪标准,治理淮阳县北关—入沙颍河口段,1963 年 11 月开工,1964 年 1 月竣工,治理长度 69.7 千米,设计河底宽 5.5~31.0 米,边坡 1:2,工程新建改建桥梁 32 座,涵洞 13 座。总投资经费 836.4 万元。

另外,周口市淮阳县对新蔡河进行多次局部治理,如 1958 年将新蔡河由北关延长至小林庄,长度 16.7 千米;1973 年淮阳规划将北关以上改走枯河方案,按 5 年一遇除涝、20 年一遇防洪标准开挖小林庄—赵集段及许桥—范丹寺沟口段,总长 33.7 千米。

此外,郸城县也于 1959 年对全境 35 千米河段进行过治理,1959 年 11 月 7 日开工,12 月 22 日竣工,治理范围自郸、淮交界的黄韩沟口起,至宜路公社康庄止,长度 35 千米,设计河底宽 15~20 米。

新蔡河第三次系统治理按 5 年一遇除涝、20 年一遇防洪标准,2013 年 11 月 10 日开工,2014 年 9 月 10 日竣工,分郸城、淮阳两段同时进行,建设内容为疏浚将军寺桥—巴小庄沟口的 8.1 千米干流河道,新建大王庄沟闸、将军寺沟闸、巴小庄沟闸 3 座支沟排涝涵闸,重建于庄引水闸 1 座;重建沈寨桥、田阁桥、段庄桥 3 座生产桥。

3.6.8.1　七里河

（1）流域概况。

七里河是新蔡河右岸支流，发源于周口市淮阳区齐老乡柳北村，于淮阳区王店乡肖桥村汇入新蔡河。河道干流只流经周口市淮阳区 1 个区，长度为 19 千米，流域面积为 74.5 平方千米。

（2）地形地貌。

七里河流域地处黄淮冲积平原，地势平坦，西北高东南低，海拔介于 41 ~ 49 米，地面坡度 0.2‰，区域地震烈度为Ⅵ度。

（3）防洪工程。

七里河干流上建有小型水闸 3 座，分别为张桥节制闸、刘桥节制闸、肖桥节制闸。

七里河全段两岸均有堤防，堤防级别 5 级，堤顶宽 3 米。

（4）河道治理。

1964 年春，按老 3 年一遇除涝标准对七里河进行第一次治理，治理长度 21.4 千米。

1975—1976 年，按新 3 年一遇除涝标准对七里河进行第二次治理，治理长度 12.7 千米，设计断面底宽 1 米，边坡 1∶2.5。

2014 年，按 5 年一遇除涝标准对七里河进行第三次治理，治理长度 8.78 千米，治理内容为清淤疏浚、边坡修正，设计断面底宽 6.5 ~ 8.5 米，边坡 1∶2。

3.6.8.2　小泥河

（1）流域概况。

小泥河是新蔡河右岸支流，发源于周口市淮阳区王店乡刘老家，于淮阳区刘振屯乡木集村入新蔡河。河道干流只流经周口市淮阳区 1 个区，长度为 16.2 千米，流域面积为 61.6 平方千米。

（2）地形地貌。

小泥河流域属冲积平原地貌，地势西北高东南低，海拔介于 35 ~ 50 米，地面坡度 0.10‰ ~ 0.25‰，区域地震烈度为Ⅵ度。

（3）防洪工程。

小泥河干流上建有小型节制闸 3 座，分别为胡庄闸、宋桥沈庄闸、陈庄闸。

（4）河道治理。

1975 年、1992—1993 年，对小泥河进行了两次全面治理，治理长度 16.2 千米，治理后除涝标准从 3 年一遇提高到 5 年一遇。

3.6.8.3　狼牙沟

（1）流域概况。

狼牙沟是新蔡河左岸支流，发源于周口市淮阳区安岭镇张庄村，于淮阳区大连乡磨旗店村汇入新蔡河。河道干流只流经周口市淮阳区 1 个区，长度为 28 千米，流域面积为 140 平方千米。

（2）地形地貌。

狼牙沟流域地势平坦，地形由西北向东南倾斜，海拔介于 40～49 米，地面坡度 0.2‰左右，平原特征明显，区域地震烈度为Ⅵ度。

（3）防洪工程。

狼牙沟在入新蔡河口建有小型水闸 1 座，为狼牙沟闸。

狼牙沟全段两岸有堤防，堤防级别 5 级，堤宽 3 米。

（4）河道治理。

1975 年，按 3 年一遇除涝标准对狼牙沟全段进行了系统治理，治理长度 28.3 千米，包括边坡修正、河道疏浚，设计断面底宽 3～27 米。

2020 年 6 月，按 5 年一遇除涝标准对狼牙沟全段进行了系统治理，治理长度 28.3 千米，包括边坡修正、河道疏浚，设计断面底宽 3～20 米。

3.6.8.4　黄水冲

（1）流域概况。

黄水冲是新蔡河右岸支流，是 1938—1946 年黄河泛滥冲积淘刷形成的坡槽，治淮时起名黄水冲，发源于周口市淮阳区冯塘乡杨庄村，于周口市郸城县宜路镇王康楼汇入新蔡河。河道干流依次流经周口市淮阳区、郸城县和沈丘县等 3 个县（区），长度为 25 千米，流域面积为 139 平方千米。

（2）地形地貌。

黄水冲流域地势西北高东南低，海拔介于 39～42 米，地面坡度 0.143‰左右，河流平均比降 0.008‰，区域地震烈度为Ⅵ度。

（3）河道治理。

1965 年 11 月，对黄水冲下游段进行第一次治理。

1975 年，按 3 年一遇除涝标准对黄水冲进行第二次治理，1975 年 12 月 30 日完工。治理范围为鸭尔岗沟口—王康楼入蔡河口段，治理长度 19.9 千米，设计河槽底宽 12 米，水深 3.7 米，边坡 1：2.5，建桥 14 座。

3.6.8.5　老蔡河

（1）流域概况。

老蔡河是新蔡河右岸支流，发源于周口市沈丘县白集镇王岗村，于沈丘县北杨集镇王庄寨村汇入新蔡河。河道干流只流经沈丘县 1 个县，长度为 26 千米，流域面积为 200 平方千米。

（2）地形地貌。

老蔡河流域地处黄淮冲积平原，地形平坦，地势由西北向东南倾斜，海拔介于 37.0～41.5 米，地面坡度 0.143‰～0.200‰，区域地震烈度为Ⅵ度。

（3）防洪工程。

老蔡河干流上建有中型水闸 1 座，为张桥闸。该闸过闸流量 111 立方米/秒，蓄水量 90 万立方米。

老蔡河堤防级别 5 级,左岸自卞路口乡南郭庄村至北杨集镇贾庄村段有堤防,堤长 6.19 千米,右岸自卞路口乡南郭庄村至新安集镇安庄村段有堤防,堤长 9.81 千米。

（4）河道治理。

老蔡河于 1988 年按 5 年一遇除涝标准进行了全段治理,治理长度 26.4 千米,主要内容为河道清淤疏浚,设计底宽 1.5~23 米,边坡 1:2。

3.6.8.5.1　母猪沟

（1）流域概况。

母猪沟是老蔡河右岸支流,又名兀术沟,发源于周口市沈丘县白集镇田营村,于沈丘县新安集镇安庄村汇入老蔡河。河道干流只流经沈丘县 1 个县,长度为 19 千米,流域面积为 112 平方千米。

（2）地形地貌。

母猪沟流域地处黄淮冲积平原,地势西北高东南低,海拔介于 37.0~41.5 米,地面坡度 0.143‰~0.200‰,区域地震烈度为Ⅵ度。

（3）防洪工程。

母猪沟干流上建有小型水闸 1 座,为魏桥闸。

（4）河道治理。

1985 年,按 3 年一遇除涝标准对母猪沟下游 12 千米河段进行了疏浚。

3.6.9　孔沟

（1）流域概况。

孔沟是沙颍河右岸支流,发源于周口市沈丘县石槽集乡程营村,于沈丘县周营乡孔营村汇入沙颍河。河道干流只流经沈丘县 1 个县,长度为 18 千米,流域面积为 102 平方千米。

（2）地形地貌。

孔沟流域内地貌主要受第四纪沉积物和新构造运动所控制,属黄淮冲积平原,地形平坦,地势西北高东南低,海拔介于 37.0~41.5 米,地面坡度 0.143‰~0.200‰,历史地震具有强度较小、频率较低的特点,区域地震烈度为Ⅵ度。

（3）防洪工程。

孔沟干流上建有小型泄水闸 1 座,为孔沟闸,于 2008 年重建。

（4）河道治理。

孔沟于 1972 年按 3 年一遇除涝标准进行过系统治理,治理长度 17.5 千米,主要为河道清淤疏浚。

3.6.10　八丈沟

（1）流域概况。

八丈沟是沙颍河左岸支流。发源于周口市沈丘县新安集镇瓦房庄村,于沈丘县纸店镇徐楼村汇入沙颍河。河道干流只流经沈丘县 1 个县,长度为 13.2 千米,流域面积为 68 平方千米。

(2)地形地貌。

八丈沟流域地处黄淮冲积平原,地势西北高东南低,海拔介于 37.0 ~ 41.5 米,地面坡度 0.143‰ ~ 0.200‰,河流平均比降 0.16‰,区域地震烈度为Ⅵ度。

(3)防洪工程。

八丈沟干流上建有小型泄水闸 1 座,为杨桥闸。

(4)河道治理。

1964 年,按 5 年一遇除涝标准对八丈沟全段进行河道清淤疏浚治理,治理长度 13.2 千米。

3.6.11 常胜沟

(1)流域概况。

常胜沟是沙颍河左岸支流,发源于周口市郸城县石槽镇石槽北,于周口市沈丘县刘湾镇刘湾村东汇入沙颍河。河道干流依次流经郸城县和沈丘县等 2 个县,长度为 30 千米,流域面积为 151 平方千米。

(2)地形地貌。

常胜沟流域地处黄淮冲积平原,由于历史上河水泛滥,形成了背河洼地和缓坡平原两种微型地貌,属平原河谷地貌,河谷形态呈"U"形,地形平坦,地势西北高东南低,海拔介于 35 ~ 45 米,地面坡度 0.143‰ ~ 0.200‰,河流平均比降 0.506‰,区域地震烈度为Ⅵ度。

(3)防洪工程。

常胜沟干流上建有中型水闸 3 座,分别为单庄闸、刘塌桥闸、杨寨闸。

(4)河道治理。

2011 年,对常胜沟沈丘县王草楼—孟殿桥 3.6 千米河段进行了治理,2013 年对孟殿桥以南 5 千米进行了治理,清淤长度 5 千米,建涵管 8 处,改善灌溉面积 15.5 万亩,恢复除涝标准 3 年一遇,提高了河道排涝防洪能力。

3.6.12 泉河

(1)流域概况。

泉河是沙颍河右岸支流,泥河口(也称三岔口)以上称汾河,以下称泉河,流域位于东经 114°09′ ~ 115°49′,北纬 32°54′ ~ 33°37′。发源于漯河市召陵区柳庄,于沈丘县大刑庄乡赵楼南出河南省入安徽省阜阳市临泉县,后于阜阳市颍州区中市街道办事处三里湾汇入沙颍河。河道干流依次流经漯河市召陵区,商水县、项城市、沈丘县,安徽省临泉县、界首市、阜阳市颍泉区和颍州区等 8 个市、县(区),长度为 223 千米,流域面积为 5 206 平方千米,其中河南省境内长度为 157.8 千米,占总长的 70.76%,流域面积为 3 361.8 平方千米,占总流域面积的 64.58% 。

（2）地形地貌。

泉河流域地处平原，地形西北高东南低，海拔介于 36.0 ~ 58.4 米，地面坡度 0.110‰ ~ 0.143‰，河谷呈"U"形，滩地宽度 30 ~ 40 米，区域地震烈度为Ⅵ度或Ⅶ度。

（3）水功能区。

河南省境内泉河上有一级功能区 2 个，分别为汾泉河商水开发利用区、汾泉河豫皖缓冲区；二级功能区 2 个，分别为汾泉河漯河排污控制区、汾泉河漯河及周口农业用水区。汾泉河商水开发利用区起始监测断面为漯河市河源，终止监测断面为河南省沈丘县李坟闸下，监测河长 136.8 千米，水质目标为按二级区划执行；汾泉河豫皖缓冲区起始监测断面为河南省沈丘县李坟闸下，终止监测断面为安徽省临泉县流鞍河口上，监测河长 15.0 千米，水质目标为Ⅲ类；汾泉河漯河排污控制区起始监测断面为漯河市河源，终止监测断面为漯河—周口公路桥，监测河长 5.0 千米；汾泉河漯河及周口农业用水区起始监测断面为漯河—周口公路桥，终止监测断面为河南省沈丘县李坟闸下，监测河长 131.8 千米，水质目标为Ⅳ类。

（4）防洪工程。

河南省境内泉河干流上建有大型拦河闸 2 个，分别为娄堤大型拦河闸（项城市）、李坟大型拦河闸（沈丘县）；中型节制闸 2 座，分别为雷坡节制闸（商水县汤庄乡雷坡村南）、周庄节制闸（商水县化河乡李庄村南）；小型水闸 1 座，为东坡李钢坝闸。东坡李钢坝闸位于漯河市召陵区东坡李，建于 2018 年 3 月，同年 6 月底完工，按 5 年一遇除涝标准设计，过闸流量 38 立方米/秒，属小（1）型水闸。

河南省境内泉河现存堤防级别 4 级，自漯河市召陵区青年镇起，左岸堤长 120.24 千米，右岸堤长 118.27 千米，堤顶宽 2.5 ~ 8 米，防洪标准为 20 年一遇。

（5）河道治理。

清康熙五十一年（1712 年）、雍正二年（1724 年）、乾隆十七年（1752 年）、同治五年（1866 年）、光绪三十三年（1907 年）等，泉河均有治理记载。如同治五年，浚河补堤商水县三里桥—马家桥（马河村）百一十里（55 千米），做土方 10.4 万立方米，收到 40 年无水患之利。民国 24 年（1935 年）治理泉河，由郾城坡于西—商水县上城村东 32 里（16 千米），其中商水县仅 12 里（6 千米）。由于缺少统一规划，没有系统治理，故大都收效不大。

1949 年以后，于 1954 年首次规划治理泉河，按 1953 年所定的除涝干 3 支 5、防洪 10 年一遇标准治理项城县港河口—商水县东白马沟口段，治理长度 86 千米，设计河底宽 13.5 ~ 24.0 米，边坡 1:2.5，堤顶宽 3 米，内外边坡 1:3，超洪高 1 米。1954 年 3 月 18 日开工治理港河口—双桥段，长度 62 千米，同年 12 月 9 日完工。1955 年冬继续治理双桥—东白马沟口段，长度 24 千米，同年 12 月中旬竣工。两期总计完成土方 1 220.16 万立方米，国家投资经费 1 278.6 万元。从此泉河涝灾得以缓解。

泉河第二次系统治理于 1973 年实施，按 3 年一遇除涝、20 年一遇防洪标准对沈丘县泥河口—商水县东白马沟口段进行治理,治理长度 95.18 千米。1973 年治理泥河口—曹河口段;1975 年治理曹河口—漕河口段;1977 年治理漕河口—界沟河口段;1980 年治理界沟河口—雷坡东沟口段;1983 年治理雷坡东沟口—东白马沟口段。总计完成土方 2 578.8 万立方米,新建、改建桥梁 28 座,涵闸 98 座,拦河闸 2 座。国家总投资经费 3 580 万元。

1984 年,为保沈丘老城防洪安全,实施堵死泉河北股道、拓宽南股道 1.1 千米长的疏浚工程;1987 年实施李坟闸下至徐营后 2.88 千米长切滩工程,总计完成土方 202 万立方米,国家投资经费 197.2 万元。1998 年对泥河口以下至安徽界段按 3 年一遇除涝、20 年一遇防洪标准进行治理,治理长度 12 千米。

2012 年,对泉河漯河市召陵河段按设计防洪标准 20 年一遇、除涝标准 5 年一遇进行治理,工程主要建设内容为 24.9 千米河道疏浚及扩挖工程,两岸各 8 千米的堤防加固,改建涵闸 1 座、新建涵闸 2 座,重建桥梁 12 座。工程于 2011 年 11 月 25 日开工,至 2012 年 12 月 30 日完工,总投资 2 690 万元。

2016 年 11 月,李坟闸在原址进行拆除重建,设计洪水标准 20 年一遇,设计洪水过闸流量 1 272 立方米/秒,于 2019 年 3 月 29 日通过验收。

2019 年 3 月,商水县按 5 年一遇除涝、20 年一遇防洪标准对泉河郾商县界—老枯河口段进行堤防整治,工程内容为:河道疏浚、两岸配套涵闸重建及跨河桥梁重建。

3.6.12.1 新枯河

(1)流域概况。

新枯河是泉河左岸支流,漯河境内又称枯河。发源于漯河市召陵区姬石镇韩庄村,于周口市商水县张庄镇张坡村西注入泉河。河道干流依次流经漯河市召陵区和商水县等 2 个县(区),长度为 42 千米,流域面积为 320 平方千米。

(2)地形地貌。

新枯河流域地处冲洪积平原向冲积扇平原过渡地区,流域内地势平坦,地形由西北向东南微缓倾斜,海拔介于 42 ~ 52 米,地面坡度 0.125‰ ~ 0.143‰,区域地震烈度为Ⅶ度。

(3)防洪工程。

新枯河干流上建有中型水闸 1 座,为柏树王节制闸。该闸位于谭庄镇柏树王村北。

新枯河自郾商县界至入泉河口段两岸有堤防,堤防级别 4 级,堤长 22.65 千米,堤顶宽 5 ~ 9 米。

(4)河道治理。

新枯河曾于 1955 年、1957 年分段治理过。1985 年春按 5 年一遇除涝、20 年一遇防洪标准对黄碱沟入新枯河口—入泉河口段又进行了治理,治理长度 11.5 千米,设计断面底宽 18 ~ 29 米,边坡 1:2.5。

3.6.12.1.1 黄碱沟

(1)流域概况。

黄碱沟是新枯河左岸支流,发源于周口市商水县郝岗镇大路李村,于商水县谭庄镇铁炉村东南注入新枯河。河道干流只流经商水县1个县,长度为18千米,流域面积为107平方千米。

（2）地形地貌。

黄碱沟流域地处冲积洪积平缓平原向冲积扇平原、冲积湖平原东西过渡地区,地势平坦,地形西北高东南低,海拔介于42～52米,地面坡度0.125‰～0.143‰,区域地震烈度为Ⅵ度～Ⅶ度。

（3）防洪工程。

黄碱沟干流上建有小型节制闸4座,分别为林村闸、张明闸、练庄闸、高庙赵闸。

黄碱沟从郝岗乡练庄村至入新枯河口两岸有堤防,堤防级别5级,堤长16.7千米,堤顶宽2～5米。

（4）河道治理。

1985年,按3年一遇除涝、10年一遇防洪标准对黄碱沟下游河段进行了治理,治理长度12.1千米,治理项目包括边坡修正、河道疏浚。设计断面底宽4～12米,边坡1∶2。

3.6.12.2　老枯河

（1）流域概况。

老枯河是汾河左岸支流,发源于周口市商水县邓城镇前史村,于商水县老城街道龙王庙村注入汾河。河道干流只流经商水县1个县,长度为21千米,流域面积为122平方千米。

（2）地形地貌。

老枯河流域地处冲积扇平原过渡地区,地势平坦,由西北向东南微缓倾斜,海拔介于42～52米,地面坡度0.125‰～0.143‰,区域地震烈度为Ⅵ度。

（3）防洪工程。

老枯河干流上建有小型防洪排涝闸1座,为老枯河闸。该闸建成于1984年,位于张庄乡张坡村东老枯河入汾河口处,4孔,孔径4米,设计流量94.2立方米/秒。

老枯河自商水县张庄镇边楼村至张庄镇张坡东段两岸有堤防,堤防级别5级,堤长17.3千米,堤顶宽2～5米。

（4）河道治理。

1985年,按5年一遇除涝、10年一遇防洪标准对老枯河进行治理,治理长度17.2千米,包括边坡修正、河道疏浚,设计断面底宽3～6米。

3.6.12.3　青龙沟

（1）流域概况。

青龙沟是泉河右岸支流,发源于驻马店市上蔡县华陂镇东南张庄村,于周口市商水县姚集乡赵黄庄村注入泉河。河道干流依次流经上蔡县和商水县等2个县,长度为35千米,流域面积为303平方千米。

（2）地形地貌。

青龙沟流域为平原地貌类型,地势西高东低,海拔介于42～53米,地面坡度

0.125‰~0.143‰,河流平均比降 0.125‰,流域属豫皖地震构造区,区域地震烈度为Ⅶ度。

（3）防洪工程。

青龙沟干流上建有中型节制闸 1 座,位于白寺镇周庄村,设计蓄水量 150 万立方米。

青龙沟自商水县白寺镇钢叉楼村至入泉河口两岸建有堤防,堤防级别 4 级,堤长 15.2千米,堤顶宽 3~5 米。

（4）河道治理。

1979 年,按 5 年一遇标准对青龙沟上蔡县华陂公路桥—入泉河口段进行治理,治理长度 34.75 千米,底宽 8.0~20 米,包括边坡修正、河道疏浚。

3.6.12.3.1 清水沟

（1）流域概况。

清水沟是青龙沟左岸支流,在舒庄乡王一候村上游称为青泥沟,下游称为清水沟,发源于周口市商水县大武乡罗庄,于商水县白寺镇靳庄汇入青龙沟。河道干流只流经商水县 1 个县,长度为 21 千米,流域面积为 91.4 平方千米。

（2）地形地貌。

清水沟流域地处冲洪积平缓平原向冲积扇平原东西过渡地区,地势平坦,由西北向东南微缓倾斜,海拔介于 42~52 米,地面坡度 0.125‰~0.143‰,区域地震烈度为Ⅶ度。

（3）河道治理。

1982 年,按 5 年一遇除涝标准对清水沟舒庄乡位木营西北—入青龙沟口段进行了治理,治理长度 8.5 千米,包括边坡修正、河道疏浚,设计断面底宽 15 米,边坡 1∶2。

3.6.12.4 界沟河

（1）流域概况。

界沟河是泉河右岸支流。发源于驻马店市上蔡县朱里镇周赵村,于周口市商水县固墙镇魏庄村注入泉河。河道干流依次流经上蔡县和商水县等 2 个县,长度为 20 千米,流域面积为 141 平方千米。

（2）地形地貌。

界沟河流域地处平原,地势平坦,起伏较小,由西北向东南微缓倾斜,坡度 0.125‰~0.167‰,海拔介于 42~52 米,地质构造属河淮地台之周口盆地,区域地震烈度为Ⅶ度。

（3）河道治理。

1979 年冬,按 3 年一遇除涝、10 年一遇防洪标准对界沟河商水县段进行了系统治理,治理长度 11.8 千米,包括边坡修正、河道疏浚,设计断面底宽 4.5~10 米,边坡 1∶2。

1980 年,按 5 年一遇标准对上蔡—小青龙沟口段进行治理,治理长度 15.9 千米,小青龙沟入口处底宽 13.0 米,边坡 1∶2,设计流量 57 立方米/秒,至此直至入汾河口,全河畅通。

3.6.12.5　漕河

（1）流域概况。

漕河是泉河左岸支流，又名草河，发源于周口市商水县化河乡后漕河村，于商水县魏集镇苏童楼村南汇入泉河。河道干流只流经商水县1个县，长度为21千米，流域面积为92.4平方千米。

（2）地形地貌。

漕河流域地处冲积洪积平缓平原向冲积扇平原、冲积湖平原东西过渡地区，属黄淮平原，地势平坦，西北高东南低，海拔介于41.6～43.0米，地面坡度0.125‰～0.143‰，区域地震烈度为Ⅶ度。

（3）防洪工程。

漕河干流上建有小型节制闸2座，分别为胡庙闸、苏童闸。

（4）河道治理。

1973年，按5年一遇除涝、10年一遇防洪标准对漕河进行第一次系统治理，治理长度21.0千米，包括边坡修正、河道疏浚，设计断面底宽3～8米，边坡1∶1.5。

2019年3月，按5年一遇除涝、20年一遇防洪标准对漕河全段进行第二次治理，治理长度21.0千米，包括边坡修正、河道疏浚，设计断面底宽4～13米，边坡1∶2。

3.6.12.6　黑沟

（1）流域概况。

黑沟是泉河右岸支流，发源于周口市商水县固墙镇李华实村，于商水县胡吉镇许寨村东南汇入泉河。河道干流只流经商水县1个县，长度为13.6千米，流域面积为52.7平方千米。

（2）地形地貌。

黑沟流域地处平原，地势西北高东南低，海拔介于42.0～52.0米，地面坡度0.125‰～0.143‰，区域地震烈度为Ⅶ度。

（3）防洪工程。

黑沟干流上建有小型水闸2座，分别为赵吉闸、黑沟闸。

（4）治理过程。

1990年，按5年一遇除涝、10年一遇防洪标准对黑沟进行全面治理，治理长度13.6千米，主要是边坡修正、河道疏浚。

3.6.12.7　苇沟

（1）流域概况。

苇沟是泉河右岸支流，发源于周口市商水县固墙镇叶庄村，于商水县魏集镇营子村汇入泉河。河道干流只流经商水县1个县，长度为13千米，流域面积为115平方千米。

（2）地形地貌。

苇沟流域地处冲洪积平缓平原向冲积扇平原、冲积湖平原东西过渡地区，地势平坦，西北高东南低,海拔介于 42~52 米,地面坡度 0.125‰~0.143‰,河流平均比降 0.16‰~0.13‰,区域地震烈度为Ⅶ度。

（3）河道治理。

1988 年,按 5 年一遇除涝、10 年一遇防洪标准对苇沟进行了全段治理,治理长度 15.6 千米。

3.6.12.8　桃花沟

（1）流域概况。

桃花沟是泉河右岸支流。发源于驻马店市上蔡县崇礼乡后店村东,于周口市商水县胡吉镇南岭村汇入泉河。河道干流依次流经上蔡县和商水县等 2 个县,长度为 16 千米,流域面积为 63.1 平方千米。

（2）地形地貌。

桃花沟流域地处冲积洪积平缓平原向冲积扇平原过渡地区,地势西北高东南低,海拔介于 42~52 米,地面坡度 0.125‰~0.143‰,区域地震烈度为Ⅶ度。

（3）防洪工程。

桃花沟干流上建有小型排水闸 1 座,为桃花沟小型排水闸。

（4）河道治理。

1988 年,按 5 年一遇除涝、10 年一遇防洪标准对桃花沟商水段进行了治理,治理长度 5.9 千米,治理内容包括边坡修正、河道疏浚。

3.6.12.9　曹河

（1）流域概况。

曹河是泉河左岸支流,发源于周口市商水县魏集镇陈楼村,于项城市官会镇郑楼村南入泉河。河道干流依次流经商水县和项城市等 2 个市（县）,长度为 29 千米,流域面积为 146 平方千米。

（2）地形地貌。

曹河流域地处黄淮冲积平原,为河谷地貌形态。地势西北高东南低,海拔介于 41.6~42.7 米,地面坡度 0.100‰~0.143‰,区域地震烈度为Ⅶ度。

（3）防洪工程。

曹河干流上有中型节制闸 1 座,为郑楼闸;小型闸 1 座,为毛集闸。郑楼闸位于官会镇,设计蓄水量 35 万立方米。

（4）河道治理。

1955 年冬,对曹河进行第一次治理,治理范围自项城市范集镇至入泉河口,治理长度 24.3 千米。

1973 年冬,按新 3 年一遇标准对曹河进行第二次治理,治理范围自项城市范集镇曹屯至入泉河口,治理长度 35.0 千米。

3.6.12.10 港河

(1)流域概况。

港河是泉河左岸支流,发源于项城市丁集镇尹欢村东,于项城市官会镇汾庄村南汇入泉河。河道干流只流经项城市 1 个市,长度为 17 千米,流域面积为 65.7 平方千米。

(2)地形地貌。

港河流域位于黄河冲积扇平原向淮河冲积平原过渡边缘之南,总体趋势平坦开阔,自西北向东南微倾斜,地面坡度 0.143‰ ~ 0.200‰,区域地震烈度为Ⅶ度。

(3)防洪工程。

港河干流上建有中型节制水闸 1 座,为李赵庄闸。该闸位于官会镇,于 1971 年 3 月建成,设计流量 74 立方米/秒,设计蓄水量 32 万立方米。

(4)河道治理。

1972 年,按 5 年一遇除涝标准对港河全段进行了整治,疏浚河道 17 千米。

3.6.12.11 直河

(1)流域概况。

直河是泉河左岸支流,发源于项城市王明口镇谷河倒虹吸分水口,于项城市官会镇钱老庄村汇入泉河。河道干流只流经项城市 1 个市,长度为 16 千米,流域面积为 91.3 平方千米。

(2)地形地貌。

直河流域地处平原,地势平坦,地形西北高东南低,海拔介于 35.0 ~ 45.0 米,地面坡度 0.110‰ ~ 0.143‰,上游河道弯曲,下游河道顺直,河槽狭窄,河谷呈"U"形,区域地震烈度为Ⅶ度。

(3)防洪工程。

直河左岸从沈丘县莲池镇莲二村至沈后县范营乡和尚庄村有堤防,堤防级别 5 级,堤长 11.03 千米。

(4)河道治理。

直河曾于 1964 年按 3 年一遇除涝、10 年一遇防洪标准进行过全段河道整治,治理长度 16 千米。

3.6.12.12 新马河

(1)流域概况。

新马河是泉河左岸支流,发源于周口市沈丘县石槽集乡杨庄,于沈丘县范营乡李新庄村汇入泉河。河道干流只流经沈丘县 1 个县,长度为 16 千米,流域面积为 79.6 平方千米。

(2)地形地貌。

新马河流域地处黄淮冲积平原,地形平坦,由西北向东南倾斜,海拔介于 37.0 ~ 41.5 米,地面坡度 0.143‰ ~ 0.200‰,区域地震烈度为Ⅶ度。

(3)河道治理。

新马河曾于 1972 年按 5 年一遇除涝标准进行过全段系统治理,治理长度 15.6 千米。

2015 年底,按 5 年一遇除涝标准对新马河石槽集乡杨庄—范营乡普花园村段进行了治理,治理长度 9.0 千米,提高了河道的排涝能力。

3.6.12.13　泥河

(1)流域概况。

泥河是泉河右岸支流,驻马店境以上因两岸多为黑壤土,故又称黑河,发源于漯河市召陵区翟庄办事处龙塘村西南,在周口市沈丘县老城镇晏庄村汇入泉河。河道干流依次流经漯河市召陵区、驻马店市西平县、上蔡县、项城市和沈丘县等 5 个市、县(区),长度为 122 千米,流域面积为 994 平方千米。

(2)地形地貌。

泥河流域主要为平原地形,地势西北高东南低,海拔介于 37.4 ~ 56.1 米,河道自上而下由窄变宽,河槽宽度 5 ~ 50 米,断面规整,区域地震烈度为Ⅵ ~ Ⅶ度。

(3)水功能区。

泥河有一级功能区 1 个,为黑泥河漯河开发利用区;二级功能区 3 个,分别为黑泥河漯河排污控制区、泥河漯河驻马店过渡区、泥河漯河驻马店过渡区。漯河市区—召陵区邓襄镇王庄为黑泥河漯河排污控制区,河段长度 8.5 千米;漯河召陵区邓襄镇王庄—驻马店上蔡县西洪乡北公路桥为泥河漯河驻马店过渡区,河段长度 22.5 千米,水质目标为Ⅲ类;上蔡县西洪乡北公路桥—沈丘县李坟闸为泥河漯河驻马店过渡区,河段长度 82.4 千米,水质目标为Ⅳ类。

(4)防洪工程。

泥河干流上建有小(2)型钢坝闸 1 座,中型水闸 1 座。

泥河现存堤防级别 4 级,左岸堤长 112.8 千米,始于漯河市召陵区邓襄镇李槐庭村,止于入泉河口;右岸堤长 104.92 千米,始于漯河驻马店交接处,止于入泉河口。

(5)河道治理。

1955 年,泥河上下游统一治理,除涝标准达老 3 年一遇,洪涝灾害有所减轻。1970 年冬,又拓宽了部分河段,除涝标准达新 5 年一遇,上蔡县林堂上游泥河弯曲段被裁弯取直。1976 年、1987 年,漯河段进行两次规模性治理,支、斗、农沟配套齐全,桥、涵进行了配套建设。1977 年春,按新 5 年一遇除涝、20 年一遇防洪标准对泥河上蔡县段进行了治理。

2012 年 12 月,漯河按 5 年一遇除涝、10 年一遇防洪标准,对 19.4 千米长泥河进行疏浚和堤防加固,2013 年 12 月完工。2012 年 12 月,驻马店按 5 年一遇除涝、20 年一遇防洪标准对泥河上蔡县蔡沟乡任庄桥西—上蔡、项城交界段进行治理,治理长度 19.4 千米,2015 年 12 月 29 日完工。

2018 年 10 月,漯河市对泥河京港澳高速—漯驻交界段实施了综合治理,治理长度 12.97 千米,2019 年 5 月完工。

3.6.12.13.1　小泥河

（1）流域概况。

小泥河是泥河右岸支流，古称函河，发源于驻马店市平舆县庙湾镇梁庙东，于项城市新桥镇刘营注入泥河。河道干流依次流经平舆县和项城市等 2 个市（县），长度为 23 千米，流域面积为 87 平方千米。

（2）地形地貌。

小泥河位于黄河冲积扇平原向淮河冲积平原过渡边缘之南，总体趋势平坦、开阔，自西南向东北微倾斜，地面坡度 0.143‰ ~ 0.200‰，区域地震烈度为Ⅵ度。

（3）防洪工程。

小泥河干流上建有小型节制闸 1 座，为贾岭闸。

（4）河道治理。

1955 年，对小泥河月牙河口—入泥河口段进行治理，治理长度 13 千米。1970 年再次对小泥河月牙河口—入泥河口段进行治理，治理长度 13 千米。1987 年，按 5 年一遇除涝标准对小泥河进行治理，河道断面设计水深为 2.7 ~ 3.4 米，边坡为 1:2。1989 年 5 月 25 日，完成治理段桥梁建设 5 座和刘营闸扩建。

3.6.12.13.2　北新河

（1）流域概况。

泥河左岸支流，原名十八里沟，因河道弯曲处众多而得名，发源于项城市孙店镇郑营西，于项城市付集镇郑庄西南注入泥河故道后，继续下行约 4.5 千米到于庄东入泥河。河道干流只流经项城市 1 个市，长度为 29 千米，流域面积为 111 平方千米。

（2）地形地貌。

北新河流域地处黄河冲积扇平原向淮河冲积平原过渡边缘之南，总体趋势平坦、开阔，自西北向东南微倾斜，地面坡度 0.143‰ ~ 0.200‰，区域地震烈度为Ⅶ度。

（3）防洪工程。

北新河干流上建有中型节制闸 1 座，为黄庙闸。该闸位于新桥镇，蓄水量 25 万立方米。

（4）河道治理。

北新河曾于 1969 年进行过治理，但治理标准低，泄量只及 5 年一遇除涝能力的 45% 左右，涝灾频繁。1986 年项城市按 5 年一遇标准对北新河长虹口以东段进行了治理，治理长度 15.5 千米。2004 年对长虹运河口—祁桥段进行了治理，治理长度 6.3 千米，治理标准按现有河道断面进行削坡清淤，河槽加深 30 厘米，2004 年 12 月底完工。

3.7　茨　河

茨河是茨淮新河左岸支流，豫、皖省界张胖店以上称黑河，以下称茨河，流域位于东经

114°38′~115°46′,北纬33°01′~34°04′。发源于周口市太康县逊母口镇姜庄南,于周口市郸城县白马镇张胖店出河南省入安徽省阜阳市太和县,后至阜阳市颍泉区茨河铺分洪闸下入茨淮新河。河道干流依次流经太康县、周口市淮阳区、鹿邑县、郸城县、安徽省阜阳市太和县和颍泉区等6个县(区),长度为189千米,流域面积为2 979平方千米,其中河南省内长度为107千米,占总长的56.6%,流域面积为1 757.8平方千米,占总流域面积的59.01%。

茨河流域以平原地形为主,由西北向东南倾斜,海拔介于40.3~59.0米,地面坡度0.143‰~0.200‰,河流平均比降0.083‰,区域地震基本烈度Ⅵ度。

河南省境内茨河干流上建有中型闸4座,分别为丁桥闸、于洼闸、连堂闸、候桥闸;小型闸7座,分别为台集闸、王隆集闸、姬三官庙闸、张大庄东闸、张大庄西闸、黄涧南闸、黄涧北闸;引调提水工程2座,分别为王隆集南调水闸、姬三官庙西调水闸。

于洼闸、连堂闸和候桥闸均位于郸城县,于洼闸建于1992年,设计防洪流量493立方米/秒;连堂闸建于1993年,设计防洪流量540立方米/秒;候桥闸建于1990年,设计防洪流量613立方米/秒。台集闸、王隆集闸、姬三官庙闸、王隆集南调水闸和姬三官庙西调水闸均位于太康县。台集闸于1996年7月竣工,设计流量34立方米/秒;王隆集闸于1995年12月竣工,设计流量54立方米/秒;姬三官庙闸于1994年10月竣工,设计流量67.26立方米/秒;王隆集南调水闸于1996年5月竣工,主要通过106国道南引水渠调水,设计流量2.74立方米/秒;姬三官庙西调水闸于1994年6月竣工,主要通过311国道西引水渠调水,设计流量2.54立方米/秒。

茨河太康段堤防级别4级,左岸堤长37千米,右岸堤长37千米,均始于逊母口镇,止于张集镇刘庄村;淮阳区段堤防级别4级,左岸堤长6千米,右岸堤长6.2千米,均始于四通镇大吴楼西,止于四通镇前吴桥东;鹿邑段堤防级别4级,左岸堤长17.59千米,始于辛集镇赵桥村,止于任集乡鹿郸交界处,右岸堤长14.85千米,始于辛集镇赵桥村,止于任集乡新戴庄;郸城段堤防级别4级,左岸堤长46.51千米,右岸堤长46.26千米,堤顶宽6米,均始于鹿郸边界,止于郸太边界。

茨河河南段曾由太康县、淮阳区和郸城县分别治理。

太康县于1954年进行初次治理,3月25日开工,5月1日竣工,治理长度23.5千米,出工3 000人,完成土方26万立方米;1964年,按老3年一遇除涝标准的80%、10年一遇防洪标准对茨河进行治理,3月10日开工,6月23日竣工,出工5 000人,完成土方50.3万立方米;1969年,又按照老3年一遇除涝、10年一遇防洪标准治理,4月6日开工,4月21日竣工,治理长度31千米,出工2.5万人,完成土方82万立方米,工日37.5万个;1987年,再按5年一遇除涝、20年一遇防洪标准治理,11月5日开工,11月30日全部竣工,治理长度37.3千米,出工5.72万人,机械350台,完成土方235万立方米,工日142.93万个,群众集资428.8万元。

淮阳区于1959年进行初次治理;后又于1964年春疏浚茨河;1991年12月,疏浚河道

5 千米,投资 1 912.74 万元,土石方 290 万立方米。

　　郸城县先于 1953 年按 3 年一遇标准的 60% 对茨河进行治理,治理长度 87.6 千米;后又于 1964 年 3 月 15 日按 3 年一遇除涝标准的 80%、10 年一遇防洪标准治理,治理长度 100.5 千米;1990 年 10 月 20 日,再按 3 年一遇除涝标准治理,治理长度 70 千米,新建重建桥梁 15 座,新建重建涵洞 17 座,新建于洼节制闸 1 座,重建连堂、丁村节制闸 2 座。

　　豫东地区茨河及其主要支流基本情况如表 3-8 所示。

3.7.1　李贯河

　　(1)流域概况。

　　李贯河是茨河右岸支流,原名里沟河,发源于周口市太康县板桥镇王公府村,于周口市郸城县吴台镇于洼村汇入茨河。河道干流依次流经太康县、周口市淮阳区、鹿邑县和郸城县等 4 个县(区),长度为 67 千米,流域面积为 529 平方千米。

　　(2)地形地貌。

　　李贯河流域以平原地形为主,由西北向东南倾斜,海拔介于 40.0 ~ 59.0 米,地面坡度 0.143‰ ~ 0.200‰,河流比降 0.13‰ ~ 0.16‰,区域地震基本烈度 Ⅵ 度。

　　(3)防洪工程。

　　河南省境内李贯河干流上建有小型节制闸 7 座,分别为逊母口闸、洼李闸、老冢闸、葛堂闸、白庄闸、朱桥闸、黄路口闸;引调提水工程 2 座,分别为老冢南调水闸、老冢北调水闸。

　　逊母口闸于 1975 年 7 月竣工,设计流量 23 立方米/秒;洼李闸于 2000 年 5 月竣工,设计流量 76.8 立方米/秒;老冢闸于 1999 年 4 月竣工,设计流量 92.3 立方米/秒;老冢南调水闸于 1996 年 12 月竣工,主要通过 106 国道南引水渠调水,设计流量 4.15 立方米/秒;老冢北调水闸于 1999 年 3 月竣工,主要通过范庄沟调水,设计流量 1.27 立方米/秒。

　　李贯河太康段堤防级别 4 级,左岸堤长 32.98 千米,右岸堤长 32.98 千米,均始于板桥镇崔庄村东,止于老冢镇孟庄村;淮阳区段堤防级别 4 级,左岸堤长 19.80 千米,右岸堤长 17.60 千米,均始于太淮边界,止于淮鹿边界;鹿邑县段堤防级别 5 级,位于河道左岸,堤长 5.28 千米,始于任集乡老关李村,止于任集乡常庄;郸城段堤防级别 4 级,左岸堤长 6.18 千米,右岸堤长 9.56 千米,堤顶宽 6 米,两岸均从鹿郸边界—入茨河口。

　　(4)河道治理。

　　李贯河曾由太康县、淮阳区、郸城县分别治理。

　　太康县于 1950 年、1951 年、1952 年先后三次对李贯河进行了疏浚。1964 年 3—6 月,按老 3 年一遇除涝标准的 60%、10 年一遇防洪标准治理,治理长度 9.5 千米,出工 1.3 万人,完成土方 47.7 万立方米,工日 38.4 万个。1965 年 6—7 月,按老 3 年一遇除涝标准的 60%、10 年一遇防洪标准治理,治理长度 14 千米,完成土方 37.8 万立方米。1976 年 2 月底,按 3 年一遇除涝、20 年一遇防洪标准,对王公府—代庄段 35.5 千米进行了治理,出动民工 5.8 万人,完成土方 290 万立方米,工日 145 万个,4 月初竣工。1985 年 5 月中旬,对

表3-8 豫东地区茨河及其主要支流基本情况

河名	编号	干支流关系	发源地	入河口	河长(省内河长)/千米	流域面积(省内流域面积)/平方千米	流经地区
茨河	3.7	茨淮新河左岸支流	太康县逊母口镇姜庄南	安徽省阜阳市颍泉区茨河铺分洪闸下	189(107)	2 979(1 757.8)	太康县,周口市淮阳区,鹿邑县,郸城县,安徽省阜阳市太和县,阜阳市颍泉区
李贯河	3.7.1	茨河右岸支流	太康县板桥镇王公府村	郸城县吴台镇干洼村	67	529	太康县,周口市淮阳区,鹿邑县,郸城县
老黑河	3.7.1.1	李贯河右岸支流	周口市淮阳区齐老乡林寺营村	郸城县李楼乡吴楼村	40	133	周口市淮阳区,郸城县
崔家沟	3.7.2	茨河右岸支流	周口市淮阳区葛店乡大张胡同村	郸城县城郊乡刘楼东	21	97.8	周口市淮阳区,郸城县
晋沟河	3.7.3	茨河左岸支流	太康县马厂镇卢庄村	郸城县南丰镇唐桥村	59	190	太康县,柘城县,鹿邑县,郸城县
二龙沟	3.7.4	茨河右岸支流	郸城县宁平镇牛庄村	安徽省太和县清浅镇云寨村	23(19)	156(149.5)	郸城县,安徽省太和县
西洛河	3.7.5	茨河右岸支流	周口市淮阳区葛店乡大王村	安徽省太和县李兴镇大楼东	54(48.8)	190(176)	周口市淮阳区,郸城县,安徽省太和县
宁平沟	3.7.5.1	西洛河左岸支流	郸城县宁平镇王付庄	安徽省太和县李兴镇谢大楼村北	24	68.2(60.9)	郸城县,安徽省太和县
北八丈河	3.7.6	茨河右岸支流	郸城县石槽镇余庄村	安徽省太和县双庙镇豆庙村	35(13.4)	373(249)	郸城县,安徽省界首市,太和县
皇姑河	3.7.6.1	北八丈河左岸支流	郸城县汲冢镇邢营村	安徽省太和县双庙镇郭寨村	50(37.5)	201(154)	郸城县,安徽省界首市,太和县

李贯河代庄桥下游 3.4 千米河段进行了复堤,出动民工 1.1 万人,完成土方 10.1 万立方米,月底工程全部竣工。2018 年 4—6 月,按 5 年一遇除涝、20 年一遇防洪标准对李贯河王公府—代庄桥段 34.57 千米的河道进行了疏浚治理,重建 15 座生产桥,共完成土方开挖 105.96 万立方米,土方回填 3.9 万立方米,混凝土及钢筋混凝土 5 502.2 立方米。

淮阳区先于 1953 年 2—5 月对李贯河进行治理,后又于 1959 年、1964 年对河道进行了疏浚。1987 年对河道进行治理,11 月初开工,12 月 15 日竣工,治理长度 19.2 千米,群众集资 1 900 多万元,出工 13 万人,完成土方 408 万立方米。

郸城县先于 1953 年、1957 年对河道进行了疏浚,后又于 1964 年春,按 3 年一遇除涝标准的 60%、10 年一遇防洪标准治理,3 月 15 日开工,5 月 28 日竣工。1987 年 11 月,按 5 年一遇除涝、20 年一遇防洪标准治理,治理长度 3.9 千米。

3.7.1.1　老黑河

(1)流域概况。

老黑河是李贯河右岸支流,1938 年前称黑河老道,1938—1946 年黄泛时两岸淤高,断面减小,1952 年治淮时改称老黑河,发源于周口市淮阳区齐老乡林寺营村,至周口市郸城县李楼乡吴楼村汇入李贯河。河道干流依次流经周口市淮阳区和郸城县等 2 个县(区),长度为 40 千米,流域面积为 133 平方千米。

(2)地形地貌。

老黑河流域以平原地形为主,由西北向东南倾斜。海拔介于 40 ~ 49 米,地面坡度 0.143‰ ~ 0.200‰,河流平均比降 0.100‰,区域地震烈度为Ⅵ度。

(3)防洪工程。

河南省境内老黑河干流上建有小型节制闸 3 座,分别为半截楼闸、丁桥闸、代集闸。

老黑河堤防完整,堤防级别 5 级,左、右岸堤长均为 40.2 千米,淮阳区堤顶宽 4 米,郸城堤顶宽 5 米,两岸均自齐老乡林寺营村西至入李贯河口。

(4)河道治理。

老黑河曾由淮阳区、郸城县分别治理。

淮阳区先于 1953 年对老黑河进行疏浚,2 月开工,出工 5.3 万人,5 月竣工。又于 1974 年 11 月疏浚河道 35 千米,出工 2.1 万人。

郸城县先于 1958 年对老黑河进行治理,11 月 7 日开工,12 月 25 日竣工,治理长度 6 千米。又于 1964 年对老黑河进行治理,11 月 5 日开工,11 月 22 日竣工,治理长度 5.67 千米。1995 年按 3 年一遇除涝标准治理,12 月 20 日开工,次年 5 月 15 日竣工,清淤 5.67 千米,筑堤 11.34 千米。

3.7.2　崔家沟

(1)流域概况。

崔家沟是茨河右岸支流,又名革新河,发源于周口市淮阳区葛店乡大张胡同村北,于周口市郸城县城郊乡刘楼东汇入茨河。河道干流依次流经周口市淮阳区和郸城县等 2 个县(区),长度为 21 千米,流域面积为 97.8 平方千米。

(2)地形地貌。

崔家沟流域以平原地形为主,由西北向东南倾斜,海拔介于 41～43 米,地面坡度 0.143‰,河流平均比降 0.01‰。

(3)防洪工程。

河南省境内崔家沟干流上建有中型水闸 1 座,为刘楼闸。该闸建于 1977 年 5 月,设计防洪流量 161 立方米/秒。

崔家沟堤防级别 5 级以下,左、右岸堤长均为 12.6 千米,均自李楼西沟口至入茨河口。

(4)河道治理。

崔家沟曾于 1964 年进行治理,6 月 25 日开工,7 月 23 日竣工。后又于 1975 年按 3 年一遇除涝标准对崔家沟进行治理,11 月 21 日开工,当年 12 月 30 日竣工,治理长度 14.7 千米。

3.7.3 晋沟河

(1)流域概况。

晋沟河为茨河左岸支流,发源于周口市太康县马厂镇卢庄村,于周口市郸城县南丰镇唐桥村汇入茨河。河道干流依次流经太康县、柘城县、鹿邑县和郸城县等 4 个县,长度为 59 千米,流域面积为 190 平方千米。

(2)地形地貌。

晋沟河流域以平原地形为主,由西北向东南倾斜,海拔介于 38～51 米,地面坡度 0.143‰～0.200‰,河流比降 0.111‰～0.200‰,区域地震烈度为Ⅵ度。

(3)防洪工程。

河南省境内晋沟河干流上建有中型闸 3 座,分别为梁张庄闸、观音寺闸、毛王庄闸。梁张庄闸建于 1990 年 10 月,闸孔数为浅 2 孔,设计防洪流量 188 立方米/秒。

晋沟河鹿邑段左岸堤长 15.58 千米,始于辛集镇大尚村,止于张店乡贾庄,右岸堤长 12.9 千米,始于辛集镇大尚村,止于张店镇赵庄;郸城段堤防级别 4 级,左岸堤长 18.93 千米,右岸堤长 20.97 千米,堤顶宽 6 米,均从鹿郸边界至入茨河口。

(4)河道治理。

1956 年、1957 年,曾对晋沟河河道初步治理,长度分别为 11 千米、19 千米。

郸城县于 1965 年 11 月动工,治理长度 20 千米,除涝流量 31.5 立方米/秒。

1979 年,太康县按 3 年除涝标准治理,长度 8.0 千米。1987 年,按 5 年一遇除涝、20 年一遇防洪标准治理,11 月 10 日开工,12 月 12 日竣工,治理长度 42.22 千米。2018 年按 5 年一遇除涝标准治理,长 21.8 千米,岸坡整治长 43.6 千米,拆除重建生产桥 10 座,拆除重建涵闸 1 座,新建涵闸 3 座,投资 3 678 万元。

3.7.4　二龙沟

（1）流域概况。

二龙沟是茨河右岸支流,发源于周口市郸城县宁平镇牛庄村,于丁村乡毛寨村张庄西南出河南省入安徽省阜阳市太和县,后于太和县清浅镇云寨村汇入茨河。河道干流依次流经郸城县和安徽省太和县等2个县,长度为23千米,流域面积为156平方千米,其中省内长度为19千米,占总长的82.6%,流域面积为149.5平方千米,占总流域面积的95.8%。

（2）地形地貌。

二龙沟流域以平原地形为主,由西北向东南倾斜,海拔介于37～39米,坡度为0.143‰左右,河流平均比降0.167‰,区域地震烈度为Ⅵ度。

（3）防洪工程。

河南省境内二龙沟干流上建有小型节制闸1座,为何庄闸。

（4）河道治理。

1965年,曾与安徽省同时治理,治理长度19千米,完成土方22万立方米。1993年,按5年一遇除涝标准治理,郸城治理长度13.6千米,完成土方46.2万立方米。

3.7.5　西洺河

（1）流域概况。

西洺河是茨河右岸支流,清代光绪年间《鹿邑县志》记为西明河,即古明水,俗讹作洺,发源于周口市淮阳区葛店乡大王村,于周口市郸城县秋渠乡牛桥东出河南省入安徽省阜阳市太和县,后至李兴镇谢大楼东汇入茨河。河道干流依次流经周口市淮阳区、郸城县和安徽省太和县等3个县（区）,长度为54千米,流域面积为190平方千米,其中省内长度为48.8千米,占总长的90.4%,流域面积为176平方千米,占总流域面积的92.6%。

（2）地形地貌。

西洺河流域以平原地形为主,由西北向东南倾斜,海拔介于38～43米,地面坡度0.143‰,河流平均比降0.167‰,区域地震烈度为Ⅵ度。

（3）防洪工程。

河南省境内西洺河干流上建有小型拦河闸3座,分别为城东闸、杨楼闸和薛庄闸。

西洺河堤防级别5级,左岸堤长19.48千米,右岸堤长19.19千米,两岸均从郸城县杨白沟口至省界。

（4）河道治理。

1955年、1958年、1965年,曾先后对西洺河河道进行疏浚治理。2001—2002年,按5年一遇除涝标准治理,治理长度7.5千米,完成土方2.5万立方米,完成两岸绿化工程,埋设排污管道5 084米,建沉淀池19个,防汛口14处,建设检查井67个,护砌河坡100平方米。2017 年 8 月—2019 年 12 月对城区段进行治理,8 月 23 日开工,治理长度 9.9 千米。

3.7.5.1 宁平沟

（1）流域概况。

宁平沟是西洺河左岸支流,发源于周口市郸城县宁平镇王付庄,于郸城县丁村乡大刘庄东南出河南省入安徽省阜阳市太和县,后至李兴镇谢大楼村北汇入西洺河。河道干流依次流经郸城县和安徽省太和县等 2 个县,长度为 24 千米,流域面积为 68.2 平方千米,其中省内流域面积为 60.9 平方千米,占总流域面积的 89.3%。

（2）地形地貌。

宁平沟流域以平原地形为主,由西北向东南倾斜,海拔介于 37～39 米,坡度为 0.143‰左右,河流平均比降 0.154‰,区域地震烈度为Ⅵ度。

（3）河道治理。

1965 年对宁平沟进行治理,治理长度 21.7 千米,完成土方 62 万立方米。1993 年,按 5 年一遇除涝标准治理,完成土方 58 万立方米,除涝流量 54.7 立方米/秒。

3.7.6 北八丈河

（1）流域概况。

北八丈河是茨河右岸支流,也称八丈沟,发源于周口市郸城县石槽镇余庄村东北,于秋渠乡王堂东南出河南省入安徽省界首市,后在安徽省阜阳市太和县双庙镇豆庙村汇入茨河。河道干流依次流经郸城县、安徽省界首市和太和县等 3 个市(县),长度为 35 千米,流域面积为 373 平方千米,其中省内长度为 13.4 千米,占总长的 38.3%,流域面积为 249 平方千米,占总流域面积的 66.8%。

（2）地形地貌。

北八丈河流域以平原地形为主,由西北向东南倾斜,海拔介于 38～39 米,坡度为 0.143‰左右,河流平均比降 0.167‰,区域地震烈度为Ⅵ度。

（3）防洪工程。

河南省境内北八丈河干流上建有小型节制闸 2 座,分别为王堂闸和张善庄闸。

（4）河道治理。

1977 年,按 5 年一遇除涝标准对北八丈河进行治理,除涝流量 21.6 立方米/秒。

3.7.6.1 皇姑河

（1）流域概况。

皇姑河是北八丈河左岸支流,清代光绪年间《鹿邑县志》记为黄沟河,民国后叫皇姑河,发源于周口市郸城县汲冢镇邢营村,在秋渠乡朱半截楼南出河南省入安徽省界首市,于安徽省阜阳市太和县双庙镇郭寨村汇入北八丈河。河道干流依次流经郸城县、安徽省界首市和安徽省太和县等 3 个市(县),长度为 50 千米,流域面积为 201 平方千米,其中省内长度为 37.5 千米,占总长的 75%,流域面积为 154 平方千米,占总流域面积的 76.6%。

（2）地形地貌。

皇姑河流域以平原地形为主，由西北向东南倾斜，海拔介于 38～42 米，坡度为 0.143‰左右，河流平均比降 0.167‰，区域地震烈度为Ⅵ度。

（3）防洪工程。

河南省境内皇姑河干流上建有中型闸 3 座，分别为张坡楼闸、陈桥闸、秋渠闸。

（4）河道治理。

郸城县曾对皇姑河进行过多次治理。

1957 年对皇姑河进行清淤疏浚，4 月 5 日开工，6 月 28 日竣工，治理长度 33 千米，出工 0.8 万人，完成土方 33 万立方米。1960 年对皇姑河进行治理，1 月 1 日开工，1 月 28 日竣工，治理长度 27.3 千米，出工 2.0 万人，完成土方 161.9 万立方米。1974 年再次对皇姑河进行清淤疏浚，11 月 25 日开工，次年 5 月竣工，清淤疏浚长 24 千米，出工 2.8 万人，完成土方 138.4 万立方米。

第 4 章 水 库

水库是用坝、堤、水闸、堰等工程,于山谷、河道或低洼地区形成的人工水域。它是用于径流调节以改变自然水资源分配过程的主要措施,对社会经济发展有重要作用。水库按总库容规模可分为大(1)型、大(2)型、中型、小(1)型和小(2)型。大(1)型水库是指库容在 10 亿立方米及以上的水库;大(2)型水库是指库容在 1 亿立方米及以上,小于 10 亿立方米的水库;中型水库是指库容在 0.1 亿立方米及以上,小于 1 亿立方米的水库;小(1)型水库是指库容在 100 万立方米及以上,小于 1 000 万立方米的水库;小(2)型水库是指库容在 10 万立方米及以上,小于 100 万立方米的水库。

河南修建水库的历史悠久。春秋时期孙叔敖修期思陂,汉武帝时修建鸿隙陂。汉元帝时,南阳太守召信臣曾主持在泌阳县唐河支流毗河上游华山附近修建马仁陂,在邓县(今邓州市)修建六门堨、钳庐陂蓄水灌溉工程。三国时期曹操为战争所需修陂塘疏水道,唐宋至明清全省修建的蓄水陂塘渐多。20 世纪 50 年代,在大规模兴修水利的高潮中,河南省修建了一大批水库,发挥了防洪、灌溉等重要作用,为恢复国民经济、开展大规模经济建设打下基础。此后为适应经济社会发展,先后对年代较长、安全性较低的水库进行了除险加固,并新建了 2 处引黄调蓄工程。现豫东地区有任庄、林七、吴屯、郑阁、马楼、石庄、王安庄等 7 座中型水库;有刘口、洪河头、黑岗口、二坝寨引黄调蓄工程等 4 座小(1)型水库;有利民东关、利民西关、利民南关、利民北关、邓斌口、栗城等 6 座小(2)型水库。豫东地区水库一览见表 4-1。

4.1 任庄水库

任庄水库是黄河故道上七座梯级水库的第一级,属淮河流域南四湖水系,坝址在商丘市民权县绿洲办事处任庄村,是一座年调节的中型水库。任庄水库下接林七水库,并与下游其他水库组成梯级水库,主要以城市供水为主,兼有防洪、灌溉和养殖等多种功能,设计灌溉面积 15 万亩。

(1)工程概况。

任庄水库控制流域面积 353.00 平方千米,设计洪水标准 50 年一遇,校核洪水标准 200 年一遇。总库容 5 136 万立方米,校核洪水位 65.69 米,设计洪水位 65.31 米,防洪限制水位 64.2 米,正常蓄水位 65.0 米,相应水面面积为 15.45 平方千米。大坝为均质土坝,坝长 1 050 米,上游混凝土护坡,坝顶筑有混凝土防浪墙,坝顶高程 67.30 米,最大坝高 6.80 米,坝顶宽 20.00 ~ 48.00 米,坝前最大水深 4.01 米。副坝长 2 050 米,坝顶高程

表 4-1　豫东地区水库一览

库名	编号	所在河流	控制流域面积/平方千米	库容/万立方米	规模	坝型	坝长/米	坝高/米	功用	坝址所在地
任庄水库	4.1	黄河故道	353.00	5 136.00	中型	均质土坝	1 050	6.80	供水、防洪、灌溉、养殖	民权县绿洲办事处任庄村
林七水库	4.2	黄河故道	387.00	7 632.00	中型	均质土坝	896	7.50	供水、防洪、灌溉、养殖	民权县林七乡霍庄村北
吴屯水库	4.3	黄河故道	458.00	2 985.00	中型	均质土坝	850	5.30	灌溉、防洪、供水、养殖	民权县王庄寨镇刘庄村
郑阁水库	4.4	黄河故道	585.00	2 955.00	中型	均质土坝	600	5.00	灌溉、防洪、供水、养殖	商丘市梁园区李庄乡郑阁村
刘口水库	4.5	黄河故道	987.00	632.00	小(1)型	均质土坝	760	3.95	防洪、灌溉、养殖、旅游、生态	商丘市梁园区刘口镇北部
马楼水库	4.6	黄河故道	1 155.00	2 569.00	中型	均质土坝	1 110	7.00	灌溉、养殖	虞城县贾寨镇蔡小楼村
石庄水库	4.7	黄河故道	1 410.00	6 348.00	中型	均质土坝	950	7.50	灌溉、防洪、养殖	虞城县浮岗镇大王庄村和山东省单县田庙乡交界处
王安庄水库	4.8	黄河故道	1 520.00	5 699.00	中型	均质土坝	886	7.20	灌溉、防洪、养殖	虞城县张集镇郭李庄乡前王庄境内
黑岗口水库	4.9		61.00	834.00	小(1)型	均质土坝	100	3.00	补给生态用水、提供生活用水	开封新区东部
洪河头水库	4.10	王引河	23.00	140.14	小(1)型	均质土坝	400	3.90	灌溉、防洪、生态	虞城县张集镇草楼村
二坝寨引黄调蓄工程	4.11			416.00	小(1)型				灌溉、供水和改善生态环境	兰考县城西北部
利民东关水库	4.12		1.60	70.00	小(2)型	均质土坝		5.60	防洪、养殖	虞城县利民镇东关村境内
利民西关水库	4.13		0.42	75.00	小(2)型	均质土坝		6.20	生态、养殖	虞城县利民镇西关村境内
利民南关水库	4.14		0.60	72.00	小(2)型	均质土坝		5.10	防洪、养殖、生态和灌溉	虞城县利民镇南关村境内
利民北关水库	4.15		0.42	75.00	小(2)型	均质土坝		6.20	防洪、养殖、生态和灌溉	虞城县利民镇北关村境内
邓斌口水库	4.16		0.60	50.96	小(2)型	均质土坝			防洪、生态和养殖	商丘市梁园区邓斌口村西部
栗城水库	4.17		3.00	64.50	小(2)型	均质土坝		5.20	防洪、灌溉和改善生态环境	商丘市夏邑县城关镇境内

69.70 米,最大坝高 8.2 米。泄洪闸为开敞式结构,5 孔,单孔净宽 5 米,闸底板高程 61.50 米,设计最大泄量 297.2 立方米/秒。

(2)工程建设。

任庄水库于 1958 年开工建设,同年 8 月建成蓄水,设计洪水标准 20 年一遇,校核洪水标准 50 年一遇。水库初建时,泄洪闸设计标准较低,远不能满足防洪要求,因此,1961 年大水时,大坝被迫扒口放水,水库同时停止运用。随着农业的发展,农业灌溉需求增加,1974 年水库恢复运用。

2010 年 12 月 29 日,经商丘市水利局鉴定,2011 年 5 月,经水利部大坝安全管理中心的核查,水库安全性为 C 级,属病险水库。2014 年 12 月 1 日,商丘市水利局组织实施对任庄水库大坝的除险加固工作,设计洪水标准由原来的 20 年一遇提高到 50 年一遇,校核洪水标准由原来的 50 年一遇提高到 200 年一遇。

(3)工程效益。

任庄水库自建成以来,发挥了巨大的防洪、经济、社会和环境效益。

①防洪效益。任庄水库保护面积 71.4 万亩,保护人口 66.34 万人,经水库的调节,大大减缓了洪水对下游水库和县乡的安全威胁。

②灌溉效益。设计灌溉面积 15 万亩,设计灌溉保证率 50%。从 1958 年到 2019 年,累计引水 10.42 亿立方米,累计灌溉面积 739.95 万亩,补源面积 1 155.45 万亩。

③供水效益。任庄水库可通过引黄干渠向下游梯级水库输水,为商丘市生活及工业用水和渔业等综合经营项目提供了充足的水源。

4.2　林七水库

林七水库是黄河故道上七座梯级水库的第二级,属淮河流域南四湖水系,坝址在商丘市民权县林七乡霍庄村北,是一座年调节的中型水库。林七水库上接任庄水库,并与下游其他水库组成梯级水库,主要以城市供水为主,兼有防洪、灌溉和养殖等多种功能,设计灌溉面积 20.7 万亩。

(1)工程概况。

林七水库控制流域面积 387.00 平方千米,设计洪水标准 50 年一遇,校核洪水标准 200 年一遇。总库容 7 632 万立方米,校核洪水位 65.51 米,设计洪水位 65.00 米,防洪限制水位为 63.20 米,正常蓄水位为 64.0 米,相应水面面积为 18.67 平方千米。大坝为均质土坝,坝长 896 米,上游混凝土护坡,坝顶筑有混凝土防浪墙,坝顶高程 66.20 米,最大坝高 7.50 米,坝顶宽 12.00 米。副坝长 460 米,坝顶高程 66.50 米,最大坝高 6.85 米。泄洪闸为开敞式结构,4 孔,单孔净宽 5 米,闸底板高程 60.50 米,设计最大泄量 348.00 立方米/秒。

(2)工程建设。

林七水库于 1958 年开工建设,同年 8 月建成蓄水。1961 年大坝扒口排水,水库停止运用,1974 年大坝缺口堵复,水库恢复运用至今。

2003 年 12 月 31 日进行了水库大坝安全鉴定,结论为三类坝。林七水库除险加固工程经河南省发展和改革委员会批复,工程总投资 2 360 万元。其中中央预算内投资 1 180 万元,地方配套 1 180 万元。2008 年 2 月 1 日,林七水库除险加固工程主体工程开工,2011 年 5 月 31 日林七水库除险加固工程通过竣工验收。

(3)工程效益。

林七水库自建成以来,效益显著。

①引水效益。1958 年以来分三个阶段。第一阶段:1958—1961 年,引水 33.95 亿立方米。第二阶段:1975—1985 年,引水 6.27 亿立方米。第三阶段:1994—2019 年,引水 20.84 亿立方米。累计灌溉面积 1 480.05 万亩,补源面积 2 311.05 万亩。

②防洪效益。经林七水库调节,大大减缓了洪水对下游水库和县(区)的安全威胁。

③供水效益。林七水库通过商丘引黄干渠向下游吴屯、郑阁水库供水,每年可供水 1 754 万立方米,对城市及工业、渔业等综合经营提供了充足的水源,

4.3　吴屯水库

吴屯水库是黄河故道上七座梯级水库的第三级,属淮河流域南四湖水系,坝址在商丘市民权县王庄寨镇刘庄村南,是一座年调节的中型水库。吴屯水库上接林七水库,下接郑阁水库,以灌溉为主,兼有防洪和城市生活用水、工业供水及水产养殖等用途,设计灌溉面积 15 万亩。

(1)工程概况。

吴屯水库控制流域面积 458.00 平方千米,设计洪水标准 50 年一遇,校核洪水标准 200 年一遇。总库容 2 985 万立方米,校核洪水位 62.93 米,设计洪水位 62.58 米,防洪限制水位 61.20 米,正常蓄水位 62.0 米,相应水面面积 6.67 平方千米。大坝为均质土坝,坝长 850 米,坝顶筑有混凝土防浪墙,坝顶高程 64.20 米,最大坝高 5.30 米,坝顶宽 10 米。副坝长 560 米,坝顶高程 63.90 米,坝顶宽 10 米,最大坝高 5.6 米。泄洪闸为开敞式结构,8 孔,单孔净宽 5 米,闸底板高程 59.40 米,设计最大泄量 408.00 立方米/秒。

(2)工程建设。

吴屯水库于 1958 年开工建设,同年 8 月竣工。1961 年大坝扒口排水,水库停止运用,1974 年大坝缺口堵复,水库恢复运用至今。

2007 年 5 月 22 日,进行了水库大坝安全鉴定,结论为三类坝。2009 年 9 月 1 日,吴屯水库除险加固工程主体工程开工,2011 年 5 月 31 日,吴屯水库除险加固工程通过竣工验收。

(3)工程效益。

吴屯水库自建成以来,效益显著。

①引水效益。1958 年以来分三个阶段。第一阶段:1958—1961 年,引水 11.57 亿立方米。第二阶段:1975—1985 年,引水 2.14 亿立方米。第三阶段:1994—2019 年,引水 18.23 亿立方米。累计灌溉面积 1 294.95 万亩,补源面积 2 002.05 万亩。

②防洪效益。经吴屯水库的调节,大大减缓了洪水对下游水库和县(区)的安全威胁。

③供水效益。吴屯水库通过管道向商丘市第四水厂供水,取水口位于水库泄洪闸西约 200 米处,水质为Ⅲ类,年总取水量为 8 526 万立方米,为城市及工业、渔业等综合经营提供了充足的水源。水库同时可向下游郑阁水库输水。

4.4 郑阁水库

郑阁水库是黄河故道上七座梯级水库的第四级,属淮河流域南四湖水系,坝址位于商丘市梁园区李庄乡郑阁村,是一座年调节的中型水库。郑阁水库上接吴屯水库,下接刘口水库,以灌溉为主,兼有防洪和城市生活用水、工业供水、水产养殖等作用,设计灌溉面积 5 万亩。

(1)工程概况。

郑阁水库控制流域面积 585.00 平方千米,设计洪水标准 50 年一遇,校核洪水标准 200 年一遇。总库容 2 955 万立方米,校核洪水位 60.98 米,设计洪水位 60.48 米,防洪限制水位为 59.50 米,正常蓄水位为 59.50 米。大坝为均质土坝,坝长 600 米,坝顶筑有混凝土防浪墙,坝顶高程 62.65 米,最大坝高 5.00 米,坝顶宽 27 米。副坝长 460 米,坝顶高程 66.50 米,最大高 6.85 米。泄洪闸为开敞式结构,7 孔,单孔净宽 5 米,闸底板高程 56.85 米,设计最大泄量 484.60 立方米/秒。

(2)工程建设。

郑阁水库于 1958 年开工建设,同年 8 月竣工。1961 年大坝扒口排水,水库停止运用,1974 年大坝缺口堵复,水库恢复运用至今。1998 年 9 月,河南省商丘市与山东省曹县达成协议,在郑阁水库北侧商曹公路沟渠建分水闸 1 座。水闸设计 1 孔,流量 7 立方米/秒,于 1999 年 11 月竣工。2002 年 6 月在水库北岸筑一条长 67 米的副坝,混凝土护坡,同时对大坝北侧 66.5 米长的迎水面进行混凝土护坡处理。

2007 年 5 月 22 日,进行了水库大坝安全鉴定,结论为三类坝。2013 年 6 月 1 日,郑阁水库除险加固工程主体工程开工。

(3)工程效益。

郑阁水库自建库以来,发挥了巨大的经济、社会、环境效益。

①引水效益。1958 年以来分三个阶段。第一阶段:1958—1961 年,引水 27 亿立方米。第二阶段:1975—1985 年,引水 4.9 亿立方米。第三阶段:1994—2005 年,引水 13.02 亿立方米。累计灌溉面积 925.95 万亩,补源面积 1 444.95 万亩。

②防洪效益。经郑阁水库的调节,大大减缓了洪水对下游水库和县乡的安全威胁。

③供水效益。郑阁水库南岸是商丘市梁园区孙福集乡和李庄乡,主要分水口有郑阁干渠、商丘市第四水厂取水口,对商丘市生活及工业用水和渔业等综合经营项目提供了充足的水源。

4.5　刘口水库

刘口水库位于黄河故道上,属淮河流域南四湖水系,坝址位于商丘市梁园区刘口镇北部,是一座年调节的小(1)型水库。刘口水库上接郑阁水库,下接马楼水库,以防洪为主,兼有灌溉、养殖、旅游和生态等多种功能,设计灌溉面积1.1万亩。

(1)工程概况。

刘口水库控制流域面积987.00平方千米,设计洪水标准20年一遇,校核洪水标准100年一遇。总库容632万立方米,校核洪水位56.95米,设计洪水位56.16米,防洪限制水位55.0米,正常蓄水位55.35米,相应水面面积1.92平方千米。大坝为均质土坝,坝长760米,坝顶高程56.80米,最大坝高3.95米。

(2)工程建设。

刘口水库于1959年2月竣工。受当时生产力、技术条件等诸多因素的制约,水库没有按照基本建设程序进行正规的勘测和设计,也没有按国家规范进行施工,没有作必要的稳定分析,建成后,管理不完善且没有进行安全检测设计,因此运行不久就发生渗漏现象,大坝及建筑物等的变形、渗漏导致工程无法正常运用。

2010年12月30日,刘口水库除险加固工程初步设计批复,工程投资873万元。工程于2012年2月29日开工,2012年12月完工并通过工程验收。除险加固主要工程内容包括:

①大坝防渗处理,大坝加高加固,坝顶设防浪墙及整修,上、下游坝坡整修护砌,下游增设排水反滤设施;

②重建溢洪道并增设橡胶坝;

③维修加固灌溉闸;

④增加大坝安全监测设施及管理设施等。

(3)工程效益。

刘口水库主要为引黄调蓄供水和周边农业灌溉供水,每年为附近农业提供灌溉供水约180万立方米,设计灌溉面积1.1万亩。同时,为大坝上游的国家级水利风景区——天沐湖保持一定的生态水量。

4.6　马楼水库

马楼水库是黄河故道上七座梯级水库的第五级,属淮河流域南四湖水系,坝址位于商丘市虞城县贾寨镇东北角蔡小楼村,是一座年调节的中型水库。马楼水库上接刘口水库,下接石庄水库,用以引黄调蓄、农田灌溉和养殖用水,设计灌溉面积8万亩。

(1)工程概况。

马楼水库控制流域面积1 155.00平方千米,设计洪水标准50年一遇,校核洪水标准200年一遇。总库容2 569万立方米,校核洪水位56.79米,设计洪水位56.20米,防洪限制水位54.50米,正常蓄水位55.50米,相应水面面积12平方千米。大坝为均质土坝,坝长1 110米,坝顶高程58.50米,最大坝高7米,坝顶宽9米。副坝总长1 713米,东西向,位于水库右岸,坝顶高程58.90米,坝顶宽9米。泄洪闸为开敞式结构,净宽64.0米,闸底板高程51.50米,设计最大泄量885.70立方米/秒。

(2)工程建设。

马楼水库于1958年1月建成蓄水。1961年大坝扒口放水,水库同时停止运用,泄洪闸被冲毁。1974年大坝缺口堵复,水库恢复运用。泄洪闸未能恢复,由溢洪道自由溢流泄洪。

2010年12月29日进行了水库大坝安全鉴定,结论为三类坝。2014年3月27日,河南省发改委批复马楼水库除险加固工程初步设计,2015年对该水库进行除险加固,投资总额9 171万元。

(3)工程效益。

马楼水库自建库以来,发挥了巨大的经济、社会、环境效益。

①引水效益。累计引水130 242万立方米,累计灌溉面积925.95万亩,补源面积1 444.95万亩。

②防洪效益。保护区有陇海铁路、连霍高速、310国道、河南省虞城县和山东省单县,涉及耕地85.05万亩、人口60万人。

4.7　石庄水库

石庄水库是黄河故道上七座梯级水库的第六级,属淮河流域南四湖水系,坝址位于商丘市虞城县田庙乡和山东省单县浮岗镇大王庄村交界处,是一座年调节的中型水库。石庄水库上接马楼水库,下接王安庄水库,以农田灌溉为主,兼有防洪、生态、水产养殖功能,设计灌溉面积8.5万亩,实际灌溉面积7万亩。

(1)工程概况。

石庄水库控制流域面积1 410平方千米,设计洪水标准50年一遇,校核洪水标准200年一遇。总库容6 348万立方米,校核洪水位55.74米,设计洪水位55.11米,防洪限制水位53米,正常蓄水位54米,相应水面面积18.5平方千米。大坝为均质土坝,坝长950米,坝顶高程56.65米,最大坝高7.5米,坝顶宽7米。大坝右岸设溢洪道,渠底比降0.2‰,渠底高程介于51.00～51.06米,渠底宽121.0米。泄洪闸进口高程51.00米,开敞式结构,10 孔,闸孔净宽 80 米,设计洪水控制流量 1 012 立方米/秒,校核洪水下泄流量 1 256 立方米/秒。

(2)工程建设。

①早期建设。

石庄水库于 1958 年春开工,同年 9 月 4 日,兰考县东坝头启闸放水,9 月 12 日,马楼水库泄洪闸溃闸,洪水向石庄水库迅猛倾泻,石庄水库水量猛增,9 月 13 日,5 孔水闸全被冲垮,大坝溃口 200 多米。1959 年 12 月至次年 2 月,虞城县出动民工 4 000 余人完成石庄水库大坝水毁工程修复,共做土方 15.1 万立方米。1972 年 5 月,按 20 年一遇防洪标准设计兴建新闸,新闸在老闸西侧,6 孔,孔径 4.5 米,卷扬式启闭机,最大泄洪流量 333 立方米/秒,闸底板工程 51 米,比老闸低 1 米,正常蓄水位 54.5 米,最高蓄水位 55 米,国家投资 60.6 万元。1974 年大坝缺口堵复,水库恢复运用。

②维修加固。

自 1974 年恢复使用至今,对大坝进行了多次维修加固。1976 年,大坝上游采用 1.0 米×1.5 米×0.06 米的混凝土板进行了护砌,护砌顶高程为 54.60 米,底高程为 51.50 米,54.60 米以上采用草皮护坡;2003 年,大坝右岸下游采用草皮护坡 270 米,增设纵向排水沟 1 道,长 300 米,横向排水沟 2 道,长 70 米,混凝土梯形断面,对闸门、启闭机进行了更换,将老泄洪闸木质闸门更换为钢闸门,启闭机机房进行了翻修,对新闸上部结构进行了碳化处理,交通桥桥面进行了维修。2005 年,坝顶增加沥青路面,路面宽 3.0 米,长度约 300 米。

③除险加固。

2007 年,商丘市水利建筑勘测设计院对水库大坝进行了安全鉴定,2008 年 2 月 28 日,水利部大坝安全管理中心以坝函〔2008〕563 号文,由水利部水工程安全与病害防治工程技术研究中心对石庄水库大坝的安全鉴定进行了核查,同意三类坝鉴定结论意见。石庄水库除险加固工程于 2009 年 9 月 18 日开工建设,2011 年 4 月 16 日竣工,工程总投资 3 950 万元。主要工程内容为:沿坝轴线方向在坝肩增加 1 道水泥土防渗墙,对坝体坝基渗透稳定问题进行根治;重新护砌上游坝坡;修筑坝顶道路并增加防护栏板;修筑大坝下游坝坡及排水沟;拆除重建泄洪闸,原东、西泄洪闸全部拆除,重建一个 10 孔、孔径 8 米的新泄洪闸;完善安全监测设施,改善水文水情测报系统,维修、重建管理房及防汛仓库,配备必要的通信设施。

(3)工程效益。

石庄水库建库以来,发挥了巨大的防洪、农田灌溉、生态环境效益。多年平均防洪减灾效益 4 500 万元、灌溉增产效益 1 800 万元。

4.8 王安庄水库

王安庄水库是黄河故道上七座梯级水库的第七级,属淮河流域南四湖水系,坝址在商丘市虞城县张集镇郭李庄村和山东单县孟寨乡前王庄境内,是一座年调节的中型水库。王安庄水库上接石庄水库,以农田灌溉为主,兼有防洪、生态、水产养殖等作用,设计灌溉面积 13 万亩,实际灌溉面积 5 万亩。

(1)工程概况。

王安庄水库控制流域面积 1 520 平方千米,设计洪水标准 50 年一遇,校核洪水标准 200 年一遇。总库容 5 699 万立方米,校核洪水位 52.81 米,设计洪水位 52.16 米,防洪限制水位 50.0 米,正常蓄水位 52.0 米,相应水面面积 21.9 平方千米。大坝为均质土坝,坝长 886.00 米,坝顶高程 54.5 米,最大坝高 7.2 米,坝顶宽 9 米。泄洪闸为开敞式结构,高程 48.00 米,设计洪水时控制流量 692.7 立方米/秒,校核洪水时下泄流量 865.2 立方米/秒。

(2)工程建设。

①早期建设。

大坝工程于 1958 年 4 月 16 日开工,5 月 30 日竣工,出工 7 130 人,完成土方 64 万立方米,石方 52 万立方米,泄洪闸工程于 1959 年 9 月 17 日开工,12 月 30 日竣工。1958 年 9 月 4 日,兰考县东坝头启闸放水,9 月 12 日马楼水库泄洪闸溃闸,洪水向石庄水库倾泻,两座水库汇流约 500 立方米/秒的洪水顺流而下,致王安庄水库大坝破坝泄洪,平均流量 900 立方米/秒,最大流量 2 000 立方米/秒,大坝溃口 250 米,黄河故道大堤 2 处决口,水库停止运用。1973 年 9 月按 20 年一遇防洪标准设计,在老闸北部修建新闸,最大泄洪流量 368 立方米/秒,正常蓄水位 52 米,最高蓄水位 52.8 米,闸底板高程 48 米,国家投资 56.7 万元。1974 年对大坝缺口堵复,水库恢复运用。

②维修加固。

自 1974 年恢复使用至今,对大坝进行了多次维修加固,大坝上游采用 1.0 米 × 1.5 米 × 0.06 米的混凝土板进行了护砌,护砌顶高程为 53.00 米,底高程为 47.30 米,53.00 米以上采用草皮护坡;2003 年大坝下游增设纵横排水沟,混凝土梯形断面;2005 年增加坝顶沥青路面,路面宽 6.0 米,将老泄洪闸木质闸门更换为钢闸门,启闭机全部更换。

③除险加固。

2007 年,商丘市水利建筑勘测设计院对水库大坝进行了安全鉴定,河南省水利厅有关专家组成的专家组审定王安庄水库大坝为三类坝是合适的。2010 年 8 月 25 日,水利部大坝安全管理中心以坝函〔2010〕2150 号文由水利部大坝安全管理中心对王安庄水库大坝的安全鉴定进行了核查,同意三类坝鉴定结论意见。王安庄水库除险加固工程于 2014 年 9 月 10 日开工建设,2016 年 10 月竣工,工程总投资 6 894 万元。王安庄水库除险加固的主要工程内容为:增加坝体防渗设施;重新护砌上游坝坡;重建坝顶路面,增加上游坝肩防护栏板和下游坝肩路沿石;修筑大坝下游坝坡及排水沟;拆除重建泄洪闸并疏浚进、出水渠;完善安全监测设施,改善水文水情测报系统,增加管理房及防汛仓库,配备必要的通信设施等。

（3）工程效益。

王安庄水库建库以来，发挥了巨大的防洪、农田灌溉、生态环境效益。多年平均防洪减灾效益 7 000 万元、灌溉增产效益 2 400 万元。

4.9　黑岗口水库

黑岗口水库位于开封新区东部，从黄河引水流经黑岗口总干渠、西干渠北支至黑岗口水库，是衔接新老城区的景观带，是一座年调节的小（1）型水库。黑岗口水库承担着防洪排涝和农田灌溉的功能，兼有补给生态用水和提供生活用水的作用。

（1）工程概况。

黑岗口水库控制流域面积 61.00 平方千米，设计洪水标准 20 年一遇，校核洪水标准 100 年一遇。总库容 834 万立方米，兴利库容 389 万立方米，死库容 200 万立方米。设计洪水位 75.00 米，校核洪水位 75.37 米，正常蓄水位 75.00 米，相应水面面积 3.10 平方千米。大坝为均质土坝，坝长 100 米，坝顶高程 76.70 米，最大坝高 3.00 米。

（2）工程建设

黑岗口水库工程主体工程 2010 年 5 月开工，2014 年 8 月完工，2010 年 10 月 25 日名为黑岗口水库的工程正式开工建设，总投资近 3 亿元，2014 年 5 月 1 日开始蓄水，2015 年完成水岸边上的绿化一期工作。黑岗口水库钢坝闸为泄洪建筑物，位于开封市晋安路。水库位于开封新区和老城区之间，是衔接新老汴京（东京、大梁、汴梁、祥符）城区的湖泊—森林生态景观风景带。它北起连霍高速公路、南邻晋安路、东至开封市护城大堤、西到马家河北支，南北长度达到 5 千米，东西 1.2 千米，占地面积约 6 000 亩。

（3）工程效益。

黑岗口水库和开封市区水系连通后，一是作为开封市的泄洪通道，防洪排涝。二是向干旱农区输送农业用水，水库的蓄水可以增加农田灌溉面积 18 万亩，增产粮食 6 247.94 万千克，新增农业产值 11 715.41 万元。三是向新、老城区生态水系补给生态用水，四是向市民提供生活用水。水库水的注入缓解了市区用水紧张的状况，将使得地下水的开采减少，有利于开封市地下水资源的合理保护和利用。

黑岗口水库周边生态景观是以科学和高起点设计规划而成的，是全开放性景区，水域面积达 6 000 亩。从北向南，水库被划分为 6 大功能区，依次为生态湿地体验区（孕水）、滨水休闲商业区（乐水）、文化艺术展示区（赏水）、历史文化演绎区（戏水）、人文主题体验区（恋水）、生态郊野体验区（憩水）。

4.10　洪河头水库

洪河头水库位于王引河上，属淮河流域洪泽湖水系。坝址位于商丘市虞城县张集镇草楼村,属小(1)型水库,是一座年调节的小(1)型水库。洪河头水库以农田灌溉为主,兼有防洪、生态、水产养殖等作用,设计灌溉面积2.5万亩,有效灌溉面积2.2万亩,实际灌溉面积2万亩。

(1)工程概况。

洪河头水库控制流域面积23.00平方千米,设计洪水标准10年一遇,校核洪水标准50年一遇。总库容140.14万立方米,设计洪水位44.8米,校核洪水位45.77米,防洪限制水位44.13米,正常蓄水位44.78米,相应水面面积0.38平方千米。大坝为均质土坝,坝长400.00米,坝顶高程46.50米,最大坝高3.90米。大坝中间设溢洪道泄洪闸,主要由上游连接段、闸室段和下游连接段组成。泄洪闸底板高程42.48米,3孔,闸孔净宽3.5米,设计洪水时控制流量32.34立方米/秒,校核洪水时下泄流量54.66立方米/秒。

(2)工程建设。

洪河头水库始建于1958年,1959年1月竣工并投入使用。1998年在原泄洪闸位置建1座汽-10级交通桥梁。

2011年8月13日除险加固工程开工,2012年5月28日竣工,工程总投资407万元。工程主要包括:增加大坝混凝土防浪墙,对上游坝坡护砌;下游坝坡防护、加排水反滤设施等;重建泄洪闸;增加安全监测设施及水文水情测报系统;完善大坝管理设施,健全大坝管理机构。

(3)历史洪水。

历史最大洪水发生于1985年7月22日,最大入库流量45立方米/秒,总入库水量180万立方米,下泄流量40立方米/秒,出库水量120万立方米,削减洪峰比例60%,保护人口4万人,保护农田6万亩。历史最少来水发生于2000年7月24日,入库水量110万立方米,出库水量100万立方米。

(4)工程效益。

洪河头水库建库以来,发挥了防洪、农田灌溉、生态环境效益。多年平均防洪减灾效益1 200万元、灌溉增产效益500万元。

4.11 二坝寨引黄调蓄工程

二坝寨引黄调蓄工程位于兰考县城西北部,于兰考干渠桩号4+128处引水,经沉沙条渠沉沙后,进入北调蓄池,通过连通涵洞进入南调蓄池,达到"丰蓄枯用"的调蓄目的。

(1)工程概况。

工程由2条沉沙池、南北调蓄池、进口枢纽、出口枢纽、兰考干渠供水闸、南北调蓄池连通涵洞、泵站、二坝寨节制闸、五干渠进水闸及商丘干渠倒虹吸等工程组成,调蓄工程总库容416万立方米,属小(1)型,其中死库容70万立方米,城市应急预留库容100万立方米,农业灌溉兴利库容264万立方米。正常蓄水位时水面面积0.85平方千米,最大水深5米。

（2）工程建设。

2014 年 7 月，兰考县二坝寨引黄调蓄工程纳入项目库。2014 年 12 月，兰考县二坝寨引黄调蓄工程可行性研究报告进行专家评审，2016 年 1 月，可行性研究报告获批，2016 年 3 月，初步设计批复。工程于 2019 年 5 月 30 日开工，同年 10 月完工，完成工程投资 4.06 亿元。

工程建设内容包括开挖渠道 0.65 千米，全断面 C20 混凝土衬砌；新建沉沙池 2 条，其中：1 号沉沙池长 1.1 千米，底宽 100 米，2 号沉沙池长 980 米，底宽 95 米，二者以堤防相隔，设计流量均为 30 立方米/秒，采用 C20 混凝土护坡；新建水闸 6 座，其中：进水闸 2 座、出水闸 2 座；兰考干渠供水闸 1 座；五干渠进水闸 1 座。调蓄池 2 处；新建泵站 1 座，设计流量 2.5 立方米/秒，最大静扬程 4 米，装机 4 台 600ZLB - 125 水泵，单机功率 55 千瓦，装机容量 0.22 万千瓦；新建倒虹吸 1 座；连通涵洞 1 座。完成土方 576 万立方米，浇筑混凝土 7.47 万立方米。

（3）工程效益

工程的建成可为 8.0 万亩农田提供用水保证，在干旱年为城市应急供水，并兼顾改善城市生态环境的作用。

4.12　利民东关水库

利民东关水库位于虞城县利民镇东关村境内，属小（2）型水库，以拦蓄天然径流充库作为主要水源，同时以民商虞干渠引水作为补充水源。该水库具有防洪、养殖、生态和灌溉等多功能，设计灌溉面积 1 399.5 亩。

利民东关水库库区面积 0.39 平方千米，水库控制流域面积 1.6 平方千米，经除险加固后，死水位 43.22 米，相应库容 16.7 万立方米；兴利水位 45.02 米，相应库容 64.0 万立方米；汛限水位 45.02 米，相应库容 64.0 万立方米；最高洪水位 45.22 米，水库总库容 70 万立方米。水库设计洪水标准 10 年一遇，校核洪水标准为 20 年一遇。

利民东关水库主要建筑物由大坝、泄洪闸和进、出水渠组成。大坝为均质土坝，坝顶高程 47.38 ~ 48.80 米，最大坝高 5.6 米，坝顶长 1 120 米，坝顶宽 5.0 米，上游坝坡坡比 1:0.5 ~ 1:3，下游坝坡平均坡比 1:3，均为土坡。泄洪闸 1 孔，孔径 1.1 米，闸底板高程 44.05 米，浆砌砖涵洞式闸室结构。泄洪闸下游为出水渠，退水入虬龙沟，在出水渠上现有一退水闸，1 孔，孔径 2.0 米，闸底板高程 43.4 米，浆砌砖涵闸室结构，闸室后为 1 孔砖拱桥，桥面净宽 3.5 米，桥长 4.7 米。进水渠是连接利民东关与南关水库的渠道，进水渠交通桥为 1 孔，孔径 2.0 米，浆砌砖墩混凝土平板结构，桥面宽 12.5 米。

利民东关水库建于 1960 年 5 月，该水库大坝于 2012 年 3 月被鉴定为三类坝，后进行除险加固，除险加固工程于 2015 年 2 月 27 日开工，2015 年 8 月 25 日完工。除险加固工程投资 146 万元，其中省级投资 102 万元，市级投资 22 万元，县级投资 22 万元。工程将原泄洪闸拆除,重建 1 座钢筋混凝土涵洞式水闸,泄洪闸主要由上游连接段、闸室段和下游连接段组成,总长 44.7 米。水库除险加固后由虞城县水务局工程管理站,结合利民西关、利民北关、利民南关水库共同设置水库管理房 1 处,建筑面积 50.73 平方米。管理房开间3.0 米×4.5 米,层高 3.6 米,一层砖混结构。

4.13 利民西关水库

利民西关水库位于虞城县利民镇西关村境内,属小(2)型水库,以拦蓄天然径流充库作为主要水源,同时以民商虞干渠引水作为补充水源。该水库具有防洪、养殖、生态和灌溉等多功能,设计灌溉面积 1 399.5 亩。

利民西关水库库区面积 0.42 平方千米,水库控制流域面积 0.42 平方千米,经除险加固后,死水位 43.22 米,相应库容 17.9 万立方米;兴利水位 45.02 米,相应库容 69 万立方米;汛限水位 45.02 米,相应库容 69 万立方米;最高洪水位 45.22 米,水库总库容 75 万立方米。水库设计洪水标准 10 年一遇,校核洪水标准为 20 年一遇。

利民西关水库主要建筑物由大坝、进水闸和出水渠组成。大坝为均质土坝,坝顶高程49.01 ~ 49.48 米,最大坝高 6.2 米,坝顶长 1 170 米,坝顶宽 6.0 米,上游坝坡坡比 1:0.5 ~1:3,下游坝坡平均坡比 1:3,上下游坝坡均未护砌。进水闸为 1 孔,孔径 1.0 米,洞高 1.5米,闸底板高程 44.05 米,砖砌涵闸结构。出水渠连接利民西关与北关水库,出水渠交通桥为 1 孔,孔径 3 米,浆砌砖拱结构,桥面宽 6.5 米。

利民西关水库建于 1960 年 5 月,该水库大坝于 2012 年 3 月被鉴定为三类坝,后进行除险加固,除险加固工程于 2015 年 3 月 15 日开工,2015 年 9 月 16 日完工。除险加固工程投资 160 万元,其中省级投资 112 万元,市级投资 24 万元,县级投资 24 万元。工程将原进水闸拆除,重建 1 座钢筋混凝土涵洞式水闸,进水闸主要由上游连接段、闸室段、涵洞段和下游连接段组成,总长 60.9 米。水库除险加固后由虞城县水务局工程管理站,结合利民北关、利民南关、利民东关水库共同设置水库管理房 1 处,建筑面积 50.73 平方米。

4.14 利民南关水库

利民南关水库位于虞城县利民镇南关村境内,属小(2)型水库,以拦蓄天然径流充库作为主要水源,同时以民商虞干渠引水作为补充水源。该水库具有防洪、养殖、生态和灌溉等多功能,设计灌溉面积 1 399.5 亩。

利民南关水库库区面积 0.41 平方千米,水库控制流域面积 0.6 平方千米,经除险加固后,死水位 43.22 米,相应库容 17.1 万立方米;兴利水位 45.02 米,相应库容 66 万立方米;汛限水位 45.02 米,相应库容 66 万立方米;最高洪水位 45.22 米,水库总库容 72 万立方米。水库设计洪水标准 10 年一遇,校核洪水标准为 20 年一遇。

利民南关水库现状主要建筑物由大坝、进水闸、出水渠组成。大坝为均质土坝,坝顶高程 47.61~48.66 米,最大坝高 5.1 米,坝顶长 1 090 米,坝顶宽 5.0 米,上游坝坡坡比 1:0.5~1:3,下游坝坡平均坡比 1:3,上下游坝坡均未护砌。进水闸 1 孔,孔径 0.9 米,大坝上下游均设有闸门,洞高 2.5 米,闸底板高程 44.05 米,砖砌涵闸结构。出水渠连接利民南关与利民西关水库,出水渠交通桥 1 孔,孔径 2.0 米,浆砌砖平板结构,桥面宽 7 米,沥青混凝土路面。

利民南关水库建于 1960 年 5 月,该水库大坝于 2012 年 3 月被鉴定为三类坝,后进行除险加固,除险加固工程于 2015 年 4 月 7 日开工,完工时间为 2015 年 8 月 21 日。除险加固工程投资 177 万元,其中省级投资 121 万元,市级投资 29 万元,县级投资 27 万元。工程将原进水闸拆除,重建 1 座钢筋混凝土涵洞式水闸,进水闸主要由上游连接段、闸室段、涵洞段和下游连接段组成,总长 47.48 米。利民南关水库除险加固后由虞城县水务局工程管理站,结合利民西关、利民北关、利民东关水库共同设置水库管理房 1 处,建筑面积 50.73 平方米。

4.15 利民北关水库

利民北关水库位于虞城县利民镇北关村境内,属小(2)型水库,以拦蓄天然径流充库作为主要水源,同时以民商虞干渠引水作为补充水源。该水库具有防洪、养殖、生态和灌溉等多功能,设计灌溉面积 1 399.5 亩。

利民北关水库库区面积 0.42 平方千米,水库控制流域面积 0.42 平方千米,经除险加固后,死水位 43.22 米,相应库容 17.9 万立方米;兴利水位 45.02 米,相应库容 69 万立方米;汛限水位 45.02 米,相应库容 69 万立方米;最高洪水位 45.22 米,水库总库容 75 万立方米。水库设计洪水标准 10 年一遇,校核洪水标准为 20 年一遇。

利民北关水库现状主要建筑物由大坝、进水闸和出水渠组成。大坝为均质土坝,坝顶高程 49.01~49.48 米,最大坝高 6.2 米,坝顶长 1 170 米,坝顶宽 6.0 米,上游坝坡坡比 1:0.5~1:3,下游坝坡平均坡比 1:3,上下游坝坡均未护砌。进水闸为 1 孔,孔径 1.0 米,洞高 1.5 米,闸底板高程 44.05 米,砖砌涵闸结构。出水渠连接利民西关与北关水库,出水渠交通桥为 1 孔,孔径 3.0 米,浆砌砖拱结构,桥面宽 6.5 米。

利民北关水库建于 1960 年 5 月,该水库大坝于 2012 年 3 月被鉴定为三类坝,后进行除险加固,除险加固工程于 2015 年 11 月 18 日开工,2016 年 1 月 27 日完工。除险加固工程投资 121 万元,其中省级投资 85 万元,市级投资 18 万元,县级投资 18 万元。工程将原进水闸拆除,重建 1 座钢筋混凝土涵洞式水闸,进水闸主要由上游连接段、闸室段、涵洞段和下游连接段组成,总长 60.9 米。利民北关水库除险加固后由虞城县水务局工程管理站,结合利民北关、利民南关、利民东关水库共同设置水库管理房 1 处,建筑面积 50.73 平方米。

4.16　邓斌口水库

邓斌口水库位于商丘市梁园区邓斌口村西部,北邻包河,地理坐标东经 115°35′,北纬 34°29′,属小(2)型水库,以拦蓄天然径流充库作为主要水源,同时从包河引水作为补充水源。该水库以灌溉为主,兼有防洪、生态和养殖等多功能,水库设计灌溉面积 1 000 亩。

邓斌口水库库区面积 0.3 平方千米,控制流域面积 0.6 平方千米,水库正常蓄水位 48.48 米,兴利库容 33.8 万立方米,死水位 46.78 米,死库容 8 万立方米,最高水位 48.79 米,最大库容 50.96 万立方米。水库设计洪水标准 10 年一遇,校核洪水标准 20 年一遇。邓斌口水库主要由大坝、泄洪闸和进水闸组成,大坝为均质土坝。

邓斌口水库建于 1960 年 5 月,2012 年 3 月经商丘市水利局鉴定,水库安全性为 C 级,属病险水库。2015 年 3 月,对邓斌口水库进行了除险加固。

邓斌口水库防洪作用非常重要。由于水库两岸保护区地势平坦,无险可守,一旦溃坝,将对周围村庄造成很大损失。水库保护区涉及人口 1.2 万人、耕地面积 1.5 万亩。

4.17　栗城水库

栗城水库即旧城城湖,位于河南省商丘市夏邑县城关镇境内,毛河下游河道左侧,属小(2)型水库,以拦蓄天然径流作为主要水源,同时从毛河引水作为补充水源。该水库具有防洪、灌溉和改善生态环境等多功能,水库设计灌溉面积 1 500 亩。

栗城水库于 1975 年 5 月建成投入使用。此湖始于战国时期,因挖土筑城而成湖,又叫护城河,1992 年改称天龙湖,2010 年更名为栗城水库。水库库区面积 0.5 平方千米,控制流域面积 3.0 平方千米,校核洪水位 37.56 米,设计洪水位 37.51 米,正常蓄水位 37.50 米,汛期限制水位 37.50 米,死水位 35.70 米。水库总库容 64.50 万立方米,兴利库容 55.40 万立方米,死库容 6.70 万立方米。水库设计洪水标准 10 年一遇,校核洪水标准 20 年一遇。

栗城水库由大坝、进水闸、泄洪闸三部分组成,大坝为均质土坝,最大坝高 5.2 米,环库布置,坝顶宽 8.0 米,其中 4 米宽沥青混凝土路面,均为土坡。进水闸是 1 座钢筋混凝土涵洞式进水闸,1 孔,闸孔净宽 2.0 米,总长 48 米,自毛河引水,引水渠底宽 2 米,边坡 1:2.5。泄洪闸是 1 座钢筋混凝土涵洞式泄洪闸,1 孔,闸孔净宽 3.5 米,总长 43.25 米,通过与大坝下游平行的城市排水沟入沱河。

第 5 章　灌　　区

　　灌区是指有可靠水源和引、输、配水渠道系统和相应排水沟道的灌溉面积,是人类经济活动的产物,随社会经济的发展而发展。河南省灌区发展历史悠久,近年来,省内灌区工业和生活供水所占的比例越来越大,这些工程为河南省工农业的发展和改变城乡面貌发挥了巨大的经济效益和社会效益。

　　根据我国水利行业的标准规定,灌区分为大型、中型、小型灌区。其中设计灌溉面积30 万亩以上的灌区为大型灌区,设计灌溉面积在 1 万 ~30 万亩的灌区为中型灌区,中型灌区又划分为重点中型灌区和一般中型灌区,设计灌溉面积在 5 万 ~30 万亩的灌区为重点中型灌区,设计灌溉面积在 1 万 ~5 万亩的灌区为一般中型灌区。河南省大型灌区有 40 处,设计灌溉面积 3 796.51 万亩;重点中型灌区有 99 处,设计灌溉面积 1 093.16 万亩;一般中型灌区有 209 处,设计灌溉面积 418.91 万亩。

5.1　大型灌区

　　豫东地区大型灌区有 3 处,分别为赵口灌区、三义寨灌区和柳园口灌区,均以黄河为水源。其中赵口灌区设计灌溉面积 587 万亩,三义寨灌区设计灌溉面积 326 万亩,柳园口灌区设计灌溉面积 46.35 万亩,3 处灌区设计灌溉面积共计 983.25 万亩。

5.1.1　赵口灌区

　　赵口灌区位于河南省黄河下游南岸豫东平原区,位于东经 113°58′ ~ 115°48′,北纬33°40′ ~ 34°54′,北临黄河;南抵西华—周口市界;西至尉氏西三分干以西庄头、门楼任、朱曲及鄢陵—许昌县界;东至鹿邑县涡河干流以南及清水河之间,是河南省最大灌区。受益范围涉及郑州、开封、周口、许昌、商丘 5 市的中牟县、开封市城乡一体化示范区、鼓楼区、祥符区、通许县、尉氏县、杞县、鄢陵县、扶沟县、西华县、太康县、鹿邑县、柘城县 13 个县(区)。土地面积 6 341 平方千米,设计灌溉面积 587 万亩,其中续建配套与节水改造工程设计灌溉面积 366.5 万亩,二期工程设计灌溉面积 220.5 万亩。

5.1.1.1　灌区工程建设

1. 灌区早期建设

　　赵口灌区始建于 1970 年,经水利部批准,在位于中牟县的赵口兴建引黄闸,开挖总干渠,与东一干、东二干连接,形成赵口灌区,并被列为引黄放淤试点工程,同年 4—11 月建成赵口引黄渠首闸,并相继建成一批关键性工程,如秫米店节制闸、大胖陇海铁路倒虹吸等,灌区于 1972 年开始引水灌溉。工程兴建初期,以放淤改土为主,范围仅涉及现在开封市鼓楼区、城乡一体化示范区及祥符区的部分耕地,灌区几乎没有支渠,多在干渠建口门或扒口放水淤地。1975 年起,引黄淤灌区渠系和建筑物工程陆续兴建,总干渠工程先按设计流量 50 立方米/秒兴建,建筑物工程按 110 立方米/秒建成,其后又相继兴建了仓寨支渠、北干、东一干、东二干、朱仙镇、刘元砦、范村等分干渠及一些支、斗渠和淤区工程,并初步治理了马家沟、干排等主要退水河道以及相关的排水沟河,使赵口引黄淤灌区初具规模。1977 年开始进行放淤,效益十分显著。

20 世纪 80 年代初,根据水利厅安排,又对赵口总干渠进行扩建,范围逐步扩展至尉氏县、通许县等县,转为以灌溉、补源为主。1984—1987 年,在执行"世界粮食计划署援助项目"期间,以清淤为主,逐渐修建了一些大断面的支渠及被淤土地的围堰,但仍未完全解决扒口灌淤的现象。1984 年,河南省水利勘测设计院编制完成"赵口引黄灌区规划",确定灌区灌溉面积为 228 万亩,其中放淤面积 75 万亩,在实施步骤上采用淤、灌并举的措施。规划总干渠放淤流量 90 立方米/秒,灌溉流量 110 立方米/秒,远期灌溉流量扩大到 150 立方米/秒,规划沉沙池 5 座。1987 年 11 月,河南省水利勘测设计院完成了赵口灌区一期工程设计,一期工程新建了西干渠,与东三干、西三干连接起来,在总干渠朱固处建设西干渠进水闸;将原刘元砦分干扩建为东二干;1989 年 5 月,河南省水利勘测设计院编制完成了赵口灌区可行性研究报告,最终确定灌溉面积 230 万亩,放淤面积 23.12 万亩;1990 年 3 月,河南省水利勘测设计院完成了赵口灌区工程初步设计;1991 年 3 月,河南省水利勘测设计院完成了赵口灌区二期工程设计。二期工程设计灌溉面积 572 万亩,地域涉及郑州、开封、周口、许昌 4 市的中牟、开封、尉氏、通许、杞县、太康、鹿邑、西华、扶沟、鄢陵 10 县及开封市金明区。其中,充分灌溉面积 236 万亩(包括开封市的开封、通许、尉氏 3 县及开封市郊区的少部分地区),非充分灌溉面积 336 万亩(包括开封市的杞县,尉氏的小部分面积,周口市的太康、扶沟、西华、鹿邑及许昌市的鄢陵县)。

1991 年,实施世界银行贷款项目,项目范围是开封县、尉氏县、通许县。项目内容主要为东三干、西三干、西三分干等老干渠建筑物大部分重建;高砦、赵坟、郭厂、竖岗等分干渠、支渠新建,以及部分老支渠、50 万亩等配套工程,至 1992 年赵口灌区大框架基本形成。20 世纪 90 年代以后,灌区中下游所属各县,都不同程度从贾鲁河、涡河水系引水,自行开挖了许多条灌排渠沟并配套了部分建筑物。1989 年,河南省水利厅委托设计院对赵口灌区重新规划,将周口、许昌 2 市纳入灌区,规划面积 572 万亩,该规划于 1997 年得到河南省水利厅批复。

2. 灌区续建配套与节水改造工程建设

赵口灌区早期建设,设计标准低,加上常年失修,淤积严重,一些骨干输水渠道及主要建筑物损坏较大,局部出现倒塌,不仅严重影响干渠的输水,而且降低灌溉能力;加之随着改革开放以来,人民生活水平不断提高,城镇化建设水平不断提高以及社会主义新农村建设不断推进,当地民生急需改善生活条件,工农业快速发展,导致需水量迅速增加,各部门间竞相开发所导致的不合理利用、水环境日趋恶化,使水资源供需矛盾日益突出。原有赵口灌区已远远不能满足当地灌溉需求,大部分水利设施急需拆除重建、改建及新建。

1999 年,河南省水利勘测设计院编制完成《河南省赵口引黄灌区续建配套与节水改造规划》(以下简称《99 规划》),灌区涉及郑州、开封、许昌、周口 4 个地市的中牟县、开封县(现祥符区)、尉氏县、通许县、杞县、鄢陵县、扶沟县、太康县、西华县、鹿邑县和开封市郊等 10 县 1 市郊。总土地面积 5 869.1 平方千米,其中耕地面积 574.1 万亩。充分灌区 238.1 万亩,非充分灌区 336 万亩。《99 规划》于 2000 年 4 月 17 日通过水利部组织的专家评审,并收入国家大型灌区续建配套与节水改造基建项目储备库。2001 年水利部以水规计〔2001〕514 号文《关于全国大型灌区续建配套与节水改造规划报告的批复》,批复了赵口灌区续建配套与节水改造规划面积 366.5 万亩。2007 年 6 月国家发改委和水利部批准实施河南省赵口灌区续建配套与节水改造工程,工程由河南省赵口灌区续建配套与节水改造工程建设管理局和开封市赵口灌区续建配套与节水改造工程建设管理局共同实施。河南省赵口灌区续建配套与节水改造工程建设管理局主要负责郑州、许昌、周口 3 市境内的工程,开封市赵口灌区续建配套与节水改造工程建设管理局主要负责开封市境内的工程。

河南省赵口灌区(省直)续建配套与节水改造建设项目主要建设内容覆盖中牟县总干渠、西干渠;鄢陵县鄢陵干渠、三分干渠、五分干渠、洪叶沟支渠;扶沟县北干渠、马村干渠、东五干渠、古城干渠;太康县西三干渠、幸福干渠;西华县贾西干渠、贾东一干渠、458 沟;鹿邑县双辛河等干支渠的渠道整治、衬砌及桥梁、水闸重建、新建工程等。河南省赵口灌区(省直)续建配套与节水改造建设项目共编制 4 期可研,总投资 4.42 亿元,分期投资:2008年 11 月 27 日,河南省发展和改革委员会以豫发改农经〔2008〕1994 号文批复了《河南省赵口灌区续建配套与节水改造工程可行性研究报告(第一期)》,工程投资 3 000.15 万元;2011 年 6 月 10 日,河南省发展和改革委员会以豫发改农经〔2011〕949 号文批复了《河南省赵口灌区续建配套与节水改造工程可行性研究报告(第二期)》,工程投资5 480.54 万元;2013 年 10 月 30 日,河南省发展和改革委员会以豫发改农经〔2013〕1515 号文批复了《河南省赵口灌区续建配套与节水改造工程可行性研究报告(第三期)》,工程投资 5 976.2万元;2016 年 7 月 14 日,河南省发展和改革委员会以豫发改农经〔2016〕923 号文批复了《河南省赵口灌区续建配套与节水改造项目总体可行性研究报告》,工程投资29 713.4 万元。

河南省赵口灌区(开封)续建配套与节水改造工程主要建设内容包括开封市祥符区境内西干渠;尉氏县境内西三干渠、东三干渠、西三分干渠、东三南干、东三北干;通许县境内竖岗分干等干支渠的渠道整治、衬砌及桥梁、水闸重建、新建工程等。2009 年,《河南省赵口引黄灌区续建配套与节水改造工程可行性研究报告》编制完成,经河南省水利厅审查后报河南省发展和改革委员会以豫发改农经〔2009〕83 号文批复,工程总投资 6 016 万元。2012 年 8 月,《河南省赵口引黄灌区(开封)续建配套与节水改造工程可行性研究报告(第二期)报批稿》编制完成,经河南省水利厅审查后报河南省发展和改革委员会以豫发改农经〔2013〕261 号文批复,工程总投资 5 999.9 万元。2013 年 12 月,《开封市赵口引黄灌区(开封)续建配套与节水改造工程可行性研究报告(第三期)报批稿》编制完成,工程投资估算 6 371 万元,经河南省水利厅审查后报河南省发展和改革委员会以豫发改农经〔2014〕1653 号文批复。2016 年 7 月 14 日,河南省发展和改革委员会以豫发改农经〔2016〕923 号文批复了《赵口灌区续建配套与节水改造项目总体可行性研究报告》,工程投资 42 086.6万元。

河南省赵口灌区续建配套与节水改造工程总投资 9.75 亿元。河南省赵口灌区(省直)续建配套与节水改造建设工程投资 4.23 亿元,其中:中央 3.08 亿元,省级 1.15 亿元。自《99 规划》批复以来,河南省赵口灌区(省直)续建配套与节水改造建设工程自 2007 年开始实施至 2020 年,已安排了 14 年,共 16 批次年度工程建设,实际完成工程总投资 4.12亿元。工程累计完成渠道整治 318.19 千米,新建建筑物 30 座,重建建筑物 171 座;完成土石方 433 万立方米,混凝土及钢筋混凝土 27.3 万立方米。河南省赵口灌区(开封)续建配套与节水改造工程投资 5.51 亿元,其中:中央 4.04 亿元,省级 0.87 亿元,市级 0.6 亿元。

3. 灌区二期工程建设

赵口二期工程项目是国务院常务会议确定的全国 172 项节水供水重大水利工程之一,是纳入《全国新增 1 000 亿斤粮食生产能力规划》和《河南粮食生产核心区建设规划》的重点水利项目,是河南省实施"四水同治"十大水利工程建设项目之一。根据《河南粮食生产核心区建设规划(2008—2020 年)》,2010 年 3 月,河南省水利勘测设计研究有限公司开始着手编制《河南省赵口引黄灌区二期工程规划》。2012 年 4 月,《河南省赵口引黄灌区二期工程规划》编制完成。2015 年 7 月,水利部以水规计〔2015〕291 号《水利部关于赵口引黄灌区二期工程的批复》对《赵口引黄灌区二期工程规划报告》予以批复,批复指出,赵口灌区现有耕地面积约 590 万亩,原设计灌溉面积 366.5 万亩。在现有赵口灌区灌溉规模和灌溉工程基础上,通过增加引黄供水扩大赵口灌区灌溉面积 220.5 万亩,配套实施赵口灌区二期工程,可充分发挥赵口灌区的综合效益,有效改善灌区农业生产条件,增加粮食产量,促进地区经济社会发展,建设该项目是必要的。

为加快推进工程前期工作和开工后的建设管理,按照国家有关规定,经省政府同意,河南省水利厅以豫水人劳〔2018〕54 号文《河南省水利厅关于成立河南省赵口引黄灌区二期工程建设管理局的通知》成立了河南省赵口引黄灌区二期工程建设管理局,作为项目法人对项目建设全过程负责。2019 年 10 月 22 日河南省发展和改革委员会以豫发改农经〔2019〕646 号对《河南省赵口引黄灌区二期工程可行研究报告》进行批复。2019 年 10 月,河南省水利勘测设计研究有限公司完成《河南省赵口引黄灌区二期工程初步设计报告》编制工作。2019 年 11 月 15 日,河南省水利厅以豫水许准字〔2019〕第 234 号对赵口二期工程准予行政许可。

赵口灌区二期工程总投资 388 781.23 万元,其中工程部分静态投资 267 003.67 万元,征地移民工程投资 107 949.24 万元。赵口灌区二期工程施工总工期 32 个月。2019 年 12

月23日举行开工动员仪式,2020年1月6日正式开工,2020年12月12日邢堂节制闸以上总干渠段完成通水阶段验收,实现了水利基建项目当年开工当年发挥效益的新突破。2021年底主体工程完工。

赵口灌区二期工程建设范围涉及郑州、开封、周口、商丘4市的5县3区(中牟县、祥符区、鼓楼区、城乡一体化示范区、通许县、杞县、太康县、柘城县)。工程主要建设内容包括31条渠道、28条河(沟)道、1 035座建筑物。其中二期工程建设渠道31条,总长约373.98千米。包括总干渠1条,长23.62千米;干渠9条,总长158.84千米;分干渠6条,总长120.28千米;支渠15条,总长71.24千米。工程范围内共治理河(沟)道28条,总长262.57千米。二期工程共布置建筑物1 035座,其中新建247座、重建765座、改建2座、维修利用21座。按类型划分,控制工程567座、河渠交叉建筑物工程9座、路渠交叉建筑物工程455座,渠道暗渠工程4座。控制工程中,干支渠节制闸50座、拦蓄河(沟)道用于灌溉的河道节制闸54座、干支渠分水闸49座、斗门388座、退水闸26座;河渠交叉建筑物工程中跨(穿)河的渠道渡槽1座、渠道倒虹吸3座以及排水倒虹吸5座;路渠交叉建筑物工程中跨渠桥梁413座,路涵41座,跨路渠道倒虹吸1座;渠道暗渠4座。二期工程的工程等别为I等,工程规模为大(1)型,灌区合理使用年限为50年。总干渠及其建筑物工程级别为2、3级,洪水标准为30、20年一遇;其他骨干灌排渠道及其建筑物根据其设计流量分别确定工程级别为3、4、5级,洪水标准为20、10年一遇;支渠工程级别为5级,设计洪水标准为10年一遇。

5.1.1.2　灌区工程现状

赵口灌区利用已建的赵口引黄闸引水,引黄闸后接总干渠,从总干渠分出西干渠、北干渠、东一干及东二干四条干渠。灌区已有干渠56条,长923.5千米,其中总干渠长27.5千米,干渠长896千米;支渠144条,长858千米。涉及大小河流近百条,主要有贾鲁河、涡河及支流运粮河、涡河故道、铁底河、惠济河等支流水系。闸涵等控制建筑物2 310座。

灌区上游水利工程主要是赵口渠首引黄闸、总干渠、西干渠、北干渠、东一干渠、东二干渠以及其分支渠道,涉及地市县包括中牟县、尉氏县及开封市鼓楼区、城乡一体化示范区、禹王台区、祥符区。

灌区下游主要利用灌区上游退水及贾鲁河、涡河、惠济河水,通过贾鲁河、涡河、惠济河上的拦河闸和进水闸引水。灌区排水主要利用现有沟道、河道,排水主承泄河道为贾鲁河、涡河及支流惠济河。涉及地市县包括鄢陵县、扶沟县、西华县、太康县、鹿邑县、杞县及柘城县。

1. 控制性建筑物

1)渠首闸

渠首引黄闸兴建于1970年,1981年10月—1983年12月对该闸进行了改建,改建后的闸仍为16孔。2011年又对渠首闸进行了除险加固,未改变原闸设计规模和标准及原工程的总体布置,仅对部分建筑物进行改建、维修和更换部分陈旧设备。渠首闸位于黄河右岸桩号 42 + 500（河南省中牟县万滩乡弯道凹岸顶冲）处，设计引水流量 210 立方米/秒，加大流量 240 立方米/秒，共 16 孔，其中中十二孔入赵口总干渠，左一孔入狼城岗干渠，右三孔入三刘寨灌区渠首。闸底板高程 81.5 米，涵洞出口底部高程 81.2 米，胸墙底高程 84.62 米。由于黄河控导工程及所处的有利地形，工程运行 40 多年来，引水口基本靠自流，从未出现脱流情况，是河南引黄条件最好的引水口。

2）朱固枢纽

朱固枢纽位于总干渠 15 + 373 处，建于 1990 年 7 月，共 7 孔，开敞式结构，其中 4 孔向总干渠输水、3 孔向西干渠输水，总干渠进水闸共 4 孔，采用 4 米 × 3 米钢闸门，近期流量 75 立方米/秒，远期流量 107.3 立方米/秒。西干渠进水闸共 3 孔，采用 4 米 × 3 米钢闸门，近期流量 60 立方米/秒，远期流量 89.35 立方米/秒。

3）老饭店枢纽

老饭店枢纽位于东二干 13 + 465 处，老饭店节制闸建于 2010 年，共 5 孔，向东二干输水，采用平板铸铁闸门；朱仙镇分水闸 2 孔，向朱仙镇分干输水，采用平板铸铁闸门。

4）刘元寨枢纽

刘元寨枢纽位于东二干渠 19 + 673 处，共 9 孔，3 米 × 3 米（高 × 宽），流量 60 立方米/秒。由刘元寨排水倒虹吸、陈留分干分水闸、东二干渠分水闸、刘元寨退水闸及两座斗门组成，建于 1991 年。

5）小城倒虹

小城倒虹设计流量为 24.19 立方米/秒，管身采用钢筋混凝土箱涵型式，3 孔，2 米 × 2 米（高 × 宽）。1984 年赵口灌区规划中，小城倒虹上游设计水位由 68.2 米降为 67.5 米。

6）南岗枢纽

南岗枢纽位于西干渠 28 + 163 处，建于 1989 年，6 孔，3 米 × 4 米（高 × 宽），流量 50 立方米/秒。

7）前曹枢纽

前曹枢纽位于西干渠 31 + 663 处，于 1992 年利用世界银行贷款建设，包括：西三分干渠首闸 1 孔闸，2.5 米 × 3.4 米（高 × 宽），流量 8 立方米/秒，西三干渠 2 孔闸，2.5 米 × 2.9 米（高 × 宽），流量 10 立方米/秒。

2. 渠道工程

1）总干渠

赵口灌区渠首闸后接总干渠，总干渠由渠首起自西北向东南，渠线经朱固村、秣米店村，跨运粮河，经大胖村过陇海铁路后止，全长约 27.5 千米。从总干渠分出西干渠、北干渠、东一干及东二干等四条干渠。总干渠设计流量 150 立方米/秒。

2）西干渠

西干渠总长 28.16 千米，原设计流量 69.6 立方米/秒，现状已按设计流量进行混凝土衬砌，下设赵坟、高砦、郭厂、竖岗四条分干渠及西三干渠、东三干；从西三干渠分出西三分干渠;从东三干又分出东三北干、东三南干两条渠道。西干渠控制渠道总长 261.88 千米。1989 年 12 月,西干渠系统被列入世界银行贷款河南省沿黄地区综合开发水利工程项目,设计灌溉面积 108.4 万亩,至 1997 年底骨干工程基本建成。西干渠系统全部分布于涡河以西,项目共治理干渠 9 条,总长 171 千米,支渠 67 条(含灌排合一支沟 13 条),总长 360.9 千米,治理干(支)沟 39 条,总长 309.3 千米,新(重)建各类建筑物 2 004 座。

3)北干渠

北干渠(二期开工后此干渠已取消)布置在总干渠左岸,秫米店枢纽处(桩号 20 + 370),长 11.2 千米,设计流量 5 立方米/秒。

4)东一干渠

东一干渠原为利用 1958 年兴修的老引黄渠道加以培修配套建设而成,东一干渠长 26.9 千米,建筑物按 30 立方米/秒放淤流量修建,运行至今东一干渠中后段也基本填平,现状过流能力约 10 立方米/秒。

5)东二干渠

东二干渠同东一干渠一样,也是以 1958 年兴修的老引黄渠道为基础建成的,建筑物按 70 立方米/秒放淤流量修建,总长 36.9 千米,从东二干渠分出朱仙镇、陈留及石岗等三条分干渠向下游输水。属于东二干渠的朱仙镇分干、米店、刘元寨和范村支渠分别按流量 30 立方米/秒、10 立方米/秒、15 立方米/秒及 10 立方米/秒规模基本完成渠道土方工程,目前东二干渠过流能力仅 25 立方米/秒。

3. 沉沙池工程

沉沙池工程位置主要在总干渠两侧、陇海铁路以北、西干渠以东,共规划有七处沉沙池,总面积达 84.39 平方千米。已建成第一沉沙池第一条池,长约 9.865 千米,宽 265 ~ 785 米,面积 4.9 平方千米,沉沙容量 600 万立方米。

5.1.1.3　灌区运行管理

1. 灌区组织管理

赵口灌区实行统一领导,分级管理、分级负责相结合的管理模式。

(1)河南省豫东水利工程管理局赵口分局(以下简称赵口分局):设在开封市西环路北段,是赵口灌区省级管理机构,1984 年经河南省水利厅批准成立了"河南省豫东水利工程管理局赵口引黄管理处",归属省水利厅豫东水利工程管理局领导,职责是协调开封与郑州中牟之间的关系。随着赵口灌区"一期工程"及"世界银行贷款"项目的先后实施,灌区设计灌溉面积逐步扩大,为了加强赵口灌区的管理,河南省水利厅于 1991 年将原"河南省豫东水利工程管理局赵口引黄管理处"改制为"河南省豫东水利工程管理局赵口分局"。2008 年水管体制改革批复全供事业单位编制 38 人,设有办公室、工程灌溉科、财资管理科、经营管理科,下设总干渠、西干渠 2 个管理处。主要负责郑州市境内的 30 千米干渠的水费征收、管理、维修、养护等工作,主要承担的任务是:赵口灌区用水调度与协调,总干渠中牟县境内 18.5 千米、西干渠中牟县境内 11.5 千米共 30 千米渠道及管理范围内的水资源综合开发利用,制订灌区用水计划、调水配水。

(2)开封市设有灌区专管机构——开封市引黄灌溉管理处,归属开封市水利局管理。主要承担的任务是:负责开封市境内的赵口灌区跨县界骨干工程管理、各县用水调配问题,制订灌区用水计划;总干渠开封市境内 9.1 千米渠道管理,东二干渠全长 36.9 千米渠道管理以及西干渠开封市境内 26 千米渠道管理。祥符区设有"赵口灌区引黄处"作为赵口灌区专管机构,归属祥符区水利局领导。通许县设有"灌区管理所"作为赵口灌区专管机构,归属通许县水利局领导。尉氏县设有"引黄灌溉管理站"作为赵口灌区专管机构,归属尉氏县水利局领导。杞县未设灌区专管机构,由水利局工程管理科代管。

(3)周口市未设灌区专管机构。太康县、扶沟县、西华县及鹿邑县无灌区专管机构,均由县水利局代管。

(4)商丘市设有灌区专管机构。柘城县未设灌区专管机构,由县水利局代管。

(5)许昌市未设灌区专管机构。鄢陵县设有"引黄工程管理中心",归属鄢陵县水利局领导。

2. 灌区工程管理

赵口灌区现在由赵口分局负责中牟县境内总干渠及西干渠的运行管理以及开封市境以外范围灌区内用水调度及协调。

开封市引黄灌溉管理处负责开封市境内灌区用水调度及协调,直接负责开封市境内总干渠、西干渠及东二干等渠道的运行管理,归属开封市水利局领导。开封市尉氏县、祥符区、通许县、杞县负责对各自县境内灌区用水调度、协调及管理,归属各县水利局领导,业务上受各县水利局及开封市引黄灌溉管理处双重领导。

周口市太康县、扶沟县、西华县及鹿邑县引黄由水利局代管,负责各自县境内灌区用水调度、协调及管理,并对赵口分局有业务归口关系。

许昌市鄢陵县引黄工程管理中心负责对县境内灌区用水调度、协调及管理,并对赵口分局有业务归口关系。

3. 灌区用水管理

灌区供水实行水权集中,统一调配,分级管理。农业灌溉用水,实行"按亩配水,按方收费"的办法。灌区主要输水线路有以下四条。

1)向鄢陵输水线路

向鄢陵输水线路:利用西三干渠输水,通过扩建冯庄支渠,退水入代貊沟后入康沟河,经康沟河输水至康沟河代岗闸进入鄢陵县境,该线输水流量为 12 立方米/秒,该线路自西三干进水闸至鄢陵县境代岗闸,输水线路长约 42 千米;利用西三分干输水(西三分干从西三干渠 4 +673 处引水),通过陈家退水闸(西三分干桩号 25 +420)退水入南康沟,而后入康沟河,经康沟河输水至代岗闸进入鄢陵县境,该线路自贾鲁河倒虹出口西三分干进水闸起至鄢陵县境代岗闸输水线路长约 50 千米,陈家退水闸按 9.3 立方米/秒规模兴建。

2)向扶沟、西华县输水线路

向扶沟、西华两县输水线路:利用西干渠已建的郭厂退水闸(退水流量 36 立方米/秒),将引黄水退入贾鲁河,经尉氏县的后曹、马庙、容村等至扶沟;利用东三干渠输水,在马庙村东北东三干渠右堤建节制闸,汇入贾鲁河,向扶沟、西华两县送水,该线路输水流量为 21.1 立方米/秒。

3)向太康、鹿邑县输水线路

向太康、鹿邑两县输水线路:利用东二干渠已建的刘元寨退水闸退水入马家沟入涡河故道输水汇入涡河至太康、鹿邑县境,刘元寨退水闸规模为 40 立方米/秒,刘元寨退水闸至太康县境输水线路长约 58 千米;利用总干渠秫米店退水闸,退水入运粮河,通过运粮河输水汇入涡河至太康、鹿邑县境。

4)向杞县输水线路

杞县输水线路利用陈留分干(从东二干 19 + 673 引水,经范村、前刘、校尉营等村庄,退水入惠济河,全长 26.2 千米,设计引水流量 20 立方米/秒)向东延伸,利用已建罗寨闸将水引入幸福干渠、东风干渠等。

4. 灌区经营管理

依据豫水农字〔1998〕10 号文件《河南省水利厅关于〈河南省赵口引黄灌区管理暂行规定〉的批复》,关于水费计收标准,按照豫价费字〔1997〕第 091 号文件规定,考虑灌区实际情况,省豫东水利工程管理局赵口分局对开封市用水水费计收标准 0.014 元/立方米(含黄河河务部门工程水费)。赵口分局对 5 市用水均以方量计收水费,灌区水管单位管水不直接收取水费;市级以上管理单位按方收费、用水签票;开封市、许昌市、周口市向赵口分局签票,赵口分局对赵口渠首闸管理处签票放水。

5.1.1.4 **灌区工程效益**

灌区自 1972 年开灌以来,已累计引水约 110 亿立方米,灌溉、补源面积 1 亿亩次。随着灌区续建配套与节水改造工程的建设,灌区引水条件将会得到极大改善,一是灌区的渠系水利用系数由原来的 0.45 提高至 0.56,节水效益显著。二是进一步打通了灌区输水通道,实现黄淮连通,赵口、三义寨全省两个最大灌区连通,有效提升了输水能力,为构建多源互补、丰枯调剂的豫东水网奠定了基础。三是灌区二期工程新增设计灌溉面积 220.5 万亩,可年新增粮食 4 亿斤以上,切实提高河南省粮食综合生产能力。

5.1.2　三义寨灌区

三义寨灌区位于河南省黄河下游南岸豫东平原区,东经 114°10′49″ ~ 116°7′46″,北纬 34°3′36″ ~ 34°58′17″,是重要的粮食生产基地,属河南省大型灌区之一。灌区始建于 1958 年,经历了 1974 年、1990 年两次大的改建之后最终形成,受益范围涉及开封市祥符区、杞县,商丘市民权县、宁陵县、睢县、虞城县、梁园区、睢阳区以及兰考县等 9 个县(区),总土地面积 4 343 平方千米,总耕地 405 万亩。设计灌溉面积 326 万亩,其中充分灌溉灌区 134.3 万亩,主要位于兰考县、杞县、民权县境内;非充分灌溉灌区 191.7 万亩,主要位于商丘市梁园区、睢阳区、睢县、宁陵县、虞城县境内。

5.1.2.1　灌区工程建设

1. 灌区早期建设

1958年初,在兰考县城西北10千米处的杨疙瘩、薛庵之间修建三义寨灌区渠首大闸,设计灌溉面积1 980万亩,渠首闸设计过水能力520立方米/秒,灌区范围包括河南、山东两省的开封、商丘、菏泽3个地级市18个县市,完成土方1.5亿立方米,砌石19万多立方米,开挖干渠30余条,建大中型水闸46座。由于工程不配套,采用大水漫灌的方式,造成灌区土地大面积次生盐碱化,1961年10月三义寨大闸关闭,停止引黄。1965年10月,三义寨大闸重新开闸放水,并恢复兰东干渠、五干渠、四干渠、商丘干渠。1976年,三义寨闸改建,设计引水流量280立方米/秒,沿干渠建固定提灌站19处,总装机2 145马力[1]/28台,流动站499处,总装机5 858马力/499台,投资6 930万元。1979年,三义寨闸再次改建、加固,过闸流量为141立方米/秒,设计防洪水位77.7米。

1992年9月,河南省政府以豫政〔1992〕29号文《河南省人民政府常务会议纪要》批准,采用中线南线方案,即新三义寨灌区,渠线为西起兰考县引黄闸,经三分枢纽一分为三,商丘总干渠、兰考干渠、兰杞干渠。商丘总干渠从三分闸向东与兰考干渠平行4.32千米(三堤两渠段),沿城仪干渠渠线向东经兰考县城,至毛古枢纽,总长16.31千米。从毛古枢纽商丘总干渠一分为二,向东为东分干、向南为南分干;兰考干渠沿老商丘干渠布置,至红庙镇樊庄节制闸总长23.16千米;兰杞干渠沿用老线路至杞县崔林河。

1992年11月14日—1994年3月底,由开封、商丘两市地引黄指挥部负责实施完成渠道开挖工程60.51千米,及部分干渠的混凝土护砌和浆砌石贴坡工程,并完成建筑物35座,其中三分闸枢纽一座,桥梁23座、涵洞10座、提灌站1座。

1995—1999年,共完成渠道衬砌总长31.176千米,其中:总干渠0.73千米,商丘总干渠16.313千米,东分干渠8.283千米,兰考干渠5.85千米。新建、改建桥、涵、闸各种渠道建筑物共计48座,其中桥梁14座,排水入渠口、涵25座,支渠进水闸8座,毛固分水枢纽工程1座。

2. 灌区续建配套与节水改造工程

1999—2018年,三义寨灌区进行了续建配套与节水改造工程。其间,开封市共编制6期节水改造可研、商丘市共编制7期节水改造可研,2016年编制了节水改造总体可研;三义寨灌区开封市(含兰考县)安排了23期节水改造工程,商丘市安排了24期节水改造工程。

1999—2018年,开封市渠道疏浚147.227千米,渠道护坡73.839千米;新建、重建建筑物450座,其中桥梁167座、水闸277座、涵洞2处、渡槽2处、倒虹吸2处;新建量水设施4处;管理所4处;堤顶道路37.606千米。总投资18 829.05万元。

1999—2018年,商丘市渠道疏浚442.84千米,渠道护坡58.262千米;新建、重建建筑物462座,其中桥梁211座、水闸126座、提灌站5座、量水设施3处、涵洞、倒虹吸等其他

---

　[1]　1马力=0.735千瓦,下同。

117 座。总投资 49 642.07 万元。

三义寨灌区续建配套与节水改造工程的实施,使工程安全性得到提升,灌溉条件得到一定改善,缩短了渠道输水时间和灌溉周期,提高了渠道输水能力,减少了水量损失,提高了灌溉保证率,对于提高农业综合生产能力、促进农民增收和农业增效、改善大型灌区农业生产条件和农民生活环境起到了重要作用,经济效益、节水效益、减灾效益显著。

3."十四五"灌区续建配套与现代化改造工程

随着经济社会的发展,三义寨灌区在农民群众对增产、增收、生态宜居的需求与灌区供水保障能力的不匹配上,存在明显短板。依据国家"十四五"总体战略规划和水利部"十四五"期间治水工作重点及开封市、商丘市总体要求,结合灌区实际情况,通过恢复水源供水能力、补齐输水工程短板、提升灌区供水监管手段,增加田间高效节水面积,初步建起灌区发展与资源环境承载力逐步匹配的水资源合理配置和高效利用保证体系,基本建成与经济社会发展要求、粮食主产区地位相适应的灌溉排水体系、抗旱减灾体系、水资源保护体系、信息化管理体系、有利于灌区良性发展的制度体系;使灌区农业综合生产能力稳步提升,支撑国家粮食安全和城市水生态安全的水利保障能力显著增强、生态系统功能逐步提升,灌区自身发展及服务能力稳步提升。

依据实施方案规划目标,"十四五"灌区续建配套与现代化改造主要任务包括:

"十四五"期间建设内容包括新增干渠护底 37.132 千米、全断面衬砌 59.384 千米;新建或改造水闸 3 座、桥涵 17 座;新建、改建渠堤道路 36.432 千米;新建水库和渠道防护栏 24.7 千米;警示标识 300 个;新建轨道式桥架自动测流系统 4 处、闸门自动化控制及工期监测系统 20 套、渠道水位流量监测系统 44 套、视频监控系统 60 套、测控一体化闸门 67 套、泵站远程控制及数据采集系统 1 处、无人机三维建模及遥感设备 1 套、智能应用体系建设 1 套、调度和信息中心 1 处、VR 虚拟实境设备及二次开发 1 套。工程估算总投资 49 010 万元。

5.1.2.2　灌区工程现状

经过 60 多年的开发建设,三义寨灌区大的骨干灌排框架也已形成,分为总干、干、分干、支、斗、农等 6 级渠系,骨干工程主要包括总干渠、兰杞干渠、商丘总干渠、兰考干渠、兰东干渠、北沙河南干渠、魏东干渠、东分干渠、南分干渠等渠道。灌区现有总干渠 1 条,长 0.73 千米;干渠、分干渠 45 条,长 694.41 千米;支渠 54 条,长 387.89 千米;沉沙条渠 2 条、沉沙区 1 处,提灌站 29 座、分水枢纽 2 座,支渠及以上各类建筑物共有 1 995 座,其中水闸 366 座,桥梁 1 591 座,渡槽、倒虹吸、隧洞等 38 座;黄河故道上建有 7 座中型水库和 1 座小(1)型水库。

1. 控制性建筑物

1)三义寨渠首闸

三义寨渠首闸位于兰考县城西北约 10 千米处,该闸始建于 1958 年,于 1974 年和 1990 年进行了两次改建,改建后设计流量为 150 立方米/秒,2012 年 10 月经国家发改委批复同意报废重建。新建涵闸为涵洞式水闸,设计流量为 141 立方米/秒,至今新建渠首闸工程状态良好。

2)应急抗旱泵站

三义寨应急抗旱泵站位于兰考县西北黄河滩区三义寨引黄渠上(引渠右岸),泵站结构为浮船式泵站(将水泵及其辅助设备固定于船上,可随水位变化而浮动的泵站),共设 2 艘泵船,单艘船体尺寸长 40 米、宽 10 米,泵船之间及泵船与岸之间采用桁架人行便桥连接。每艘泵船装配 1 台变压器、1 间控制室、6 台水泵。水泵采用注清水式轴流泵,额定流量为 1.5 立方米/秒,额定扬程 8.25 米,额定功率 180 千瓦,共 12 台。

3)三分枢纽

总干渠三分枢纽位于兰考县境,总干渠桩号 0 + 730 处,该枢纽左部为兰考干渠分水闸,设计引水量 30 立方米/秒,右部为兰杞干渠分水闸,设计引水流量 36 立方米/秒,中部为商丘总干渠分水闸,设计引水流量 63 立方米/秒。该枢纽自 1994 年建成至今,运行情况良好。

4)毛古枢纽

毛古枢纽位于兰考县境,桩号 17 + 043 处,包括:东分干渠分水闸,设计流量 60 立方米/秒,3 孔闸门,闸门尺寸 4.0 米 × 3.0 米;南分干渠分水闸,设计流量 30 立方米/秒,3 孔闸门,闸门尺寸 3.0 米 × 3.0 米。

5)二坝寨节制闸

二坝寨节制闸位于兰考干渠 5 + 850 处,始建于 1969 年,设计过水能力 100 立方米/秒,自建成后曾多次改建,1998 年改建,仅保留中间四孔,设计过水能力 30 立方米/秒,2016 年拆除重建,目前工程良好。

6)坝窝节制闸

坝窝节制闸位于民权县境,中线桩号 34 + 288 处,过水能力 60 立方米/秒,该闸兴建于 1969 年,工程基本良好。

2. 渠道工程

1)总干渠

总干渠自三义寨引黄闸后起至总干渠分水枢纽上,长 0.73 千米,设计流量为 107 立方米/秒,底宽 28.4 米,设计渠深 4.2 米,内边坡 1:3,渠底比降 1/4 500,该渠道已按全断面混凝土护砌,全断面护砌渠道长度为 0.646 千米。

2)商丘总干渠

该渠道为 1992 年新开渠道,自总干渠三分枢纽起至毛古枢纽,全长 16.31 千米,设计流量 63 立方米/秒,底宽 13.8 米,设计渠深 3.5 米,内边坡 1:2,渠底比降 1/4 500,已全部采用混凝土护砌。

3)兰考干渠

兰考干渠原为 1958 年兴建,1974 年复灌之后,一直为兰考县的兰东分干渠、北沙河南干渠、北沙河一分干渠、北沙河二分干渠、魏东分干渠及向商丘市供水的唯一路线,1992 年中线输水工程开通之后,该渠道现专为兰考县的五大干渠供水。兰考干渠自总干渠三分枢纽左侧闸孔引水,向东沿原总干渠至二坝寨止,后经爪营南至樊庄节制闸止,全长为 21.626 千米,设计流量 30 立方米/秒,其中三分枢纽至二坝闸断面全长为 5.85 千米,全断面已采用混凝土护砌,护砌时间为 1999 年,二坝寨闸至樊庄闸渠道于 2000—2002 年按设计标准对断面进行了整修,2014—2015 年,对该渠段边坡进行了衬砌,衬砌型式为混凝土护坡。

4) 兰杞干渠

兰杞干渠全长 37.132 千米,是为兰考县、祥符区、杞县等三县(区)输水的重要干渠,兰杞干渠李沟枢纽以上设计过水能力 36 立方米/秒。李沟枢纽以下分为兰杞干渠、兰开分干渠和城北分干渠,其中兰杞干渠设计过水能力 20~4.5 立方米/秒。该渠道进行了混凝土护坡,渠底未护砌。

5) 东分干渠

东分干渠自毛古枢纽起至沉沙条渠进口止,全长 8.283 千米,设计流量 44.8 立方米/秒,底宽 10 米,设计渠深 3.8 米,内边坡 1∶2,渠底比降 1/5 200,已全部采用混凝土护砌。

6) 南分干渠

南分干渠从毛古枢纽引水,全长 45.508 千米,设计流量 30 立方米/秒。其中兰考县境内长度 4.7 千米,为全断面护砌渠道,0+000—1+400 段为混凝土衬砌梯形渠,渠道底宽 5.6 米,设计渠深 3.5 米,渠道内边坡 1∶2,渠底比降 1/5 500,1+400—4+700 段为钢筋混凝土矩形槽,渠道底宽 9.1 米,设计渠槽深 3.2 米,渠底比降 1/5 500;商丘市境内长度 40.808 千米,已部分采用混凝土护砌。

7) 商丘干渠

商丘干渠自坝窝闸起至部队农场桥止,长 19.58 千米,设计过水能力 56 立方米/秒,水深 2.65 米,渠道比降 1/20 000,底宽 28.2 米,边坡 1∶3,该渠段为土渠,未护砌。

8) 民商虞干渠

民商虞干渠是三义寨灌区的主干渠,自吴岗闸桩号 0+000—朱堤口闸桩号 49+700,渠道全长 49.7 千米。上段从吴屯和郑阁水库引水,设计引水流量 50 立方米/秒;下段自郑阁分水闸沿黄河故道大堤以南的背河洼地,经梁园区北部向虞城、夏邑送水,设计引水流量 34.52 立方米/秒。民商虞干渠目前衬砌段自吴屯水库吴岗分水闸桩号 0+000—民商虞干渠八一闸(节制闸)桩号 14+454,衬砌长度 14.454 千米。

3. 沉沙池工程

1) 商丘总干渠沉沙条渠

商丘总干渠的沉沙池自总干渠桩号 25+326 至坝窝节制闸(34+288),总长 8.96 千米,其中沉沙条渠长 7 千米,条渠出口至坝窝闸干渠长 1.96 千米,设计流量 56 立方米/秒。

沉沙条渠1992年建成,1994年正式投入使用,沉沙效果良好,出池水流基本为清水,运行情况基本符合设计要求。

2）南分干渠沉沙区

南分干渠从毛古枢纽向南分水,沿老八一干渠至陇海铁路,经双塔干渠至民权县境入沉沙区,沉沙区被310国道分为南北两部分,经沉沙以后沿退水渠进入南分干清水渠段。沉沙池进口设计水位65.40米,沉沙出口设计水位65.20米,设计流量30.00立方米/秒。

3）兰考干渠沉沙条渠

兰考干渠沉沙条渠位于兰考干渠桩号4+200处,为平行的2条沉沙条渠,每条长1.11千米,总长2.22千米,底宽分别为100米和95米。沉沙条渠主要占地面积513.74亩,其他占地面积30.36亩,其中水面面积370亩。

4. 黄河故道水库

黄河故道是1855年黄河改道形成的,在坝窝以下至出河南省商丘市境以上长141千米,商丘境内故道流经民权县、梁园区、虞城县三个县区,涉及26个乡镇、5个国有林场以及7座中型水库和1座小(1)型水库。黄河故道共有7级梯级中型水库和1座小(1)型水库,自上游起依次为任庄、林七、吴屯、郑阁、刘口[(小1)型]、马楼、石庄和王安庄水库,具有防洪、供水、灌溉和养殖等多种功能,自1974年重新恢复引黄供水,是商丘市唯一的引黄河道。国家大力推进中型水库除险加固工程建设以来,自2007年至2019年,黄河故道上7座中型水库和1座小(1)型水库除险加固工程已完工,总投资4.05亿元。总蓄水库容1.64亿立方米,总防洪库容3.34亿立方米,总设计灌溉面积102万亩。保护人口450万,耕地面积580万亩。

1）任庄水库

任庄水库位于商丘市民权县任庄村北的黄河故道上,是黄河故道七座串联梯级水库的第一级。水库控制流域面积353平方千米,回水长度9 420米,多年平均径流量1 942万立方米,库区面积24.4平方千米,设计灌溉面积15万亩,设计灌溉保证率50%。校核水位65.69米,总库容5 136万立方米,兴利水位65.00米,兴利库容3 360万立方米,死水位61.50米,死库容400万立方米。

2）林七水库

林七水库位于商丘市民权县林七乡,是黄河故道七座串联梯级水库的第二级。水库控制流域面积387平方千米,回水长度9千米,多年平均径流量2 710万立方米,库区面积17.7平方千米,设计灌溉面积20.7万亩,设计灌溉保证率50%。校核水位65.51米,总库容7 632万立方米,兴利水位64.00米,兴利库容3 489万立方米,死水位61.70米,死库容300万立方米。

3）吴屯水库

吴屯水库位于商丘市民权县王庄寨镇,是黄河故道七座串联梯级水库的第三级。水库控制流域面积458平方千米,回水长度10.7米,多年平均径流量426万立方米,库区面积 12.8 平方千米,设计灌溉面积 15 万亩,设计灌溉保证率 50%。校核水位 62.93 米,总库容 2 985 万立方米,兴利水位 62.00 米,兴利库容 1 850 万立方米,死水位 60.20 米,死库容 310 万立方米。

4)郑阁水库

郑阁水库位于商丘市梁园区李庄乡,是黄河故道七座串联梯级水库的第四级。水库控制流域面积 585 平方千米,回水长度 14.3 米,多年平均径流量 762 万立方米,库区面积 15.3 平方千米,设计灌溉面积 10 万亩,设计灌溉保证率 50%。校核水位 60.98 米,总库容 2 955 万立方米,兴利水位 59.50 米,兴利库容 1 200 万立方米,死水位 56.85 米,死库容 10 万立方米。

5)刘口水库

刘口水库位于商丘市梁园区刘口镇北部的黄河故道上,水库控制流域总面积 987 平方千米,总库容 632 万立方米,库区面积 3.6 平方千米。水库防洪能力为 20 年一遇设计、100 年一遇校核。水库正常蓄水位 55.35 米,兴利库容 345 万立方米;设计洪水位 56.16 米,校核水位 56.95 米,死水位 53.00 米,死库容 15 万立方米。大坝为均质土坝,坝顶高程 56.80 米,最大坝高 3.95 米,坝长 86 米,坝底板高程 53.30 米。设计灌溉面积 1.1 万亩。

6)马楼水库

马楼水库位于商丘市虞城县贾寨镇,是黄河故道七座串联梯级水库的第五级。水库控制流域面积 1 155 平方千米,回水长度 33 千米,多年平均径流量 3 990 万立方米,库区面积 12 平方千米,设计灌溉面积 8 万亩,设计灌溉保证率 50%。校核水位 56.79 米,总库容 2 569 万立方米,兴利水位 55.50 米,兴利库容 1 100 万立方米,死水位 51.50 米,死库容 30 万立方米。

7)石庄水库

石庄水库位于商丘市虞城县田庙乡石庄村西的黄河故道上,是黄河故道七座串联梯级水库的第六级。水库控制流域面积 1 410 平方千米,多年平均径流量 9 165 万立方米,库区面积 34.5 平方千米。经除险加固,水库防洪能力达到 50 年一遇设计、200 年一遇校核。校核水位 55.74 米,总库容 6 348 万立方米;设计洪水位 55.11 米,相应库容 4 466 万立方米;兴利水位 54.00 米,兴利库容 1 950 万立方米;汛限水位 53.00 米,相应库容 614 万立方米;死水位 51.00 米,死库容 10 万立方米。大坝为均质土坝,坝顶高程 56.65 米,最大坝高 7.5 米,坝长 950 米,设计灌溉面积 8.5 万亩。

8)王安庄水库

王安庄水库位于商丘市虞城县张集镇东北约 2 千米的黄河故道上,是黄河故道七座串联梯级水库的第七级。水库控制流域总面积 1 520 平方千米,多年平均径流量 12 920 万立方米,总库容 5 699 万立方米,库区面积 26.3 平方千米。水库防洪能力为 50 年一遇设计、200 年一遇校核。水库正常蓄水位 52.00 米,兴利库容 3 770 万立方米;汛限水位 50.00 米,相应库容 674 万立方米;设计洪水位 52.16 米,相应库容 4 140 万立方米;校核水位 52.81 米,相应库容 5 699 万立方米;死水位 48.00 米,死库容 17 万立方米。大坝为均质土坝,设计坝顶高程 54.5 米,最大坝高 7.2 米,坝长 886 米,闸底板高程 48.00 米。设计灌溉面积 13 万亩。

5.1.2.3 灌区运行管理

1. 灌区组织管理

三义寨灌区现行管理采用统一领导、分级管理、分级负责、专业管理与群众管理相结合的模式。

(1)河南省豫东管理局三义寨管理分局(以下简称三义寨分局):三义寨灌区专管机构,成立于 1985 年,设有办公室、工程灌溉科、财务与资产管理科、经营管理科,下设三分、毛古 2 个枢纽管理处,其职责是:负责总干渠、商丘总干渠、东分干渠、南分干渠、沉沙条渠 38.98 千米渠道及有关建筑物的管理和维护;制订灌区用水计划,调水配水,协调开封、商丘两市用水矛盾;负责水费征收、管理和使用。各部分根据各自职责,密切配合,分工合作,为工程运行和维护提供组织保障。三义寨分局现有定编人员数 38 人。工资全部由财政事业编制足额供给,按月发放。

(2)开封、商丘两市地分别设立灌区管理处(局),经济实行独立核算,有关县、市设立相应的管理站(所、股),分别管理各辖区内的渠道。各级管理机构行政上隶属当地政府,业务上受当地政府和上级管理单位双重领导。其中,商丘市灌区管理处的主要职责是引黄规划、引黄工程的建设施工、引水;对引黄渠道、水库、闸所、堤坝等工程设施的维修管理;涉外协调联系工作;引黄水费的征收、管理与使用以及所属人员的政治思想教育与管理工作。主要管理商丘干渠、南线干渠、民睢干渠、民宁干渠、民商虞干渠和林七、吴屯、郑阁 3 座黄河故道中型水库。依据商丘市机构编制委员会文件《关于重新核定市引黄灌区管理处编制和内设机构的批复》(商编〔2010〕3 号),商丘市灌区管理处内设机构 9 个:办公室、财务科、工程科、引灌科、坝窝渠闸管理所、林七闸库管理所、吴屯闸库管理所、郑阁闸库管理所、引黄南线渠闸管理所。斗渠及以下工程产权归用水者协会或村集体(未成立协会的村集体)所有,由协会(或村集体)负责工程管理运行和维护。

2. 灌区工程管理

三义寨灌区现状由三义寨分局负责管理总干渠、三分枢纽、商丘总干渠、东分干渠、南分干渠(兰考境内)、沉沙条渠(兰考境内)及其分水闸、节制闸、桥、涵等建筑物;开封和商丘两市地范围内的渠道及其建筑物分别由两市地及有关县(市)负责管理。各级灌区管理单位对自己管理范围内的渠道护堤地及建筑物周围管理用地进行管理。

3. 灌区用水管理

三义寨灌区自黄河引渠引水,经三义寨引黄渠首闸、三义寨引黄总干渠,至三分枢纽后,利用兰杞干渠向兰考县、祥符区、杞县供水,兰考干渠向兰考供水,商丘总干渠向商丘供水。

灌区每年根据用水单位用水需求编制用水计划,在控制总量基础上,根据需求实行动态管理。同时,结合灌区旱情积极主动协调黄河河务部门加大支持力度,协调用水指标,满足灌区需求。三义寨灌区水量调度坚持"总量控制、定额管理、丰增枯减、适时调度"的原则。当灌区引水满足需水时,按各县区、各灌域上报用水计划调配,未按上报计划引水,过期不补。因黄河来水变化,灌区引水无法满足需水时,根据灌区上下游实际情况适时做出调整。在优先保证农业灌溉用水的前提下,适时安排生态补水。灌区所辖工程共设 3 个固定量水监测点、3 个校核点,专业量测人员采用专门的量水设备,保证定时定点检测,量测仪器定期校核,有关记录规范完整,确保真实性、准确性,是水量调度、水费征收的重要依据。

4. 灌区经营管理

水价及水费收取情况。农业供水价格按照豫价费字〔1997〕第 091 号文件规定及灌区实际情况计收,开封市 0.012 元/立方米;商丘市每年 4、5、6 月 0.025 元/立方米,其他月 0.020 元/立方米。根据《河南省发展改革委 河南省水利厅关于对豫东水利工程管理局三义寨灌区非农业供水价格的批复》(豫发改价管〔2014〕90 号)规定,非农业供水价格为:每年 7 月 1 日至第二年 3 月 31 日为 0.16 元/立方米;每年 4 月 1 日至 6 月 30 日,根据国家发改委关于引黄渠首水价季节差价的规定,非农业供水价格在上述价格的基础上,每立方米增加 0.02 元,即 0.18 元/立方米。

各类水费计收方式:按立方米。收缴频度,按年。近年来,在政府支持、政策落实下,水费全额收取,水费按照引水累计水量收取,实收率为 100%。

5.1.2.4　灌区工程效益

三义寨灌区自 1992 年实施新三义寨引黄供水工程以来,已形成"引得来,蓄得住,分得出,用得上",灌排合一、井渠结合、防洪与抗旱结合、可灌可排的供水体系。自通水以来累计引用黄河水 70 多亿立方米无失误,工程最大引水流量达 76.37 立方米/秒,年最长引水时间 328 天,充分发挥了工程效益,为灌区农业丰产丰收、工业经济发展、城市居民生活、生态环境改善提供了强有力的水源支撑。

三义寨灌区土地肥沃,日照充足,水源可靠,水质良好,灌溉、排水渠系工程布置合理,效益显著,渠系水利用系数达 0.55 以上,灌溉水利用系数为 0.52,已被列为国家粮食生产核心区。

5.1.3　柳园口灌区

柳园口灌区是黄河下游右岸引黄灌渠,位于东经 113°58′~115°30′,北纬 33°40′~34°54′,范围涉及开封市祥符区(原开封县)、杞县及龙亭区(郊区的一小部分),灌区总人口 48.44 万,控制面积 407.24 平方千米,设计灌溉面积 46.35 万亩,属大型灌区。灌区分充分灌溉灌区和非充分灌溉灌区,以陇海铁路为界,道北灌溉面积 18.72 万亩,道南部分灌溉面积 27.63 万亩,其中 9.0 万亩属充分灌溉灌区,其余 18.63 万亩为非充分灌溉灌区。灌区引水除了保障生活生产用水,还用于补源城市地下水。

5.1.3.1 灌区工程建设

柳园口灌区原属 1958 年建设的黑岗口灌区的一部分,后由于输水线路长,于 1967 年春在开封市龙亭区柳园口修建引黄渠首闸,更名为柳园口引黄灌区。灌区现有渠系工程总干渠、北干渠、东干渠、南干渠等渠道。

1999 年 8 月 4 日,河南省计划委员会以"豫计农经〔1999〕604 号"文对《河南省柳园口引黄灌区 1999—2000 年节水改造项目可行性研究报告》(第一期)进行了批复。工程内容包括:东干渠 11.461 千米疏浚及衬砌;建筑物 13 座,其中支渠进水闸 1 座、干斗门 12 座。南干渠上段 2.1 千米衬砌。北干渠全长 14.39 千米衬砌,干斗门 20 座。

2009 年 9 月 22 日,河南省发展和改革委员会以"豫发改农经〔2009〕1648 号"文对《河南省柳园口引黄灌区续建配套与节水改造项目(第二期)可行性研究报告》进行了批复。工程内容包括:总干渠 18.12 千米渠道整治及 13.165 千米衬砌工程,重建、维修各类建筑物 14 座,其中重建干斗门 5 座、生产桥 7 座,维修节制闸和生产桥各 1 座。南干渠 10.846 千米(桩号 2+164~13+010)渠道整治及 1.302 千米(桩号 2+164~3+466)衬砌工程,建筑物共 18 座,包括:新建进水闸 2 座、节制闸 1 座,退水闸 1 座、生产桥 1 座,重建干斗门 2 座、生产桥 7 座,维修节制闸、渡槽、生产桥和支渠进水闸各 1 座。柏慈沟疏浚 19.471 千米,新建、重建节制闸各 1 座。

2012 年 10 月 8 日,河南省发展和改革委员会以"豫发改农经〔2012〕1545 号"文对《河南省柳园口引黄灌区续建配套与节水改造项目(第三期)可行性研究报告》进行了批复。工程内容包括:总干渠长 4.955 千米左右岸衬砌工程;长 3.143 千米的右岸堤顶道路。建筑物共 11 座,包括:重建斗门 8 座,重建桥梁 2 座,维修南干渠进水闸 1 座。重建李寨管理所 1 处。岗西支渠长 1.499 千米渠道衬砌工程;重建斗门 3 座,新建斗门 1 座。东干渠长 7.889 千米渠道右岸堤顶道路硬化;建筑物共 23 座(处);重建孙庄管理所、程砦管理所各 1 处,维修祁砦管理所 1 处。招营分干渠长 3.487 千米渠道疏浚工程;建筑物共 19 座。曲兴分干渠长 1.607 千米渠道疏浚工程;建筑物共 12 座。南干渠长 3.466 千米渠道左岸堤顶道路硬化;9.364 千米混凝土衬砌;建筑物共 16 座(处)。李官寨支渠整治长度 11.2 千米;建筑物共 22 座。于宜沟整治长度 9.1 千米;建筑物共 19 座。柏慈沟建筑物共 26 座(处);新建退水闸管理所 1 处。白丘西沟整治长度 4.95 千米;建筑物共 16 座。老王庄支沟整治长度 5.057 千米;建筑物共 18 座。郭君南沟整治长度 6.035 千米;建筑物共 11 座。北干渠建筑物共 38 座。

2016 年 8 月 25 日,河南省发展和改革委员会以"豫发改农经〔2016〕1096 号"文对《河南省柳园口引黄灌区续建配套与节水改造项目总体可行性研究报告》进行了批复。工程内容包括:总干渠建筑物共 11 座。东干渠建筑物共 4 座。招营分干渠长 3.487 千米的渠道衬砌工程。黄庄支渠长 7.2 千米的渠道整治工程;建筑物共 16 座。招营支渠长 4.003 千米的渠道衬砌工程;建筑物共 12 座。曲兴分干长 2.5 千米渠道衬砌工程;重建渡槽 1 座。双楼支渠长 6.8 千米渠道整治工程;建筑物共 30 座。崔楼支渠长 5.15 千米渠道整治工程;建筑物共 13 座。曲兴支渠长 9.2 千米渠道整治工程;建筑物共 43 座。杜良支渠长 6.0 千米渠道衬砌工程;建筑物共 22 座。北干渠长 14.538 千米右岸堤顶道路;重建生产桥 4 座。曲兴北支长 9.709 千米渠道整治工程;建筑物共 36 座。南干渠建筑物共 11 座。算郭寨支渠长 1.31 千米渠道衬砌工程;建筑物共 24 座。三里寨支渠长 2.062 千米渠道衬砌工程;建筑物共 29 座。八里湾东支河道整治长度为 7.6 千米;建筑物共 8 座。跃进支渠河道整治长度为 4.2 千米;建筑物共 5 座。十干排河道整治长度为 10.956 千米;建筑物共 41 座。王老屯分支河道整治长度为 4.337 千米;建筑物共 17 座。万寨分支沟河道整治长度为 1.9 千米;建筑物共 9 座。黑木支沟河道整治长度为 3.2 千米;建筑物共 12 座。牛凹支渠河道整治长度为 10.3 千米;建筑物共 55 座。秦奉沟河道整治长度为 5.885 千米;建筑物共 13 座。淤泥河重建支渠进水闸 4 座。三营河河道整治长度为 7.8 千米;建筑物共 8 座。

2006—2012 年,柳园口灌区进行了 8 个年度续建与节水改造工程,下达投资 1.09 亿元,完成渠道改造 120.57 千米,改造建筑物 263 座,改造管理所 3 个。

5.1.3.2　灌区工程现状

灌区主要由灌溉、排水和机井三套工程系统组成,为灌排分设、井渠结合的工程模式。截至 2015 年,灌区灌溉系统由总干、干、支、斗、农 5 级固定渠道组成,灌区有总干渠 1 条,长 18.12 千米,设计流量 46.2 立方米/秒,实际最大过水流量 40 立方米/秒;干渠 3 条,长 58.15 千米;分干渠 2 条,长 6 千米;支渠 15 条,长 91.04 千米;斗、农渠 227 条。干、支渠各类建筑物 1349 座。

1. 控制性建筑物

渠首闸建于 1967 年春,在开封市龙亭区柳园口修建引黄渠首闸。

2. 渠道工程

1) 总干渠

总干渠自柳园口渠首闸下起流向东南,穿开柳公路及小铁路,至东干渠及南干渠渠首止,全长 18.12 千米。引水流量 46.2 立方米/秒。

2) 北干渠

自李寨枢纽东行,至大蔡寨南(大蔡闸)止,长 14.39 千米。灌溉黄河大堤南侧 6.11 万亩,北干渠共计 13 条支渠。

3) 南干渠

渠道从高寨西总干渠尾分水南行,至柏树坟退入柏慈沟处止,全长 13.010 千米,最大引水流量 25.56 立方米/秒,灌溉面积 28.84 万亩。共计 14 条支渠。

4) 东干渠

渠道从高寨西总干渠尾起东行,止于程砦枢纽,全长 11.461 千米,最大引水流量 12.43 立方米/秒,控制灌溉面积 10.36 万亩。

招营分干与曲兴分干从东干渠引水,招营分干长度为 3.48 千米,控制灌溉面积 3.23

万亩,引水流量 2.79 立方米/秒。曲兴分干长度为 2.50 千米,控制灌溉面积 3.31 万亩,引水流量 2.85 立方米/秒,东干渠共计支渠 17 条。

5.1.3.3 灌区运行管理

柳园口灌区建成后,实行统一领导、分级管理的办法,明确划定县(市)、乡镇、村三级渠道管护维修责任段,分级管理。

1. 灌区组织管理

1985 年成立了开封市柳园口管理所,职能为管理柳园口灌区城区段 14.1 千米干渠,协调城区和开封县用水。1984 年经河南省水利厅批准成立开封县柳园口引黄灌区管理处,副科级规格,隶属开封县水利局领导。2015 年开封县更名为开封市祥符区,开封县柳园口引黄灌区管理处更名为开封市祥符区柳园口引黄灌区管理处。

2. 灌区工程管理

灌区骨干工程实行分级管理、分级负责制。开封市柳园口管理所负责管理总干渠;开封市祥符区柳园口引黄灌区管理处下设李寨、高寨、祁寨和扫街 4 个管理所,负责南干渠、东干渠、北干渠的运行管理。截至 2015 年年底,灌区共成立农民用水户协会 2 个,控制灌溉面积 0.8 万亩。末级渠系由乡水利站、村级组织(或协会)对渠系长度、建筑物进行管理。

3. 灌区用水管理

柳园口灌区以总干渠引黄河河水为主要水源,总干渠自 1967 年开始引水。灌区实行计划用水,统一调配,分级配水。管理处配水到干渠口,管理所配水到支渠口,乡水利站(协会)分水到斗、农渠。当引水流量不小于计划引水量 70% 时,支渠以上实行续灌,斗、农渠实行分组轮灌;当引水流量小于计划引水量 70% 时,调整渠系配水计划,干、支渠改续灌为轮灌,以保证用水计划的顺利实施。

5.1.3.4 灌区工程效益

截至 2015 年年底,总干渠共引水 117 亿立方米。其中,农业用水 83.74 亿立方米,累计灌溉农田 4 635.8 万亩。柳园口灌区内粮食作物以小麦为主,其次为玉米及水稻等,总干渠开灌前灌区粮食亩产最高 225.6 千克。目前灌区工程已配套部分粮食亩产:水稻 400 千克、小麦 380 千克,平均单产 390 千克。灌区内经济作物为棉花、花生、芝麻和大豆等,经济作物产量也较开灌前有了很大提高。经过多年建设,渠系水利用系数提高到 0.53,灌溉水利用系数提高到 0.48,灌区群众的生活和居住条件均已大为改善。

5.2 中型灌区

豫东地区重点中型灌区有 24 处,设计灌溉面积 277.39 万亩,具有代表性的有黑岗口灌区,设计灌溉面积 23.90 万亩;一般中型灌区有 2 处,设计灌溉面积 7.60 万亩。

5.2.1　黑岗口灌区

黑岗口灌区位于黄河南岸,豫东平原古城开封市城区的四周,范围包括开封市城区及祥符区(原开封县)的小部分,涉及城区的东郊乡、西郊乡、南郊乡、北郊乡、汪屯乡、土柏岗乡、柳园口乡、水稻乡8个乡和祥符区的城关镇、兴隆乡、陈留乡、八里湾乡4个乡(镇);共计12个乡(镇)、81个自然村庄。灌区控制土地面积279平方千米,耕地面积28.10万亩,本灌区工程等别为Ⅲ等,工程规模为中型。灌区设计灌溉面积23.90万亩,其中城区18万亩,祥符区(原开封县)5.9万亩(作过工程规划,但从未步入实施阶段,目前仍未实施)。目前灌区有效灌溉面积为11.47万亩,占设计灌溉面积的48%。总人口为21.19万人,总劳动力为8.13万人。灌区始建于1957年,当时以放淤改土为主,经过40多年的开发建设,灌区由原来的放淤改土逐步向引黄节水灌溉转变,整个灌区在放淤改土、抗旱灌溉中发挥了显著的作用。灌区引水主要用于开封市郊区农业灌溉及市区工业、居民生活用水、生产养殖、灌淤改土、黄河大堤淤临淤背、补充地下水源及城市洗污用水。

5.2.1.1　灌区建设历程

黑岗口灌区工程是1957年兴建的引黄淤灌济惠工程。任务是"以放淤为主,密切结合航运,放淤完成后,以航运为主,适当结合灌溉及城市工业用水综合性开发",设计流量为54立方米/秒。工程完成后,1958年开始放水,由于大引大蓄,无节制地引用黄水,加上工程不配套,缺乏相应的排水措施,造成河道淤积、地下水位上升、土地次生盐碱化,1961年被迫停止灌溉。1964年在总结经验教训的基础上恢复灌溉。

灌区恢复灌溉后,1984年和1986年分别作出了灌区的"黑岗口引黄灌区改建工程规划"和"黑岗口引黄灌区配套工程扩大初步设计"。1986—1988年进行改建配套工程,共投资3 434.41万元,灌区依托地方自筹修建了少部分临时性工程。2012年通过国家农业综合开发中型灌区节水配套改造项目,整治渠道6条,全长33.62千米,衬砌渠道全长0.12千米,修建各类建筑物共82座,其中水闸53座,水闸维修156.59万立方米,混凝土8 203.05立方米,钢筋混凝土1 761.06立方米,整坡土方1 019.7平方米,工程投资1 600万元。

5.2.1.2　灌区工程现状

黑岗口灌区经过40多年的开发建设,灌区内排水系统已基本形成,骨干排水河道有惠济河、黄汴河、马家河、马家河北支、东郊沟、惠北泄水渠、黄石沟、兴月沟等8条干支沟。灌区骨干工程主要包括总干渠、东干渠、西干渠、南干渠等渠道,支渠24条,斗渠61条;沉沙池2处;小(1)型水库1座。

1. 控制性建筑物

黑岗口渠首闸兴建于1957年,为5孔钢筋混凝土压力涵洞。孔高2.0米,孔宽1.8米,设计闸底板高程为75.59米。1957年设计闸前水位为78.64米,闸后为78.29米。设计过水闸流量为50立方米/秒,加大流量为64立方米/秒。1981年经黄河水利委员会的有关部门改建与加固,目前工程运行良好,可以满足灌区的灌溉要求。

2. 渠道工程

1) 总干渠

从渠首闸至十孔分水枢纽,总长 1.50 千米,渠底宽为 30 米,边坡 1:2.5,设计流量 26 立方米/秒,比降为 1/4 500。

2) 东干渠

从总干渠十孔分水枢纽开始向东,经堤角、单寨、牛庄至郭楼向东延伸,到土柏岗北地转向正南,于阮楼村进入开封县境,全长 38.503 千米(其中:城区境长 23.20 千米,开封县境长 15.303 千米);渠底宽 18~22 米;比降为 1/4 000,设计流量 6.0~18.1 立方米/秒。

3) 西干渠

从总干渠十孔分水枢纽开始向南,经沙门、野厂至牛墩渡槽,全长 16.00 千米,渠底宽 14~18 米,设计流量 4.0~8.2 立方米/秒,比降为 1/4 500。

4) 南干渠

从西干渠渠尾牛墩渡槽开始向东经开尉公路、李坟至伍村退水闸,全长 14.14 千米,渠底宽 7~10 米,比降 1/4 000,设计流量为 0.4~4.0 立方米/秒。

5) 西南官庄支渠

西南官庄支渠自东干渠 6+227 处右岸引水,全长 2.6 千米,设计灌溉面积 0.68 万亩,设计引水流量 0.59 立方米/秒,渠首引水水位 75.42 米,过水断面采用梯形,其比降为 1/3 000。

6) 北郊支渠

北郊支渠自东干渠 7+072 处右岸引水,该渠道控制灌溉面积 1.40 万亩,渠首设计流量 1.34 立方米/秒,渠首引水水位 75.21 米,过水断面采用梯形,其比降为 1/3 000,渠线全长 4.528 千米。

7) 大北岗支渠

大北岗支渠自东干渠 10+050 处右岸引水,全长 4.70 千米,灌溉面积 1.2 万亩,设计流量 1.01 立方米/秒。渠首引水水位 74.27 米,过水断面采用梯形,其比降为 1/3 500。

8) 铁牛支渠

铁牛支渠自东干渠 11+937 处右岸引水,全长 5.04 千米,灌溉面积 0.92 万亩,设计流量 0.85 立方米/秒。渠首引水水位 73.79 米,过水断面采用梯形,其比降为 1/3 500。

3. 沉沙池工程

灌区现有双河铺和盐庵 2 处沉沙池,建于 1982 年冬,面积 3.1 平方千米,沉沙池容量 232 万立方米。

1) 双河铺沉沙池

面积为 1.8 平方千米,容积为 115 万立方米,进水闸位于南北堤,出口位于堤角。

2) 盐庵沉沙池

面积 1.3 平方千米,容积 117 万立方米,进口利用总干渠十孔分水枢纽,出口位于堤角。2 处沉沙池中盐庵沉沙池的 1 座进水闸、1 座退水闸均为砖结构,年久失修,损坏较为严重,需要加固与配套;沉沙池围堤大部分尚好,个别堤段需要整修。

4. 黑岗口水库

2008 年,黑岗口水库位置所在的开封新区成立了建设指挥部。最终建成的黑岗口调蓄水库总体规模为:设计洪水标准 20 年一遇,校核洪水标准 100 年一遇。20 年一遇设计洪水位 75.00 米,100 年一遇校核洪水位 75.37 米,汛限水位 74.0 米,兴利水位即正常蓄水位 74.50 米,死水位 72.40 米。总库容 834 万立方米,水库与滞洪区联合总库容 980 万立方米,库区及滞洪区相应联合水面总面积 2.293 平方千米。正常蓄水位时水面面积 1.984 平方千米,相应库容 619 万立方米,兴利库容 389 万立方米。死水位时水面面积 2 628 亩,死库容 300 万立方米。平均水深 3.17 米,最大水深 3.5 米。灌溉面积 18 万亩,向开封市城区年供水 2 000 万立方米。水库为永久建筑物,主要建筑物为 4 级,次要建筑物为 5 级,临时性建筑物为 5 级,系平原区小(1)型水库。

5.2.1.3　灌区运行管理

黑岗口灌区管理单位为开封市城区黑岗口引黄管理处,负责灌区干渠以上及干支渠枢纽工程的管理工作,支渠工程由乡级管理,田间工程及斗农渠系建筑物由村级管理。

5.2.1.4　灌区工程效益

黑岗口灌区粮食作物以小麦为主,其次为水稻及玉米,经济作物有棉花、花生、芝麻和大豆等,水平年复种指数 170%。灌区国民生产总值达 64.53 亿元,其中农业总产值 6.71 亿元,年粮食总产量为 6.14 万吨,亩均粮食产量 716 千克。2015 年农业综合开发黑岗口中型灌区节水配套改造项目完成后,改善区内灌溉面积 8.7 万亩,灌溉引黄年节水量 557 万立方米,新增粮食生产能力 2 358 万千克,农产品新增产值 1 566 万元。灌区年引水量 1.2 亿立方米,实灌面积 11.49 万亩。

豫东地区中型灌区基本情况见表 5-1。

表 5-1　豫东地区中型灌区基本情况

序号	灌区名称	地区	市、县(区)	灌区名称	设计灌溉面积/万亩	有效灌溉面积/万亩	管理单位名称	专管人员数量
1	北滩灌区	开封市	兰考县	北滩灌区	8.43	2.53	兰考县水利局	12
2	黑岗口灌区	开封市	城区、祥符区	黑岗口灌区	23.90	11.47	黑岗口引黄管理处	60
3	惠南灌区	开封市	杞县	惠南灌区	25.52	14.40	杞县水利局	12
4	詹庄灌区	商丘市	柘城县	詹庄灌区	8.00	4.80	柘城县水利工程管理站	5
5	石庄水库灌区	商丘市	虞城县	石庄水库灌区	8.50	7.80	虞城县水务局工程管理服务站	12
6	金张灌区	商丘市	夏邑县	金张灌区	10.00	7.84	夏邑县水利局工程管理总站	—
7	和顺灌区	商丘市	永城市	和顺灌区	9.80	8.00	永城市水利局水利工程管理处	—

续表 5-1

序号	灌区名称	地区	市、县（区）	灌区名称	设计灌溉面积/万亩	有效灌溉面积/万亩	管理单位名称	专管人员数量
8	包公庙灌区	商丘市	睢阳区	包公庙灌区	10.00	10.00	睢阳区水务局	48
9	西南灌区	周口市	扶沟县	西南灌区	5.00	3.15	扶沟县水利局	15
10	张柿园灌区	周口市	西华县	张柿园灌区	5.00	1.00	西华县李大庄乡政府	—
11	南顿灌区	周口市	项城市	南顿灌区	5.00	2.30	项城市谷河管理段	15
12	秣陵灌区	周口市	项城市	秣陵灌区	5.00	2.00	项城市汾河管理段	26
13	泉河泉北灌区	周口市	沈丘县	泉河泉北灌区	5.60	3.00	沈丘县泉河李坟闸管理所	10
14	泉河泉南灌区	周口市	沈丘县	泉河泉南灌区	6.80	2.50	沈丘县泉河李坟闸管理所	16
15	雷坡闸灌区	周口市	商水县	雷坡闸灌区	10.00	6.00	商水县汾河管理段	15
16	黄桥灌区	周口市	西华县	黄桥灌区	10.00	5.00	西华县颍河黄桥管理段代管	—
17	周庄闸灌区	周口市	商水县	周庄闸灌区	15.00	9.00	商水县水利局周庄闸管理所	38
18	逍遥灌区	周口市	西华县	逍遥灌区	5.00	3.00	西华县颍河逍遥管理段代管	—
19	沙南灌区	周口市	商水县	沙南灌区	25.00	15.00	商水县东灌区管理所	16
20	任楼灌区	商丘市	睢阳区	任楼灌区	5.00	2.00		
21	丁村灌区	周口市	郸城县	丁村灌区	13.50	5.00		
22	师寨闸灌区	周口市	项城市	师寨闸灌区	7.34	4.40		
23	娄堤灌区	周口市	项城市	娄堤灌区	20.00	12.00		
24	项城灌区	周口市	项城市	项城灌区	30.00	12.00		
25	逊母口灌区	周口市	太康县	逊母口灌区	4.60	1.80	太康县水利局	3
26	海岗灌区	周口市	扶沟县	海岗灌区	3.00	0.50	扶沟县海岗村委会	0
27		合计			284.99	156.49		

说明：表中数据来源于《河南省水利志》（2017 年）。

第6章 水 闸

水闸是建在河道、渠道及水库、湖泊岸边,具有挡水和泄水功能的低水头水工建筑物。关闭闸门,可以拦洪、挡潮、抬高水位,以满足上游取水或通航的需要;开启闸门,可以泄洪、排涝、冲沙、取水或根据下游用水需要调节流量。

根据《水闸设计规范》(SL 265—2001),平原区水闸工程的等别按过闸流量可分为大(1)型、大(2)型、中型、小(1)型和小(2)型。大(1)型水闸是指过闸流量在 5 000 立方米/秒及以上的水闸;大(2)型水闸是指过闸流量在 1 000 立方米/秒及以上、小于 5 000 立方米/秒的水闸;中型水闸是指过闸流量在 100 立方米/秒及以上、小于 1 000 立方米/秒的水闸;小(1)型水闸是指过闸流量在 20 立方米/秒及以上、小于 100 立方米/秒的水闸;小(2)型水闸是指过闸流量小于 20 立方米/秒的水闸。

根据《水利水电工程等级划分及洪水标准》(SL 252—2017),对水闸作为水利水电工程中的一个组成部分或单个建筑物时不再单独确定工程等别,作为独立项目立项建设时,其工程等别按照承担的工程任务、规模确定。

6.1 大型水闸

大型水闸在河道防洪、农业灌溉、城市供水、发展航运以及改善水生态环境等方面发挥了重要作用。豫东地区共有大型水闸 14 座,分布在涡河、惠济河、沙颍河、贾鲁河和泉河。其中涡河上 2 座,玄武闸(鹿邑县)、付桥闸(鹿邑县);惠济河上 2 座,砖桥闸(柘城县)、东孙营闸(鹿邑县);沙河上 2 座,大路李枢纽(商水县)、葫芦湾枢纽(商水县);颍河上 2 座,逍遥闸(西华县)、黄桥闸(西华县);沙颍河上 3 座,周口闸(周口川汇区)、郑埠口枢纽(周口淮阳区)、槐店闸(沈丘县);贾鲁河上 1 座,贾鲁河周口闸(周口川汇区);泉河上 2 座,娄堤闸(项城市)、李坟闸(沈丘县)。豫东地区大型水闸一览见表 6-1。

6.1.1 玄武闸

玄武闸位于涡河下游,鹿邑县玄武镇孟庄西北,属大型水闸。控制流域面积 4 020 平方千米,设计标准为 20 年一遇,设计水位 46.74 米,设计流量 1 000 立方米/秒;校核标准为 50 年一遇,校核水位 46.97 米,校核流量 1 200 立方米/秒,闸上正常蓄水位 45.00 米,蓄水量 660 万立方米,设计灌溉面积 25 万亩。水闸在拦蓄径流、承接上游引黄退水、调水入涡、农田灌溉和开发航运等方面发挥着重要作用。运用原则为汛期限制水位运用,非汛期蓄水兴利。

表 6-1　豫东地区大型水闸一览

水闸名称	编号	所在河流	控制流域面积/平方千米	结构型式	闸孔数孔		底板高程/米	蓄水量/万立方米	主要用途	所在位置
玄武闸	6.1.1	涡河	4 020	开敞式	12		39.50	660	灌溉、航运	鹿邑县玄武镇孟庄村
付桥闸	6.1.2	涡河	4 133	开敞式	12		30.00	800	灌溉、航运	鹿邑县卫真办事处付桥村
砖桥闸	6.1.3	惠济河	3 485	开敞式	6		33.50	1 000	灌溉	柘城县陈青集镇砖桥村
东孙营闸	6.1.4	惠济河	4 028	开敞式	11		29.50	1 500	灌溉	鹿邑县涡北镇东孙营村
大路李枢纽	6.1.5	沙河	12 806	开敞式	10		44.00	3 000	航运、灌溉	商水县郝岗镇大路李村
葫芦湾枢纽	6.1.6	沙河	13 007	开敞式	10		41.50	3 200	航运	商水县邓城镇西白帝村
逍遥闸	6.1.7	颍河	3 368	开敞式	5		46.90	550	灌溉	西华县逍遥镇西门
黄桥闸	6.1.8	颍河	6 997	开敞式	18		44.30	1 280	灌溉	西华县黄土桥村
周口闸	6.1.9	沙颍河	19 948	开敞式	浅孔闸	14	42.36	3 429	灌溉、供水、航运	周口市川汇区贾鲁河汇流口上游700米处
					深孔闸	10	39.60			
郑埠口枢纽	6.1.10	沙颍河	27 180	开敞式	11		33.00	2 800	航运，兼顾防洪及灌溉	周口市淮阳区新站镇郑埠口村
槐店闸	6.1.11	沙颍河	28 150	开敞式	浅孔闸	18	36.00	4 000	灌溉、供水、航运	沈丘县槐店镇
					深孔闸	5	31.00			
贾鲁河周口闸	6.1.12	贾鲁河	5 895	开敞式	8		40.10	380	蓄水、调水	周口市川汇区贾鲁河入沙额河口上游1.7千米处
娄堤闸	6.1.13	泉河	1 598	开敞式	6		32.99	960	灌溉	项城市娄堤村
李坟闸	6.1.14	泉河	3 270	开敞式	7		—	2 500	灌溉、防洪	沈丘县老城镇李坟村

　　玄武闸于 1959 年 10 月动工,1960 年停建,1970 年 6 月续建,1972 年 5 月建成并投入运用。由河南省水利厅勘测设计院设计,鹿邑县水利局组织施工。控制流城面积 4 020.0 平方千米,设计标准为 20 年一遇,闸上水位 46.45 米,闸下水位 46.25 米,流量 942.0 立方米/秒,校核标准为 50 年一遇,闸上水位 46.67 米,闸下水位 46.34 米,流量 1 067 立方米/秒,设计蓄水位 45.00 米,相应蓄水量 660 万立方米,设计灌溉面积 25 万亩。工程采用开敞式结构,共 12 孔,孔宽 6.0 米,闸身总宽 78.4 米,水闸总长 113.7 米。交通桥为钢筋混凝土 T 形梁结构,标准为汽 - 10 级,桥宽 4.5 米,桥面高程 47.50 米。总投资 507.0 万元,其中国家投资 260.0 万元,地方自筹 247 万元。

　　玄武闸曾于 1985 年进行了闸底板维修,1991 年更换备用机组,完善了水闸管理设施。2005—2006 年涡河近期治理工程中,对玄武闸进行了维修加固,工程投资 350 万元。设计流量 1 000 立方米/秒,设计标准为 20 年一遇防洪,设计水位 46.74 米;校核流量 1 200 立方米/秒,校核标准为 50 年一遇,水位 46.97 米,闸底板高程 39.50 米,蓄水量 660 万立方米,设计灌溉面积 25 万亩。主要工程量为土方开挖 1 719 立方米;清淤土方 13 078 立方米;M7.5 浆砌块石海漫及翼墙 639.74 立方米;C15 混凝土预制块护坡 444.06 立方米;现浇 C15 混凝土坡脚、台帽、齿墙等共 322.21 立方米;C20 混凝土栏杆延石及箱变平台 32 立方米;C30 混凝土桥面铺装、检修门槽回浇及排架柱 151.64 立方米。重建启闭机房面积 376 平方米;维修闸管所面积 300 平方米;金属结构安装 240 吨及电气设备安装;闸墩、排架、工作桥纵梁等构件表面防腐等工程。

6.1.2　付桥闸

　　付桥闸位于涡河下游、鹿邑县卫真办事处付桥村北,属大型水闸。水闸控制流域面积 4 133.0 平方千米,设计标准为 20 年一遇,设计水位 40.84 米,设计流量 1 000 立方米/秒;校核标准为 50 年一遇,校核水位 41.56 米,校核流量 1 200 立方米/秒,正常蓄水位 39.50 米,蓄水量 800 万立方米,设计灌溉面积 15 万亩。付桥闸在拦蓄径流、承接上游引黄退水、调水入涡、农业灌溉和开发航运等方面发挥着重要作用。运用原则为汛期限制水位运用,非汛期蓄水灌溉,补充地下水。

　　付桥闸于 1978 年 4 月开工,1981 年 6 月竣工运用。初建时由武汉水利电力学院和鹿邑县水利局共同设计,鹿邑县水利局组织施工。控制流城面积 4 133.0 平方千米,设计标准为 20 年一遇,闸上水位 40.71 米,闸下水位 40.61 米,流量 1 350.0 立方米/秒,校核标准为 50 年一遇,闸上水位 41.93 米,闸下水位 41.79 米,流量 1 710.0 立方米/秒,设计蓄水位 39.50 米,相应蓄水量 300 万立方米,设计灌溉面积 15 万亩。工程采用开敞式结构,共 12 孔(其中左边孔已封死),孔宽 8.0 米,由于该闸结构型式为河床护坡式,因此两岸各有边浅孔 2 孔,闸身总宽 112.5 米,水闸总长 194.0 米。交通桥为钢筋混凝土 T 形梁结构,标准为汽 - 15 级,桥宽 10.5 米,桥面高程 42.50 米。总投资 716.3 万元,其中国家投资 427.0 万元。受经费限制,水闸竣工时遗留工程项目较多,主要有:闸上、下游遗留土方

29.0 万立方米;闸右岸边孔电站;浮箱检修闸门及观测设备仪器购置等工程项目;上游60.0 米护坡未建。

2005—2006 年,涡河近期治理工程中,对付桥闸进行了维修加固,工程投资 510 万元。设计流量 1 000 立方米/秒,设计标准为 20 年一遇防洪,设计水位 40.84 米;校核流量1 200 立方米/秒,校核标准为 50 年一遇,水位 41.56 米,闸底板高程 30.00 米,蓄水量 800万立方米,设计灌溉面积 15 万亩。主要工程量为土方开挖 707.64 立方米;三七土回填13.87 立方米,回填石灰三合土 13.96 立方米,清淤土方 10 334 立方米;C15 混凝土预制块护坡 820 立方米;C15 现浇混凝土护肩、腰台帽、齿墙及阶梯等共计 329.96 立方米;C20 混凝土现浇箱变平台 6 立方米;C25 混凝土检修门槽 60 立方米;环氧树脂砂浆 19.29 立方米;重建启闭机房面积 2 119 平方米,桥头堡外墙粘蘑菇石面砖 1 140 立方米;拆除混凝土砌体 109.26 立方米,凿除混凝土 40 立方米;闸门及启闭机安装,以及电气设备安装,闸墩、排架、工作桥纵梁等构件表面防腐等。

6.1.3 砖桥闸

砖桥闸位于惠济河下游、柘城县陈青集镇砖桥村西,属大型水闸。控制流域面积3 485.0 平方千米,设计标准为 20 年一遇,设计水位 43.17 米,设计流量 1 080 立方米/秒,校核标准为 50 年一遇,校核水位 43.62 米,校核流量 1 200 立方米/秒,正常蓄水位 39.50米,蓄水量 1 000 万立方米,设计灌溉面积 16 万亩。运用原则为汛期限制水位运用,非汛期蓄水灌溉,补充地下水。

砖桥闸始建于 1960 年,由于多种原因,几经起落,于 1973 年 10 月又建,到 1976 年初建成。由商丘地区水利局设计大队设计、商丘地区建筑安装公司等单位施工。控制流域面积 3 485.0 平方千米。设计标准为 20 年一遇,闸上水位 43.17 米,闸下水位 43.03 米,流量 1 080.0 立方米/秒,校核标准为 50 年一遇,闸上水位 43.62 米,闸下水位 43.45 米,流量 1 200.0 立方米/秒,设计蓄水位 43.50 米,相应蓄水量 1 000 万立方米,设计灌溉面积16 万亩。工程采用开敞式结构,共 6 孔,孔宽 10.0 米,闸身总宽 69.0 米,水闸总长 221.1米。交通桥标准为汽 - 10 级,桥宽 8.0 米,桥面高程 45.0 米。总工程量 153.91 万立方米,国家投资 597.0 万元。砖桥闸建成后由柘城县砖桥闸管所负责管理。

2005—2006 年,在涡河近期治理工程中,对砖桥闸进行了维修加固,工程投资 1 500 万元。工程于 2005 年 9 月 10 日进场,10 月 29 日正式开工,先期开始闸门、启闭机、启闭机房等拆除工作,2006 年 12 月 3 日开始进行上游主围堰(距闸室段 1.5 千米处)填筑和梁陈干渠导流明渠清淤,同时进行施工围堰填筑,导流围堰于 2005 年 1 月 15 日完成并投入使用;金属结构埋件和设备安装于 2006 年 2 月 22 日—5 月 20 日完成;上下游连接段护坡工程:原设计上游 135 米,C15 混凝土护坡底部高程 33.50 米,修改提高到 37.00 米,下游砌石护坡 65 米延长段 25 米底部高程提高到 38.00 米,海漫段、防冲槽段底部 33.00 米以下砌石护底,由于整体完好,保持原样,抛石段取消。C15 混凝土块预制于 2005 年 11 月 21

日开始,2006 年 3 月 29 日护坡开始,2006 年 8 月 29 日完工。电气设备及上部土建工程于 8 月 30 日前完成;9 月 26 日竣工。6 月 1 日过流前水下工程全部完成并进行水下工程过流前阶段验收;合同工期为 256 日历天,实际工期 333 日历天。

6.1.4　东孙营闸

东孙营闸位于惠济河下游、鹿邑县涡北镇东孙营村东,属大型水闸。控制流域面积 4 028.0 平方千米,设计标准为 20 年一遇,设计水位 40.58 米,设计流量 1 000 立方米/秒;校核标准为 50 年一遇,校核水位 41.14 米,校核流量 1 200 立方米/秒,正常蓄水位 39.50 米,蓄水量 1 500 万立方米,设计灌溉面积 20 万亩。运用原则为汛期限制水位运用,非汛期蓄水灌溉,补充地下水,必要时按上级主管部门及防汛指挥部的统一指令调度运用。

东孙营闸于 1975 年 5 月 20 日动工兴建,1977 年 7 月 10 日竣工并投入运用。初建时由周口地区水利局设计、鹿邑县水利局组织施工。控制流域面积 4 028.0 平方千米。设计标准为 20 年一遇,闸上水位 40.02 米,闸下水位 39.88 米,流量 1 295.0 立方米/秒,校核标准为 50 年一遇,闸上水位 40.60 米,闸下水位 40.44 米,流量 1 443.0 立方米/秒,设计蓄水位 39.50 米,相应蓄水量 1 500 万立方米,设计灌溉面积 20 万亩。工程采用开敞式结构,共 11 孔,孔宽 6.0 米,闸身总宽 79.0 米,水闸总长 168.5 米,闸底板高程 29.50 米。交通桥为钢筋混凝土空心板结构,标准为汽 - 13 级,桥宽 8.6 米,桥面高程 41.70 米。总投资 1 032.0 万元,其中国家投资 632.0 万元。

由于惠济河在鹿邑县境槽深 12.3 米,宽 200 余米,标准高,河槽深,致使沿岸地下水流失严重,埋深 10 米左右。东孙营闸在施工中,1976 年 12 月 25 日夜受寒流袭击,气温骤降至 - 10 ℃以下,导致第 2、4、6、8、10 孔底板拱顶处产生裂缝,深度 7 ~ 300 毫米,宽度 0.05 ~ 0.30 毫米。经省、地、县现场检查,研究处理措施,于 1977 年 3 月 24—29 日进行了处理,顺裂缝凿成 V 形槽,槽内填 300 号混凝土,上先铺钢丝网一层,再用 200 号水泥砂浆抹平。水闸存在的主要问题是上游护坡较短,需要接长 60.0 米。东孙营闸建成后由鹿邑县东孙营闸管所管理,水闸管理范围为上游 500 米,下游 800 米。

2005—2006 年涡河近期治理工程中,对东孙营闸进行了维修加固,工程投资 485 万元。工程于 2005 年 10 月 21 日进场,11 月 19 日正式开工,首先进行启闭机房桥头堡、门槽轨道及混凝土建筑物的拆除,原启闭机和闸门的拆除;由于导流方案论证定址,导流工程于 2006 年 2 月 19 日开始施工,围堰于 2006 年 3 月 10 日全部完成,其次,金属结构埋件于 2006 年 3 月 22 日开始安装,闸门安装工程于 4 月 19 日—5 月 28 日安装完成,6 月 1 日过流前水下工程全部完成,并进行水下工程过流前阶段验收,6 月 22 日拆除导流围堰,10 月 10 日电气设备、上部土建工程和进场防汛永久道路全部完成,10 月 20 日全部完工。

6.1.5　大路李枢纽

大路李枢纽位于沙河上、商水县郝岗镇大路李村北,是一座以航运为主,兼顾蓄水灌溉等综合利用的大型枢纽工程。枢纽工程由泄水闸、船闸、灌溉工程等组成。按20年一遇洪水设计,50年一遇洪水校核,泄水闸设计洪水流量3 000立方米/秒,校核洪水流量3 500立方米/秒。最低通航水位51.00米,最高通航水位52.50米。

大路李枢纽于2013年11月开工建设,2016年6月建成。枢纽按泄水闸泄洪流量确定为Ⅱ等工程,主要建筑物级别为2级、次要建筑物级别为3级;船闸为4级船闸,船闸建设规模为500吨级,闸室有效尺度为120米×12米×3.2米(长×宽×门槛水深),蓄水量约3 000万立方米。泄水闸布置在河床中部,船闸位于主河床右侧滩地上,泄水闸采用钢筋混凝土开敞平底闸型式,闸室结构采用两孔一联整体式结构,上、下游翼墙均为扶壁式钢筋混凝土结构,闸门为弧形钢闸门,液压式启闭机,闸孔孔径12米,共10孔,闸底板高程44.00米,门顶高程58.00米,检修门采用平板叠梁门,坝顶设坝顶门机。

大路李灌区始建于1958年,原为无坝引水,沙河枯水期水位不能保证渠首闸的正常引水,故工程一直未能发挥应有的效益。现灌区渠首大路李引水闸位于大路李枢纽上游约1.1千米的沙河右岸,灌区设计灌溉补源面积30万亩,总干渠全线长19.55千米,设计流量20立方米/秒,干渠上有涵闸4座,包括渠首引水闸1座、渠首穿堤涵闸1座、节制闸1座、退水闸1座,桥梁25座。一干渠长26.78千米,有节制闸4座,桥梁42座,控制灌溉面积14万亩。二干渠长14.17千米,有退水闸1座,桥梁22座,控制灌溉面积12万亩。汾南干渠有支渠4条,长度6.05千米,控制灌溉面积4万亩。

6.1.6　葫芦湾枢纽

葫芦湾枢纽位于沙河上、商水县邓城镇西白帝村北,是一座以航运为主的综合利用大型枢纽工程。枢纽工程由泄水闸和船闸等组成。按20年一遇洪水设计,50年一遇洪水校核,泄水闸设计洪水流量3 000立方米/秒,校核洪水流量3 500立方米/秒,最低通航水位48.00米,最高通航水位49.50米。

葫芦湾枢纽于2013年11月开工建设,2016年6月建成。枢纽按泄水闸泄洪规模确定为Ⅱ等工程,主要建筑物级别为2级、次要建筑物级别为3级;船闸为4级船闸,建设规模为500吨级,闸室有效尺寸为120米×12米×3.2米(长×宽×门槛水深),蓄水量约3 200万立方米。坝轴线总长530米,从右至左依次布置右岸连接坝、船闸闸室、隔流堤、泄水闸和左岸连接坝。其中泄水闸布置在河床中部,采用钢筋混凝土开敞平底闸型式,闸室结构采用两孔一联整体式结构,闸门为弧形钢闸门,液压式启闭机,闸孔孔径12米,共10孔,闸底板高程41.50米,门顶高程55.50米,设计通航水位闸前48.50米,闸后45.50米。检修门采用平板叠梁门,坝顶设坝顶门机。坝顶交通桥按公路Ⅱ级设计,净宽7米。

6.1.7　逍遥闸

逍遥闸位于颍河上、西华县逍遥镇西门,属大型水闸。控制流域面积3 368平方千米,设计标准为5年一遇,设计水位54.53米,设计流量670立方米/秒。校核标准为20年一遇,校核水位 55.33 米,相应流量 1 370 立方米/秒。设计蓄水位 52.50 米,相应蓄水量 550 万立方米,设计灌溉面积 10 万亩。主要作用是拦蓄地面径流,承接五虎庙灌区退水。运用原则为汛期闸门吊起,非汛期蓄水灌溉。

逍遥闸于 1970 年 8 月动工兴建,1971 年 4 月竣工。初建由西华县水利局设计并组织施工。控制流域面积为 3 368 平方千米,设计标准为 5 年一遇,水位 52.53 米,流量 670 立方米/秒,校核标准为 20 年一遇,水位 54.88 米,流量 1 105 立方米/秒,设计蓄水位 52.20 米,相应蓄水量 550 万立方米,设计灌溉面积 10 万亩。工程采用开敞式结构,共 10 孔,孔宽 5.5 米,闸身总宽 64 米。安装钢筋混凝土双曲薄壳闸门,闸底板高程 46.90 米,闸门顶高程 52.90 米,配备 2×37.5 吨固定式双筒卷扬机,一机启闭两门。水闸总长 87 米,除上、下游翼墙为浆砌石结构外,其余全部为混凝土及钢筋混凝土结构。交通桥标准为汽－10 级,桥宽 7 米,桥面高程 56.90 米。工程完成土方 11.0 万立方米,砖石方 0.35 万立方米,混凝土及钢筋混凝土 0.54 万立方米,总投资 128 万元。水闸建成后由西华县逍遥闸管理所负责管理运用。

逍遥闸于 2018 年 7 月完成除险加固。工程现为开敞式结构,中间单孔一联,边孔 2 孔一联,每孔净宽 12 米,共计 5 孔,总宽度 89.2 米。闸室总长 124.5 米,闸底板高程 46.90 米,闸墩高程 57.00 米,钢闸门、卷扬式启闭机,启门力 2×25 吨。上游设检修闸门槽,设 1 扇平板钢检修闸门,启闭设备 2×10 吨电动葫芦,配备 1 台 120 千瓦柴油发电机组。

6.1.8　黄桥闸

黄桥闸位于颍河上、西华县黄土桥村西,是颍河干流的重要节制工程,属大型水闸。控制流域面积 6 997 平方千米,黄桥闸 20 年一遇防洪水位 53.17 米,流量 2 380 立方米/秒;设计蓄水位 49.00 米,相应蓄水量 1 280.0 万立方米,设计灌溉面积 20 万亩。主要作用是拦蓄径流,控制地下水及向颍河、贾鲁河之间调水灌溉。运用原则为汛期闸门吊起,非汛期蓄水灌溉。

黄桥闸于 1977 年 11 月开工兴建,1979 年 10 月竣工。初建时由西华县水利局设计及施工,控制流域面积 6 997 平方千米,设计标准为老 20 年一遇,水位 53.00 米,流量 1 540 立方米/秒,校核标准为 20 年一遇,水位 53.18 米,流量 2 200 立方米/秒,设计蓄水位 49.00 米,相应蓄水量 1 280 万立方米,设计灌溉面积 20 万亩。工程采用开敞式结构,共 16 孔,孔宽 6 米,闸身总宽 111 米。闸底板高程 44.00 米。安装钢筋混凝土平板闸门,配备 2×25 吨、2×40 吨固定式双筒卷扬机各 8 台。工程完成土方 158 万立方米,砖石方 0.64 万立方米,混凝土及钢筋混凝土 0.84 万立方米,总投资 430.28 万元,其中国家投资 350.28 万元、群众集资 80.0 万元。水闸建成后,由西华县黄桥管理所负责管理运用。

黄桥闸于 2017 年 12 月完成除险加固。工程现为开敞式结构,共 18 孔,中间 16 孔带分离式底板,两侧边孔为整体式结构,闸室总长 124.5 米,每孔净宽 5.5 米,闸底板高程 44.30 米,闸墩高程 55.0 米,闸门为钢闸门,设有卷扬式启闭机,启门力 2×16 吨。上游设检修闸门槽及 2 扇平板钢检修闸门,启闭设备为 2 × 10 吨电动葫芦。

6.1.9 周口闸

周口闸位于沙颖河干流上、周口市川汇区贾鲁河汇流口上游 700 米处,是以灌溉为主,兼顾工业及城市生活供水、航运等综合利用的枢纽工程,属大型水闸。枢纽工程分为节制闸(浅孔闸、深孔闸)和船闸。控制流域面积 19 948 平方千米,按流量 3 000 立方米/秒,水位 50.39 米设计;按流量 3 200 立方米/秒,水位 50.68 米校核。设计蓄水位 47.00 米,相应蓄水量 3 429 万立方米,设计灌溉面积 35 万亩,可提供城市用水 4 000 万立方米。运用情况汛期以排洪为主,非汛期蓄水兴利。

1958 年由河南省水利厅勘测设计院按沙河洪峰流量 3 000 立方米/秒标准设计,设计闸上洪水位 50.93 米,闸底板高程 41.36 米,堰顶高程 42.36 米,规划闸 14 孔,每孔净宽 6.0 米,闸身总宽 109.72 米。开敞式结构,钢筋混凝土分割式底板,两孔一分隔,浆砌石闸墩。闸门采用上下两扇,两门间设钢筋混凝土横系梁联结。闸上游段分别设有混凝土和砌石护底,下游段设混凝土及砌石消力池、护坦、海漫、防冲槽等工程。1959 年 9 月动工兴建,1961 年 10 月停建,1974 年 9 月续建,至 1975 年 6 月竣工。闸门由于长期运行老化,于 1998 年更新。

由于浅孔闸闸底板过高,防洪过流能力不足,1974 年河南省计划委员会和河南省水利局批准扩建深孔闸,由周口地区水利设计院设计。沙河周口保证流量为 3 000 立方米/秒,保证水位以 50.39 米为标准,校核老闸过水能力仅为 1 520 立方米/秒,新闸设计洪峰流量应为 1 480 立方米/秒。深孔闸设计闸底板高程降为 39.60 米,基本与原河底相平。深孔闸为 10 孔,每孔净宽 6.0 米,总宽 70.8 米。底板为钢筋混凝土反拱底板,闸墩为钢筋混凝土结构,墩宽 1.2 米,闸门为钢筋混凝土双曲薄壳结构,门顶高程 47.50 米。闸上游段分别设有混凝土和砌石护底,下游段设混凝土及砌石消力池、护坦、海漫、防冲槽等工程。深孔闸于 1974 年 9 月 16 日开工,1975 年 9 月 1 日建成。水闸建成后,由周口地区沙颖河工程管理处负责管理运用。

2007 年 4 月 20 日,河南省沙颖河涡河近期治理工程建设管理局开始对周口闸按 20 年一遇洪水标准设计,50 年一遇校核标准实施维修加固,工程于 2008 年 12 月 15 日竣工。维修加固的主要内容为对深、浅孔闸整个建筑物维修加固。浅孔闸原上、下双扉门更换为一扇平板定轮钢闸门,孔口尺寸(宽×高)6 米 × 5 米,共 14 孔,闸门设计水头 4.64 米,启闭设备更换为 QPQ - 2 × 250 kN 固定卷扬式启闭机,增设检修闸门;将深孔闸原钢筋混凝土双曲薄壳闸门更换为一扇平板定轮钢闸门,孔口尺寸(宽×高)6 米 × 7.9 米,共 10 孔,闸门设计水头 7.4 米,原启闭设备更换为 QPQ - 2 × 250 kN 固定卷扬式启闭机,增设检修闸门。浅孔闸机房、楼梯间拆除重建;消力池水毁部分凿除,清理后现浇 C20 混凝土加固;深孔闸交通桥拆除,按汽 - 20 设计,挂 - 100 校核重建。该闸维修加固工程共完成开挖土方 4 270 立方米,混凝土及钢筋混凝土 1 335.5 立方米,砌石 1 420 立方米,钢筋 215 吨,金属结构安装 614 吨,国家投资 1 300 万元。

船闸于 2013 年 7 月开工,2016 年 7 月建成。船闸建设规模为 500 吨级,设计标准为 V 级,闸室有效尺寸为 120 米×12 米×3.2 米(长×宽×门检水深),最低通航水位 44.50 米,最高通航水位 47.00 米。

6.1.10　郑埠口枢纽

郑埠口枢纽位于沙颍河干流上、周口市淮阳区新站镇郑埠口村南,是一座集节制闸、船闸和跨闸公路桥于一体的大型水利枢纽工程。节制闸按 20 年一遇洪水标准设计,设计洪水流量 3 510 立方米/秒;50 年一遇洪水标准校核,校核洪水流量 3 870 立方米/秒。设计蓄水位 42.50 米,蓄水量 2 800 万立方米。闸前通航水位 42.50 米,闸后常年水位 36.80 米。主要作用为增加河道拦蓄水量、抬高河段水位,发展航运,兼顾防洪及灌溉。

枢纽原为郑埠口闸(包括节制闸和船闸),建成于 1999 年,节制闸 11 孔,单宽 12 米,净宽 132 米,总宽 144 米,设计流量 3 500 立方米/秒,校核流量 3 870 立方米/秒。船闸级别为 V 级,通航 300 吨级船舶,有效尺寸为 130 米×12 米×2.5 米(长×宽×门检水深),船闸设计单向年通过能力为 380 万吨。

郑埠口枢纽于 2003 年开工建设,2005 年底建成投入使用。节制闸共 11 孔,孔宽 12 米,闸底板高程 33.00 米,门顶高程 43.50 米。船闸级别为 V 级,设计通航 500 吨级船舶,船闸长 120 米,宽 12 米,单向年通过能力 380 万吨。由于各方面原因,2015 年前船闸未启用。2019 年底郑埠口船闸复建,跨闸公路桥设计荷载为公路 2 级,宽 15 米。

6.1.11　槐店闸

槐店闸位于沙颍河中游、沈丘县槐店镇,是一座以灌溉为主,兼顾工业及城市生活供水和航运等综合利用的大型枢纽工程。枢纽包括浅孔闸、深孔闸和船闸,控制流域面积 28 150 平方千米。深孔、浅孔两闸的设计总流量 3 200 立方米/秒,相应设计水位 40.88 米;校核总流量 3 500 立方米/秒,相应水位 41.37 米;设计蓄水位 39.00 米,相应蓄水量 4 000 万立方米。设计灌溉面积 47 万亩。运用原则为汛期吊起闸门,非汛期蓄水兴利。

1959 年 10 月,河南省水利厅正式批准兴建槐店闸,由河南省水利厅勘测设计院按 3 200 立方米/秒设计,设计闸上洪水位 40.36 米、底板高程 34.86 米,堰顶高程 35.86 米,规划 18 孔,每孔净宽 6.0 米。1959 年 10 月开工,1961 年 6 月主体工程基本完成。1961 年 9 月停工。1966 年 12 月至 1967 年 6 月复工续建。

浅孔闸闸底板过高,防洪过流能力不足,1969 年经河南省水利局批准扩建深孔闸。经核算,浅孔闸泄洪能力仅达 1 519 立方米/秒,因此确定深孔闸设计洪峰流量 1 681 立方米/秒。设计 5 孔,净跨 10 米,闸底板为钢筋混凝土平底板,高程降为 31.00 米,钢筋混凝土消力池底板高程为 28.00 米。闸门为上下两扇直升式钢闸门。深孔闸于 1969 年 12 月开工,1972 年竣工,投资 400 万元。

船闸位于拦河闸右侧,1987 年经水利部淮河水利委员会审定,河南省计划经济委员会批准,由河南省和淮河水利委员会合资兴建。河南省水利勘测设计院按五级航道 300 吨级单列船队一顶(拖)三设计,闸厢长 130 米,宽 12 米,横拉式闸门,下闸门槛上水深 2.5 米,上引航道长 400 米,下引航道长 450 米,闸室、闸厢及闸门为钢筋混凝土结构,总投资 1 981.5 万元。河南省水利第一施工总队中标承建,1987 年 10 月开工,1990 年 10 月建成。

1997 年,对深孔闸基础及海漫、浅孔闸基础、护岸进行了整体加固,完成土方 1.87 万立方米、砌石 0.03 万立方米、混凝土及钢筋混凝土 0.33 万立方米,投资 345.9 万元。

2006—2009 年,在沙颍河近期治理工程中,对槐店闸进行了维修加固。主要加固措施有更换深孔闸闸门,深孔闸工作桥及浅孔闸室用环氧树脂砂浆抹面;机房、楼梯间拆除重建;翻修深、浅孔闸下游海漫及护坡;增设浅孔闸二级消力池等。

6.1.12 贾鲁河周口闸

贾鲁河周口闸位于贾鲁河下游、周口市川汇区贾鲁河入沙颍河口上游 1.7 千米处,是贾鲁河最末一级控制工程,属大型水闸。控制流域面积 5 895.0 平方千米,设计标准 5 年一遇,相应水位 48.73 米,流量 600 立方米/秒;校核标准 20 年一遇,相应水位 50.73 米,流量 1 200 立方米/秒;设计蓄水位 47.00 米,相应蓄水量 380 万立方米;设计灌溉面积 20 万亩。主要作用是拦蓄闸上地面径流及调沙河水向贾鲁河东部地区送水。运用原则为汛期闸门吊起,确保安全度汛,非汛期蓄水灌溉补源。

贾鲁河周口闸于 1974 年 9 月开工,1975 年 6 月竣工。由周口地区水利局设计队设计,周口地区水利局工程队组织施工。水闸为开敞式结构,共 8 孔,孔宽 6.0 米,高 6.0 米,闸身总宽 56.4 米。钢筋混凝土反拱底板高程 40.10 米。钢筋混凝土消力池高程 38.60 米。采用钢筋混凝土薄壳闸门,门顶高程 48.00 米,配备 2×50 吨固定式卷扬机 8 台。水闸总长 161.3 米,其中上游段混凝土护底长 45.0 米,闸室段底板为钢筋混凝土连续反拱结构,长 18.0 米,下游段为混凝土消力池,长 33.3 米,浆砌石护坦长 65.0 米,设有干砌石防冲槽,两岸为混凝土翼墙。总工程量 107.47 万立方米,砖石方 0.33 万立方米,混凝土及钢筋混凝土 1.14 万立方米。总投资 467.4 万元,其中国家投资 374.59 万元,地方自筹 92.81 万元。

工程建设分 3 个阶段。第一阶段主要完成闸基开挖和混凝土工程的浇制准备工作;第二阶段主要浇筑闸身、消力池、翼墙和其他下部工程;第三阶段主要有浇筑反拱底板、铺筑上游黏土铺盖、开挖上下游引河、堵坝及其他浇筑安装等工程。最后吊装闸门,安装启闭机。工程施工期一冬一春共 230 天。

水闸调度原则为汛期闸门高吊,确保安全度讯。自 20 世纪 90 年代后,受颍河、贾鲁河污水影响,并针对周口地区缺水情况,采取汛期洪水风险调度,在不影响防洪安全的情况下,充分利用洪水进行引水补源,并根据污水排放情况适时进行调整。启门时先中孔、后边孔对称开启,放水量大时头次开启高度不超过 0.5 米,待下游水位升起后再按通知高度完成。闭门时先边孔、后中孔对称关闭,关闭后立即检查各部位机电设备有无损坏情况,发现问题及时处理。

6.1.13 娄堤闸

娄堤闸位于泉河上、项城市娄堤村南的泉河与长虹运河交汇处,是泉河干流的重要节制工程,属大型水闸。节制闸控制流域面积 1 598 平方千米,设计标准为 5 年一遇,设计水位 38.89 米,设计流量 580 立方米/秒;校核标准为 20 年一遇,校核水位 41.41 米,校核流量 1 067 立方米/秒;设计蓄水位 40.60 米,相应蓄水量 960 万立方米。设计灌溉面积 20 万亩。主要作用是增加河道拦蓄水量、抬高河段水位、引水灌溉。运用情况为汛期闸门吊起泄洪,非汛期蓄水兴利。

1975 年 11 月动工兴建,1977 年竣工投入运用。由项城县水利局设计、项城县水利局施工队组织施工。节制闸采用开敞式结构,共 6 孔,孔宽 10 米,水闸总宽 67.5 米,安装有钢筋混凝土双曲薄壳弧形闸门,配备 2×40 吨启闭机。左边孔建有船闸,长 36 米,宽 10 米,设计吨位 200 吨。水闸总长 125.4 米,包括上游段钢筋混凝土护底长 41 米,两岸为连拱空心圆弧翼墙;闸室段为钢筋混凝土结构,长 19 米,下游段消力池为混凝土结构,长 30 米,混凝土护坦长 35.4 米,并设有干砌石防冲槽。总工程量 19.79 万立方米,其中石方 0.43 万立方米,混凝土 0.1 万立方米,国家投资 377.3 万元。水闸建成后,由项城水利局汾河管理段负责管理运用。

6.1.14 李坟闸

李坟闸位于泉河干流上、泉河和泥河汇合口下游 1 千米,闸址在沈丘县老城镇李坟村,属大型水闸。控制流域面积 3 270 平方千米,5 年一遇设计洪水位 35.64 米,相应流量 846 立方米/秒,20 年一遇设计洪水位 38.31 米,相应流量 1 270 立方米/秒。设计蓄水位 35.52 米,相应蓄水量 2 500.0 万立方米,设计灌溉面积 30 万亩。主要是拦蓄径流,承接沙河周口、槐店两灌区退水以补充泉河沿岸水源的不足。运用原则为汛期闸门吊起迎汛、非汛期蓄水灌溉。

李坟闸于 1974 年 10 月动工,1975 年建成并投入运用。初建时由河南省水利厅设计院设计、沈丘县水利局施工队施工。控制流域面积 3 590 平方千米。设计标准为 5 年一遇,水位 35.52 米,流量 935.0 立方米/秒,校核标准为 20 年一遇,水位 36.32 米,流量 1 780立方米/秒;设计蓄水位 35.52 米,相应蓄水量 2 570 万立方米,设计灌溉面积 30 万亩。工程采用开敞式结构,共 14 孔,孔宽 6 米,闸身总宽 102.2 米。安装钢筋混凝土双曲薄壳闸门,配备 2×40 吨固定式卷扬机。水闸总长 148.7 米,包括上游段为钢筋混凝土护底,长 50 米,下垫黏土防渗层;闸室段为钢筋混凝土结构,长 16 米;下游段长 82.7 米,其中消力池为钢筋混凝土结构,长 27.7 米,砌石护坦、海漫长 55.0 米。两岸为混凝土预制块护坡。总工程量 33.71 万立方米,其中砌石 0.91 万立方米,混凝土及钢筋混凝土 1.43 万立方米。总投资 829.6 万元。水闸建成后,由沈丘县泉河灌区管理所负责管理运用。

2016 年 12 月,开始对李坟闸除险加固,2019 年 1 月完工。工程现为开敞式结构,共 7 孔,单孔宽 12.0 米,闸身总宽 99.6 米。工作门采用平面钢闸门,每孔设有一套卷扬式启闭机。水闸总长 150.5 米,包括上游段为钢筋混凝土及黏土防渗层,长 48.50 米,上游两岸为钢筋混凝土半重力式翼墙;闸室段为钢筋混凝土结构,长 17.50 米;下游段长 84.5 米,其中消力池为钢筋混凝土结构,长 28.5 米,砌石护坦、海漫长 47.0 米,后接防冲槽段长 9 米,两岸为钢筋混凝土半重力式翼墙。

6.2 中型水闸

中型水闸在防洪除涝、灌溉补源、城镇供水和农村小水电等方面发挥了重要作用。涡河、贾鲁河、惠济河是赵口灌区、黑岗口灌区、柳园口灌区、三义寨灌区重要的输水、退水河道,三条河道上共建有中型水闸 16 座。其中涡河上 5 座,分别为芝麻洼闸(太康县)、魏湾闸(太康县)、吴庄闸(太康县)、箍桶刘闸(通许县)、裴庄闸(通许县);贾鲁河上 5 座,分别为北关闸(扶沟县)、高集闸(扶沟县)、摆渡口闸(扶沟县)、闫岗闸(西华县)、后曹闸(尉氏县);惠济河上 6 座,分别为群力闸(开封市祥符区)、罗寨闸(杞县)、李岗闸(杞县)、李滩店闸(柘城县)、板桥闸(睢县)、夏楼闸(睢县)。豫东地区部分中型水闸一览见表6-2。

表 6-2 豫东地区部分中型水闸一览

水闸名称	编号	所在河流	所在地点	结构型式	闸孔数/孔	设计标准	设计流量/(立方米/秒)	高程基准面
裴庄闸	6.2.1	涡河	通许县竖岗镇裴庄村东南	开敞式	7	20 年一遇	274.00	黄海
箍桶刘闸	6.2.2	涡河	通许县玉皇庙镇箍桶刘村北	开敞式	9	20 年一遇	456.00	黄海
芝麻洼闸	6.2.3	涡河	太康县芝麻洼乡马洼村南	开敞式	10	20 年一遇	706.00	黄海
吴庄闸	6.2.4	涡河	太康县芝麻洼乡吴庄村北	开敞式	11	20 年一遇 85%	650.00	黄海
魏湾闸	6.2.5	涡河	太康县城郊乡魏湾村	开敞式	9	20 年一遇	800.00	黄海
群力闸	6.2.6	惠济河	祥符区陈留镇	开敞式	7	20 年一遇	298.00	黄海
罗寨闸	6.2.7	惠济河	杞县平城乡罗寨村东南	开敞式	13	20 年一遇	325.00	黄海
李岗闸	6.2.8	惠济河	杞县裴村店乡李岗村北	开敞式	10	20 年一遇	608.50	黄海
板桥闸	6.2.9	惠济河	睢县西陵寺镇	开敞式	11	20 年一遇 提高 10%	669.00	黄海
夏楼闸	6.2.10	惠济河	睢县白庙乡鲁楼村	开敞式	12	20 年一遇	812.00	黄海
李滩店闸	6.2.11	惠济河	柘城县慈圣镇李滩	开敞式	16	20 年一遇 提高 10%	863.00	黄海
后曹闸	6.2.12	贾鲁河	尉氏县后曹村	胸墙式	6	20 年一遇	500.00	黄海
高集闸	6.2.13	贾鲁河	扶沟县高集村	胸墙式	9	20 年一遇	400.00	黄海

水闸名称	编号	所在河流	所在地点	结构型式	闸孔数/孔	设计标准	设计流量/（立方米/秒）	高程基准面
摆渡口闸	6.2.14	贾鲁河	扶沟县摆渡口	开敞式	23	20年一遇	700.00	废黄河口
北关闸	6.2.15	贾鲁河	扶沟县北关	开敞式	25	20年一遇	758.34	废黄河口
闫岗闸	6.2.16	贾鲁河	西华县闫岗村	开敞式	深7孔浅9孔	20年一遇	700.00	黄海

各中型水闸基本情况分别如表6-3~6-18所示。

6.2.1　裴庄闸

表6-3　裴庄闸基本情况

水闸位置	所在河流	开工日期（年·月·日）	完工日期（年·月·日）	水闸结构与型式	水闸总长/米	孔数	闸孔净高（宽）/米
通许县竖岗镇裴庄村东南	涡河	2015.08.13改建	2016.04.25	钢筋混凝土、开敞式	104	7	5.59（4.50）
闸门结构	闸门型式	闸门高度/米	闸门宽度/米	闸门顶高程/米	闸底板高程/米	消能型式	启闭机房
钢结构	平板门	4.00	4.50	65.94	60.35	挖深式	—
设计					除涝		
标准	闸上水位/米	闸下水位/米	流量/（立方米/秒）	保证水位/米	标准	水位/米	流量/（立方米/秒）
20年一遇	65.24	65.08	274.00	—	5年一遇	63.86 63.76	173.00
灌溉		启闭机设备					
水位/米	蓄水量/万立方米	启闭方式	启闭机台数	启闭力/吨	电动机/千瓦	钢丝绳型号（长度）/米	备用机组/千瓦
—	—	螺杆式	7	—	3.5	—	30
高程基准面	建闸处河道设计标准			设计效益		实际效益	
	河底高程/米	滩地高程/米	堤顶高程/米	灌溉面积/万亩	除涝面积/万亩	灌溉面积/万亩	除涝面积/万亩
黄海	60.40 60.30	—	65.94	—	—	—	—
工程量			材料用量			投资	
土方/立方米	砖石方/立方米	混凝土方/立方米	钢材/吨	水泥/吨	木材/立方米	国家投资/万元	群众自筹/万元
5 003.27	288.00	4 033.63	126.41	1 404.72	—	489.00	122.00

6.2.2 箍桶刘闸

表 6-4 箍桶刘闸基本情况

水闸位置	所在河流	开工日期（年·月）	完工日期（年·月）	水闸结构与型式	水闸总长/米	孔数	闸孔净高（宽）/米
通许县玉皇庙镇箍桶刘村北	涡河	2006.8	2007.6	钢筋混凝土、开敞式	—	9	4.50(4.50)

闸门结构	闸门型式	闸门高度/米	闸门宽度/米	闸门顶高程/米	闸底板高程/米	消能型式	启闭机房
钢筋混凝土	双曲薄壳	4.50	4.50	59.32	54.82	挖深式	—

设计					除涝		
标准	闸上水位/米	闸下水位/米	流量/(立方米/秒)	保证水位/米	标准	水位/米	流量/(立方米/秒)
20 年一遇	59.99	59.79	456.00	—	5 年一遇	58.74	270.00

灌溉		启闭机设备					备用机组/千瓦
水位/米	蓄水量/万立方米	启闭方式	启闭机台数	启闭力/吨	电动机/千瓦	钢丝绳型号（长度）/米	
—	—	螺杆式	9	—	—	—	—

高程基准面	建闸处河道设计标准			设计效益		实际效益	
	河底高程/米	滩地高程/米	堤顶高程/米	灌溉面积/万亩	除涝面积/万亩	灌溉面积/万亩	除涝面积/万亩
黄海	54.82	56.82	61.49	—	—	—	—

工程量			材料用量			投资	
土方/立方米	砖石方/立方米	混凝土方/立方米	钢材/吨	水泥/吨	木材/立方米	国家投资/万元	群众自筹/万元
5 800.00	379.68	4 539.00	84.96	1 332.66	28.39	—	—

6.2.3　芝麻洼闸

表 6-5　芝麻洼闸基本情况

水闸位置	所在河流	开工日期（年·月）	完工日期（年·月）	水闸结构与型式	水闸总长/米	孔数	闸孔净高（宽）/米
太康县芝麻洼乡马洼村南	涡河	2000.10	2001.08	开敞式	96.00	10	6.00（6.65）
闸门结构	闸门型式	闸门高度/米	闸门宽度/米	闸门顶高程/米	闸底板高程/米	消能型式	启闭机房
钢筋混凝土	平板直升	5.20/1.70	6.44	55.95	50.75	挖深式消力池	10 间

设计					除涝		
标准	闸上水位/米	闸下水位/米	流量/（立方米/秒）	保证水位/米	标准	水位/米	流量/（立方米/秒）
20 年一遇	56.98	56.78	706.00	57.18	5 年一遇	55.85	437.00

灌溉		启闭机设备					备用机组/千瓦
水位/米	蓄水量/万立方米	启闭方式	启闭机台数	启闭力/吨	电动机/千瓦	钢丝绳型号（长度）/米	
55.75	200	手电两用卷扬式	10	8 台 2×25 吨；2 台 2×5 吨	11	ϕ16（2×90）；ϕ20（8×180）	—

高程基准面	建闸处河道设计标准			设计效益		实际效益	
	河底高程/米	滩地高程/米	堤顶高程/米	灌溉面积/万亩	除涝面积/万亩	灌溉面积/万亩	除涝面积/万亩
黄海	50.75	56.60	59.50	10.00	—	—	—

工程量			材料用量			投资	
土方/立方米	砖石方/立方米	混凝土方/立方米	钢材/吨	水泥/吨	木材/立方米	国家投资/万元	群众自筹/万元
开挖 31 880.00；回填 780.00	939.75	4 000.14	—	—	—	565.00	

6.2.4 吴庄闸

表 6-6 吴庄闸基本情况

水闸位置	所在河流	开工日期（年·月）	完工日期（年·月）	水闸结构与型式	水闸总长/米	孔数	闸孔净高（宽）/米
太康县芝麻洼乡吴庄村北	涡河	1974.04	1975.05	开敞式	65.90	11	5.30（5.00）

闸门结构	闸门型式	闸门高度/米	闸门宽度/米	闸门顶高程/米	闸底板高程/米	消能型式	启闭机房
钢筋混凝土	平板门	5.30	5.00	54.10	48.80	挖深式消力池	11 间（可用）

设计					除涝		
标准	闸上水位/米	闸下水位/米	流量/（立方米/秒）	保证水位/米	标准	水位/米	流量/（立方米/秒）
20 年一遇 85%	55.28	55.08	650.00	55.50	3 年一遇	53.90	195.00

灌溉		启闭机设备					备用机组/千瓦
水位/米	蓄水量/万立方米	启闭方式	启闭机台数	启闭力/吨	电动机/千瓦	钢丝绳型号（长度）/米	
53.00	200.00	手电两用卷扬式	11	2 台 15 吨；9 台 16 吨	7.5；11	φ12（200）；φ25（160）	50

高程基准面	建闸处河道设计标准			设计效益		实际效益	
	河底高程/米	滩地高程/米	堤顶高程/米	灌溉面积/万亩	除涝面积/万亩	灌溉面积/万亩	除涝面积/万亩
黄海	49.60	54.10	57.20	10.00	269.00	6.00	200.00

工程量			材料用量			投资	
土方/立方米	砖石方/立方米	混凝土方/立方米	钢材/吨	水泥/吨	木材/立方米	国家投资/万元	群众自筹/万元
332 000.00	3 206.00	2 514.00	96.40	1 200.00	300.00	50.00	100.00

6.2.5 魏湾闸

表 6-7 魏湾闸基本情况

水闸位置	所在河流	开工日期 （年·月）	完工日期 （年·月）	水闸结构与型式	水闸总长 /米	孔数	闸孔净高（宽） /米
太康县城郊乡 魏湾村	涡河	2006.11 改建	2007.12	开敞式	152.00	9	8.80（6.00）
闸门结构	闸门型式	闸门高度 /米	闸门宽度 /米	闸门顶高程 /米	闸底板高程 /米	消能型式	启闭机房
钢筋混凝土	平板门	5.70	6.00	50.20	44.50	挖深式 消力池	9 间

设计					除涝		
标准	闸上水位 /米	闸下水位 /米	流量/（立方 米/秒）	保证水位 /米	标准	水位 /米	流量/（立方 米/秒）
20 年一遇	51.52	51.32	800.00	51.50	5 年一遇	—	—

灌溉		启闭机设备					备用机组 /千瓦
水位 /米	蓄水量 /万立方米	启闭方式	启闭机台数	启闭力 /吨	电动机 /千瓦	钢丝绳 型号（长度） /米	
49.50	200.00	手电两用卷扬式	9	—	15	φ22（9× 110）	120

	建闸处河道设计标准			设计效益		实际效益	
高程基准面	河底高程 /米	滩地高程 /米	堤顶高程 /米	灌溉面积 /万亩	除涝面积 /万亩	灌溉面积 /万亩	除涝面积 /万亩
黄海	45.62	50.50	53.00	12.00	323.00	6.00	212.00

工程量			材料用量			投资	
土方 /立方米	砖石方 /立方米	混凝土方 /立方米	钢材 /吨	水泥 /吨	木材 /立方米	国家投资 /万元	群众自筹 /万元
开挖 51 999.00、 回填 20 593.00	M7.5 浆砌块石 1 627.00、 砖方 755.00	混凝土及 钢筋混凝土 11 785.00	钢筋制作安装 370.00、金属 结构安装 208.00	—	—	1 185.00	—

6.2.6 群力闸

表 6-8 群力闸基本情况

水闸位置	所在河流	开工日期（年·月·日）	完工日期（年·月·日）	水闸结构与型式	水闸总长/米	孔数	闸孔净高（宽）/米
祥符区陈留镇	惠济河	2015.10.3	2016.05.22	开敞式	110.4	7	5.64（4.50）
闸门结构	闸门型式	闸门高度/米	闸门宽度/米	闸门顶高程/米	闸底板高程/米	消能型式	启闭机房
钢闸门	平板钢闸门	4.00	4.50	68.62	62.98	消力池	—

设计					除涝		
标准	闸上水位/米	闸下水位/米	流量/（立方米/秒）	保证水位/米	标准	水位/米	流量/（立方米/秒）
20 年一遇	66.58	66.43	298.00	—	5 年一遇	—	181.00

灌溉		启闭机设备					备用机组/千瓦
水位/米	蓄水量/万立方米	启闭方式	启闭机台数	启闭力/吨	电动机/千瓦	钢丝绳型号（长度）/米	
—	—	卷扬式	7	2 台 100 吨	—	—	30

	建闸处河道设计标准			设计效益		实际效益	
高程基准面	河底高程/米	滩地高程/米	堤顶高程/米	灌溉面积/万亩	除涝面积/万亩	灌溉面积/万亩	除涝面积/万亩
黄海	62.98	66.78	68.62	16.00	55.00	—	—

工程量			材料用量			投资	
土方/立方米	砖石方/立方米	混凝土方/立方米	钢材/吨	水泥/吨	木材/立方米	国家投资/万元	群众自筹/万元
37 305.00	389.00	3 906.00	102.78	1 500.00	—	758.00	—

6.2.7　罗寨闸

表 6-9　罗寨闸基本情况

水闸位置	所在河流	开工日期	完工日期	水闸结构与型式	水闸总长/米	孔数	闸孔净高（宽）/米
杞县平城乡罗寨村东南	惠济河	1958 初建/1982 改建	—	钢筋混凝土、开敞式	58.50	13	3.60/ 5 孔 4.00 2 孔 3.00 3 孔 2.45 2 孔 2.52 1 孔 1.20

闸门结构	闸门型式	闸门高度/米	闸门宽度/米	闸门顶高程/米	闸底板高程/米	消能型式	启闭机房
钢筋混凝土及钢丝网	平板门及双曲薄壳门	3.73	—	62.70	59.40	消力池	—

设计				除涝		
标准	闸上水位/米	闸下水位/米	流量/(立方米/秒)	保证水位/米	标准	水位/米	流量/(立方米/秒)
20 年一遇	63.63	63.38	325.00	—	5 年一遇	62.88	207.00

灌溉		启闭机设备					备用机组/千瓦
水位/米	蓄水量/万立方米	启闭方式	启闭机台数	启闭力/吨	电动机/千瓦	钢丝绳型号(长度)/米	
62.50	290.00	手电两用螺杆	13	8 台 7 吨、5 台 15 吨	4.5	—	50

高程基准面	建闸处河道设计标准			设计效益		实际效益	
	河底高程/米	滩地高程/米	堤顶高程/米	灌溉面积/万亩	除涝面积/万亩	灌溉面积/万亩	除涝面积/万亩
黄海	58.62	62.10	64.58	48.00	—	42.00	—

工程量			材料用量			投资	
土方/立方米	砖石方/立方米	混凝土方/立方米	钢材/吨	水泥/吨	木材/立方米	国家投资/万元	群众自筹/万元
30 000.00	2 000.00	800.00	55.00	324.00	350.00	95.50	55.00

6.2.8 李岗闸

表 6-10 李岗闸基本情况

水闸位置	所在河流	开工日期（年·月）	完工日期（年·月）	水闸结构与型式	水闸总长/米	孔数	闸孔净高（宽）/米
杞县裴村店乡李岗村北	惠济河	1990.01	1990.10	钢筋混凝土、开敞式	73.20	10	4.00（6.00）
闸门结构	闸门型式	闸门高度/米	闸门宽度/米	闸门顶高程/米	闸底板高程/米	消能型式	启闭机房
钢筋混凝土及钢铁丝网	双曲薄壳门	4.00	6.40	58.8	54.8	消力池	—

设计				除涝		
标准	闸上水位/米	闸下水位/米	流量/（立方米/秒）	保证水位/米	标准	水位/米	流量/（立方米/秒）

标准	闸上水位/米	闸下水位/米	流量/（立方米/秒）	保证水位/米	标准	水位/米	流量/（立方米/秒）
20 年一遇	58.80	54.80	608.50	—	5 年一遇	58.80	363.00

灌溉		启闭机设备					备用机组/千瓦
水位/米	蓄水量/万立方米	启闭方式	启闭机台数	启闭力/吨	电动机/千瓦	钢丝绳型号（长度）/米	
58.80		手电两用卷扬式	10	25	7.5	Φ26	50

高程基准面	建闸处河道设计标准			设计效益		实际效益	
	河底高程/米	滩地高程/米	堤顶高程/米	灌溉面积/万亩	除涝面积/万亩	灌溉面积/万亩	除涝面积/万亩
黄海	52.75	56.35	59.29	24.00	—	34.00	—

工程量			材料用量			投资	
土方/立方米	砖石方/立方米	混凝土方/立方米	钢材/吨	水泥/吨	木材/立方米	国家投资/万元	群众自筹/万元
128 000.00	2 400.00	6 700.00	128.00	1 700.00	265.00	—	510.00

6.2.9　板桥闸

表 6-11　板桥闸基本情况

水闸位置	所在河流	开工日期 (年·月)	完工日期 (年·月)	水闸结构与型式	水闸总长 /米	孔数	闸孔净高(宽) /米
睢县西陵寺镇	惠济河	1977.09	1978.04	钢筋混凝土、 开敞式	74.00	11	6.00(6.00)

闸门结构	闸门型式	闸门高度 /米	闸门宽度 /米	闸门顶高程 /米	闸底板高程 /米	消能型式	启闭机房
钢筋混凝土	双曲反 向薄壳	4.00	6.00	56.00	52.00	消力池	—

设计					除涝		
标准	闸上水位 /米	闸下水位 /米	流量/(立方 米/秒)	保证水位 /米	标准	水位 /米	流量/(立方 米/秒)
20年一遇 提高10%	57.48	57.34	669.00	—	5年一遇	56.37	403.00

灌溉		启闭机设备					备用机组 /千瓦
水位 /米	蓄水量 /万立方米	启闭方式	启闭机台数	启闭力 /吨	电动机 /千瓦	钢丝绳 型号(长度) /米	
55.50	259.00	手电两用卷扬	6	2×25吨	11	φ19 (1 000)	50

高程基准面	建闸处河道设计标准			设计效益		实际效益	
	河底高程 /米	滩地高程 /米	堤顶高程 /米	灌溉面积 /万亩	除涝面积 /万亩	灌溉面积 /万亩	除涝面积 /万亩
黄海	52.29	57.50	61.29	28.00	—	—	—

工程量			材料用量			投资	
土方 /立方米	砖石方 /立方米	混凝土方 /立方米	钢材 /吨	水泥 /吨	木材 /立方米	国家投资 /万元	群众自筹 /万元
86 800.00	2 800.00	3 700.00	90.00	1 500.00	350.00	100.00	50.00

6.2.10　夏楼闸

表 6-12　夏楼闸基本情况

水闸位置	所在河流	开工日期（年·月）	完工日期（年·月）	水闸结构与型式	水闸总长/米	孔数	闸孔净高（宽）/米
睢县白庙乡鲁楼村	惠济河	1975.10	1976.06	钢筋混凝土、开敞式	80.80	12	6.00（6.00）

闸门结构	闸门型式	闸门高度/米	闸门宽度/米	闸门顶高程/米	闸底板高程/米	消能型式	启闭机房
钢筋混凝土	双曲薄壳	4.00	6.00	53.00	49.00	消力池	—

设计					除涝		
标准	闸上水位/米	闸下水位/米	流量/（立方米/秒）	保证水位/米	标准	水位/米	流量/（立方米/秒）
20 年一遇	54.86	54.72	812.00	—	5 年一遇	53.75	495.00

灌溉		启闭机设备					备用机组/千瓦
水位/米	蓄水量/万立方米	启闭方式	启闭机台数	启闭力/吨	电动机/千瓦	钢丝绳型号（长度）/米	
52.50	455.00	手电卷扬	6	2×25 吨	11	Φ19（1 000）	50

高程基准面	建闸处河道设计标准			设计效益		实际效益	
	河底高程/米	滩地高程/米	堤顶高程/米	灌溉面积/万亩	除涝面积/万亩	灌溉面积/万亩	除涝面积/万亩
黄海	49.26	54.00	58.20	30.00	—	—	—

工程量			材料用量			投资	
土方/立方米	砖石方/立方米	混凝土方/立方米	钢材/吨	水泥/吨	木材/立方米	国家投资/万元	群众自筹/万元
400 000.00	700.00	4 600.00	95.00	1 394.00	387.00	80.00	50.00

6.2.11　李滩店闸

表 6-13　李滩店闸基本情况

水闸位置	所在河流	开工日期 （年·月）	完工日期 （年·月）	水闸结构与型式	水闸总长 /米	孔数	闸孔净高（宽） /米
柘城县慈圣镇 李滩	惠济河	1977.10	1979.09	钢筋混凝土、 开敞式	90.50	16	6.00（5.00）
闸门结构	闸门型式	闸门高度 /米	闸门宽度 /米	闸门顶高程 /米	闸底板高程 /米	消能型式	启闭机房
钢筋混凝土	反向双 曲扁壳	4.00	—	48.48	44.25	消力池	—

	设计				除涝		
标准	闸上水位 /米	闸下水位 /米	流量/（立方 米/秒）	保证水位 /米	标准	水位 /米	流量/（立 方米/秒）
20 年一遇 提高 10%	49.99	49.85	863.00	—	5 年一遇	49.05	529.00

灌溉		启闭机设备					备用机组 /千瓦
水位 /米	蓄水量 /万立方米	启闭方式	启闭机台数	启闭力 /吨	电动机 /千瓦	钢丝绳 型号（长度） /米	
47.98	300.00	电动卷扬式	8 组 16 台	2×25 吨	13	6×19 φ25 （1 376）	50

高程基准面	建闸处河道设计标准			设计效益		实际效益	
	河底高程 /米	滩地高程 /米	堤顶高程 /米	灌溉面积 /万亩	除涝面积 /万亩	灌溉面积 /万亩	除涝面积 /万亩
黄海	44.48	49.50	53.50	4.50	40.00	—	—

工程量			材料用量			投资	
土方 /立方米	砖石方 /立方米	混凝土方 /立方米	钢材 /吨	水泥 /吨	木材 /立方米	国家投资 /万元	群众自筹 /万元
517 400.00	1 500.00	4 000.00	111.1	1 400.00	636.00	172.00	21.90

6.2.12 后曹闸

表 6-14 后曹闸基本情况

水闸位置	所在河流	开工日期 （年·月·日）	完工日期 （年·月·日）	水闸结构与型式	水闸总长 /米	孔数	闸孔净高（宽） /米
尉氏县后曹村	贾鲁河	1959.11.16	1960.04.26	砖石结构、胸墙式	42.60	6	3.50(5.00)

闸门结构	闸门型式	闸门高度 /米	闸门宽度 /米	闸门顶高程 /米	闸底板高程 /米	消能型式	启闭机房
4 孔钢门、 2 孔木门	4 孔弧形、 2 孔平板	—	—	70.50	66.12	消力池	—

设计				除涝		
标准	闸上水位 /米	闸下水位 /米	流量/（立方 米/秒）	保证水位 /米	标准	水位 /米	流量/（立方 米/秒）
20 年一遇	71.71	71.51	500.00	—	5 年一遇	70.62	376.00

灌溉		启闭机设备					备用机组 /千瓦
水位 /米	蓄水量 /万立方米	启闭方式	启闭机台数	启闭力 /吨	电动机 /千瓦	钢丝绳 型号（长度） /米	
72.00	—	手摇卷扬机	6	5	—	Φ32	—

高程基准面	建闸处河道设计标准			设计效益		实际效益	
	河底高程 /米	滩地高程 /米	堤顶高程 /米	灌溉面积 /万亩	除涝面积 /万亩	灌溉面积 /万亩	除涝面积 /万亩
黄海	66.50	70.50	72.27	13.00	—	—	—

工程量			材料用量			投资	
土方 /立方米	砖石方 /立方米	混凝土方 /立方米	钢材 /吨	水泥 /吨	木材 /立方米	国家投资 /万元	群众自筹 /万元
7 100.00	6 300.00	1 700.00	21.80	411.00	154.00	76.67	160.00

6.2.13　高集闸

表 6-15　高集闸基本情况

水闸位置	所在河流	开工日期 (年·月)	完工日期 (年·月)	水闸结构与型式	水闸总长 /米	孔数	闸孔净高(宽) /米
扶沟县高集村	贾鲁河	1958.03	1959.06	钢筋混凝土及 砖石、胸墙式	35.00	9	3.50(3.00)
闸门结构	闸门型式	闸门高度 /米	闸门宽度 /米	闸门顶高程 /米	闸底板高程 /米	消能型式	启闭机房
钢筋混凝土	平板门	—	—	63.50	60.00	消力池	—

设计					除涝		
标准	闸上水位 /米	闸下水位 /米	流量/(立方 米/秒)	保证水位 /米	标准	水位 /米	流量/(立方 米/秒)
20年一遇	65.20	65.00	400.00	—	5年一遇	62.00	270.00

灌溉		启闭机设备					备用机组 /千瓦
水位 /米	蓄水量 /万立方米	启闭方式	启闭机台数	启闭力 /吨	电动机 /千瓦	钢丝绳 型号(长度) /米	
61.80	40.00	手摇、电动 两用螺杆式	9	8	3	—	25

高程基准面	建闸处河道设计标准			设计效益		实际效益	
	河底高程 /米	滩地高程 /米	堤顶高程 /米	灌溉面积 /万亩	除涝面积 /万亩	灌溉面积 /万亩	除涝面积 /万亩
黄海	60.50	62.50	64.50	65.00	40.00	—	—

工程量			材料用量			投资	
土方 /立方米	砖石方 /立方米	混凝土方 /立方米	钢材 /吨	水泥 /吨	木材 /立方米	国家投资 /万元	群众自筹 /万元
250 000.00	3 500.00	600.00	20.00	350.00	35.00	57.00	40.00

6.2.14 摆渡口闸

表 6-16 摆渡口闸基本情况

水闸位置	所在河流	开工日期（年·月）	完工日期	水闸结构与型式	水闸总长/米	孔数	闸孔净高（宽）/米
扶沟县摆渡口	贾鲁河	1959.07 初建，1974.09 改建	—	砖石混凝土、开敞式	110.90	23	13 孔 3.00、10 孔 4.00/13 孔 3.00、10 孔 5.00

闸门结构	闸门型式	闸门高度/米	闸门宽度/米	闸门顶高程/米	闸底板高程/米	消能型式	启闭机房
钢筋混凝土	平板门	—	—	61.00	58.00/57.00	消力池	—

设计				除涝		
标准	闸上水位/米	闸下水位/米	流量/（立方米/秒）	保证水位/米	标准	水位/米	流量/（立方米/秒）
20 年一遇	61.20	61.00	700.00	—	5 年一遇	59.90	500.00

灌溉		启闭机设备					备用机组/千瓦
水位/米	蓄水量/万立方米	启闭方式	启闭机台数	启闭力/吨	电动机/千瓦	钢丝绳型号（长度）/米	
—	—	手摇、电动两用螺杆式	23	1 台 8 吨；12 台 10 吨；10 台 15 吨	8 台 4 千瓦；10 台 3.5 千瓦	—	12

高程基准面	建闸处河道设计标准			设计效益		实际效益	
	河底高程/米	滩地高程/米	堤顶高程/米	灌溉面积/万亩	除涝面积/万亩	灌溉面积/万亩	除涝面积/万亩
废黄河口	58.50	60.00	62.50	18.00	—		

工程量			材料用量			投资	
土方/立方米	砖石方/立方米	混凝土方/立方米	钢材/吨	水泥/吨	木材/立方米	国家投资/万元	群众自筹/万元
260 000.00	8 500.00	1 400.00	50.50	850.00	60.00	83.00	20.00

6.2.15　北关闸

表 6-17　北关闸基本情况

水闸位置	所在河流	开工日期（年·月）	完工日期	水闸结构与型式	水闸总长/米	孔数	闸孔净高（宽）/米
扶沟县北关	贾鲁河	1957 初建，1974.09 改建	—	砖石结构、开敞式	76.50	25	17 孔 3.50 米、8 孔 4.00 米/17 孔 3.00 米、6 孔 3.70 米、2 孔 3.40 米
闸门结构	闸门型式	闸门高度/米	闸门宽度/米	闸门顶高程/米	闸底板高程/米	消能型式	启闭机房
钢筋混凝土	平板门	—	—	58.50	55.00	消力池	—

设计					除涝		
标准	闸上水位/米	闸下水位/米	流量/(立方米/秒)	保证水位/米	标准	水位/米	流量/(立方米/秒)
20 年一遇	58.70	58.50	758.34	—	5 年一遇	57.60	500.00

灌溉		启闭机设备					备用机组/千瓦
水位/米	蓄水量/万立方米	启闭方式	启闭机台数	启闭力/吨	电动机/千瓦	钢丝绳型号（长度）/米	
—	—	手摇、电动两用螺杆式	25	19 台 10 吨；6 台 15 吨	8 台 3 千瓦；6 台 4.5 千瓦	φ32(72)	50

高程基准面	建闸处河道设计标准			设计效益		实际效益	
	河底高程/米	滩地高程/米	堤顶高程/米	灌溉面积/万亩	除涝面积/万亩	灌溉面积/万亩	除涝面积/万亩
废黄河口	56.50	58.00	59.50	33.00		—	—

工程量			材料用量			投资	
土方/立方米	砖石方/立方米	混凝土方/立方米	钢材/吨	水泥/吨	木材/立方米	国家投资/万元	群众自筹/万元
310 000.00	7 400.00	1 200.00	50.00	800.00	80.00	120.00	80.00

6.2.16　闫岗闸

表 6-18　闫岗闸基本情况

水闸位置	所在河流	开工日期	完工日期	水闸结构与型式	水闸总长/米	孔数	闸孔净高（宽）/米
西华县闫岗村	贾鲁河	1958 年初建，1993 年改建	—	砖、石、混凝土结构，开敞式	37.90	深 7 孔、浅 9 孔	5.90、4.80（3.00、5.00）
闸门结构	闸门型式	闸门高度/米	闸门宽度/米	闸门顶高程/米	闸底板高程/米	消能型式	启闭机房
钢筋混凝土	平板门	—	—	55.09 54.02	50.07 51.12	消力池	—

设计					除涝		
标准	闸上水位/米	闸下水位/米	流量/(立方米/秒)	保证水位/米	标准	水位/米	流量/(立方米/秒)
20 年一遇	55.56	55.36	700.00	—	3 年一遇	54.00	285.50

灌溉		启闭机设备				钢丝绳型号（长度）/米	备用机组/千瓦
水位/米	蓄水量/万立方米	启闭方式	启闭机台数	启闭力/吨	电动机/千瓦		
53.80	400.00	手摇、电动卷扬式	16	15	6.3	φ12(681)	30

高程基准面	建闸处河道设计标准			设计效益		实际效益	
	河底高程/米	滩地高程/米	堤顶高程/米	灌溉面积/万亩	除涝面积/万亩	灌溉面积/万亩	除涝面积/万亩
黄海	50.20	54.00	56.00	10.00	284.00	—	—

工程量			材料用量			投资	
土方/立方米	砖石方/立方米	混凝土方/立方米	钢材/吨	水泥/吨	木材/立方米	国家投资/万元	群众自筹/万元
300 000.00	6 000.00	3 500.00	125.00	1 435.00	241.00	257.00	20.00

第7章　其他水利工程

7.1　引江济淮工程（河南段）

引江济淮工程,曾称江淮运河,又称江淮沟通,自20世纪80年代后期改称为引江济淮并沿用至今,是国务院批复的《长江流域综合规划》《淮河流域综合规划》《全国水资源综合规划》中明确提出的由长江下游向淮河中游地区跨流域补水的重大水资源配置工程,也是国务院要求加快推进建设的172项节水供水重大水利工程之一。引江济淮工程沟通长江、淮河两大水系,是支撑淮河流域水资源合理配置的战略水源工程、沟通南北的骨干水运通道和加快巢湖及淮河水生态环境改善的重要保护措施,集供水、航运、生态三大功能为一体的综合利用工程。根据可行性研究报告批复,供水区共涉及淮河流域的安徽省亳州、阜阳、宿州、淮北、蚌埠、淮南、滁州、铜陵、合肥、马鞍山、芜湖、安庆12个市46个县（市、区）以及河南省的商丘、周口2个市9个县（市、区）,总面积7.06万平方千米。工程等别为Ⅰ等,工程规模为大（1）型,估算总投资949.15亿元。按引江济淮所在位置、受益范围和主要功能,自南向北可划分为引江济巢、江淮沟通、江水北送三大工程段落,三段输水总线路长723千米。引江济淮工程（河南段）属于江水北送段的一部分,工程等别为Ⅰ等,规模为大（1）型,批复投资73.78亿元。

当前豫东受水区人均水资源占有量不足全国的1/8,人地争水矛盾突出,干旱缺水、旱涝灾害、生态恶化等问题相互交织,日益成为影响豫东地区及全省经济社会发展的瓶颈。豫东地区饮用水源主要是地下水,盐碱严重、水质较差,长期饮用会对人体健康造成严重影响。引江济淮工程（河南段）的实施,是豫东地区的现实选择和根本出路,不仅可以通过引进客水弥补水源,解决资源型缺水、质量型缺水、工程型缺水问题,而且有利于加快黄淮区域水网形成,黄淮地区可形成东部长江水、北部黄河水、南部颍河水的互调互补格局和内联外通、旱引涝排、上灌下补的供水网络体系,使生产用水、生活用水、生态用水得到有效保障。引江济淮工程（河南段）已于2019年9月5日正式开工,计划2022年底主体工程全部完工,2022年底具备试验性通水条件。

7.1.1　水文气象

引江济淮工程（河南段）所在区域属暖温带大陆性季风气候区,气温、降水和风向随季节变化显著。其特征表现为:四季分明,春秋季较短,气候温暖;春夏之交多干风,夏季炎热,降雨集中;冬季较长,寒冷雨雪少。农业气候资源丰富,适合粮、棉、油等多种农作物的生长。四季气温变化明显,温差较大,年平均气温 14.4 ℃,各月平均气温以 1 月最低,月平均气温 0.1 ℃,7 月最高,月平均气温 27.3 ℃,极端最低气温 −15.3 ℃,极端最高气温 41.9 ℃。历年最大冻土深度 0.32 米。本区风向风速随季节变化比较明显,冬春季节多吹北到东北风,夏秋季节多吹南到东南风,年平均风速 2.9 米/秒。年平均相对湿度 72%,各月相对湿度高值出现在 7—8 月,低值出现在 5—6 月。全年无霜期 211 ~ 223 天,年日照时数 2 190 小时,日照百分率 50%,光热资源丰富,有利于作物生长。区域内多年平均降雨量 720 ~ 780 毫米,雨量从南向北递减,年内分配极不均匀,冬季雨雪稀少,夏季雨量充沛。6—8 月降水比较集中,占全年的 50% 以上,降水年际变化较大,丰枯悬殊。鹿邑站最大年降水量 1963 年达 1 248.5 毫米,年降水量最少的 1993 年只有 422.6 毫米,相差 2 倍。多年平均水面蒸发量 950 ~ 1 300 毫米,各月平均蒸发量 5—6 月最大,12 月至翌年 1 月最小。由于暴雨时空变化不定和年际变差大,使这一地区经常出现连旱连涝,在同一年内还会出现先旱后涝、涝后又旱、旱涝交错的复杂局面,对农业生产较为不利。

7.1.2　地质地貌

引江济淮工程(河南段)地处黄淮平原,具有深厚的新生界地层。新生界地层下部为第三系,上部为第四系。老第三系以红色砂砾岩为主,新第三系厚度为 140 ~ 220 米,多属河湖相沉积。第四系以河流相松散沉积物为主,由于黄河在这里多次决口泛滥,使泥沙沉积主河道相和边缘相有明显区别,并使地层具有砂、黏相同的多层结构,近地表为近代黄河沉积物。地层全部为第四系全新统文化期洪积相沉积物,第四系全新统文化期堆积层厚度大于 25 米。在钻探深度范围内,除地表局部分布的填土层及风积沙层外,主要为洪积沉积,夹少量轭湖相沉积的淤泥质土层,洪积相土类一般有沙壤土、粉砂、粉质黏土。厚积轭湖相淤泥质土分布于地表以下 2.0 ~ 4.0 米,厚 0.5 ~ 4.0 米。

7.1.3　工程任务和规模

引江济淮工程(河南段)主要通过西淝河向河南省受水区供水,其主要任务是以城乡供水为主,兼顾改善水生态环境。工程规划建设范围涉及河南省 7 县 2 区共 9 个供水目标,分别为周口市的郸城、淮阳、太康 3 个县,商丘市的柘城、夏邑、梁园区和睢阳区 2 个县 2 个区,以及永城和鹿邑 2 个直管县,总面积 1.21 万平方千米。年均分配水量近期规划水平年 2030 年为 5.00 亿立方米,远期规划水平年 2040 年为 6.34 亿立方米。工程实施后,可向豫东地区的周口、商丘部分地区城乡生活及工业生产供水,保障饮水安全和煤炭、火电等重要行业用水安全。

2014 年 2 月,引江济淮工程规划审查通过;2019 年 7 月,引江济淮工程(河南段)开工建设。本通览编著之时引江济淮工程(河南段)尚未建成通水,文中相关工程概况摘自《引江济淮工程(河南段)初步设计报告》。

引江济淮工程(河南段)工程等别为 Ⅰ 等,规模为大(1)型,批复投资 73.78 亿元。河南段 PPP 模式下总投资为 76.50 亿元,包括中央专项补贴 25.88 亿元,省级建设补贴 10 亿元和项目公司自筹资金 40.62 亿元(项目资本金 8.62 亿元,项目融资 32 亿元)。工程部分总投资 60.02 亿元,建设和征地与移民补偿投资 11.10 亿元,水土保持投资 1.11 亿元,环境保护投资 5 978.70 万元,建设期融资利息 3.67 亿元。

7.1.3.1　工程总体布局

引江济淮工程(河南段)以豫皖省界练沟河倒虹吸出口为起点,利用清水河通过 3 级泵站提水至试量闸上游,一部分水量先进入试量调蓄水库,再通过管道分别向太康、淮阳、郸城县供水,其余水量进入鹿辛运河,通过自流至后陈楼调蓄水库,后陈楼调蓄水库通过输水管线引至鹿邑新建水厂,然后通过压力管道将水输送至柘城县七里桥调蓄水库,七里桥调蓄水库经两条输水线路输水,一条供水线路供至商丘市新城调蓄水库,供水目标为商丘市梁园区和睢阳区,一条供水线路供给夏邑和永城。引江济淮工程(河南段)输水线路干线总长度为 188.06 千米,利用天然河道 63.72 千米,其中:清水河输水长度为 47.46 千米,利用鹿辛运河输水长度 16.26 千米;新建输水管道总长 124.34 千米,其中:后陈楼调蓄水库—七里桥调蓄水库输水线路长度为 29.88 千米,七里桥调蓄水库—商丘市输水线路长度为 32.84 千米,七里桥调蓄水库—夏邑输水线路长度为 61.62 千米。

7.1.3.2　工程主要建设内容

引江济淮工程(河南段)主要建设内容包括清水河、鹿辛运河 2 条天然河道疏浚扩挖 62.97 千米,新建柘城县七里桥调蓄水库至夏邑县、柘城县七里桥调蓄水库至商丘市新城调蓄水库、鹿邑县后陈楼调蓄水库至柘城县七里桥调蓄水库 3 条输水管线 124.34 千米,新建鹿邑县试量、鹿邑县后陈楼、柘城县七里桥、商丘市新城 4 座调蓄水库,新建袁桥、赵楼、试量 3 座提水泵站,新建后陈楼、七里桥 2 座加压泵站,新(重、改)建沿河节制闸 5 座、涵闸 40 座、桥梁 10 座以及影响处理工程等。

地方配套工程由地方市县政府作为配套工程的实施主体,自筹资金推进配套工程建设,为确保配套工程与主体工程同步完工,同步发挥效益,豫东局积极协调商丘市、周口市引江济淮指挥部。

1. 输水河道工程

(1)清水河段:清水河段与安徽境内西淝河输水线路通过西淝河倒虹吸相连接,依次设置袁桥泵站、赵楼泵站、试量泵站 3 座梯级泵站,通过泵站逐级提水向河南省受水区供水,清水河河道输水长度为 47.46 千米。一部分水量通过进水闸进入试量闸上游清水河右岸新建的试量调蓄水库,其余水量进入鹿辛运河。

(2)鹿辛运河段:鹿辛运河与清水河平交相连接,鹿辛运河为人工开挖运河,该段通过自流从清水河交汇口向下游引水至鹿邑县城以西、鹿辛运河北岸新建的后陈楼调蓄水库。利用河道总长 16.26 千米,后陈楼调蓄水库设置加压泵站通过压力管道向鹿邑供水,同时将其余水量通过泵站和压力管道输送往柘城七里桥调蓄水库方向。

2. 节制工程

(1)清水河节制闸:位于豫皖两省交界处郸城县杨桥村东约 550 米的清水河上,设计桩号 0 +240,为新建节制闸。设计洪水标准为 50 年一遇,设计洪水位为 39.81 米;校核洪水标准为 200 年一遇,校核洪水位为 40.03 米。

(2)赵楼节制闸:位于郸城县汲水乡赵大楼村东北的清水河上,设计桩号 15 +340。因该闸建设年代已久,经安全鉴定不能满足输水要求,故将该节制闸拆除,原位重建,并在节制闸旁新建赵楼泵站,将下游输水通过泵站提至上游。设计洪水标准为 50 年一遇,设计洪水位为 40.77 米;校核洪水标准为 200 年一遇,校核洪水位为 40.91 米。

(3)试量节制闸:试量节制闸为原闸利用。

(4)任庄节制闸:位于鹿邑县试量镇任庄北约 200 米的鹿辛运河上,河道设计桩号 0 +150,为拆除重建节制闸。设计洪水标准为 50 年一遇,设计洪水位为 43.22 米;校核洪水标准为 200 年一遇,校核洪水位为 44.47 米。

(5)白沟河节制闸:位于鹿邑县赵村乡东北约 300 米的鹿辛运河上,河道设计桩号 9 +700,为拆除重建节制闸。设计洪水标准为 50 年一遇,设计洪水位为 42.68 米;校核洪水标准为 200 年一遇,校核洪水位为 43.50 米。

(6)后陈楼节制闸:位于鹿邑县后陈楼村西约 280 米的鹿辛运河上,设计桩号 16 +260,为新建节制闸。设计洪水标准为 50 年一遇,设计洪水位为 41.65 米;校核洪水标准为 200 年一遇,校核洪水位为 42.20 米。

3. 梯级泵站

(1)袁桥泵站:为河南段 3 个梯级泵站的第 1 级,其主要功能为抬升输水位,与清水河闸联合运用维持正常设计输水位。其主要调度原则为:在不输水工况下,清水河节制闸原则上全部打开,以利于泄洪排涝;在输水工况下,关闭清水河节制闸,启用袁桥提水泵站;在清水河水位达到 5 年一遇设计除涝水位时,袁桥泵站停机,清水河闸部分打开控泄;当水位达到 20 年一遇水位时,闸门全部打开。

(2)赵楼泵站:为河南段 3 个梯级泵站的第 2 级,其主要功能为抬升输水位,与赵楼闸联合运用维持正常设计输水水位。其主要调度原则为:在不输水工况下,赵楼节制闸原则上全部打开,以利于泄洪排涝;在输水工况下,关闭赵楼节制闸,启用赵楼提水泵站;在清水河水位达到 5 年一遇设计除涝水位时,赵楼泵站停机,赵楼闸部分打开控泄;当水位达到 20 年一遇水位时,闸门全部打开。

(3)试量泵站:为河南段 3 个梯级泵站的第 3 级,其主要功能为抬升输水位,与试量闸联合运用维持正常设计输水水位。其主要调度原则为:在不输水工况下,试量节制闸原则上全部打开,以利于泄洪排涝;在输水工况下,关闭试量节制闸,启用试量提水泵站;在清水河水位达到 5 年一遇设计除涝水位时,试量泵站停机,试量闸部分打开控泄;当水位达到 20 年一遇水位时,闸门全部打开。

4. 河渠交叉工程

初设阶段清水河输水段、鹿辛运河输水段共需处理涵闸 40 座,按建设性质分:新建 36 座、重建 4 座;按河道分:清水河 21 座、鹿辛运河 19 座。

5. 跨河桥梁

初设阶段,经过河道输水段线路复勘以及河道输水断面复核,输水线路范围内受影响跨河桥梁共计 10 座,其中重建桥梁 9 座,新建桥梁 1 座(袁桥节制闸拆除同时原址新建桥梁恢复交通);按河流分,清水河 2 座,鹿辛运河 8 座。

6. 输水管道工程

(1)后陈楼调蓄水库—七里桥调蓄水库段:鹿邑后陈楼调蓄水库通过设置后陈楼加压泵站和管道将水输送至柘城新建七里桥调蓄水库,该段输水距离为 29.88 千米,管线设计流量 22.90 立方米/秒。七里桥调蓄水库设置泵站通过压力管道向柘城县供水,同时将其余水量通过泵站和压力管道输送往睢阳区新城调蓄水库方向。后陈楼泵站位于后陈楼调蓄水库北侧岸边,向七里桥调蓄水库输水,设计流量为 22.90 立方米/秒,设计装机 6 台,4 用 2 备,泵站设计扬程为 29.14 米,总装机 6×2 240 千瓦。七里桥泵站位于七里桥调蓄水库北侧岸边,向商丘、夏邑输水,其中七里桥泵站商丘机组向商丘市输水,设计流量为 6.6 立方米/秒,设计装机 3 台,2 用 1 备,泵站设计扬程为 45.70 米,总装机 3×2 240 千瓦;七里桥泵站夏邑机组向夏邑输水,设计流量为 13.8 立方米/秒,设计装机 4 台,3 用 1 备,泵站设计扬程为 37.06 米,总装 4×2 600 千瓦。

(2)七里桥调蓄水库—新城调蓄水库段:柘城七里桥调蓄水库通过设置加压泵站和管道将水输送至睢阳区新城调蓄水库。该段输水距离为 32.84 千米,管线设计流量 6.60 立方米/秒。

(3)七里桥调蓄水库—夏邑段:柘城七里桥调蓄水库通过设置加压泵站和管道将水输送至夏邑,管线终点位于夏邑县,管线末端设有出水池。该段输水距离为 61.62 千米,管线设计流量 13.80 立方米/秒。

7. 调蓄水库

根据工程总体布局,结合县区供水要求,共布设调蓄水库 6 座,其中利用夏邑县当地规划生态湖泊作为调蓄水库 1 座(总库容 120 万立方米),利用永城市日月湖水库南湖作为当地调蓄水库 1 座(可利用库容约 100 万立方米)。此外还需新建 4 座调蓄水库,分别为试量调蓄水库、后陈楼调蓄水库、七里桥调蓄水库和新城调蓄水库。

(1)试量调蓄水库:调蓄对象为郸城、淮阳、太康三县,调蓄库容确定为 70 万立方米。

(2)后陈楼调蓄水库:调蓄对象为鹿邑县,调蓄库容为 210 万立方米。结合鹿邑县相关规划及地方政府要求,调蓄库容取为 256 万立方米。

(3)七里桥调蓄水库:调蓄对象为柘城县,调蓄库容确定为 143 万立方米。

(4)新城调蓄水库:调蓄对象为睢阳区、梁园区,调蓄库容确定为 163 万立方米。

7.1.4　工程管理

项目审批阶段,为加快引江济淮工程(河南段)审批进度,保证工程各项工作顺利推进,2018 年 3 月 22 日,河南省水利厅以豫水人劳〔2018〕14 号文下发《河南省水利厅关于成立河南省引江济淮工程建设管理局的通知》,该文件明确了项目法人的组建方案:根据省政府的批示意见,成立河南省引江济淮工程建设管理局,作为工程建设的项目法人,履行项目法人职责。引江济淮工程建设管理局成立后,大大加快了河南段初步设计阶段各项工作进度。

2018 年 10 月 13 日,河南省召开了省长办公会议,专题研究部署了全省重大水利工程建设问题,会议主要内容形成了《河南省人民政府省长办公室会议纪要》(〔2018〕51 号)。引江济淮工程(河南段)将成立独立的项目公司,引入社会资本负责项目投资、建设、运营和管理,让社会资本发挥重要作用。因此,河南省管理机构进行了相应的调整。

根据河南省管理机构调整的总体思路,建设期间管理机构设置进行了相应的调整,具体情况如下:

7.1.4.1　河南省引江济淮工程(河南段)领导小组

工程建设期,河南省引江济淮工程(河南段)领导小组主要由河南省人民政府和省有关部门参加。引江济淮工程(河南段)领导小组,作为引江济淮工程前期、建设和运营期的最高决策与协调机构,主要任务是负责协调推进前期工作和落实引江济淮工程建设的重大事项,协调解决工程建设和运营管理中的重大问题,研究制定水资源调度和改善水环境中的重大方针、政策、措施等。

7.1.4.2　河南省引江济淮工程(河南段)实施机构办公室

根据《河南省水利厅关于引江济淮(河南段)、小浪底北岸灌区工程 PPP 项目实施机构的通知》(豫水计〔2019〕13 号)批示,省政府同意授权河南省豫东水利工程管理局作为引江济淮工程(河南段)PPP 项目的实施机构,职责包括:研究提出工程建设有关政策、办法;监督控制工程投资总量,综合协调平衡计划、资金和工程建设进度;协调调度工程前期工作推进、重大设计方案变更、征地移民、实施建设中有关问题;组织编制相关规划并监督实施;对重大问题提出建议报领导小组审定等。

7.1.4.3　河南省引江济淮工程有限公司

按照《关于实行建设项目法人责任制的暂行规定》(计建设〔1996〕673 号文),引江济淮工程(河南段)在建设阶段须组建项目法人,在工程设计、施工直至工程竣工验收的全过程中推行项目法人责任制。

河南省引江济淮工程有限公司是引江济淮工程项目业主。其主要职责是:贯彻执行国家工程建设管理的法律、法规和政策;负责项目前期工作推进、工程实施建设、建设资金筹措和项目运营管理等,对工程质量、安全、进度、投资控制等负主体责任。

在建设过程中,引江济淮工程的招标代理、监理、施工、设备材料供应等实行招标投标制,项目法人依法对工程建设实行项目监理制,对工程质量、进度、工程投资实行控制管理,严格工程验收制度,实行建设合同管理制,建立健全安全生产责任制,对工程设计、质量信息等实行报告制度,强化信息管理。

7.1.5　工程效益

引江济淮工程(河南段)实施后,可向豫东地区的周口、商丘部分地区城乡生活及工业生产供水,保障饮水安全和煤炭、火电等重要行业用水安全。受水区水资源供水配置格局得到进一步完善,水资源利用效率和效益得到提高,城乡供水安全能力得到有效保障,城市工业用水缺水情况得到有效缓解。在加强流域水污染防治、强化消减污染负荷的基础上,依托引江济淮调入水量,退还淮河流域被挤占的河道生态用水和深层地下水开采量,增加补充生态环境用水。引江济淮工程(河南段)的实施对促进区域社会稳定和可持续发展具有十分重要的意义。

7.2　三义寨抗旱应急泵站

三义寨抗旱应急泵站位于河南省兰考县西北黄河滩区三义寨引渠右岸,属三义寨乡夹河滩村、杨疙垱村范围,距兰考县约 18 千米,为三义寨灌区应急提水工程。

7.2.1　水文气象

区域多年平均气温为 14 ℃,多年平均无霜期 215 天,年平均日照时数为 2 260 小时。多年平均降雨量为 639.2 毫米,多年平均水面蒸发量为 1 200 毫米,多年平均陆面蒸发量为 637.4 毫米。

根据实际观测可知:小浪底水库运行以来,每年 6—7 月进行调水调沙,致使黄河下游河床下切、河槽加宽。河床下切后,特别是 2018 年汛后,黄河流量逐步减少。在黄河流量为 500 立方米/秒的情况下,三义寨大闸已完全无法自流引水。目前,三义寨灌区每年 10 月至翌年 5 月,8 个月中一般有 5 个月不能实现自流引水。

7.2.2　地质地貌

工程所在区域地貌单元属黄河冲积平原,微地貌单元为黄河滩地。场区的土层属第四系全新统 Q_4 冲洪积物,土质为轻砂壤土、淤泥质粉质黏土、重粉质壤土和粉质黏土。地下水为潜水,埋深 2.2~4.7 米。工程场区地震活动强度小、频率低,据《中国地震动参数区划图》(GB 18306—2015),工程场区(兰考县三义寨乡)地震动峰值加速度为 0.125 g,相当于地震烈度Ⅶ度。

7.2.3　泵站任务和规模

泵站工程的任务是在三义寨灌区引渠不能自流时,通过泵站提水满足生活、工业、生态、农田灌溉等应急用水任务。其中城市生活供水 1 500 万立方米、工业供水 1 000 万立方米、生态用水 1 250 万立方米,应急农田灌溉面积 145.74 万亩。

泵站工程规模为中型,是目前黄河流域河南境内规模最大的引黄抗旱应急提水泵站,等别为Ⅲ等,对应建筑物级别为 3 级,主体工程设计洪水标准为 100 年一遇,总装机流量 18 立方米/秒,水泵设计引水位 67.90 米,最高引水位 69.00 米,最低引水位取 66.70 米。

7.2.4 主要建筑物型式

7.2.4.1 引渠及进水池

引渠在老渠首闸上游,位于黄河右岸滩区内,是三义寨灌区引水的唯一通道,批准引水流量 107 立方米/秒。为提高老渠首闸的过流能力,其闸门板已经拆除。

进水池布置在老渠首闸上游引渠右侧,采用喇叭口形式,边坡采用格宾石笼护坡,进水池底部宽 36 米,喇叭口长边长 143.2 米、短边长 86 米,池底高程 63.00 米,池底采用格宾石笼护底。

7.2.4.2 出水池及出水渠

出水池采用钢筋混凝土矩形池,长 90 米,净宽 5 米,净高 4 米,底板高程 69.50 米。出水池与出水渠之间采用圆弧段矩形槽连接,中心线半径 30 米、弧长 7.97 米。

出水渠采用钢筋混凝土矩形渠,沿中心线长 110.4 米,其中设斜坡段、消力池段、平直段。矩形出水渠经过八字墙段连接引渠,八字墙出口段 M10 采用浆砌石护底。

7.2.4.3 防冲石笼及进站道路

在工程临黄河主流一侧设防冲石笼一道,石笼底高程 70.00 米,顶面采用混凝土路面,为Ⅰ号进站道路。该路面高程 73.50 米,长 80 米,两侧设 1.2 米高镀锌钢护栏。所有进站道路均宽 5 米,路面采用 C25 混凝土,厚 0.2 米,下面铺设 M15 水泥砂浆垫层,厚 0.3 米。Ⅱ号进站道路位于进水池另一侧,跨出水池布设,长 22.3 米;Ⅲ号进站道路位于引渠右岸,沿原有道路铺设,长 333 米。

7.2.5 机电及金属结构

7.2.5.1 机电设备

工程用电负荷主要包括水泵、监控系统、照明等,用电负荷定为三级,配设 2 台变压器分别设在 2 艘泵船上。

供电电源是工程东南方向的 10 kV 线路,高压接引点位于新三义寨渠首闸南 800 米(简易变电站东 300 米)处,高压线采用沿路架设,架设总长约 1 500 米,高压线采用 JKLGYJ - 120/20。变压器设于泵船上变压器室内,每艘泵船设 1 台变压器。变压器高压侧进线为线路—变压器组接线,低压侧进线采用单母线接线。

7.2.5.2 自动控制

设自动控制系统一套,系统由 1 个中央监控主站和 12 个现场控制站组成。中央监控主站设置在三义寨管理处院内的控制室内,可实现遥控水泵启停工作;泵站装设摄像监视系统一套,共设 18 个摄像巡视点。现场控制站设于泵船控制室,可通过按钮及触摸屏实现对水泵的控制。

7.2.5.3　金属结构

共设 2 艘泵船,泵船为拼接式浮箱结构。单艘船体长 40 米、宽 10 米、高 1.3 米,泵船之间及泵船与岸之间采用桁架人行便桥连接。每艘泵船装配 1 台变压器、1 间控制室、6 台水泵。

水泵采用注清水式轴流泵,额定流量为 1.5 立方米/秒,额定扬程 7.5 米,额定功率 160 千瓦,共 12 台。进水管为钢管,直径 700 毫米;出水管为钢管,两端采用软管连接,直径 700 毫米。

7.2.5.4　设备型号及数量

水泵及配套电机共 12 套,5 t 检修吊车 2 台,SCB13 - 1600/10 干式变压器 2 台,高压柜 4 套,低压馈电柜 2 套,补偿柜 2 套,变频柜 12 套,直径 700 毫米出水管 12 根,浮箱船体 2 艘,0.4 kV 低压电缆 200 米,监控系统 1 套,自动化控制系统 1 套等。

7.2.6　运用条件

枯水期黄河水位下降,当自流不能满足用水需求时,在引渠内堆筑临时土坝,采用泵站提水至出水渠,引向临时土坝下游,经过老渠首闸流入灌区渠系。当自流能满足用水需求时,仍采用自流引水。

7.2.7　工程建设

2017 年 10 月 29 日,三义寨抗旱应急泵站建设专题会议在省水利厅召开,决定由河南省豫东水利工程管理局负责统筹协调泵站建设事宜。2018 年 1 月 17 日,河南省水利厅批准成立河南省三义寨抗旱应急泵站建设管理局。2019 年 3 月 13 日,根据《河南省防汛抗旱指挥部关于三义寨抗旱应急泵站实施方案的批复》(豫防汛〔2019〕2 号文),批复泵站总投资 3 877.17 万元,工程所需建设资金由商丘市负责具体筹集落实。2019 年 9 月 27 日,河南省防汛抗旱指挥部办公室委托豫东水利工程管理局在兰考组织召开《三义寨抗旱应急泵站建设项目增加投资情况报告》专题论证会。2019 年 12 月 26 日,根据《河南省防汛抗旱指挥部关于调整增加三义寨抗旱应急泵站投资的批复》(豫防汛〔2019〕31 号文),泵站总投资调整为 4 833.05 万元,比原批复总投资增加 955.88 万元。

2019 年 4 月 29 日进驻施工现场,2019 年 5 月 2 日开始施工,原定施工总工期为 4 个月。施工期间环保形势严峻,受多次全国范围的停工令和现场复杂地质造成的设计变更与新增项目,以及全国新型冠状病毒疫情的影响,主体工程完工时间为 2019 年 12 月 6 日,工程建设工期为 219 日历天,工程全部完工时间为 2020 年 4 月 29 日。

7.2.8　工程管理

项目批复后,工程的建设管理与运行管理由三义寨灌区管理机构与河南黄河开封段河道主管机关、供水机构协商落实,并签订相应的建设与运行管理协议。泵站运行管理费用由用水单位承担,并按期支付运行管理单位。

确定管理机构后,明确项目法人,负责项目的建设管理工作。其职责主要包括:按照批准的建设规模、内容、标准组织工程建设;负责办理工程质量监督、工程报建和主体工程开工报告报批手续;负责与项目所在地地方人民政府及有关部门协调解决好工程建设外部条件;依法对工程项目的勘察、设计、监理、施工和材料及设备等组织招标,并签订合同;组织编制、审核、上报项目建设计划;落实工程建设资金,严格按照概算控制工程投资,用好、管好建设资金;负责组织制订、上报在建工程度汛计划、相应的安全度汛措施,并对在建工程安全度汛负责;负责工程档案资料的管理,包括对各参建单位所形成档案资料的收集、整理、归档工作进行监督、检查;负责按照有关验收规程组织法人验收,参加政府验收等。

2019 年 7 月,建管局召集商丘市、开封市、兰考县等水利局有关负责人进行泵站运行管理模式研讨,会议认为,三义寨分局是运行管理主体的最优方案。经协调和上级部门同意,最终由三义寨分局对三义寨抗旱应急泵站实施管理。

工程运行管理根据工程规划,按工业及生活用水、生态用水、农田灌溉需水、地下水补源等项要求,统一考虑。本着节水原则,有计划地从黄河引水、配水,来满足生活、工业、生态、农田灌溉用水应急需要;根据管理单位的人员编制,制定生产、管理人员的岗位职责和奖惩制度,责任到人,奖惩分明;制定工程管护、检测细则;加强工程安全保护,制定安全保护制度。泵站运行期间全部人员上岗,按照各自职责坚守岗位,各司其职;泵站停运期间安排专人看护、养护。

7.2.9　工程效益

工程效益包括城市生活供水效益、工业供水效益、农业灌溉效益及生态效益。工程每年周期供水时间为 5 个月,设计流量 15 立方米/秒,渠系水利用系数取 0.61,总供水量17 496万立方米,净供水量 10 673 万立方米。

商丘市水资源严重匮乏,属重度缺水地区,黄河水是商丘市第四水厂唯一水源,该水厂是商丘市区自来水供应的主要水源,通过商丘总干渠引用黄河水是目前解决商丘市资源型缺水问题的唯一途径,应急泵站对保障商丘人民生活用水和社会稳定起着重要作用。工程运行后,受益区水量增加,不仅对城市生活用水、工业用水及部分农作物灌溉用水的保障程度有很大提高,而且有利于河渠湖库水生物的恢复和水质改善,补充地下水资源。

参考文献

[1]《河南省水利志》编纂委员会.河南省水利志(全2册)[M].郑州:河南人民出版社,2017.

[2]河南省水利厅.河南水利300问[M].郑州:河南人民出版社,2014.

[3]《河南省防汛抗旱手册》编辑委员会.河南省防汛抗旱手册.河南省防汛抗旱指挥部办公室,2008.

[4]《河南水利年鉴》编纂委员会.河南水利年鉴2020[M].郑州:中州古籍出版社,2021.

[5]河南省大型水闸基本资料汇编.河南省水利厅工管处,1992.

[6]河南省中型水闸基本资料汇编.河南省水利厅工管处,1996.

附　录

附录1　法规及预案

中华人民共和国水法

（1988 年 1 月 21 日第六届全国人民代表大会常务委员会第二十四次会议通过　2002 年 8 月 29 日第九届全国人民代表大会常务委员会第二十九次会议修订　根据 2009 年 8 月 27 日第十一届全国人民代表大会常务委员会第十次会议《关于修改部分法律的决定》第一次修正　根据 2016 年 7 月 2 日第十二届全国人民代表大会常务委员会第二十一次会议《关于修改〈中华人民共和国节约能源法〉等六部法律的决定》第二次修正）

第一章　总　则

第一条　为了合理开发、利用、节约和保护水资源，防治水害，实现水资源的可持续利用，适应国民经济和社会发展的需要，制定本法。

第二条　在中华人民共和国领域内开发、利用、节约、保护、管理水资源，防治水害，适用本法。

本法所称水资源，包括地表水和地下水。

第三条　水资源属于国家所有。水资源的所有权由国务院代表国家行使。农村集体经济组织的水塘和由农村集体经济组织修建管理的水库中的水，归各该农村集体经济组织使用。

第四条　开发、利用、节约、保护水资源和防治水害，应当全面规划、统筹兼顾、标本兼治、综合利用、讲求效益，发挥水资源的多种功能，协调好生活、生产经营和生态环境用水。

第五条　县级以上人民政府应当加强水利基础设施建设，并将其纳入本级国民经济和社会发展计划。

第六条　国家鼓励单位和个人依法开发、利用水资源，并保护其合法权益。开发、利用水资源的单位和个人有依法保护水资源的义务。

第七条　国家对水资源依法实行取水许可制度和有偿使用制度。但是，农村集体经济组织及其成员使用本集体经济组织的水塘、水库中的水的除外。国务院水行政主管部门负责全国取水许可制度和水资源有偿使用制度的组织实施。

第八条　国家厉行节约用水,大力推行节约用水措施,推广节约用水新技术、新工艺,发展节水型工业、农业和服务业,建立节水型社会。

各级人民政府应当采取措施,加强对节约用水的管理,建立节约用水技术开发推广体系,培育和发展节约用水产业。

单位和个人有节约用水的义务。

第九条　国家保护水资源,采取有效措施,保护植被,植树种草,涵养水源,防治水土流失和水体污染,改善生态环境。

第十条　国家鼓励和支持开发、利用、节约、保护、管理水资源和防治水害的先进科学技术的研究、推广和应用。

第十一条　在开发、利用、节约、保护、管理水资源和防治水害等方面成绩显著的单位和个人,由人民政府给予奖励。

第十二条　国家对水资源实行流域管理与行政区域管理相结合的管理体制。

国务院水行政主管部门负责全国水资源的统一管理和监督工作。

国务院水行政主管部门在国家确定的重要江河、湖泊设立的流域管理机构(以下简称流域管理机构),在所管辖的范围内行使法律、行政法规规定的和国务院水行政主管部门授予的水资源管理和监督职责。

县级以上地方人民政府水行政主管部门按照规定的权限,负责本行政区域内水资源的统一管理和监督工作。

第十三条　国务院有关部门按照职责分工,负责水资源开发、利用、节约和保护的有关工作。

县级以上地方人民政府有关部门按照职责分工,负责本行政区域内水资源开发、利用、节约和保护的有关工作。

第二章　水资源规划

第十四条　国家制定全国水资源战略规划。

开发、利用、节约、保护水资源和防治水害,应当按照流域、区域统一制定规划。规划分为流域规划和区域规划。流域规划包括流域综合规划和流域专业规划;区域规划包括区域综合规划和区域专业规划。

前款所称综合规划,是指根据经济社会发展需要和水资源开发利用现状编制的开发、利用、节约、保护水资源和防治水害的总体部署。前款所称专业规划,是指防洪、治涝、灌溉、航运、供水、水力发电、竹木流放、渔业、水资源保护、水土保持、防沙治沙、节约用水等规划。

第十五条　流域范围内的区域规划应当服从流域规划,专业规划应当服从综合规划。

流域综合规划和区域综合规划以及与土地利用关系密切的专业规划,应当与国民经济和社会发展规划以及土地利用总体规划、城市总体规划和环境保护规划相协调,兼顾各地区、各行业的需要。

第十六条　制定规划,必须进行水资源综合科学考察和调查评价。水资源综合科学考察和调查评价,由县级以上人民政府水行政主管部门会同同级有关部门组织进行。

县级以上人民政府应当加强水文、水资源信息系统建设。县级以上人民政府水行政主管部门和流域管理机构应当加强对水资源的动态监测。

基本水文资料应当按照国家有关规定予以公开。

第十七条　国家确定的重要江河、湖泊的流域综合规划,由国务院水行政主管部门会同国务院有关部门和有关省、自治区、直辖市人民政府编制,报国务院批准。跨省、自治区、直辖市的其他江河、湖泊的流域综合规划和区域综合规划,由有关流域管理机构会同江河、湖泊所在地的省、自治区、直辖市人民政府水行政主管部门和有关部门编制,分别经有关省、自治区、直辖市人民政府审查提出意见后,报国务院水行政主管部门审核;国务院水行政主管部门征求国务院有关部门意见后,报国务院或者其授权的部门批准。

前款规定以外的其他江河、湖泊的流域综合规划和区域综合规划,由县级以上地方人民政府水行政主管部门会同同级有关部门和有关地方人民政府编制,报本级人民政府或者其授权的部门批准,并报上一级水行政主管部门备案。

专业规划由县级以上人民政府有关部门编制,征求同级其他有关部门意见后,报本级人民政府批准。其中,防洪规划、水土保持规划的编制、批准,依照防洪法、水土保持法的有关规定执行。

第十八条　规划一经批准,必须严格执行。

经批准的规划需要修改时,必须按照规划编制程序经原批准机关批准。

第十九条　建设水工程,必须符合流域综合规划。在国家确定的重要江河、湖泊和跨省、自治区、直辖市的江河、湖泊上建设水工程,未取得有关流域管理机构签署的符合流域综合规划要求的规划同意书的,建设单位不得开工建设;在其他江河、湖泊上建设水工程,未取得县级以上地方人民政府水行政主管部门按照管理权限签署的符合流域综合规划要求的规划同意书的,建设单位不得开工建设。水工程建设涉及防洪的,依照防洪法的有关规定执行;涉及其他地区和行业的,建设单位应当事先征求有关地区和部门的意见。

第三章　水资源开发利用

第二十条　开发、利用水资源,应当坚持兴利与除害相结合,兼顾上下游、左右岸和有关地区之间的利益,充分发挥水资源的综合效益,并服从防洪的总体安排。

第二十一条　开发、利用水资源,应当首先满足城乡居民生活用水,并兼顾农业、工业、生态环境用水以及航运等需要。

在干旱和半干旱地区开发、利用水资源,应当充分考虑生态环境用水需要。

第二十二条　跨流域调水,应当进行全面规划和科学论证,统筹兼顾调出和调入流域的用水需要,防止对生态环境造成破坏。

第二十三条 地方各级人民政府应当结合本地区水资源的实际情况,按照地表水与地下水统一调度开发、开源与节流相结合、节流优先和污水处理再利用的原则,合理组织开发、综合利用水资源。

国民经济和社会发展规划以及城市总体规划的编制、重大建设项目的布局,应当与当地水资源条件和防洪要求相适应,并进行科学论证;在水资源不足的地区,应当对城市规模和建设耗水量大的工业、农业和服务业项目加以限制。

第二十四条 在水资源短缺的地区,国家鼓励对雨水和微咸水的收集、开发、利用和对海水的利用、淡化。

第二十五条 地方各级人民政府应当加强对灌溉、排涝、水土保持工作的领导,促进农业生产发展;在容易发生盐碱化和渍害的地区,应当采取措施,控制和降低地下水的水位。

农村集体经济组织或者其成员依法在本集体经济组织所有的集体土地或者承包土地上投资兴建水工程设施的,按照谁投资建设谁管理和谁受益的原则,对水工程设施及其蓄水进行管理和合理使用。

农村集体经济组织修建水库应当经县级以上地方人民政府水行政主管部门批准。

第二十六条 国家鼓励开发、利用水能资源。在水能丰富的河流,应当有计划地进行多目标梯级开发。

建设水力发电站,应当保护生态环境,兼顾防洪、供水、灌溉、航运、竹木流放和渔业等方面的需要。

第二十七条 国家鼓励开发、利用水运资源。在水生生物洄游通道、通航或者竹木流放的河流上修建永久性拦河闸坝,建设单位应当同时修建过鱼、过船、过木设施,或者经国务院授权的部门批准采取其他补救措施,并妥善安排施工和蓄水期间的水生生物保护、航运和竹木流放,所需费用由建设单位承担。

在不通航的河流或者人工水道上修建闸坝后可以通航的,闸坝建设单位应当同时修建过船设施或者预留过船设施位置。

第二十八条 任何单位和个人引水、截(蓄)水、排水,不得损害公共利益和他人的合法权益。

第二十九条 国家对水工程建设移民实行开发性移民的方针,按照前期补偿、补助与后期扶持相结合的原则,妥善安排移民的生产和生活,保护移民的合法权益。

移民安置应当与工程建设同步进行。建设单位应当根据安置地区的环境容量和可持续发展的原则,因地制宜,编制移民安置规划,经依法批准后,由有关地方人民政府组织实施。所需移民经费列入工程建设投资计划。

第四章 水资源、水域和水工程的保护

第三十条 县级以上人民政府水行政主管部门、流域管理机构以及其他有关部门在

制定水资源开发、利用规划和调度水资源时,应当注意维持江河的合理流量和湖泊、水库以及地下水的合理水位,维护水体的自然净化能力。

第三十一条　从事水资源开发、利用、节约、保护和防治水害等水事活动,应当遵守经批准的规划;因违反规划造成江河和湖泊水域使用功能降低、地下水超采、地面沉降、水体污染的,应当承担治理责任。

开采矿藏或者建设地下工程,因疏干排水导致地下水水位下降、水源枯竭或者地面塌陷,采矿单位或者建设单位应当采取补救措施;对他人生活和生产造成损失的,依法给予补偿。

第三十二条　国务院水行政主管部门会同国务院环境保护行政主管部门、有关部门和有关省、自治区、直辖市人民政府,按照流域综合规划、水资源保护规划和经济社会发展要求,拟定国家确定的重要江河、湖泊的水功能区划,报国务院批准。跨省、自治区、直辖市的其他江河、湖泊的水功能区划,由有关流域管理机构会同江河、湖泊所在地的省、自治区、直辖市人民政府水行政主管部门、环境保护行政主管部门和其他有关部门拟定,分别经有关省、自治区、直辖市人民政府审查提出意见后,由国务院水行政主管部门会同国务院环境保护行政主管部门审核,报国务院或者其授权的部门批准。

前款规定以外的其他江河、湖泊的水功能区划,由县级以上地方人民政府水行政主管部门会同同级人民政府环境保护行政主管部门和有关部门拟定,报同级人民政府或者其授权的部门批准,并报上一级水行政主管部门和环境保护行政主管部门备案。

县级以上人民政府水行政主管部门或者流域管理机构应当按照水功能区对水质的要求和水体的自然净化能力,核定该水域的纳污能力,向环境保护行政主管部门提出该水域的限制排污总量意见。

县级以上地方人民政府水行政主管部门和流域管理机构应当对水功能区的水质状况进行监测,发现重点污染物排放总量超过控制指标的,或者水功能区的水质未达到水域使用功能对水质的要求的,应当及时报告有关人民政府采取治理措施,并向环境保护行政主管部门通报。

第三十三条　国家建立饮用水水源保护区制度。省、自治区、直辖市人民政府应当划定饮用水水源保护区,并采取措施,防止水源枯竭和水体污染,保证城乡居民饮用水安全。

第三十四条　禁止在饮用水水源保护区内设置排污口。

在江河、湖泊新建、改建或者扩大排污口,应当经过有管辖权的水行政主管部门或者流域管理机构同意,由环境保护行政主管部门负责对该建设项目的环境影响报告书进行审批。

第三十五条　从事工程建设,占用农业灌溉水源、灌排工程设施,或者对原有灌溉用水、供水水源有不利影响的,建设单位应当采取相应的补救措施;造成损失的,依法给予补偿。

第三十六条　在地下水超采地区,县级以上地方人民政府应当采取措施,严格控制开采地下水。在地下水严重超采地区,经省、自治区、直辖市人民政府批准,可以划定地下水禁止开采或者限制开采区。在沿海地区开采地下水,应当经过科学论证,并采取措施,防止地面沉降和海水入侵。

第三十七条　禁止在江河、湖泊、水库、运河、渠道内弃置、堆放阻碍行洪的物体和种植阻碍行洪的林木及高秆作物。

禁止在河道管理范围内建设妨碍行洪的建筑物、构筑物以及从事影响河势稳定、危害河岸堤防安全和其他妨碍河道行洪的活动。

第三十八条　在河道管理范围内建设桥梁、码头和其他拦河、跨河、临河建筑物、构筑物,铺设跨河管道、电缆,应当符合国家规定的防洪标准和其他有关的技术要求,工程建设方案应当依照防洪法的有关规定报经有关水行政主管部门审查同意。

因建设前款工程设施,需要扩建、改建、拆除或者损坏原有水工程设施的,建设单位应当负担扩建、改建的费用和损失补偿。但是,原有工程设施属于违法工程的除外。

第三十九条　国家实行河道采砂许可制度。河道采砂许可制度实施办法,由国务院规定。

在河道管理范围内采砂,影响河势稳定或者危及堤防安全的,有关县级以上人民政府水行政主管部门应当划定禁采区和规定禁采期,并予以公告。

第四十条　禁止围湖造地。已经围垦的,应当按照国家规定的防洪标准有计划地退地还湖。

禁止围垦河道。确需围垦的,应当经过科学论证,经省、自治区、直辖市人民政府水行政主管部门或者国务院水行政主管部门同意后,报本级人民政府批准。

第四十一条　单位和个人有保护水工程的义务,不得侵占、毁坏堤防、护岸、防汛、水文监测、水文地质监测等工程设施。

第四十二条　县级以上地方人民政府应当采取措施,保障本行政区域内水工程,特别是水坝和堤防的安全,限期消除险情。水行政主管部门应当加强对水工程安全的监督管理。

第四十三条　国家对水工程实施保护。国家所有的水工程应当按照国务院的规定划定工程管理和保护范围。

国务院水行政主管部门或者流域管理机构管理的水工程,由主管部门或者流域管理机构商有关省、自治区、直辖市人民政府划定工程管理和保护范围。

前款规定以外的其他水工程,应当按照省、自治区、直辖市人民政府的规定,划定工程保护范围和保护职责。

在水工程保护范围内,禁止从事影响水工程运行和危害水工程安全的爆破、打井、采石、取土等活动。

第五章　水资源配置和节约使用

第四十四条　国务院发展计划主管部门和国务院水行政主管部门负责全国水资源的

宏观调配。全国的和跨省、自治区、直辖市的水中长期供求规划,由国务院水行政主管部门会同有关部门制订,经国务院发展计划主管部门审查批准后执行。地方的水中长期供求规划,由县级以上地方人民政府水行政主管部门会同同级有关部门依据上一级水中长期供求规划和本地区的实际情况制订,经本级人民政府发展计划主管部门审查批准后执行。

水中长期供求规划应当依据水的供求现状、国民经济和社会发展规划、流域规划、区域规划,按照水资源供需协调、综合平衡、保护生态、厉行节约、合理开源的原则制定。

第四十五条　调蓄径流和分配水量,应当依据流域规划和水中长期供求规划,以流域为单元制定水量分配方案。

跨省、自治区、直辖市的水量分配方案和旱情紧急情况下的水量调度预案,由流域管理机构商有关省、自治区、直辖市人民政府制订,报国务院或者其授权的部门批准后执行。其他跨行政区域的水量分配方案和旱情紧急情况下的水量调度预案,由共同的上一级人民政府水行政主管部门商有关地方人民政府制订,报本级人民政府批准后执行。

水量分配方案和旱情紧急情况下的水量调度预案经批准后,有关地方人民政府必须执行。

在不同行政区域之间的边界河流上建设水资源开发、利用项目,应当符合该流域经批准的水量分配方案,由有关县级以上地方人民政府报共同的上一级人民政府水行政主管部门或者有关流域管理机构批准。

第四十六条　县级以上地方人民政府水行政主管部门或者流域管理机构应当根据批准的水量分配方案和年度预测来水量,制定年度水量分配方案和调度计划,实施水量统一调度;有关地方人民政府必须服从。

国家确定的重要江河、湖泊的年度水量分配方案,应当纳入国家的国民经济和社会发展年度计划。

第四十七条　国家对用水实行总量控制和定额管理相结合的制度。

省、自治区、直辖市人民政府有关行业主管部门应当制订本行政区域内行业用水定额,报同级水行政主管部门和质量监督检验行政主管部门审核同意后,由省、自治区、直辖市人民政府公布,并报国务院水行政主管部门和国务院质量监督检验行政主管部门备案。

县级以上地方人民政府发展计划主管部门会同同级水行政主管部门,根据用水定额、经济技术条件以及水量分配方案确定的可供本行政区域使用的水量,制定年度用水计划,对本行政区域内的年度用水实行总量控制。

第四十八条　直接从江河、湖泊或者地下取用水资源的单位和个人,应当按照国家取水许可制度和水资源有偿使用制度的规定,向水行政主管部门或者流域管理机构申请领取取水许可证,并缴纳水资源费,取得取水权。但是,家庭生活和零星散养、圈养畜禽饮用等少量取水的除外。

实施取水许可制度和征收管理水资源费的具体办法,由国务院规定。

第四十九条 用水应当计量,并按照批准的用水计划用水。

用水实行计量收费和超定额累进加价制度。

第五十条 各级人民政府应当推行节水灌溉方式和节水技术,对农业蓄水、输水工程采取必要的防渗漏措施,提高农业用水效率。

第五十一条 工业用水应当采用先进技术、工艺和设备,增加循环用水次数,提高水的重复利用率。

国家逐步淘汰落后的、耗水量高的工艺、设备和产品,具体名录由国务院经济综合主管部门会同国务院水行政主管部门和有关部门制定并公布。生产者、销售者或者生产经营中的使用者应当在规定的时间内停止生产、销售或者使用列入名录的工艺、设备和产品。

第五十二条 城市人民政府应当因地制宜采取有效措施,推广节水型生活用水器具,降低城市供水管网漏失率,提高生活用水效率;加强城市污水集中处理,鼓励使用再生水,提高污水再生利用率。

第五十三条 新建、扩建、改建建设项目,应当制订节水措施方案,配套建设节水设施。节水设施应当与主体工程同时设计、同时施工、同时投产。

供水企业和自建供水设施的单位应当加强供水设施的维护管理,减少水的漏失。

第五十四条 各级人民政府应当积极采取措施,改善城乡居民的饮用水条件。

第五十五条 使用水工程供应的水,应当按照国家规定向供水单位缴纳水费。供水价格应当按照补偿成本、合理收益、优质优价、公平负担的原则确定。具体办法由省级以上人民政府价格主管部门会同同级水行政主管部门或者其他供水行政主管部门依据职权制定。

第六章　水事纠纷处理与执法监督检查

第五十六条 不同行政区域之间发生水事纠纷的,应当协商处理;协商不成的,由上一级人民政府裁决,有关各方必须遵照执行。在水事纠纷解决前,未经各方达成协议或者共同的上一级人民政府批准,在行政区域交界线两侧一定范围内,任何一方不得修建排水、阻水、取水和截(蓄)水工程,不得单方面改变水的现状。

第五十七条 单位之间、个人之间、单位与个人之间发生的水事纠纷,应当协商解决;当事人不愿协商或者协商不成的,可以申请县级以上地方人民政府或者其授权的部门调解,也可以直接向人民法院提起民事诉讼。县级以上地方人民政府或者其授权的部门调解不成的,当事人可以向人民法院提起民事诉讼。

在水事纠纷解决前,当事人不得单方面改变现状。

第五十八条 县级以上人民政府或者其授权的部门在处理水事纠纷时,有权采取临时处置措施,有关各方或者当事人必须服从。

第五十九条 县级以上人民政府水行政主管部门和流域管理机构应当对违反本法的

行为加强监督检查并依法进行查处。

水政监督检查人员应当忠于职守,秉公执法。

第六十条　县级以上人民政府水行政主管部门、流域管理机构及其水政监督检查人员履行本法规定的监督检查职责时,有权采取下列措施:

(一)要求被检查单位提供有关文件、证照、资料;

(二)要求被检查单位就执行本法的有关问题作出说明;

(三)进入被检查单位的生产场所进行调查;

(四)责令被检查单位停止违反本法的行为,履行法定义务。

第六十一条　有关单位或者个人对水政监督检查人员的监督检查工作应当给予配合,不得拒绝或者阻碍水政监督检查人员依法执行职务。

第六十二条　水政监督检查人员在履行监督检查职责时,应当向被检查单位或者个人出示执法证件。

第六十三条　县级以上人民政府或者上级水行政主管部门发现本级或者下级水行政主管部门在监督检查工作中有违法或者失职行为的,应当责令其限期改正。

第七章　法律责任

第六十四条　水行政主管部门或者其他有关部门以及水工程管理单位及其工作人员,利用职务上的便利收取他人财物、其他好处或者玩忽职守,对不符合法定条件的单位或者个人核发许可证、签署审查同意意见,不按照水量分配方案分配水量,不按照国家有关规定收取水资源费,不履行监督职责,或者发现违法行为不予查处,造成严重后果,构成犯罪的,对负有责任的主管人员和其他直接责任人员依照刑法的有关规定追究刑事责任;尚不够刑事处罚的,依法给予行政处分。

第六十五条　在河道管理范围内建设妨碍行洪的建筑物、构筑物,或者从事影响河势稳定、危害河岸堤防安全和其他妨碍河道行洪的活动的,由县级以上人民政府水行政主管部门或者流域管理机构依据职权,责令停止违法行为,限期拆除违法建筑物、构筑物,恢复原状;逾期不拆除、不恢复原状的,强行拆除,所需费用由违法单位或者个人负担,并处一万元以上十万元以下的罚款。

未经水行政主管部门或者流域管理机构同意,擅自修建水工程,或者建设桥梁、码头和其他拦河、跨河、临河建筑物、构筑物,铺设跨河管道、电缆,且防洪法未作规定的,由县级以上人民政府水行政主管部门或者流域管理机构依据职权,责令停止违法行为,限期补办有关手续;逾期不补办或者补办未被批准的,责令限期拆除违法建筑物、构筑物;逾期不拆除的,强行拆除,所需费用由违法单位或者个人负担,并处一万元以上十万元以下的罚款。

虽经水行政主管部门或者流域管理机构同意,但未按照要求修建前款所列工程设施的,由县级以上人民政府水行政主管部门或者流域管理机构依据职权,责令限期改正,按照情节轻重,处一万元以上十万元以下的罚款。

第六十六条 有下列行为之一,且防洪法未作规定的,由县级以上人民政府水行政主管部门或者流域管理机构依据职权,责令停止违法行为,限期清除障碍或者采取其他补救措施,处一万元以上五万元以下的罚款:

(一)在江河、湖泊、水库、运河、渠道内弃置、堆放阻碍行洪的物体和种植阻碍行洪的林木及高秆作物的;

(二)围湖造地或者未经批准围垦河道的。

第六十七条 在饮用水水源保护区内设置排污口的,由县级以上地方人民政府责令限期拆除、恢复原状;逾期不拆除、不恢复原状的,强行拆除、恢复原状,并处五万元以上十万元以下的罚款。

未经水行政主管部门或者流域管理机构审查同意,擅自在江河、湖泊新建、改建或者扩大排污口的,由县级以上人民政府水行政主管部门或者流域管理机构依据职权,责令停止违法行为,限期恢复原状,处五万元以上十万元以下的罚款。

第六十八条 生产、销售或者在生产经营中使用国家明令淘汰的落后的、耗水量高的工艺、设备和产品的,由县级以上地方人民政府经济综合主管部门责令停止生产、销售或者使用,处二万元以上十万元以下的罚款。

第六十九条 有下列行为之一的,由县级以上人民政府水行政主管部门或者流域管理机构依据职权,责令停止违法行为,限期采取补救措施,处二万元以上十万元以下的罚款;情节严重的,吊销其取水许可证:

(一)未经批准擅自取水的;

(二)未依照批准的取水许可规定条件取水的。

第七十条 拒不缴纳、拖延缴纳或者拖欠水资源费的,由县级以上人民政府水行政主管部门或者流域管理机构依据职权,责令限期缴纳;逾期不缴纳的,从滞纳之日起按日加收滞纳部分2‰的滞纳金,并处应缴或者补缴水资源费一倍以上五倍以下的罚款。

第七十一条 建设项目的节水设施没有建成或者没有达到国家规定的要求,擅自投入使用的,由县级以上人民政府有关部门或者流域管理机构依据职权,责令停止使用,限期改正,处五万元以上十万元以下的罚款。

第七十二条 有下列行为之一,构成犯罪的,依照刑法的有关规定追究刑事责任;尚不够刑事处罚,且防洪法未作规定的,由县级以上地方人民政府水行政主管部门或者流域管理机构依据职权,责令停止违法行为,采取补救措施,处一万元以上五万元以下的罚款;违反治安管理处罚法的,由公安机关依法给予治安管理处罚;给他人造成损失的,依法承担赔偿责任:

(一)侵占、毁坏水工程及堤防、护岸等有关设施,毁坏防汛、水文监测、水文地质监测设施的;

(二)在水工程保护范围内,从事影响水工程运行和危害水工程安全的爆破、打井、采石、取土等活动的。

第七十三条　侵占、盗窃或者抢夺防汛物资,防洪排涝、农田水利、水文监测和测量以及其他水工程设备和器材,贪污或者挪用国家救灾、抢险、防汛、移民安置和补偿及其他水利建设款物,构成犯罪的,依照刑法的有关规定追究刑事责任。

第七十四条　在水事纠纷发生及其处理过程中煽动闹事、结伙斗殴、抢夺或者损坏公私财物、非法限制他人人身自由,构成犯罪的,依照刑法的有关规定追究刑事责任;尚不够刑事处罚的,由公安机关依法给予治安管理处罚。

第七十五条　不同行政区域之间发生水事纠纷,有下列行为之一的,对负有责任的主管人员和其他直接责任人员依法给予行政处分:

（一）拒不执行水量分配方案和水量调度预案的;

（二）拒不服从水量统一调度的;

（三）拒不执行上一级人民政府的裁决的;

（四）在水事纠纷解决前,未经各方达成协议或者上一级人民政府批准,单方面违反本法规定改变水的现状的。

第七十六条　引水、截（蓄）水、排水,损害公共利益或者他人合法权益的,依法承担民事责任。

第七十七条　对违反本法第三十九条有关河道采砂许可制度规定的行政处罚,由国务院规定。

第八章　附　则

第七十八条　中华人民共和国缔结或者参加的与国际或者国境边界河流、湖泊有关的国际条约、协定与中华人民共和国法律有不同规定的,适用国际条约、协定的规定。但是,中华人民共和国声明保留的条款除外。

第七十九条　本法所称水工程,是指在江河、湖泊和地下水源上开发、利用、控制、调配和保护水资源的各类工程。

第八十条　海水的开发、利用、保护和管理,依照有关法律的规定执行。

第八十一条　从事防洪活动,依照防洪法的规定执行。

水污染防治,依照水污染防治法的规定执行。

第八十二条　本法自 2002 年 10 月 1 日起施行。

中华人民共和国水土保持法

（1991 年 6 月 29 日第七届全国人民代表大会常务委员会第二十次会议通过　根据 2009 年 8 月 27 日第十一届全国人民代表大会常务委员会第十次会议《关于修改部分法律的决定》修正　2010 年 12 月 25 日第十一届全国人民代表大会常务委员会第十八次会议修订）

第一章　总　则

第一条　为了预防和治理水土流失，保护和合理利用水土资源，减轻水、旱、风沙灾害，改善生态环境，保障经济社会可持续发展，制定本法。

第二条　在中华人民共和国境内从事水土保持活动，应当遵守本法。

本法所称水土保持，是指对自然因素和人为活动造成水土流失所采取的预防和治理措施。

第三条　水土保持工作实行预防为主、保护优先、全面规划、综合治理、因地制宜、突出重点、科学管理、注重效益的方针。

第四条　县级以上人民政府应当加强对水土保持工作的统一领导，将水土保持工作纳入本级国民经济和社会发展规划，对水土保持规划确定的任务，安排专项资金，并组织实施。

国家在水土流失重点预防区和重点治理区，实行地方各级人民政府水土保持目标责任制和考核奖惩制度。

第五条　国务院水行政主管部门主管全国的水土保持工作。

国务院水行政主管部门在国家确定的重要江河、湖泊设立的流域管理机构（以下简称流域管理机构），在所管辖范围内依法承担水土保持监督管理职责。

县级以上地方人民政府水行政主管部门主管本行政区域的水土保持工作。

县级以上人民政府林业、农业、国土资源等有关部门按照各自职责，做好有关的水土流失预防和治理工作。

第六条　各级人民政府及其有关部门应当加强水土保持宣传和教育工作，普及水土保持科学知识，增强公众的水土保持意识。

第七条　国家鼓励和支持水土保持科学技术研究，提高水土保持科学技术水平，推广先进的水土保持技术，培养水土保持科学技术人才。

第八条　任何单位和个人都有保护水土资源、预防和治理水土流失的义务，并有权对破坏水土资源、造成水土流失的行为进行举报。

第九条　国家鼓励和支持社会力量参与水土保持工作。

对水土保持工作中成绩显著的单位和个人,由县级以上人民政府给予表彰和奖励。

第二章　规　划

第十条　水土保持规划应当在水土流失调查结果及水土流失重点预防区和重点治理区划定的基础上,遵循统筹协调、分类指导的原则编制。

第十一条　国务院水行政主管部门应当定期组织全国水土流失调查并公告调查结果。

省、自治区、直辖市人民政府水行政主管部门负责本行政区域的水土流失调查并公告调查结果,公告前应当将调查结果报国务院水行政主管部门备案。

第十二条　县级以上人民政府应当依据水土流失调查结果划定并公告水土流失重点预防区和重点治理区。

对水土流失潜在危险较大的区域,应当划定为水土流失重点预防区;对水土流失严重的区域,应当划定为水土流失重点治理区。

第十三条　水土保持规划的内容应当包括水土流失状况、水土流失类型区划分、水土流失防治目标、任务和措施等。

水土保持规划包括对流域或者区域预防和治理水土流失、保护和合理利用水土资源作出的整体部署,以及根据整体部署对水土保持专项工作或者特定区域预防和治理水土流失作出的专项部署。

水土保持规划应当与土地利用总体规划、水资源规划、城乡规划和环境保护规划等相协调。

编制水土保持规划,应当征求专家和公众的意见。

第十四条　县级以上人民政府水行政主管部门会同同级人民政府有关部门编制水土保持规划,报本级人民政府或者其授权的部门批准后,由水行政主管部门组织实施。

水土保持规划一经批准,应当严格执行;经批准的规划根据实际情况需要修改的,应当按照规划编制程序报原批准机关批准。

第十五条　有关基础设施建设、矿产资源开发、城镇建设、公共服务设施建设等方面的规划,在实施过程中可能造成水土流失的,规划的组织编制机关应当在规划中提出水土流失预防和治理的对策和措施,并在规划报请审批前征求本级人民政府水行政主管部门的意见。

第三章　预　防

第十六条　地方各级人民政府应当按照水土保持规划,采取封育保护、自然修复等措施,组织单位和个人植树种草,扩大林草覆盖面积,涵养水源,预防和减轻水土流失。

第十七条　地方各级人民政府应当加强对取土、挖砂、采石等活动的管理,预防和减轻水土流失。

禁止在崩塌、滑坡危险区和泥石流易发区从事取土、挖砂、采石等可能造成水土流失的活动。崩塌、滑坡危险区和泥石流易发区的范围,由县级以上地方人民政府划定并公告。崩塌、滑坡危险区和泥石流易发区的划定,应当与地质灾害防治规划确定的地质灾害易发区、重点防治区相衔接。

第十八条 水土流失严重、生态脆弱的地区,应当限制或者禁止可能造成水土流失的生产建设活动,严格保护植物、沙壳、结皮、地衣等。

在侵蚀沟的沟坡和沟岸、河流的两岸以及湖泊和水库的周边,土地所有权人、使用权人或者有关管理单位应当营造植物保护带。禁止开垦、开发植物保护带。

第十九条 水土保持设施的所有权人或者使用权人应当加强对水土保持设施的管理与维护,落实管护责任,保障其功能正常发挥。

第二十条 禁止在二十五度以上陡坡地开垦种植农作物。在二十五度以上陡坡地种植经济林的,应当科学选择树种,合理确定规模,采取水土保持措施,防止造成水土流失。

省、自治区、直辖市根据本行政区域的实际情况,可以规定小于二十五度的禁止开垦坡度。禁止开垦的陡坡地的范围由当地县级人民政府划定并公告。

第二十一条 禁止毁林、毁草开垦和采集发菜。禁止在水土流失重点预防区和重点治理区铲草皮、挖树兜或者滥挖虫草、甘草、麻黄等。

第二十二条 林木采伐应当采用合理方式,严格控制皆伐;对水源涵养林、水土保持林、防风固沙林等防护林只能进行抚育和更新性质的采伐;对采伐区和集材道应当采取防止水土流失的措施,并在采伐后及时更新造林。

在林区采伐林木的,采伐方案中应当有水土保持措施。采伐方案经林业主管部门批准后,由林业主管部门和水行政主管部门监督实施。

第二十三条 在五度以上坡地植树造林、抚育幼林、种植中药材等,应当采取水土保持措施。

在禁止开垦坡度以下、五度以上的荒坡地开垦种植农作物,应当采取水土保持措施。具体办法由省、自治区、直辖市根据本行政区域的实际情况规定。

第二十四条 生产建设项目选址、选线应当避让水土流失重点预防区和重点治理区;无法避让的,应当提高防治标准,优化施工工艺,减少地表扰动和植被损坏范围,有效控制可能造成的水土流失。

第二十五条 在山区、丘陵区、风沙区以及水土保持规划确定的容易发生水土流失的其他区域开办可能造成水土流失的生产建设项目,生产建设单位应当编制水土保持方案,报县级以上人民政府水行政主管部门审批,并按照经批准的水土保持方案,采取水土流失预防和治理措施。没有能力编制水土保持方案的,应当委托具备相应技术条件的机构编制。

水土保持方案应当包括水土流失预防和治理的范围、目标、措施和投资等内容。

水土保持方案经批准后,生产建设项目的地点、规模发生重大变化的,应当补充或者修改水土保持方案并报原审批机关批准。水土保持方案实施过程中,水土保持措施需要作出重大变更的,应当经原审批机关批准。

生产建设项目水土保持方案的编制和审批办法,由国务院水行政主管部门制定。

第二十六条 依法应当编制水土保持方案的生产建设项目,生产建设单位未编制水土保持方案或者水土保持方案未经水行政主管部门批准的,生产建设项目不得开工建设。

第二十七条 依法应当编制水土保持方案的生产建设项目中的水土保持设施,应当与主体工程同时设计、同时施工、同时投产使用;生产建设项目竣工验收,应当验收水土保持设施;水土保持设施未经验收或者验收不合格的,生产建设项目不得投产使用。

第二十八条 依法应当编制水土保持方案的生产建设项目,其生产建设活动中排弃的砂、石、土、矸石、尾矿、废渣等应当综合利用;不能综合利用,确需废弃的,应当堆放在水土保持方案确定的专门存放地,并采取措施保证不产生新的危害。

第二十九条 县级以上人民政府水行政主管部门、流域管理机构,应当对生产建设项目水土保持方案的实施情况进行跟踪检查,发现问题及时处理。

第四章 治 理

第三十条 国家加强水土流失重点预防区和重点治理区的坡耕地改梯田、淤地坝等水土保持重点工程建设,加大生态修复力度。

县级以上人民政府水行政主管部门应当加强对水土保持重点工程的建设管理,建立和完善运行管护制度。

第三十一条 国家加强江河源头区、饮用水水源保护区和水源涵养区水土流失的预防和治理工作,多渠道筹集资金,将水土保持生态效益补偿纳入国家建立的生态效益补偿制度。

第三十二条 开办生产建设项目或者从事其他生产建设活动造成水土流失的,应当进行治理。

在山区、丘陵区、风沙区以及水土保持规划确定的容易发生水土流失的其他区域开办生产建设项目或者从事其他生产建设活动,损坏水土保持设施、地貌植被,不能恢复原有水土保持功能的,应当缴纳水土保持补偿费,专项用于水土流失预防和治理。专项水土流失预防和治理由水行政主管部门负责组织实施。水土保持补偿费的收取使用管理办法由国务院财政部门、国务院价格主管部门会同国务院水行政主管部门制定。

生产建设项目在建设过程中和生产过程中发生的水土保持费用,按照国家统一的财务会计制度处理。

第三十三条 国家鼓励单位和个人按照水土保持规划参与水土流失治理,并在资金、技术、税收等方面予以扶持。

第三十四条 国家鼓励和支持承包治理荒山、荒沟、荒丘、荒滩,防治水土流失,保护和改善生态环境,促进土地资源的合理开发和可持续利用,并依法保护土地承包合同当事人的合法权益。

承包治理荒山、荒沟、荒丘、荒滩和承包水土流失严重地区农村土地的,在依法签订的土地承包合同中应当包括预防和治理水土流失责任的内容。

第三十五条 在水力侵蚀地区,地方各级人民政府及其有关部门应当组织单位和个人,以天然沟壑及其两侧山坡地形成的小流域为单元,因地制宜地采取工程措施、植物措施和保护性耕作等措施,进行坡耕地和沟道水土流失综合治理。

在风力侵蚀地区,地方各级人民政府及其有关部门应当组织单位和个人,因地制宜地采取轮封轮牧、植树种草、设置人工沙障和网格林带等措施,建立防风固沙防护体系。

在重力侵蚀地区,地方各级人民政府及其有关部门应当组织单位和个人,采取监测、径流排导、削坡减载、支挡固坡、修建拦挡工程等措施,建立监测、预报、预警体系。

第三十六条 在饮用水水源保护区,地方各级人民政府及其有关部门应当组织单位和个人,采取预防保护、自然修复和综合治理措施,配套建设植物过滤带,积极推广沼气,开展清洁小流域建设,严格控制化肥和农药的使用,减少水土流失引起的面源污染,保护饮用水水源。

第三十七条 已在禁止开垦的陡坡地上开垦种植农作物的,应当按照国家有关规定退耕,植树种草;耕地短缺、退耕确有困难的,应当修建梯田或者采取其他水土保持措施。

在禁止开垦坡度以下的坡耕地上开垦种植农作物的,应当根据不同情况,采取修建梯田、坡面水系整治、蓄水保土耕作或者退耕等措施。

第三十八条 对生产建设活动所占用土地的地表土应当进行分层剥离、保存和利用,做到土石方挖填平衡,减少地表扰动范围;对废弃的砂、石、土、矸石、尾矿、废渣等存放地,应当采取拦挡、坡面防护、防洪排导等措施。生产建设活动结束后,应当及时在取土场、开挖面和存放地的裸露土地上植树种草、恢复植被,对闭库的尾矿库进行复垦。

在干旱缺水地区从事生产建设活动,应当采取防止风力侵蚀措施,设置降水蓄渗设施,充分利用降水资源。

第三十九条 国家鼓励和支持在山区、丘陵区、风沙区以及容易发生水土流失的其他区域,采取下列有利于水土保持的措施:

(一)免耕、等高耕作、轮耕轮作、草田轮作、间作套种等;

(二)封禁抚育、轮封轮牧、舍饲圈养;

(三)发展沼气、节柴灶,利用太阳能、风能和水能,以煤、电、气代替薪柴等;

(四)从生态脆弱地区向外移民;

(五)其他有利于水土保持的措施。

第五章 监测和监督

第四十条 县级以上人民政府水行政主管部门应当加强水土保持监测工作,发挥水土保持监测工作在政府决策、经济社会发展和社会公众服务中的作用。县级以上人民政府应当保障水土保持监测工作经费。

国务院水行政主管部门应当完善全国水土保持监测网络,对全国水土流失进行动态监测。

第四十一条　对可能造成严重水土流失的大中型生产建设项目,生产建设单位应当自行或者委托具备水土保持监测资质的机构,对生产建设活动造成的水土流失进行监测,并将监测情况定期上报当地水行政主管部门。

从事水土保持监测活动应当遵守国家有关技术标准、规范和规程,保证监测质量。

第四十二条　国务院水行政主管部门和省、自治区、直辖市人民政府水行政主管部门应当根据水土保持监测情况,定期对下列事项进行公告:

(一)水土流失类型、面积、强度、分布状况和变化趋势;

(二)水土流失造成的危害;

(三)水土流失预防和治理情况。

第四十三条　县级以上人民政府水行政主管部门负责对水土保持情况进行监督检查。流域管理机构在其管辖范围内可以行使国务院水行政主管部门的监督检查职权。

第四十四条　水政监督检查人员依法履行监督检查职责时,有权采取下列措施:

(一)要求被检查单位或者个人提供有关文件、证照、资料;

(二)要求被检查单位或者个人就预防和治理水土流失的有关情况作出说明;

(三)进入现场进行调查、取证。

被检查单位或者个人拒不停止违法行为,造成严重水土流失的,报经水行政主管部门批准,可以查封、扣押实施违法行为的工具及施工机械、设备等。

第四十五条　水政监督检查人员依法履行监督检查职责时,应当出示执法证件。被检查单位或者个人对水土保持监督检查工作应当给予配合,如实报告情况,提供有关文件、证照、资料;不得拒绝或者阻碍水政监督检查人员依法执行公务。

第四十六条　不同行政区域之间发生水土流失纠纷应当协商解决;协商不成的,由共同的上一级人民政府裁决。

第六章　法律责任

第四十七条　水行政主管部门或者其他依照本法规定行使监督管理权的部门,不依法作出行政许可决定或者办理批准文件的,发现违法行为或者接到对违法行为的举报不予查处的,或者有其他未依照本法规定履行职责的行为的,对直接负责的主管人员和其他直接责任人员依法给予处分。

第四十八条　违反本法规定,在崩塌、滑坡危险区或者泥石流易发区从事取土、挖砂、采石等可能造成水土流失的活动的,由县级以上地方人民政府水行政主管部门责令停止违法行为,没收违法所得,对个人处一千元以上一万元以下的罚款,对单位处二万元以上二十万元以下的罚款。

第四十九条 违反本法规定,在禁止开垦坡度以上陡坡地开垦种植农作物,或者在禁止开垦、开发的植物保护带内开垦、开发的,由县级以上地方人民政府水行政主管部门责令停止违法行为,采取退耕、恢复植被等补救措施;按照开垦或者开发面积,可以对个人处每平方米二元以下的罚款、对单位处每平方米十元以下的罚款。

第五十条 违反本法规定,毁林、毁草开垦的,依照《中华人民共和国森林法》、《中华人民共和国草原法》的有关规定处罚。

第五十一条 违反本法规定,采集发菜,或者在水土流失重点预防区和重点治理区铲草皮、挖树兜、滥挖虫草、甘草、麻黄等的,由县级以上地方人民政府水行政主管部门责令停止违法行为,采取补救措施,没收违法所得,并处违法所得一倍以上五倍以下的罚款;没有违法所得的,可以处五万元以下的罚款。

在草原地区有前款规定违法行为的,依照《中华人民共和国草原法》的有关规定处罚。

第五十二条 在林区采伐林木不依法采取防止水土流失措施的,由县级以上地方人民政府林业主管部门、水行政主管部门责令限期改正,采取补救措施;造成水土流失的,由水行政主管部门按照造成水土流失的面积处每平方米二元以上十元以下的罚款。

第五十三条 违反本法规定,有下列行为之一的,由县级以上人民政府水行政主管部门责令停止违法行为,限期补办手续;逾期不补办手续的,处五万元以上五十万元以下的罚款;对生产建设单位直接负责的主管人员和其他直接责任人员依法给予处分:

(一)依法应当编制水土保持方案的生产建设项目,未编制水土保持方案或者编制的水土保持方案未经批准而开工建设的;

(二)生产建设项目的地点、规模发生重大变化,未补充、修改水土保持方案或者补充、修改的水土保持方案未经原审批机关批准的;

(三)水土保持方案实施过程中,未经原审批机关批准,对水土保持措施作出重大变更的。

第五十四条 违反本法规定,水土保持设施未经验收或者验收不合格将生产建设项目投产使用的,由县级以上人民政府水行政主管部门责令停止生产或者使用,直至验收合格,并处五万元以上五十万元以下的罚款。

第五十五条 违反本法规定,在水土保持方案确定的专门存放地以外的区域倾倒砂、石、土、矸石、尾矿、废渣等的,由县级以上地方人民政府水行政主管部门责令停止违法行为,限期清理,按照倾倒数量处每立方米十元以上二十元以下的罚款;逾期仍不清理的,县级以上地方人民政府水行政主管部门可以指定有清理能力的单位代为清理,所需费用由违法行为人承担。

第五十六条 违反本法规定,开办生产建设项目或者从事其他生产建设活动造成水土流失,不进行治理的,由县级以上人民政府水行政主管部门责令限期治理;逾期仍不治理的,县级以上人民政府水行政主管部门可以指定有治理能力的单位代为治理,所需费用由违法行为人承担。

第五十七条　违反本法规定,拒不缴纳水土保持补偿费的,由县级以上人民政府水行政主管部门责令限期缴纳;逾期不缴纳的,自滞纳之日起按日加收滞纳部分万分之五的滞纳金,可以处应缴水土保持补偿费三倍以下的罚款。

第五十八条　违反本法规定,造成水土流失危害的,依法承担民事责任;构成违反治安管理行为的,由公安机关依法给予治安管理处罚;构成犯罪的,依法追究刑事责任。

第七章　附　则

第五十九条　县级以上地方人民政府根据当地实际情况确定的负责水土保持工作的机构,行使本法规定的水行政主管部门水土保持工作的职责。

第六十条　本法自 2011 年 3 月 1 日起施行。

河南省实施《中华人民共和国水土保持法》办法
（2021 年修正）

（2014 年 9 月 26 日河南省第十二届人民代表大会常务委员会第十次会议通过根据 2021 年 5 月 28 日河南省第十三届人民代表大会常务委员会第二十四次会议《关于修改〈河南省气象条例〉〈河南省实施中华人民共和国水土保持办法〉的决定》修正）

第一章　总　则

第一条　为了预防和治理水土流失,保护和合理利用水土资源,减轻水、旱、风沙灾害,改善生态环境,维护生态安全,保障经济社会可持续发展,根据《中华人民共和国水土保持法》及有关法律、法规,结合本省实际,制定本办法。

第二条　在本省行政区域内从事水土保持及相关活动的单位和个人,应当遵守《中华人民共和国水土保持法》和本办法。

本办法所称水土保持,是指对自然因素和人为活动造成水土流失所采取的预防和治理措施。

第三条　水土保持工作实行预防为主、保护优先、全面规划、综合治理、因地制宜、突出重点、科学管理、注重效益的方针;坚持谁开发、谁保护,谁造成水土流失、谁负责治理的原则。

第四条　县级以上人民政府应加强对水土保持工作的统一领导,建立健全水土保持工作协调机制,将水土保持工作纳入本级国民经济和社会发展规划并组织实施。

县级以上人民政府应当安排专项资金,用于开展水土流失调查、公告、水土保持监督监测、水土保持规划编制和综合治理工作。

第五条　在水土流失重点预防区和重点治理区,县级以上人民政府应当建立水土保持目标责任制,并定期向本级人民代表大会常务委员会报告水土保持工作。

第六条　各级人民政府及其有关部门应当开展水土保持宣传教育工作,普及水土保持科学知识,增强公众的水土保持意识。

第七条　县级以上人民政府水行政主管部门主管本行政区域的水土保持工作,主要职责是:

（一）宣传和实施水土保持法律、法规,查处水土保持违法行为;

（二）组织水土流失勘测、普查,会同有关部门编制并实施水土保持规划;

（三）建立水土流失监测网络,监测、预报水土流失动态,定期公告;

（四）负责生产建设项目水土保持方案的审批、监督实施和水土保持设施验收;

（五）依法管理和使用水土保持补偿费；

（六）会同有关部门组织实施水土流失综合治理、生态修复；

（七）组织开展水土保持宣传教育、科学研究、技术推广和人才培训工作；

（八）法律、法规规定的其他职责。

县级以上人民政府发展改革、工业和信息化、财政、自然资源、生态环境、住房城乡建设、规划、交通运输、农业农村、林业、公安、税务、气象等有关部门按照各自职责，做好水土保持的相关工作。

乡镇人民政府应当按照上级人民政府的水土保持规划做好本行政区域的水土保持工作。

第八条　任何单位和个人都有权对破坏水土资源、造成水土流失的行为进行举报。

鼓励和支持社会力量采取多种形式参与水土保持工作。

对水土保持工作成绩显著的单位和个人，由县级以上人民政府给予表彰和奖励。

第二章　规　划

第九条　水土保持规划应当在水土流失调查结果及水土流失重点预防区和重点治理区划定的基础上，遵循统筹协调、分类指导的原则编制，并与土地利用总体规划、水资源规划、城乡规划和环境保护规划等相协调。

第十条　县级以上人民政府水行政主管部门应当每五年组织一次本行政区域内水土流失调查并公告调查结果。特殊情况可以适时开展水土流失调查，并将调查结果报上一级人民政府水行政主管部门备案。

水土流失调查应当包含下列主要内容：

（一）水土流失面积、侵蚀类型、分布状况和流失程度；

（二）水土流失成因、危害及其趋势；

（三）水土流失防治情况及其效益。

第十一条　县级以上人民政府水行政主管部门应当会同同级有关部门，依据水土流失调查结果，提出本行政区域的水土流失重点预防区和重点治理区，报本级人民政府划定并公告。

下列区域应当划定为水土流失重点预防区：

（一）水土流失微度的山区、丘陵区、平原沙土区等区域；

（二）水土流失综合治理程度达到初步标准的区域；

（三）水源涵养区、饮用水水源区、梯田集中分布区；

（四）水库库区及其集水区、河湖保护范围；

（五）水土流失潜在危险较大的其他区域。

下列区域应当划定为水土流失重点治理区：

（一）水土流失轻度以上以及人口密度较大的山区、丘陵区、平原沙土区等区域；

（二）崩塌、滑坡危险区和泥石流、山洪易发区；

（三）废弃矿山（场）、采石场、尾矿库；

（四）大型基础设施工程建设迹地、矿山塌陷区；

（五）生态环境恶化、水旱风沙灾害严重的其他区域。

第十二条　县级以上人民政府水行政主管部门会同同级有关部门编制水土保持规划，报本级人民政府或者其授权的部门批准后，由水行政主管部门组织实施，并报上一级人民政府水行政主管部门备案。

县级以上人民政府水行政主管部门根据水土保持工作需要，可以编制水土保持专项规划，报本级人民政府或者其授权的部门批准后实施。

县级以上人民政府水行政主管部门应当在编制水土保持规划过程中采取论证会、听证会或者其他方式征求有关单位、专家和公众的意见。水土保持规划草案应当向社会公告，公告时间不得少于三十日。

第十三条　有关基础设施建设、城镇建设、公共服务设施建设、矿产资源开发、土地开发整理、旅游开发以及产业集聚区、各类工业园区建设等方面的规划，在实施过程中可能造成水土流失的，规划的组织编制机关应当在规划中提出水土流失预防和治理的对策和措施，并在报请审批前征求本级人民政府水行政主管部门的意见。

第三章　预　防

第十四条　各级人民政府应当按照水土保持规划，采取封育保护、自然修复、植树种草等生态建设措施，发展水源涵养林、水土保持林、防风固沙林，扩大林草覆盖面积，涵养水源，预防和减轻水土流失。

第十五条　各级人民政府应当加强对开荒、取土、挖砂、采石等活动的管理，预防和减轻水土流失。

禁止在崩塌、滑坡危险区和泥石流、山洪易发区从事取土、挖砂、采石等可能造成水土流失的活动。崩塌、滑坡危险区和泥石流、山洪易发区的范围由县级以上人民政府划定并公告。崩塌、滑坡危险区和泥石流、山洪易发区的划定，应当与地质灾害防治规划确定的地质灾害易发区、重点防治区相衔接。

第十六条　水土保持设施的所有权人或者使用权人应当加强水土保持设施的管理与维护，落实管护责任，保障水土保持设施功能的正常发挥。

水土保持设施包括：

（一）梯田、坝地、流失区水地、河滩造地、沟道造地、引黄漫地、地边埂、截流沟、蓄水沟、沟边埂、排水（灌）渠（沟）、沉砂池、蓄水池、水窖和沟头防护等构筑物；

（二）淤地坝、拦渣坝、拦沙坝、尾矿坝、谷坊、池塘、护岸（堤、坡）工程、拦（挡）渣（土）墙等工程；

（三）水土保持林草和苗圃、植物埂、反坡梯田、坡式梯田、水平沟、鱼鳞坑等；

（四）监测网点和科研试验、示范场地等；

（五）其他水土保持设施。

第十七条　禁止在二十五度以上陡坡地开垦种植农作物。在二十五度以上陡坡地种植经济林的，县级以上人民政府水利、农业、林业等部门应当指导种植者科学选择树种，合理确定规模，根据实际情况采取水平阶整地、蓄水沟、排水沟、边坡防护等水土保持措施，防止造成水土流失。

禁止开垦陡坡地的具体范围由当地县级人民政府划定并公告。

第十八条　林木采伐应当采用合理方式，严格控制皆伐；对水源涵养林、水土保持林、防风固沙林只能进行抚育和更新性质的采伐。对采伐区和集材道应当采取防止水土流失的措施，并在采伐后及时更新造林。

在林区采伐林木的，采伐方案中应当有采伐区水土保持措施。林业部门批准采伐方案后，应当将采伐方案抄送同级水行政主管部门，由林业部门和水行政主管部门监督实施。

第十九条　在二十五度以下五度以上的荒坡地开垦种植农作物，应当因地制宜采取等高种植，修筑梯田、水平阶，修建截排水设施等水土保持措施。

开垦荒坡地面积在一万平方米以上的，其开垦方案中的水土保持措施应当报当地县级人民政府水行政主管部门备案，由当地县级人民政府水行政主管部门监督实施。

第二十条　生产建设项目选址、选线应当避让水土流失重点预防区和重点治理区；无法避让的，应当提高水土流失防治标准，减少工程永久或者临时占地面积，加强工程管理，优化施工方案和工艺，减少地表扰动和植被损坏范围，有效控制可能造成的水土流失。

乡（镇）、村庄规划应当与水土保持规划和地质灾害规划相衔接。

第二十一条　在山区、丘陵区、平原沙土区以及水土保持规划确定的容易发生水土流失的其他区域开办可能造成水土流失的下列生产建设项目，生产建设单位应当编制水土保持方案，报县级以上人民政府水行政主管部门审批，并按照批准的水土保持方案，采取水土流失预防和治理措施：

（一）铁路、公路、机场、码头、桥梁、隧道、通信、市政、水工程等基础设施项目；

（二）煤炭、电力、石油、天然气等能源设施项目；

（三）采矿、采石、冶炼等工业项目；

（四）城镇新区、开发区、产业集聚区、各类工业园区等建设项目；

（五）房地产开发、旅游区开发等土地开发项目；

（六）其他可能造成水土流失的生产建设项目。

生产建设项目水土保持方案的编制办法，按照国务院水行政主管部门的规定执行。

第二十二条　生产建设项目的地点、规模发生重大变化的，应当补充或者修改水土保持方案并报原审批机关批准；水土保持方案自批复之日起在国家规定的时间内生产建设项目未开工建设的，生产建设项目开工建设前应当重新编制水土保持方案并报原审批机关批准;实施过程中,水土保持措施需要作出重大变更的,应当报请原审批机关批准。

生产建设项目水土保持方案审批办法,按照国务院水行政主管部门制定的规定执行。

第二十三条 依法应当编制水土保持方案而未编制的,或者水土保持方案未经有批准权的水行政主管部门批准的,生产建设项目不得开工建设。

第二十四条 依法应当编制水土保持方案的生产建设项目,其水土保持设施应当与主体工程同时设计、同时施工、同时投产使用。

第二十五条 生产建设项目竣工验收,应当验收水土保持设施。水土保持设施未经验收或者验收不合格的,生产建设项目不得投入使用。分期建设、分期投入使用的生产建设项目,其相应的水土保持设施应当分期验收。

第二十六条 生产建设活动中排弃的砂、石、土、矸石、尾矿、废渣等应当综合利用;不能综合利用,确需废弃的,应当堆放在水土保持方案确定的专门存放地,并采取措施保证不产生新的危害。

第四章 治 理

第二十七条 县级以上人民政府应当按照批准的水土保持规划,组织社会各方面力量,开展水土流失综合治理。

水土流失综合治理坚持政府主导、社会参与、注重规模的原则。

治理水土流失应当符合国家和省有关技术规范和要求,坚持开发利用水土资源与改善生态环境相结合,注重提高生态效益、社会效益和经济效益。

第二十八条 县级以上人民政府应当加强水土流失重点预防区和重点治理区的水土保持工作,开展小流域综合治理、坡耕地改梯田、淤地坝等水土保持重点工程建设;加强江河源头区、饮用水水源保护区和水源涵养区的水土流失的预防和治理工作,开展清洁小流域建设,严格控制化肥和农药的使用,减少水土流失引起的面源污染;加强易灾地区、城镇周边区域生态环境的综合整治,加大生态修复力度。

第二十九条 开办生产建设项目或者从事其他生产建设活动造成水土流失的,应当进行治理。

在山区、丘陵区、平原沙土区以及水土保持规划确定的容易发生水土流失的其他区域开办生产建设项目或者从事其他生产建设活动,损坏水土保持设施、地貌植被,不能恢复原有水土保持功能的,应当缴纳水土保持补偿费,专项用于水土流失预防和治理。专项水土流失预防和治理由水行政主管部门负责组织实施。

水土保持补偿费由税务部门负责征收。

第三十条 生产建设项目在建设过程中发生的水土流失防治费用,从基本建设投资中列支;生产建设项目在生产过程中发生的水土流失防治费用,从生产费用中列支。

第三十一条 生产建设单位按照批准的水土保持方案,在生产建设经营活动中需要临时占用土地的,对地表土应当采取覆盖、隔离等保护措施,减少地表扰动范围;永久占用土地的,对地表土应当分层剥离、保存和利用。工程土石方挖填应当做到平衡,禁止乱挖滥弃。

在生产建设施工过程中,应当采取截排水、沉沙、拦挡、苫盖等临时防护措施,防止水土流失。生产建设活动结束后,应当及时在取土场、开挖面和存放地的裸露土地上植树种草、恢复植被和复垦。

生产建设项目造成地表水土保持功能降低的,生产建设单位应当恢复地表水土保持功能;对他人生活和生产造成损失的,依法给予补偿。

第三十二条　县级以上人民政府水行政主管部门应当加强水土保持工程建设管理,建立和完善水土保持工程建设管理制度,落实管护责任,巩固治理成果。

水土保持设施的所有权人或者使用权人应当加强对水土保持设施的管理和维护,保证其功能正常发挥。

第三十三条　县级以上人民政府鼓励和支持单位或者个人按照水土保持规划,采取承包、股份制合作等多种形式治理荒山、荒沟、荒丘、荒滩,并依法保护合同当事人的合法权益。在签订的土地承包合同中应当明确当事人预防和治理水土流失的责任。

第三十四条　县级以上人民政府应当根据国家水土保持生态效益补偿制度的规定,多渠道筹集水土保持专项资金用于水土流失的预防和治理。

第五章　监测和监督

第三十五条　县级以上人民政府水行政主管部门应当加强水土保持监测工作,发挥水土保持监测工作在政府决策、经济社会发展和社会公众服务中的作用。

第三十六条　省人民政府水行政主管部门应当科学规划,合理设置水土保持监测站点,完善全省水土保持监测网络,对全省水土流失与防治情况进行动态监测,并每两年对下列事项进行公告一次:

(一)水土流失类型、面积、强度、分布状况和变化趋势;

(二)水土流失造成的危害;

(三)水土流失预防和治理情况。

对特定区域、对象的监测情况,应当适时发布。

第三十七条　对可能造成严重水土流失的大中型生产建设项目,生产建设单位应当自行或者委托具备水土保持监测能力的机构,对生产建设活动造成的水土流失进行监测,并将监测情况定期上报当地水行政主管部门。

对生产建设活动造成的水土流失危害和水土保持功能恢复状况的监测,由具备水土保持监测资质机构承担的,应当对监测结论的真实性负责。

第三十八条　从事水土保持方案编制、监测、监理、技术评估的技术服务单位,应当遵守国家有关法律法规、技术标准、规范和规程,不得弄虚作假、伪造、虚报、瞒报数据。

第三十九条　县级以上人民政府水行政主管部门负责对水土保持情况进行监督

检查。

被检查单位或者个人拒不停止违法行为,造成严重水土流失的,水政监督检查人员报经水行政主管部门批准,可以查封、扣押实施违法行为的工具及施工机械、设备等。

第四十条　县级以上人民政府水行政主管部门对未落实水土保持方案的生产建设单位、个人,记入单位和个人信用信息系统。

第四十一条　县级以上人民政府水行政主管部门应当建立投诉、举报受理制度,公开投诉、举报电话和电子邮箱,对投诉、举报应当及时调查核实、处理并反馈。

第六章　法律责任

第四十二条　违反本办法规定的行为,法律、行政法规已有处罚规定的,从其规定。

第四十三条　县级以上人民政府水行政主管部门或者其他有关部门及其工作人员,有下列情形之一的,由有关部门按照管辖权限对直接负责的主管人员和其他直接责任人员依法给予处分;构成犯罪的,依法追究刑事责任:

(一)未按规定发布水土流失调查结果、水土保持监测公告的;

(二)未按规定划定、公告水土流失重点预防区和重点治理区的;

(三)不依法作出行政许可决定或者办理批准文件的;

(四)发现违法行为或者接到对违法行为的举报不予查处的;

(五)拒报、瞒报或者伪造水土保持监测数据的;

(六)未按规定履行监管、监测责任的;

(七)滥用职权、玩忽职守、徇私舞弊的;

(八)其他未依照本办法规定履行职责的。

第四十四条　违反本办法规定,在专门存放地未采取防护措施倾倒砂、石、土、矸石、尾矿、废渣等的,由县级以上水行政主管部门责令停止违法行为,采取补救措施,造成水土流失的,按照倾倒数量处每立方米十元以上二十元以下的罚款。

第四十五条　违反本办法第十五条规定,在崩塌、滑坡危险区和泥石流、山洪易发区从事取土、挖砂、采石等活动的,由县级以上人民政府水行政主管部门责令停止违法行为,没收违法所得,并按下列标准处以罚款:

(一)个人取土、挖砂、采石等十立方米以下的处一千元的罚款,十立方米以上五十立方米以下的处二千元以上五千元以下的罚款,五十立方米以上的处五千元以上一万元以下的罚款;

(二)单位取土、挖砂、采石等十立方米以下的处二万元的罚款,十立方米以上五十立方米以下的处二万元以上十万元以下的罚款,五十立方米以上的处十万元以上二十万元以下的罚款。

第四十六条　违反本办法第十九条规定,开垦二十五度以下、五度以上的荒坡地面积在一万平方米以上,未将开垦方案中的水土保持措施报水行政主管部门备案的,由县级以上人民政府水行政主管部门责令限期改正;逾期不改正的,按照开垦面积,对个人处每平方米一元的罚款,对单位处每平方米五元的罚款。

第四十七条　从事水土保持方案编制、监测、监理、技术评估的技术服务单位违反本办法第三十九条规定的,由县级以上人民政府水行政主管部门责令改正;情节严重的,按照有关规定追究责任。

第七章　附　则

第四十八条　本办法自2014年12月1日起施行。1993年8月16日河南省第八届人民代表大会常务委员会第三次会议通过、根据1997年5月23日河南省第八届人民代表大会常务委员会第二十六次会议《关于修改〈河南省实施中华人民共和国水土保持法办法〉的决定》修正的《河南省实施〈中华人民共和国水土保持法〉办法》同时废止。

中华人民共和国水污染防治法

（1984 年 5 月 11 日第六届全国人民代表大会常务委员会第五次会议通过　根据 1996 年 5 月 15 日第八届全国人民代表大会常务委员会第十九次会议《关于修改〈中华人民共和国水污染防治法〉的决定》第一次修正　2008 年 2 月 28 日第十届全国人民代表大会常务委员会第三十二次会议修订　根据 2017 年 6 月 27 日第十二届全国人民代表大会常务委员会第二十八次会议《关于修改〈中华人民共和国水污染防治法〉的决定》第二次修正）

第一章　总　则

第一条　为了保护和改善环境，防治水污染，保护水生态，保障饮用水安全，维护公众健康，推进生态文明建设，促进经济社会可持续发展，制定本法。

第二条　本法适用于中华人民共和国领域内的江河、湖泊、运河、渠道、水库等地表水体以及地下水体的污染防治。

海洋污染防治适用《中华人民共和国海洋环境保护法》。

第三条　水污染防治应当坚持预防为主、防治结合、综合治理的原则，优先保护饮用水水源，严格控制工业污染、城镇生活污染，防治农业面源污染，积极推进生态治理工程建设，预防、控制和减少水环境污染和生态破坏。

第四条　县级以上人民政府应当将水环境保护工作纳入国民经济和社会发展规划。

地方各级人民政府对本行政区域的水环境质量负责，应当及时采取措施防治水污染。

第五条　省、市、县、乡建立河长制，分级分段组织领导本行政区域内江河、湖泊的水资源保护、水域岸线管理、水污染防治、水环境治理等工作。

第六条　国家实行水环境保护目标责任制和考核评价制度，将水环境保护目标完成情况作为对地方人民政府及其负责人考核评价的内容。

第七条　国家鼓励、支持水污染防治的科学技术研究和先进适用技术的推广应用，加强水环境保护的宣传教育。

第八条　国家通过财政转移支付等方式，建立健全对位于饮用水水源保护区区域和江河、湖泊、水库上游地区的水环境生态保护补偿机制。

第九条　县级以上人民政府环境保护主管部门对水污染防治实施统一监督管理。

交通主管部门的海事管理机构对船舶污染水域的防治实施监督管理。

县级以上人民政府水行政、国土资源、卫生、建设、农业、渔业等部门以及重要江河、湖泊的流域水资源保护机构，在各自的职责范围内，对有关水污染防治实施监督管理。

第十条　排放水污染物，不得超过国家或者地方规定的水污染物排放标准和重点水污染物排放总量控制指标。

第十一条　任何单位和个人都有义务保护水环境,并有权对污染损害水环境的行为进行检举。

县级以上人民政府及其有关主管部门对在水污染防治工作中做出显著成绩的单位和个人给予表彰和奖励。

第二章　水污染防治的标准和规划

第十二条　国务院环境保护主管部门制定国家水环境质量标准。

省、自治区、直辖市人民政府可以对国家水环境质量标准中未作规定的项目,制定地方标准,并报国务院环境保护主管部门备案。

第十三条　国务院环境保护主管部门会同国务院水行政主管部门和有关省、自治区、直辖市人民政府,可以根据国家确定的重要江河、湖泊流域水体的使用功能以及有关地区的经济、技术条件,确定该重要江河、湖泊流域的省界水体适用的水环境质量标准,报国务院批准后施行。

第十四条　国务院环境保护主管部门根据国家水环境质量标准和国家经济、技术条件,制定国家水污染物排放标准。

省、自治区、直辖市人民政府对国家水污染物排放标准中未作规定的项目,可以制定地方水污染物排放标准;对国家水污染物排放标准中已作规定的项目,可以制定严于国家水污染物排放标准的地方水污染物排放标准。地方水污染物排放标准须报国务院环境保护主管部门备案。

向已有地方水污染物排放标准的水体排放污染物的,应当执行地方水污染物排放标准。

第十五条　国务院环境保护主管部门和省、自治区、直辖市人民政府,应当根据水污染防治的要求和国家或者地方的经济、技术条件,适时修订水环境质量标准和水污染物排放标准。

第十六条　防治水污染应当按流域或者按区域进行统一规划。国家确定的重要江河、湖泊的流域水污染防治规划,由国务院环境保护主管部门会同国务院经济综合宏观调控、水行政等部门和有关省、自治区、直辖市人民政府编制,报国务院批准。

前款规定外的其他跨省、自治区、直辖市江河、湖泊的流域水污染防治规划,根据国家确定的重要江河、湖泊的流域水污染防治规划和本地实际情况,由有关省、自治区、直辖市人民政府环境保护主管部门会同同级水行政等部门和有关市、县人民政府编制,经有关省、自治区、直辖市人民政府审核,报国务院批准。

省、自治区、直辖市内跨县江河、湖泊的流域水污染防治规划,根据国家确定的重要江河、湖泊的流域水污染防治规划和本地实际情况,由省、自治区、直辖市人民政府环境保护主管部门会同同级水行政等部门编制,报省、自治区、直辖市人民政府批准,并报国务院备案。

经批准的水污染防治规划是防治水污染的基本依据,规划的修订须经原批准机关批准。

县级以上地方人民政府应当根据依法批准的江河、湖泊的流域水污染防治规划,组织制定本行政区域的水污染防治规划。

第十七条 有关市、县级人民政府应当按照水污染防治规划确定的水环境质量改善目标的要求,制定限期达标规划,采取措施按期达标。

有关市、县级人民政府应当将限期达标规划报上一级人民政府备案,并向社会公开。

第十八条 市、县级人民政府每年在向本级人民代表大会或者其常务委员会报告环境状况和环境保护目标完成情况时,应当报告水环境质量限期达标规划执行情况,并向社会公开。

第三章 水污染防治的监督管理

第十九条 新建、改建、扩建直接或者间接向水体排放污染物的建设项目和其他水上设施,应当依法进行环境影响评价。

建设单位在江河、湖泊新建、改建、扩建排污口的,应当取得水行政主管部门或者流域管理机构同意;涉及通航、渔业水域的,环境保护主管部门在审批环境影响评价文件时,应当征求交通、渔业主管部门的意见。

建设项目的水污染防治设施,应当与主体工程同时设计、同时施工、同时投入使用。水污染防治设施应当符合经批准或者备案的环境影响评价文件的要求。

第二十条 国家对重点水污染物排放实施总量控制制度。

重点水污染物排放总量控制指标,由国务院环境保护主管部门在征求国务院有关部门和各省、自治区、直辖市人民政府意见后,会同国务院经济综合宏观调控部门报国务院批准并下达实施。

省、自治区、直辖市人民政府应当按照国务院的规定削减和控制本行政区域的重点水污染物排放总量。具体办法由国务院环境保护主管部门会同国务院有关部门规定。

省、自治区、直辖市人民政府可以根据本行政区域水环境质量状况和水污染防治工作的需要,对国家重点水污染物之外的其他水污染物排放实行总量控制。

对超过重点水污染物排放总量控制指标或者未完成水环境质量改善目标的地区,省级以上人民政府环境保护主管部门应当会同有关部门约谈该地区人民政府的主要负责人,并暂停审批新增重点水污染物排放总量的建设项目的环境影响评价文件。约谈情况应当向社会公开。

第二十一条 直接或者间接向水体排放工业废水和医疗污水以及其他按照规定应当取得排污许可证方可排放的废水、污水的企业事业单位和其他生产经营者,应当取得排污许可证;城镇污水集中处理设施的运营单位,也应当取得排污许可证。排污许可证应当明确排放水污染物的种类、浓度、总量和排放去向等要求。排污许可的具体办法由国务院规定。

禁止企业事业单位和其他生产经营者无排污许可证或者违反排污许可证的规定向水体排放前款规定的废水、污水。

第二十二条　向水体排放污染物的企业事业单位和其他生产经营者,应当按照法律、行政法规和国务院环境保护主管部门的规定设置排污口;在江河、湖泊设置排污口的,还应当遵守国务院水行政主管部门的规定。

第二十三条　实行排污许可管理的企业事业单位和其他生产经营者应当按照国家有关规定和监测规范,对所排放的水污染物自行监测,并保存原始监测记录。重点排污单位还应当安装水污染物排放自动监测设备,与环境保护主管部门的监控设备联网,并保证监测设备正常运行。具体办法由国务院环境保护主管部门规定。

应当安装水污染物排放自动监测设备的重点排污单位名录,由设区的市级以上地方人民政府环境保护主管部门根据本行政区域的环境容量、重点水污染物排放总量控制指标的要求以及排污单位排放水污染物的种类、数量和浓度等因素,商同级有关部门确定。

第二十四条　实行排污许可管理的企业事业单位和其他生产经营者应当对监测数据的真实性和准确性负责。

环境保护主管部门发现重点排污单位的水污染物排放自动监测设备传输数据异常,应当及时进行调查。

第二十五条　国家建立水环境质量监测和水污染物排放监测制度。国务院环境保护主管部门负责制定水环境监测规范,统一发布国家水环境状况信息,会同国务院水行政等部门组织监测网络,统一规划国家水环境质量监测站(点)的设置,建立监测数据共享机制,加强对水环境监测的管理。

第二十六条　国家确定的重要江河、湖泊流域的水资源保护工作机构负责监测其所在流域的省界水体的水环境质量状况,并将监测结果及时报国务院环境保护主管部门和国务院水行政主管部门;有经国务院批准成立的流域水资源保护领导机构的,应当将监测结果及时报告流域水资源保护领导机构。

第二十七条　国务院有关部门和县级以上地方人民政府开发、利用和调节、调度水资源时,应当统筹兼顾,维持江河的合理流量和湖泊、水库以及地下水体的合理水位,保障基本生态用水,维护水体的生态功能。

第二十八条　国务院环境保护主管部门应当会同国务院水行政等部门和有关省、自治区、直辖市人民政府,建立重要江河、湖泊的流域水环境保护联合协调机制,实行统一规划、统一标准、统一监测、统一的防治措施。

第二十九条　国务院环境保护主管部门和省、自治区、直辖市人民政府环境保护主管部门应当会同同级有关部门根据流域生态环境功能需要,明确流域生态环境保护要求,组织开展流域环境资源承载能力监测、评价,实施流域环境资源承载能力预警。

县级以上地方人民政府应当根据流域生态环境功能需要,组织开展江河、湖泊、湿地保护与修复,因地制宜建设人工湿地、水源涵养林、沿河沿湖植被缓冲带和隔离带等生态环境治理与保护工程,整治黑臭水体,提高流域环境资源承载能力。

从事开发建设活动,应当采取有效措施,维护流域生态环境功能,严守生态保护红线。

第三十条　环境保护主管部门和其他依照本法规定行使监督管理权的部门,有权对管辖范围内的排污单位进行现场检查,被检查的单位应当如实反映情况,提供必要的资料。检查机关有义务为被检查的单位保守在检查中获取的商业秘密。

第三十一条　跨行政区域的水污染纠纷,由有关地方人民政府协商解决,或者由其共同的上级人民政府协调解决。

第四章　水污染防治措施

第一节　一般规定

第三十二条　国务院环境保护主管部门应当会同国务院卫生主管部门,根据对公众健康和生态环境的危害和影响程度,公布有毒有害水污染物名录,实行风险管理。

排放前款规定名录中所列有毒有害水污染物的企业事业单位和其他生产经营者,应当对排污口和周边环境进行监测,评估环境风险,排查环境安全隐患,并公开有毒有害水污染物信息,采取有效措施防范环境风险。

第三十三条　禁止向水体排放油类、酸液、碱液或者剧毒废液。

禁止在水体清洗装贮过油类或者有毒污染物的车辆和容器。

第三十四条　禁止向水体排放、倾倒放射性固体废物或者含有高放射性和中放射性物质的废水。

向水体排放含低放射性物质的废水,应当符合国家有关放射性污染防治的规定和标准。

第三十五条　向水体排放含热废水,应当采取措施,保证水体的水温符合水环境质量标准。

第三十六条　含病原体的污水应当经过消毒处理;符合国家有关标准后,方可排放。

第三十七条　禁止向水体排放、倾倒工业废渣、城镇垃圾和其他废弃物。

禁止将含有汞、镉、砷、铬、铅、氰化物、黄磷等的可溶性剧毒废渣向水体排放、倾倒或者直接埋入地下。

存放可溶性剧毒废渣的场所,应当采取防水、防渗漏、防流失的措施。

第三十八条　禁止在江河、湖泊、运河、渠道、水库最高水位线以下的滩地和岸坡堆放、存贮固体废弃物和其他污染物。

第三十九条　禁止利用渗井、渗坑、裂隙、溶洞,私设暗管,篡改、伪造监测数据,或者不正常运行水污染防治设施等逃避监管的方式排放水污染物。

第四十条　化学品生产企业以及工业集聚区、矿山开采区、尾矿库、危险废物处置场、垃圾填埋场等的运营、管理单位,应当采取防渗漏等措施,并建设地下水水质监测井进行监测,防止地下水污染。

加油站等的地下油罐应当使用双层罐或者采取建造防渗池等其他有效措施,并进行防渗漏监测,防止地下水污染。

禁止利用无防渗漏措施的沟渠、坑塘等输送或者存贮含有毒污染物的废水、含病原体的污水和其他废弃物。

第四十一条　多层地下水的含水层水质差异大的,应当分层开采;对已受污染的潜水和承压水,不得混合开采。

第四十二条　兴建地下工程设施或者进行地下勘探、采矿等活动,应当采取防护性措施,防止地下水污染。

报废矿井、钻井或者取水井等,应当实施封井或者回填。

第四十三条　人工回灌补给地下水,不得恶化地下水质。

第二节　工业水污染防治

第四十四条　国务院有关部门和县级以上地方人民政府应当合理规划工业布局,要求造成水污染的企业进行技术改造,采取综合防治措施,提高水的重复利用率,减少废水和污染物排放量。

第四十五条　排放工业废水的企业应当采取有效措施,收集和处理产生的全部废水,防止污染环境。含有毒有害水污染物的工业废水应当分类收集和处理,不得稀释排放。

工业集聚区应当配套建设相应的污水集中处理设施,安装自动监测设备,与环境保护主管部门的监控设备联网,并保证监测设备正常运行。

向污水集中处理设施排放工业废水的,应当按照国家有关规定进行预处理,达到集中处理设施处理工艺要求后方可排放。

第四十六条　国家对严重污染水环境的落后工艺和设备实行淘汰制度。

国务院经济综合宏观调控部门会同国务院有关部门,公布限期禁止采用的严重污染水环境的工艺名录和限期禁止生产、销售、进口、使用的严重污染水环境的设备名录。

生产者、销售者、进口者或者使用者应当在规定的期限内停止生产、销售、进口或者使用列入前款规定的设备名录中的设备。工艺的采用者应当在规定的期限内停止采用列入前款规定的工艺名录中的工艺。

依照本条第二款、第三款规定被淘汰的设备,不得转让给他人使用。

第四十七条　国家禁止新建不符合国家产业政策的小型造纸、制革、印染、染料、炼焦、炼硫、炼砷、炼汞、炼油、电镀、农药、石棉、水泥、玻璃、钢铁、火电以及其他严重污染水环境的生产项目。

第四十八条　企业应当采用原材料利用效率高、污染物排放量少的清洁工艺,并加强管理,减少水污染物的产生。

第三节　城镇水污染防治

第四十九条　城镇污水应当集中处理。

县级以上地方人民政府应当通过财政预算和其他渠道筹集资金,统筹安排建设城镇污水集中处理设施及配套管网,提高本行政区域城镇污水的收集率和处理率。

国务院建设主管部门应当会同国务院经济综合宏观调控、环境保护主管部门,根据城乡规划和水污染防治规划,组织编制全国城镇污水处理设施建设规划。县级以上地方人民政府组织建设、经济综合宏观调控、环境保护、水行政等部门编制本行政区域的城镇污水处理设施建设规划。县级以上地方人民政府建设主管部门应当按照城镇污水处理设施建设规划,组织建设城镇污水集中处理设施及配套管网,并加强对城镇污水集中处理设施运营的监督管理。

城镇污水集中处理设施的运营单位按照国家规定向排污者提供污水处理的有偿服务,收取污水处理费用,保证污水集中处理设施的正常运行。收取的污水处理费用应当用于城镇污水集中处理设施的建设运行和污泥处理处置,不得挪作他用。

城镇污水集中处理设施的污水处理收费、管理以及使用的具体办法,由国务院规定。

第五十条　向城镇污水集中处理设施排放水污染物,应当符合国家或者地方规定的水污染物排放标准。

城镇污水集中处理设施的运营单位,应当对城镇污水集中处理设施的出水水质负责。

环境保护主管部门应当对城镇污水集中处理设施的出水水质和水量进行监督检查。

第五十一条　城镇污水集中处理设施的运营单位或者污泥处理处置单位应当安全处理处置污泥,保证处理处置后的污泥符合国家标准,并对污泥的去向等进行记录。

第四节　农业和农村水污染防治

第五十二条　国家支持农村污水、垃圾处理设施的建设,推进农村污水、垃圾集中处理。

地方各级人民政府应当统筹规划建设农村污水、垃圾处理设施,并保障其正常运行。

第五十三条　制定化肥、农药等产品的质量标准和使用标准,应当适应水环境保护要求。

第五十四条　使用农药,应当符合国家有关农药安全使用的规定和标准。

运输、存贮农药和处置过期失效农药,应当加强管理,防止造成水污染。

第五十五条　县级以上地方人民政府农业主管部门和其他有关部门,应当采取措施,指导农业生产者科学、合理地施用化肥和农药,推广测土配方施肥技术和高效低毒低残留农药,控制化肥和农药的过量使用,防止造成水污染。

第五十六条　国家支持畜禽养殖场、养殖小区建设畜禽粪便、废水的综合利用或者无害化处理设施。

畜禽养殖场、养殖小区应当保证其畜禽粪便、废水的综合利用或者无害化处理设施正常运转,保证污水达标排放,防止污染水环境。

畜禽散养密集区所在地县、乡级人民政府应当组织对畜禽粪便污水进行分户收集、集中处理利用。

第五十七条　从事水产养殖应当保护水域生态环境,科学确定养殖密度,合理投饵和使用药物,防止污染水环境。

第五十八条　农田灌溉用水应当符合相应的水质标准,防止污染土壤、地下水和农产品。

禁止向农田灌溉渠道排放工业废水或者医疗污水。向农田灌溉渠道排放城镇污水以及未综合利用的畜禽养殖废水、农产品加工废水的,应当保证其下游最近的灌溉取水点的水质符合农田灌溉水质标准。

第五节　船舶水污染防治

第五十九条　船舶排放含油污水、生活污水,应当符合船舶污染物排放标准。从事海洋航运的船舶进入内河和港口的,应当遵守内河的船舶污染物排放标准。

船舶的残油、废油应当回收,禁止排入水体。

禁止向水体倾倒船舶垃圾。

船舶装载运输油类或者有毒货物,应当采取防止溢流和渗漏的措施,防止货物落水造成水污染。

进入中华人民共和国内河的国际航线船舶排放压载水的,应当采用压载水处理装置或者采取其他等效措施,对压载水进行灭活等处理。禁止排放不符合规定的船舶压载水。

第六十条　船舶应当按照国家有关规定配置相应的防污设备和器材,并持有合法有效的防止水域环境污染的证书与文书。

船舶进行涉及污染物排放的作业,应当严格遵守操作规程,并在相应的记录簿上如实记载。

第六十一条　港口、码头、装卸站和船舶修造厂所在地市、县级人民政府应当统筹规划建设船舶污染物、废弃物的接收、转运及处理处置设施。

港口、码头、装卸站和船舶修造厂应当备有足够的船舶污染物、废弃物的接收设施。从事船舶污染物、废弃物接收作业,或者从事装载油类、污染危害性货物船舱清洗作业的单位,应当具备与其运营规模相适应的接收处理能力。

第六十二条　船舶及有关作业单位从事有污染风险的作业活动,应当按照有关法律法规和标准,采取有效措施,防止造成水污染。海事管理机构、渔业主管部门应当加强对船舶及有关作业活动的监督管理。

船舶进行散装液体污染危害性货物的过驳作业,应当编制作业方案,采取有效的安全和污染防治措施,并报作业地海事管理机构批准。

禁止采取冲滩方式进行船舶拆解作业。

第五章　饮用水水源和其他特殊水体保护

第六十三条　国家建立饮用水水源保护区制度。饮用水水源保护区分为一级保护区和二级保护区;必要时,可以在饮用水水源保护区外围划定一定的区域作为准保护区。

饮用水水源保护区的划定,由有关市、县人民政府提出划定方案,报省、自治区、直辖市人民政府批准;跨市、县饮用水水源保护区的划定,由有关市、县人民政府协商提出划定方案,报省、自治区、直辖市人民政府批准;协商不成的,由省、自治区、直辖市人民政府环境保护主管部门会同同级水行政、国土资源、卫生、建设等部门提出划定方案,征求同级有关部门的意见后,报省、自治区、直辖市人民政府批准。

跨省、自治区、直辖市的饮用水水源保护区,由有关省、自治区、直辖市人民政府商有关流域管理机构划定;协商不成的,由国务院环境保护主管部门会同同级水行政、国土资源、卫生、建设等部门提出划定方案,征求国务院有关部门的意见后,报国务院批准。

国务院和省、自治区、直辖市人民政府可以根据保护饮用水水源的实际需要,调整饮用水水源保护区的范围,确保饮用水安全。有关地方人民政府应当在饮用水水源保护区的边界设立明确的地理界标和明显的警示标志。

第六十四条 在饮用水水源保护区内,禁止设置排污口。

第六十五条 禁止在饮用水水源一级保护区内新建、改建、扩建与供水设施和保护水源无关的建设项目;已建成的与供水设施和保护水源无关的建设项目,由县级以上人民政府责令拆除或者关闭。

禁止在饮用水水源一级保护区内从事网箱养殖、旅游、游泳、垂钓或者其他可能污染饮用水水体的活动。

第六十六条 禁止在饮用水水源二级保护区内新建、改建、扩建排放污染物的建设项目;已建成的排放污染物的建设项目,由县级以上人民政府责令拆除或者关闭。

在饮用水水源二级保护区内从事网箱养殖、旅游等活动的,应当按照规定采取措施,防止污染饮用水水体。

第六十七条 禁止在饮用水水源准保护区内新建、扩建对水体污染严重的建设项目;改建建设项目,不得增加排污量。

第六十八条 县级以上地方人民政府应当根据保护饮用水水源的实际需要,在准保护区内采取工程措施或者建造湿地、水源涵养林等生态保护措施,防止水污染物直接排入饮用水水体,确保饮用水安全。

第六十九条 县级以上地方人民政府应当组织环境保护等部门,对饮用水水源保护区、地下水型饮用水水源的补给区及供水单位周边区域的环境状况和污染风险进行调查评估,筛查可能存在的污染风险因素,并采取相应的风险防范措施。

饮用水水源受到污染可能威胁供水安全的,环境保护主管部门应当责令有关企业事业单位和其他生产经营者采取停止排放水污染物等措施,并通报饮用水供水单位和供水、卫生、水行政等部门;跨行政区域的,还应当通报相关地方人民政府。

第七十条 单一水源供水城市的人民政府应当建设应急水源或者备用水源,有条件的地区可以开展区域联网供水。

县级以上地方人民政府应当合理安排、布局农村饮用水水源,有条件的地区可以采取城镇供水管网延伸或者建设跨村、跨乡镇联片集中供水工程等方式,发展规模集中供水。

第七十一条　饮用水供水单位应当做好取水口和出水口的水质检测工作。发现取水口水质不符合饮用水水源水质标准或者出水口水质不符合饮用水卫生标准的,应当及时采取相应措施,并向所在地市、县级人民政府供水主管部门报告。供水主管部门接到报告后,应当通报环境保护、卫生、水行政等部门。

饮用水供水单位应当对供水水质负责,确保供水设施安全可靠运行,保证供水水质符合国家有关标准。

第七十二条　县级以上地方人民政府应当组织有关部门监测、评估本行政区域内饮用水水源、供水单位供水和用户水龙头出水的水质等饮用水安全状况。

县级以上地方人民政府有关部门应当至少每季度向社会公开一次饮用水安全状况信息。

第七十三条　国务院和省、自治区、直辖市人民政府根据水环境保护的需要,可以规定在饮用水水源保护区内,采取禁止或者限制使用含磷洗涤剂、化肥、农药以及限制种植养殖等措施。

第七十四条　县级以上人民政府可以对风景名胜区水体、重要渔业水体和其他具有特殊经济文化价值的水体划定保护区,并采取措施,保证保护区的水质符合规定用途的水环境质量标准。

第七十五条　在风景名胜区水体、重要渔业水体和其他具有特殊经济文化价值的水体的保护区内,不得新建排污口。在保护区附近新建排污口,应当保证保护区水体不受污染。

第六章　水污染事故处置

第七十六条　各级人民政府及其有关部门,可能发生水污染事故的企业事业单位,应当依照《中华人民共和国突发事件应对法》的规定,做好突发水污染事故的应急准备、应急处置和事后恢复等工作。

第七十七条　可能发生水污染事故的企业事业单位,应当制定有关水污染事故的应急方案,做好应急准备,并定期进行演练。

生产、储存危险化学品的企业事业单位,应当采取措施,防止在处理安全生产事故过程中产生的可能严重污染水体的消防废水、废液直接排入水体。

第七十八条　企业事业单位发生事故或者其他突发性事件,造成或者可能造成水污染事故的,应当立即启动本单位的应急方案,采取隔离等应急措施,防止水污染物进入水体,并向事故发生地的县级以上地方人民政府或者环境保护主管部门报告。环境保护主管部门接到报告后,应当及时向本级人民政府报告,并抄送有关部门。

造成渔业污染事故或者渔业船舶造成水污染事故的,应当向事故发生地的渔业主管部门报告,接受调查处理。其他船舶造成水污染事故的,应当向事故发生地的海事管理机构报告,接受调查处理;给渔业造成损害的,海事管理机构应当通知渔业主管部门参与调查处理。

第七十九条　市、县级人民政府应当组织编制饮用水安全突发事件应急预案。

饮用水供水单位应当根据所在地饮用水安全突发事件应急预案,制定相应的突发事件应急方案,报所在地市、县级人民政府备案,并定期进行演练。

饮用水水源发生水污染事故,或者发生其他可能影响饮用水安全的突发性事件,饮用水供水单位应当采取应急处理措施,向所在地市、县级人民政府报告,并向社会公开。有关人民政府应当根据情况及时启动应急预案,采取有效措施,保障供水安全。

第七章　法律责任

第八十条　环境保护主管部门或者其他依照本法规定行使监督管理权的部门,不依法作出行政许可或者办理批准文件的,发现违法行为或者接到对违法行为的举报后不予查处的,或者有其他未依照本法规定履行职责的行为的,对直接负责的主管人员和其他直接责任人员依法给予处分。

第八十一条　以拖延、围堵、滞留执法人员等方式拒绝、阻挠环境保护主管部门或者其他依照本法规定行使监督管理权的部门的监督检查,或者在接受监督检查时弄虚作假的,由县级以上人民政府环境保护主管部门或者其他依照本法规定行使监督管理权的部门责令改正,处二万元以上二十万元以下的罚款。

第八十二条　违反本法规定,有下列行为之一的,由县级以上人民政府环境保护主管部门责令限期改正,处二万元以上二十万元以下的罚款;逾期不改正的,责令停产整治:

(一)未按照规定对所排放的水污染物自行监测,或者未保存原始监测记录的;

(二)未按照规定安装水污染物排放自动监测设备,未按照规定与环境保护主管部门的监控设备联网,或者未保证监测设备正常运行的;

(三)未按照规定对有毒有害水污染物的排污口和周边环境进行监测,或者未公开有毒有害水污染物信息的。

第八十三条　违反本法规定,有下列行为之一的,由县级以上人民政府环境保护主管部门责令改正或者责令限制生产、停产整治,并处十万元以上一百万元以下的罚款;情节严重的,报经有批准权的人民政府批准,责令停业、关闭:

(一)未依法取得排污许可证排放水污染物的;

(二)超过水污染物排放标准或者超过重点水污染物排放总量控制指标排放水污染物的;

(三)利用渗井、渗坑、裂隙、溶洞,私设暗管,篡改、伪造监测数据,或者不正常运行水污染防治设施等逃避监管的方式排放水污染物的;

(四)未按照规定进行预处理,向污水集中处理设施排放不符合处理工艺要求的工业废水的。

第八十四条　在饮用水水源保护区内设置排污口的,由县级以上地方人民政府责令限期拆除,处十万元以上五十万元以下的罚款;逾期不拆除的,强制拆除,所需费用由违法者承担,处五十万元以上一百万元以下的罚款,并可以责令停产整治。

除前款规定外,违反法律、行政法规和国务院环境保护主管部门的规定设置排污口的,由县级以上地方人民政府环境保护主管部门责令限期拆除,处二万元以上十万元以下的罚款;逾期不拆除的,强制拆除,所需费用由违法者承担,处十万元以上五十万元以下的罚款;情节严重的,可以责令停产整治。

未经水行政主管部门或者流域管理机构同意,在江河、湖泊新建、改建、扩建排污口的,由县级以上人民政府水行政主管部门或者流域管理机构依据职权,依照前款规定采取措施、给予处罚。

第八十五条　有下列行为之一的,由县级以上地方人民政府环境保护主管部门责令停止违法行为,限期采取治理措施,消除污染,处以罚款;逾期不采取治理措施的,环境保护主管部门可以指定有治理能力的单位代为治理,所需费用由违法者承担:

(一)向水体排放油类、酸液、碱液的;

(二)向水体排放剧毒废液,或者将含有汞、镉、砷、铬、铅、氰化物、黄磷等的可溶性剧毒废渣向水体排放、倾倒或者直接埋入地下的;

(三)在水体清洗装贮过油类、有毒污染物的车辆或者容器的;

(四)向水体排放、倾倒工业废渣、城镇垃圾或者其他废弃物,或者在江河、湖泊、运河、渠道、水库最高水位线以下的滩地、岸坡堆放、存贮固体废弃物或者其他污染物的;

(五)向水体排放、倾倒放射性固体废物或者含有高放射性、中放射性物质的废水的;

(六)违反国家有关规定或者标准,向水体排放含低放射性物质的废水、热废水或者含病原体的污水的;

(七)未采取防渗漏等措施,或者未建设地下水水质监测井进行监测的;

(八)加油站等的地下油罐未使用双层罐或者采取建造防渗池等其他有效措施,或者未进行防渗漏监测的;

(九)未按照规定采取防护性措施,或者利用无防渗漏措施的沟渠、坑塘等输送或者存贮含有毒污染物的废水、含病原体的污水或者其他废弃物的。

有前款第三项、第四项、第六项、第七项、第八项行为之一的,处二万元以上二十万元以下的罚款。有前款第一项、第二项、第五项、第九项行为之一的,处十万元以上一百万元以下的罚款;情节严重的,报经有批准权的人民政府批准,责令停业、关闭。

第八十六条　违反本法规定,生产、销售、进口或者使用列入禁止生产、销售、进口、使用的严重污染水环境的设备名录中的设备,或者采用列入禁止采用的严重污染水环境的工艺名录中的工艺的,由县级以上人民政府经济综合宏观调控部门责令改正,处五万元以上二十万元以下的罚款;情节严重的,由县级以上人民政府经济综合宏观调控部门提出意见,报请本级人民政府责令停业、关闭。

第八十七条 违反本法规定,建设不符合国家产业政策的小型造纸、制革、印染、染料、炼焦、炼硫、炼砷、炼汞、炼油、电镀、农药、石棉、水泥、玻璃、钢铁、火电以及其他严重污染水环境的生产项目的,由所在地的市、县人民政府责令关闭。

第八十八条 城镇污水集中处理设施的运营单位或者污泥处理处置单位,处理处置后的污泥不符合国家标准,或者对污泥去向等未进行记录的,由城镇排水主管部门责令限期采取治理措施,给予警告;造成严重后果的,处十万元以上二十万元以下的罚款;逾期不采取治理措施的,城镇排水主管部门可以指定有治理能力的单位代为治理,所需费用由违法者承担。

第八十九条 船舶未配置相应的防污染设备和器材,或者未持有合法有效的防止水域环境污染的证书与文书的,由海事管理机构、渔业主管部门按照职责分工责令限期改正,处二千元以上二万元以下的罚款;逾期不改正的,责令船舶临时停航。

船舶进行涉及污染物排放的作业,未遵守操作规程或者未在相应的记录簿上如实记载的,由海事管理机构、渔业主管部门按照职责分工责令改正,处二千元以上二万元以下的罚款。

第九十条 违反本法规定,有下列行为之一的,由海事管理机构、渔业主管部门按照职责分工责令停止违法行为,处一万元以上十万元以下的罚款;造成水污染的,责令限期采取治理措施,消除污染,处二万元以上二十万元以下的罚款;逾期不采取治理措施的,海事管理机构、渔业主管部门按照职责分工可以指定有治理能力的单位代为治理,所需费用由船舶承担:

(一)向水体倾倒船舶垃圾或者排放船舶的残油、废油的;

(二)未经作业地海事管理机构批准,船舶进行散装液体污染危害性货物的过驳作业的;

(三)船舶及有关作业单位从事有污染风险的作业活动,未按照规定采取污染防治措施的;

(四)以冲滩方式进行船舶拆解的;

(五)进入中华人民共和国内河的国际航线船舶,排放不符合规定的船舶压载水的。

第九十一条 有下列行为之一的,由县级以上地方人民政府环境保护主管部门责令停止违法行为,处十万元以上五十万元以下的罚款;并报经有批准权的人民政府批准,责令拆除或者关闭:

(一)在饮用水水源一级保护区内新建、改建、扩建与供水设施和保护水源无关的建设项目的;

(二)在饮用水水源二级保护区内新建、改建、扩建排放污染物的建设项目的;

(三)在饮用水水源准保护区内新建、扩建对水体污染严重的建设项目,或者改建建设项目增加排污量的。

　　在饮用水水源一级保护区内从事网箱养殖或者组织进行旅游、垂钓或者其他可能污染饮用水水体的活动的,由县级以上地方人民政府环境保护主管部门责令停止违法行为,处二万元以上十万元以下的罚款。个人在饮用水水源一级保护区内游泳、垂钓或者从事其他可能污染饮用水水体的活动的,由县级以上地方人民政府环境保护主管部门责令停止违法行为,可以处五百元以下的罚款。

　　第九十二条　饮用水供水单位供水水质不符合国家规定标准的,由所在地市、县级人民政府供水主管部门责令改正,处二万元以上二十万元以下的罚款;情节严重的,报经有批准权的人民政府批准,可以责令停业整顿;对直接负责的主管人员和其他直接责任人员依法给予处分。

　　第九十三条　企业事业单位有下列行为之一的,由县级以上人民政府环境保护主管部门责令改正;情节严重的,处二万元以上十万元以下的罚款:

　　(一)不按照规定制定水污染事故的应急方案的;

　　(二)水污染事故发生后,未及时启动水污染事故的应急方案,采取有关应急措施的。

　　第九十四条　企业事业单位违反本法规定,造成水污染事故的,除依法承担赔偿责任外,由县级以上人民政府环境保护主管部门依照本条第二款的规定处以罚款,责令限期采取治理措施,消除污染;未按照要求采取治理措施或者不具备治理能力的,由环境保护主管部门指定有治理能力的单位代为治理,所需费用由违法者承担;对造成重大或者特大水污染事故的,还可以报经有批准权的人民政府批准,责令关闭;对直接负责的主管人员和其他直接责任人员可以处上一年度从本单位取得的收入50%以下的罚款;有《中华人民共和国环境保护法》第六十三条规定的违法排放水污染物等行为之一,尚不构成犯罪的,由公安机关对直接负责的主管人员和其他直接责任人员处十日以上十五日以下的拘留;情节较轻的,处五日以上十日以下的拘留。

　　对造成一般或者较大水污染事故的,按照水污染事故造成的直接损失的20%计算罚款;对造成重大或者特大水污染事故的,按照水污染事故造成的直接损失的30%计算罚款。

　　造成渔业污染事故或者渔业船舶造成水污染事故的,由渔业主管部门进行处罚;其他船舶造成水污染事故的,由海事管理机构进行处罚。

　　第九十五条　企业事业单位和其他生产经营者违法排放水污染物,受到罚款处罚,被责令改正的,依法作出处罚决定的行政机关应当组织复查,发现其继续违法排放水污染物或者拒绝、阻挠复查的,依照《中华人民共和国环境保护法》的规定按日连续处罚。

　　第九十六条　因水污染受到损害的当事人,有权要求排污方排除危害和赔偿损失。

　　由于不可抗力造成水污染损害的,排污方不承担赔偿责任;法律另有规定的除外。

　　水污染损害是由受害人故意造成的,排污方不承担赔偿责任。水污染损害是由受害人重大过失造成的,可以减轻排污方的赔偿责任。

　　水污染损害是由第三人造成的,排污方承担赔偿责任后,有权向第三人追偿。

第九十七条 因水污染引起的损害赔偿责任和赔偿金额的纠纷,可以根据当事人的请求,由环境保护主管部门或者海事管理机构、渔业主管部门按照职责分工调解处理;调解不成的,当事人可以向人民法院提起诉讼。当事人也可以直接向人民法院提起诉讼。

第九十八条 因水污染引起的损害赔偿诉讼,由排污方就法律规定的免责事由及其行为与损害结果之间不存在因果关系承担举证责任。

第九十九条 因水污染受到损害的当事人人数众多的,可以依法由当事人推选代表人进行共同诉讼。

环境保护主管部门和有关社会团体可以依法支持因水污染受到损害的当事人向人民法院提起诉讼。

国家鼓励法律服务机构和律师为水污染损害诉讼中的受害人提供法律援助。

第一百条 因水污染引起的损害赔偿责任和赔偿金额的纠纷,当事人可以委托环境监测机构提供监测数据。环境监测机构应当接受委托,如实提供有关监测数据。

第一百零一条 违反本法规定,构成犯罪的,依法追究刑事责任。

第八章 附 则

第一百零二条 本法中下列用语的含义:

(一)水污染,是指水体因某种物质的介入,而导致其化学、物理、生物或者放射性等方面特性的改变,从而影响水的有效利用,危害人体健康或者破坏生态环境,造成水质恶化的现象。

(二)水污染物,是指直接或者间接向水体排放的,能导致水体污染的物质。

(三)有毒污染物,是指那些直接或者间接被生物摄入体内后,可能导致该生物或者其后代发病、行为反常、遗传异变、生理机能失常、机体变形或者死亡的污染物。

(四)污泥,是指污水处理过程中产生的半固态或者固态物质。

(五)渔业水体,是指划定的鱼虾类的产卵场、索饵场、越冬场、洄游通道和鱼虾贝藻类的养殖场的水体。

第一百零三条 本法自 2008 年 6 月 1 日起施行。

中华人民共和国防洪法

（1997 年 8 月 29 日第八届全国人民代表大会常务委员会第二十七次会议通过　根据 2009 年 8 月 27 日第十一届全国人民代表大会常务委员会第十次会议《关于修改部分法律的决定》第一次修正　根据 2015 年 4 月 24 日第十二届全国人民代表大会常务委员会第十四次会议《关于修改〈中华人民共和国港口法〉等七部法律的决定》第二次修正　根据 2016 年 7 月 2 日第十二届全国人民代表大会常务委员会第二十一次会议《关于修改〈中华人民共和国节约能源法〉等六部法律的决定》第三次修正）

第一章　总　则

第一条　为了防治洪水，防御、减轻洪涝灾害，维护人民的生命和财产安全，保障社会主义现代化建设顺利进行，制定本法。

第二条　防洪工作实行全面规划、统筹兼顾、预防为主、综合治理、局部利益服从全局利益的原则。

第三条　防洪工程设施建设，应当纳入国民经济和社会发展计划。

防洪费用按照政府投入同受益者合理承担相结合的原则筹集。

第四条　开发利用和保护水资源，应当服从防洪总体安排，实行兴利与除害相结合的原则。

江河、湖泊治理以及防洪工程设施建设，应当符合流域综合规划，与流域水资源的综合开发相结合。

本法所称综合规划是指开发利用水资源和防治水害的综合规划。

第五条　防洪工作按照流域或者区域实行统一规划、分级实施和流域管理与行政区域管理相结合的制度。

第六条　任何单位和个人都有保护防洪工程设施和依法参加防汛抗洪的义务。

第七条　各级人民政府应当加强对防洪工作的统一领导，组织有关部门、单位，动员社会力量，依靠科技进步，有计划地进行江河、湖泊治理，采取措施加强防洪工程设施建设，巩固、提高防洪能力。

各级人民政府应当组织有关部门、单位，动员社会力量，做好防汛抗洪和洪涝灾害后的恢复与救济工作。

各级人民政府应当对蓄滞洪区予以扶持；蓄滞洪后，应当依照国家规定予以补偿或者救助。

第八条　国务院水行政主管部门在国务院的领导下，负责全国防洪的组织、协调、监督、指导等日常工作。国务院水行政主管部门在国家确定的重要江河、湖泊设立的流域管理机构,在所管辖的范围内行使法律、行政法规规定和国务院水行政主管部门授权的防洪协调和监督管理职责。

国务院建设行政主管部门和其他有关部门在国务院的领导下,按照各自的职责,负责有关的防洪工作。

县级以上地方人民政府水行政主管部门在本级人民政府的领导下,负责本行政区域内防洪的组织、协调、监督、指导等日常工作。县级以上地方人民政府建设行政主管部门和其他有关部门在本级人民政府的领导下,按照各自的职责,负责有关的防洪工作。

第二章　防洪规划

第九条　防洪规划是指为防治某一流域、河段或者区域的洪涝灾害而制定的总体部署,包括国家确定的重要江河、湖泊的流域防洪规划,其他江河、河段、湖泊的防洪规划以及区域防洪规划。

防洪规划应当服从所在流域、区域的综合规划;区域防洪规划应当服从所在流域的流域防洪规划。

防洪规划是江河、湖泊治理和防洪工程设施建设的基本依据。

第十条　国家确定的重要江河、湖泊的防洪规划,由国务院水行政主管部门依据该江河、湖泊的流域综合规划,会同有关部门和有关省、自治区、直辖市人民政府编制,报国务院批准。

其他江河、河段、湖泊的防洪规划或者区域防洪规划,由县级以上地方人民政府水行政主管部门分别依据流域综合规划、区域综合规划,会同有关部门和有关地区编制,报本级人民政府批准,并报上一级人民政府水行政主管部门备案;跨省、自治区、直辖市的江河、河段、湖泊的防洪规划由有关流域管理机构会同江河、河段、湖泊所在地的省、自治区、直辖市人民政府水行政主管部门、有关主管部门拟定,分别经有关省、自治区、直辖市人民政府审查提出意见后,报国务院水行政主管部门批准。

城市防洪规划,由城市人民政府组织水行政主管部门、建设行政主管部门和其他有关部门依据流域防洪规划、上一级人民政府区域防洪规划编制,按照国务院规定的审批程序批准后纳入城市总体规划。

修改防洪规划,应当报经原批准机关批准。

第十一条　编制防洪规划,应当遵循确保重点、兼顾一般,以及防汛和抗旱相结合、工程措施和非工程措施相结合的原则,充分考虑洪涝规律和上下游、左右岸的关系以及国民经济对防洪的要求,并与国土规划和土地利用总体规划相协调。

防洪规划应当确定防护对象、治理目标和任务、防洪措施和实施方案,划定洪泛区、蓄滞洪区和防洪保护区的范围,规定蓄滞洪区的使用原则。

第十二条　受风暴潮威胁的沿海地区的县级以上地方人民政府,应当把防御风暴潮纳入本地区的防洪规划,加强海堤(海塘)、挡潮闸和沿海防护林等防御风暴潮工程体系建设,监督建筑物、构筑物的设计和施工符合防御风暴潮的需要。

第十三条　山洪可能诱发山体滑坡、崩塌和泥石流的地区以及其他山洪多发地区的县级以上地方人民政府,应当组织负责地质矿产管理工作的部门、水行政主管部门和其他有关部门对山体滑坡、崩塌和泥石流隐患进行全面调查,划定重点防治区,采取防治措施。

城市、村镇和其他居民点以及工厂、矿山、铁路和公路干线的布局,应当避开山洪威胁;已经建在受山洪威胁的地方的,应当采取防御措施。

第十四条　平原、洼地、水网圩区、山谷、盆地等易涝地区的有关地方人民政府,应当制定除涝治涝规划,组织有关部门、单位采取相应的治理措施,完善排水系统,发展耐涝农作物种类和品种,开展洪涝、干旱、盐碱综合治理。

城市人民政府应当加强对城区排涝管网、泵站的建设和管理。

第十五条　国务院水行政主管部门应当会同有关部门和省、自治区、直辖市人民政府制定长江、黄河、珠江、辽河、淮河、海河入海河口的整治规划。

在前款入海河口围海造地,应当符合河口整治规划。

第十六条　防洪规划确定的河道整治计划用地和规划建设的堤防用地范围内的土地,经土地管理部门和水行政主管部门会同有关地区核定,报经县级以上人民政府按照国务院规定的权限批准后,可以划定为规划保留区;该规划保留区范围内的土地涉及其他项目用地的,有关土地管理部门和水行政主管部门核定时,应当征求有关部门的意见。

规划保留区依照前款规定划定后,应当公告。

前款规划保留区内不得建设与防洪无关的工矿工程设施;在特殊情况下,国家工矿建设项目确需占用前款规划保留区内的土地的,应当按照国家规定的基本建设程序报请批准,并征求有关水行政主管部门的意见。

防洪规划确定的扩大或者开辟的人工排洪道用地范围内的土地,经省级以上人民政府土地管理部门和水行政主管部门会同有关部门、有关地区核定,报省级以上人民政府按照国务院规定的权限批准后,可以划定为规划保留区,适用前款规定。

第十七条　在江河、湖泊上建设防洪工程和其他水工程、水电站等,应当符合防洪规划的要求;水库应当按照防洪规划的要求留足防洪库容。

前款规定的防洪工程和其他水工程、水电站未取得有关水行政主管部门签署的符合防洪规划要求的规划同意书的,建设单位不得开工建设。

第三章　治理与防护

第十八条　防治江河洪水,应当蓄泄兼施,充分发挥河道行洪能力和水库、洼淀、湖泊调蓄洪水的功能,加强河道防护,因地制宜地采取定期清淤疏浚等措施,保持行洪畅通。

防治江河洪水,应当保护、扩大流域林草植被,涵养水源,加强流域水土保持综合治理。

第十九条　整治河道和修建控制引导河水流向、保护堤岸等工程,应当兼顾上下游、左右岸的关系,按照规划治导线实施,不得任意改变河水流向。

国家确定的重要江河的规划治导线由流域管理机构拟定,报国务院水行政主管部门批准。

其他江河、河段的规划治导线由县级以上地方人民政府水行政主管部门拟定,报本级人民政府批准;跨省、自治区、直辖市的江河、河段和省、自治区、直辖市之间的省界河道的规划治导线由有关流域管理机构组织江河、河段所在地的省、自治区、直辖市人民政府水行政主管部门拟定,经有关省、自治区、直辖市人民政府审查提出意见后,报国务院水行政主管部门批准。

第二十条　整治河道、湖泊,涉及航道的,应当兼顾航运需要,并事先征求交通主管部门的意见。整治航道,应当符合江河、湖泊防洪安全要求,并事先征求水行政主管部门的意见。

在竹木流放的河流和渔业水域整治河道的,应当兼顾竹木水运和渔业发展的需要,并事先征求林业、渔业行政主管部门的意见。在河道中流放竹木,不得影响行洪和防洪工程设施的安全。

第二十一条　河道、湖泊管理实行按水系统一管理和分级管理相结合的原则,加强防护,确保畅通。

国家确定的重要江河、湖泊的主要河段,跨省、自治区、直辖市的重要河段、湖泊,省、自治区、直辖市之间的省界河道、湖泊以及国(边)界河道、湖泊,由流域管理机构和江河、湖泊所在地的省、自治区、直辖市人民政府水行政主管部门按照国务院水行政主管部门的划定依法实施管理。其他河道、湖泊,由县级以上地方人民政府水行政主管部门按照国务院水行政主管部门或者国务院水行政主管部门授权的机构的划定依法实施管理。

有堤防的河道、湖泊,其管理范围为两岸堤防之间的水域、沙洲、滩地、行洪区和堤防及护堤地;无堤防的河道、湖泊,其管理范围为历史最高洪水位或者设计洪水位之间的水域、沙洲、滩地和行洪区。

流域管理机构直接管理的河道、湖泊管理范围,由流域管理机构会同有关县级以上地方人民政府依照前款规定界定;其他河道、湖泊管理范围,由有关县级以上地方人民政府依照前款规定界定。

第二十二条　河道、湖泊管理范围内的土地和岸线的利用,应当符合行洪、输水的要求。

禁止在河道、湖泊管理范围内建设妨碍行洪的建筑物、构筑物,倾倒垃圾、渣土,从事影响河势稳定、危害河岸堤防安全和其他妨碍河道行洪的活动。

禁止在行洪河道内种植阻碍行洪的林木和高秆作物。

在船舶航行可能危及堤岸安全的河段,应当限定航速。限定航速的标志,由交通主管部门与水行政主管部门商定后设置。

第二十三条　禁止围湖造地。已经围垦的,应当按照国家规定的防洪标准进行治理,有计划地退地还湖。

禁止围垦河道。确需围垦的,应当进行科学论证,经水行政主管部门确认不妨碍行洪、输水后,报省级以上人民政府批准。

第二十四条　对居住在行洪河道内的居民,当地人民政府应当有计划地组织外迁。

第二十五条　护堤护岸的林木,由河道、湖泊管理机构组织营造和管理。护堤护岸林木,不得任意砍伐。采伐护堤护岸林木的,应当依法办理采伐许可手续,并完成规定的更新补种任务。

第二十六条　对壅水、阻水严重的桥梁、引道、码头和其他跨河工程设施,根据防洪标准,有关水行政主管部门可以报请县级以上人民政府按照国务院规定的权限责令建设单位限期改建或者拆除。

第二十七条　建设跨河、穿河、穿堤、临河的桥梁、码头、道路、渡口、管道、缆线、取水、排水等工程设施,应当符合防洪标准、岸线规划、航运要求和其他技术要求,不得危害堤防安全、影响河势稳定、妨碍行洪畅通;其工程建设方案未经有关水行政主管部门根据前述防洪要求审查同意的,建设单位不得开工建设。

前款工程设施需要占用河道、湖泊管理范围内土地,跨越河道、湖泊空间或者穿越河床的,建设单位应当经有关水行政主管部门对该工程设施建设的位置和界限审查批准后,方可依法办理开工手续;安排施工时,应当按照水行政主管部门审查批准的位置和界限进行。

第二十八条　对于河道、湖泊管理范围内依照本法规定建设的工程设施,水行政主管部门有权依法检查;水行政主管部门检查时,被检查者应当如实提供有关的情况和资料。

前款规定的工程设施竣工验收时,应当有水行政主管部门参加。

第四章　防洪区和防洪工程设施的管理

第二十九条　防洪区是指洪水泛滥可能淹及的地区,分为洪泛区、蓄滞洪区和防洪保护区。

洪泛区是指尚无工程设施保护的洪水泛滥所及的地区。

蓄滞洪区是指包括分洪口在内的河堤背水面以外临时贮存洪水的低洼地区及湖泊等。

防洪保护区是指在防洪标准内受防洪工程设施保护的地区。

洪泛区、蓄滞洪区和防洪保护区的范围,在防洪规划或者防御洪水方案中划定,并报请省级以上人民政府按照国务院规定的权限批准后予以公告。

第三十条　各级人民政府应当按照防洪规划对防洪区内的土地利用实行分区管理。

第三十一条　地方各级人民政府应当加强对防洪区安全建设工作的领导,组织有关部门、单位对防洪区内的单位和居民进行防洪教育,普及防洪知识,提高水患意识;按照防洪规划和防御洪水方案建立并完善防洪体系和水文、气象、通信、预警以及洪涝灾害监测系统,提高防御洪水能力;组织防洪区内的单位和居民积极参加防洪工作,因地制宜地采取防洪避洪措施。

第三十二条 洪泛区、蓄滞洪区所在地的省、自治区、直辖市人民政府应当组织有关地区和部门,按照防洪规划的要求,制定洪泛区、蓄滞洪区安全建设计划,控制蓄滞洪区人口增长,对居住在经常使用的蓄滞洪区的居民,有计划地组织外迁,并采取其他必要的安全保护措施。

因蓄滞洪区而直接受益的地区和单位,应当对蓄滞洪区承担国家规定的补偿、救助义务。国务院和有关的省、自治区、直辖市人民政府应当建立对蓄滞洪区的扶持和补偿、救助制度。

国务院和有关的省、自治区、直辖市人民政府可以制定洪泛区、蓄滞洪区安全建设管理办法以及对蓄滞洪区的扶持和补偿、救助办法。

第三十三条 在洪泛区、蓄滞洪区内建设非防洪建设项目,应当就洪水对建设项目可能产生的影响和建设项目对防洪可能产生的影响作出评价,编制洪水影响评价报告,提出防御措施。洪水影响评价报告未经有关水行政主管部门审查批准的,建设单位不得开工建设。

在蓄滞洪区内建设的油田、铁路、公路、矿山、电厂、电信设施和管道,其洪水影响评价报告应当包括建设单位自行安排的防洪避洪方案。建设项目投入生产或者使用时,其防洪工程设施应当经水行政主管部门验收。

在蓄滞洪区内建造房屋应当采用平顶式结构。

第三十四条 大中城市,重要的铁路、公路干线,大型骨干企业,应当列为防洪重点,确保安全。

受洪水威胁的城市、经济开发区、工矿区和国家重要的农业生产基地等,应当重点保护,建设必要的防洪工程设施。

城市建设不得擅自填堵原有河道沟汊、贮水湖塘洼淀和废除原有防洪围堤。确需填堵或者废除的,应当经城市人民政府批准。

第三十五条 属于国家所有的防洪工程设施,应当按照经批准的设计,在竣工验收前由县级以上人民政府按照国家规定,划定管理和保护范围。

属于集体所有的防洪工程设施,应当按照省、自治区、直辖市人民政府的规定,划定保护范围。

在防洪工程设施保护范围内,禁止进行爆破、打井、采石、取土等危害防洪工程设施安全的活动。

第三十六条 各级人民政府应当组织有关部门加强对水库大坝的定期检查和监督管理。对未达到设计洪水标准、抗震设防要求或者有严重质量缺陷的险坝,大坝主管部门应当组织有关单位采取除险加固措施,限期消除危险或者重建,有关人民政府应当优先安排所需资金。对可能出现垮坝的水库,应当事先制定应急抢险和居民临时撤离方案。

各级人民政府和有关主管部门应当加强对尾矿坝的监督管理,采取措施,避免因洪水导致垮坝。

第三十七条　任何单位和个人不得破坏、侵占、毁损水库大坝、堤防、水闸、护岸、抽水站、排水渠系等防洪工程和水文、通信设施以及防汛备用的器材、物料等。

第五章　防汛抗洪

第三十八条　防汛抗洪工作实行各级人民政府行政首长负责制,统一指挥、分级分部门负责。

第三十九条　国务院设立国家防汛指挥机构,负责领导、组织全国的防汛抗洪工作,其办事机构设在国务院水行政主管部门。

在国家确定的重要江河、湖泊可以设立由有关省、自治区、直辖市人民政府和该江河、湖泊的流域管理机构负责人等组成的防汛指挥机构,指挥所管辖范围内的防汛抗洪工作,其办事机构设在流域管理机构。

有防汛抗洪任务的县级以上地方人民政府设立由有关部门、当地驻军、人民武装部负责人等组成的防汛指挥机构,在上级防汛指挥机构和本级人民政府的领导下,指挥本地区的防汛抗洪工作,其办事机构设在同级水行政主管部门;必要时,经城市人民政府决定,防汛指挥机构也可以在建设行政主管部门设城市市区办事机构,在防汛指挥机构的统一领导下,负责城市市区的防汛抗洪日常工作。

第四十条　有防汛抗洪任务的县级以上地方人民政府根据流域综合规划、防洪工程实际状况和国家规定的防洪标准,制定防御洪水方案(包括对特大洪水的处置措施)。

长江、黄河、淮河、海河的防御洪水方案,由国家防汛指挥机构制定,报国务院批准;跨省、自治区、直辖市的其他江河的防御洪水方案,由有关流域管理机构会同有关省、自治区、直辖市人民政府制定,报国务院或者国务院授权的有关部门批准。防御洪水方案经批准后,有关地方人民政府必须执行。

各级防汛指挥机构和承担防汛抗洪任务的部门和单位,必须根据防御洪水方案做好防汛抗洪准备工作。

第四十一条　省、自治区、直辖市人民政府防汛指挥机构根据当地的洪水规律,规定汛期起止日期。

当江河、湖泊的水情接近保证水位或者安全流量,水库水位接近设计洪水位,或者防洪工程设施发生重大险情时,有关县级以上人民政府防汛指挥机构可以宣布进入紧急防汛期。

第四十二条　对河道、湖泊范围内阻碍行洪的障碍物,按照谁设障、谁清除的原则,由防汛指挥机构责令限期清除;逾期不清的,由防汛指挥机构组织强行清除,所需费用由设障者承担。

在紧急防汛期,国家防汛指挥机构或者其授权的流域、省、自治区、直辖市防汛指挥机构有权对壅水、阻水严重的桥梁、引道、码头和其他跨河工程设施作出紧急处置。

第四十三条 在汛期,气象、水文、海洋等有关部门应当按照各自的职责,及时向有关防汛指挥机构提供天气、水文等实时信息和风暴潮预报;电信部门应当优先提供防汛抗洪通信的服务;运输、电力、物资材料供应等有关部门应当优先为防汛抗洪服务。

中国人民解放军、中国人民武装警察部队和民兵应当执行国家赋予的抗洪抢险任务。

第四十四条 在汛期,水库、闸坝和其他水工程设施的运用,必须服从有关的防汛指挥机构的调度指挥和监督。

在汛期,水库不得擅自在汛期限制水位以上蓄水,其汛期限制水位以上的防洪库容的运用,必须服从防汛指挥机构的调度指挥和监督。

在凌汛期,有防凌汛任务的江河的上游水库的下泄水量必须征得有关的防汛指挥机构的同意,并接受其监督。

第四十五条 在紧急防汛期,防汛指挥机构根据防汛抗洪的需要,有权在其管辖范围内调用物资、设备、交通运输工具和人力,决定采取取土占地、砍伐林木、清除阻水障碍物和其他必要的紧急措施;必要时,公安、交通等有关部门按照防汛指挥机构的决定,依法实施陆地和水面交通管制。

依照前款规定调用的物资、设备、交通运输工具等,在汛期结束后应当及时归还;造成损坏或者无法归还的,按照国务院有关规定给予适当补偿或者作其他处理。取土占地、砍伐林木的,在汛期结束后依法向有关部门补办手续;有关地方人民政府对取土后的土地组织复垦,对砍伐的林木组织补种。

第四十六条 江河、湖泊水位或者流量达到国家规定的分洪标准,需要启用蓄滞洪区时,国务院,国家防汛指挥机构,流域防汛指挥机构,省、自治区、直辖市人民政府,省、自治区、直辖市防汛指挥机构,按照依法经批准的防御洪水方案中规定的启用条件和批准程序,决定启用蓄滞洪区。依法启用蓄滞洪区,任何单位和个人不得阻拦、拖延;遇到阻拦、拖延时,由有关县级以上地方人民政府强制实施。

第四十七条 发生洪涝灾害后,有关人民政府应当组织有关部门、单位做好灾区的生活供给、卫生防疫、救灾物资供应、治安管理、学校复课、恢复生产和重建家园等救灾工作以及所管辖地区的各项水毁工程设施修复工作。水毁防洪工程设施的修复,应当优先列入有关部门的年度建设计划。

国家鼓励、扶持开展洪水保险。

第六章 保障措施

第四十八条 各级人民政府应当采取措施,提高防洪投入的总体水平。

第四十九条 江河、湖泊的治理和防洪工程设施的建设和维护所需投资,按照事权和财权相统一的原则,分级负责,由中央和地方财政承担。城市防洪工程设施的建设和维护所需投资,由城市人民政府承担。

受洪水威胁地区的油田、管道、铁路、公路、矿山、电力、电信等企业、事业单位应当自筹资金,兴建必要的防洪自保工程。

第五十条　中央财政应当安排资金,用于国家确定的重要江河、湖泊的堤坝遭受特大洪涝灾害时的抗洪抢险和水毁防洪工程修复。省、自治区、直辖市人民政府应当在本级财政预算中安排资金,用于本行政区域内遭受特大洪涝灾害地区的抗洪抢险和水毁防洪工程修复。

第五十一条　国家设立水利建设基金,用于防洪工程和水利工程的维护和建设。具体办法由国务院规定。

受洪水威胁的省、自治区、直辖市为加强本行政区域内防洪工程设施建设,提高防御洪水能力,按照国务院的有关规定,可以规定在防洪保护区范围内征收河道工程修建维护管理费。

第五十二条　任何单位和个人不得截留、挪用防洪、救灾资金和物资。

各级人民政府审计机关应当加强对防洪、救灾资金使用情况的审计监督。

第七章　法律责任

第五十三条　违反本法第十七条规定,未经水行政主管部门签署规划同意书,擅自在江河、湖泊上建设防洪工程和其他水工程、水电站的,责令停止违法行为,补办规划同意书手续;违反规划同意书的要求,严重影响防洪的,责令限期拆除;违反规划同意书的要求,影响防洪但尚可采取补救措施的,责令限期采取补救措施,可以处一万元以上十万元以下的罚款。

第五十四条　违反本法第十九条规定,未按照规划治导线整治河道和修建控制引导河水流向、保护堤岸等工程,影响防洪的,责令停止违法行为,恢复原状或者采取其他补救措施,可以处一万元以上十万元以下的罚款。

第五十五条　违反本法第二十二条第二款、第三款规定,有下列行为之一的,责令停止违法行为,排除阻碍或者采取其他补救措施,可以处五万元以下的罚款:

(一)在河道、湖泊管理范围内建设妨碍行洪的建筑物、构筑物的;

(二)在河道、湖泊管理范围内倾倒垃圾、渣土,从事影响河势稳定、危害河岸堤防安全和其他妨碍河道行洪的活动的;

(三)在行洪河道内种植阻碍行洪的林木和高秆作物的。

第五十六条　违反本法第十五条第二款、第二十三条规定,围海造地、围湖造地、围垦河道的,责令停止违法行为,恢复原状或者采取其他补救措施,可以处五万元以下的罚款;既不恢复原状也不采取其他补救措施的,代为恢复原状或者采取其他补救措施,所需费用由违法者承担。

第五十七条　违反本法第二十七条规定,未经水行政主管部门对其工程建设方案审查同意或者未按照有关水行政主管部门审查批准的位置、界限,在河道、湖泊管理范围内从事工程设施建设活动的,责令停止违法行为,补办审查同意或者审查批准手续;工程设施建设严重影响防洪的,责令限期拆除,逾期不拆除的,强行拆除,所需费用由建设单位承担;影响行洪但尚可采取补救措施的,责令限期采取补救措施,可以处一万元以上十万元以下的罚款。

第五十八条 违反本法第三十三条第一款规定,在洪泛区、蓄滞洪区内建设非防洪建设项目,未编制洪水影响评价报告或者洪水影响评价报告未经审查批准开工建设的,责令限期改正;逾期不改正的,处五万元以下的罚款。

违反本法第三十三条第二款规定,防洪工程设施未经验收,即将建设项目投入生产或者使用的,责令停止生产或者使用,限期验收防洪工程设施,可以处五万元以下的罚款。

第五十九条 违反本法第三十四条规定,因城市建设擅自填堵原有河道沟汊、贮水湖塘洼淀和废除原有防洪围堤的,城市人民政府应当责令停止违法行为,限期恢复原状或者采取其他补救措施。

第六十条 违反本法规定,破坏、侵占、毁损堤防、水闸、护岸、抽水站、排水渠系等防洪工程和水文、通信设施以及防汛备用的器材、物料的,责令停止违法行为,采取补救措施,可以处五万元以下的罚款;造成损坏的,依法承担民事责任;应当给予治安管理处罚的,依照治安管理处罚法的规定处罚;构成犯罪的,依法追究刑事责任。

第六十一条 阻碍、威胁防汛指挥机构、水行政主管部门或者流域管理机构的工作人员依法执行职务,构成犯罪的,依法追究刑事责任;尚不构成犯罪,应当给予治安管理处罚的,依照治安管理处罚法的规定处罚。

第六十二条 截留、挪用防洪、救灾资金和物资,构成犯罪的,依法追究刑事责任;尚不构成犯罪的,给予行政处分。

第六十三条 除本法第五十九条的规定外,本章规定的行政处罚和行政措施,由县级以上人民政府水行政主管部门决定,或者由流域管理机构按照国务院水行政主管部门规定的权限决定。但是,本法第六十条、第六十一条规定的治安管理处罚的决定机关,按照治安管理处罚法的规定执行。

第六十四条 国家工作人员,有下列行为之一,构成犯罪的,依法追究刑事责任;尚不构成犯罪的,给予行政处分:

(一)违反本法第十七条、第十九条、第二十二条第二款、第二十二条第三款、第二十七条或者第三十四条规定,严重影响防洪的;

(二)滥用职权,玩忽职守,徇私舞弊,致使防汛抗洪工作遭受重大损失的;

(三)拒不执行防御洪水方案、防汛抢险指令或者蓄滞洪方案、措施、汛期调度运用计划等防汛调度方案的;

(四)违反本法规定,导致或者加重毗邻地区或者其他单位洪灾损失的。

第八章 附 则

第六十五条 本法自 1998 年 1 月 1 日起施行。

中华人民共和国防汛条例

（1991 年 7 月 2 日中华人民共和国国务院令第 86 号公布　根据 2005 年 7 月 15 日《国务院关于修改〈中华人民共和国防汛条例〉的决定》第一次修订　根据 2011 年 1 月 8 日国务院令第 588 号《国务院关于废止和修改部分行政法规的决定》第二次修订）

第一章　总　则

第一条　为了做好防汛抗洪工作，保障人民生命财产安全和经济建设的顺利进行，根据《中华人民共和国水法》，制定本条例。

第二条　在中华人民共和国境内进行防汛抗洪活动，适用本条例。

第三条　防汛工作实行"安全第一，常备不懈，以防为主，全力抢险"的方针，遵循团结协作和局部利益服从全局利益的原则。

第四条　防汛工作实行各级人民政府行政首长负责制，实行统一指挥，分级分部门负责。各有关部门实行防汛岗位责任制。

第五条　任何单位和个人都有参加防汛抗洪的义务。

中国人民解放军和武装警察部队是防汛抗洪的重要力量。

第二章　防汛组织

第六条　国务院设立国家防汛总指挥部，负责组织领导全国的防汛抗洪工作，其办事机构设在国务院水行政主管部门。

长江和黄河，可以设立由有关省、自治区、直辖市人民政府和该江河的流域管理机构（以下简称流域机构）负责人等组成的防汛指挥机构，负责指挥所辖范围的防汛抗洪工作，其办事机构设在流域机构。长江和黄河的重大防汛抗洪事项须经国家防汛总指挥部批准后执行。

国务院水行政主管部门所属的淮河、海河、珠江、松花江、辽河、太湖等流域机构，设立防汛办事机构，负责协调本流域的防汛日常工作。

第七条　有防汛任务的县级以上地方人民政府设立防汛指挥部，由有关部门、当地驻军、人民武装部负责人组成，由各级人民政府首长担任指挥。各级人民政府防汛指挥部在上级人民政府防汛指挥部和同级人民政府的领导下，执行上级防汛指令，制定各项防汛抗洪措施，统一指挥本地区的防汛抗洪工作。

各级人民政府防汛指挥部办事机构设在同级水行政主管部门；城市市区的防汛指挥部办事机构也可以设在城建主管部门，负责管理所辖范围的防汛日常工作。

第八条　石油、电力、邮电、铁路、公路、航运、工矿以及商业、物资等有防汛任务的部门和单位,汛期应当设立防汛机构,在有管辖权的人民政府防汛指挥部统一领导下,负责做好本行业和本单位的防汛工作。

第九条　河道管理机构、水利水电工程管理单位和江河沿岸在建工程的建设单位,必须加强对所辖水工程设施的管理维护,保证其安全正常运行,组织和参加防汛抗洪工作。

第十条　有防汛任务的地方人民政府应当组织以民兵为骨干的群众性防汛队伍,并责成有关部门将防汛队伍组成人员登记造册,明确各自的任务和责任。

河道管理机构和其他防洪工程管理单位可以结合平时的管理任务,组织本单位的防汛抢险队伍,作为紧急抢险的骨干力量。

第三章　防汛准备

第十一条　有防汛任务的县级以上人民政府,应当根据流域综合规划、防洪工程实际状况和国家规定的防洪标准,制定防御洪水方案(包括对特大洪水的处置措施)。

长江、黄河、淮河、海河的防御洪水方案,由国家防汛总指挥部制定,报国务院批准后施行;跨省、自治区、直辖市的其他江河的防御洪水方案,有关省、自治区、直辖市人民政府制定后,经有管辖权的流域机构审查同意,由省、自治区、直辖市人民政府报国务院或其授权的机构批准后施行。

有防汛抗洪任务的城市人民政府,应当根据流域综合规划和江河的防御洪水方案,制定本城市的防御洪水方案,报上级人民政府或其授权的机构批准后施行。

防御洪水方案经批准后,有关地方人民政府必须执行。

第十二条　有防汛任务的地方,应当根据经批准的防御洪水方案制定洪水调度方案。长江、黄河、淮河、海河(海河流域的永定河、大清河、漳卫南运河和北三河)、松花江、辽河、珠江和太湖流域的洪水调度方案,由有关流域机构会同有关省、自治区、直辖市人民政府制定,报国家防汛总指挥部批准。跨省、自治区、直辖市的其他江河的洪水调度方案,由有关流域机构会同有关省、自治区、直辖市人民政府制定,报流域防汛指挥机构批准;没有设立流域防汛指挥机构的,报国家防汛总指挥部批准。其他江河的洪水调度方案,由有管辖权的水行政主管部门会同有关地方人民政府制定,报有管辖权的防汛指挥机构批准。

洪水调度方案经批准后,有关地方人民政府必须执行。修改洪水调度方案,应当报经原批准机关批准。

第十三条　有防汛抗洪任务的企业应当根据所在流域或者地区经批准的防御洪水方案和洪水调度方案,规定本企业的防汛抗洪措施,在征得其所在地县级人民政府水行政主管部门同意后,由有管辖权的防汛指挥机构监督实施。

第十四条　水库、水电站、拦河闸坝等工程的管理部门,应当根据工程规划设计、经批准的防御洪水方案和洪水调度方案以及工程实际状况,在兴利服从防洪,保证安全的前提下,制定汛期调度运用计划,经上级主管部门审查批准后,报有管辖权的人民政府防汛指挥部备案,并接受其监督。

经国家防汛总指挥部认定的对防汛抗洪关系重大的水电站,其防洪库容的汛期调度运用计划经上级主管部门审查同意后,须经有管辖权的人民政府防汛指挥部批准。

汛期调度运用计划经批准后,由水库、水电站、拦河闸坝等工程的管理部门负责执行。

有防凌任务的江河,其上游水库在凌汛期间的下泄水量,必须征得有管辖权的人民政府防汛指挥部的同意,并接受其监督。

第十五条　各级防汛指挥部应当在汛前对各类防洪设施组织检查,发现影响防洪安全的问题,责成责任单位在规定的期限内处理,不得贻误防汛抗洪工作。

各有关部门和单位按照防汛指挥部的统一部署,对所管辖的防洪工程设施进行汛前检查后,必须将影响防洪安全的问题和处理措施报有管辖权的防汛指挥部和上级主管部门,并按照该防汛指挥部的要求予以处理。

第十六条　关于河道清障和对壅水、阻水严重的桥梁、引道、码头和其他跨河工程设施的改建或者拆除,按照《中华人民共和国河道管理条例》的规定执行。

第十七条　蓄滞洪区所在地的省级人民政府应当按照国务院的有关规定,组织有关部门和市、县,制定所管辖的蓄滞洪区的安全与建设规划,并予实施。

各级地方人民政府必须对所管辖的蓄滞洪区的通信、预报警报、避洪、撤退道路等安全设施,以及紧急撤离和救生的准备工作进行汛前检查,发现影响安全的问题,及时处理。

第十八条　山洪、泥石流易发地区,当地有关部门应当指定预防监测员及时监测。雨季到来之前,当地人民政府防汛指挥部应当组织有关单位进行安全检查,对险情征兆明显的地区,应当及时把群众撤离险区。

风暴潮易发地区,当地有关部门应当加强对水库、海堤、闸坝、高压电线等设施和房屋的安全检查,发现影响安全的问题,及时处理。

第十九条　地区之间在防汛抗洪方面发生的水事纠纷,由发生纠纷地区共同的上一级人民政府或其授权的主管部门处理。

前款所指人民政府或者部门在处理防汛抗洪方面的水事纠纷时,有权采取临时紧急处置措施,有关当事各方必须服从并贯彻执行。

第二十条　有防汛任务的地方人民政府应当建设和完善江河堤防、水库、蓄滞洪区等防洪设施,以及该地区的防汛通信、预报警报系统。

第二十一条　各级防汛指挥部应当储备一定数量的防汛抢险物资,由商业、供销、物资部门代储的,可以支付适当的保管费。受洪水威胁的单位和群众应当储备一定的防汛抢险物料。

防汛抢险所需的主要物资,由计划主管部门在年度计划中予以安排。

第二十二条　各级人民政府防汛指挥部汛前应当向有关单位和当地驻军介绍防御洪水方案,组织交流防汛抢险经验。有关方面汛期应当及时通报水情。

第四章　防汛与抢险

第二十三条　省级人民政府防汛指挥部,可以根据当地的洪水规律,规定汛期起止日期。当江河、湖泊、水库的水情接近保证水位或者安全流量时,或者防洪工程设施发生重大险情,情况紧急时,县级以上地方人民政府可以宣布进入紧急防汛期,并报告上级人民政府防汛指挥部。

第二十四条　防汛期内,各级防汛指挥部必须有负责人主持工作。有关责任人员必须坚守岗位,及时掌握汛情,并按照防御洪水方案和汛期调度运用计划进行调度。

第二十五条　在汛期,水利、电力、气象、海洋、农林等部门的水文站、雨量站,必须及时准确地向各级防汛指挥部提供实时水文信息;气象部门必须及时向各级防汛指挥部提供有关天气预报和实时气象信息;水文部门必须及时向各级防汛指挥部提供有关水文预报;海洋部门必须及时向沿海地区防汛指挥部提供风暴潮预报。

第二十六条　在汛期,河道、水库、闸坝、水运设施等水工程管理单位及其主管部门在执行汛期调度运用计划时,必须服从有管辖权的人民政府防汛指挥部的统一调度指挥或者监督。

在汛期,以发电为主的水库,其汛限水位以上的防洪库容以及洪水调度运用必须服从有管辖权的人民政府防汛指挥部的统一调度指挥。

第二十七条　在汛期,河道、水库、水电站、闸坝等水工程管理单位必须按照规定对水工程进行巡查,发现险情,必须立即采取抢护措施,并及时向防汛指挥部和上级主管部门报告。其他任何单位和个人发现水工程设施出现险情,应当立即向防汛指挥部和水工程管理单位报告。

第二十八条　在汛期,公路、铁路、航运、民航等部门应当及时运送防汛抢险人员和物资;电力部门应当保证防汛用电。

第二十九条　在汛期,电力调度通信设施必须服从防汛工作需要;邮电部门必须保证汛情和防汛指令的及时、准确传递,电视、广播、公路、铁路、航运、民航、公安、林业、石油等部门应当运用本部门的通信工具优先为防汛抗洪服务。

电视、广播、新闻单位应当根据人民政府防汛指挥部提供的汛情,及时向公众发布防汛信息。

第三十条　在紧急防汛期,地方人民政府防汛指挥部必须由人民政府负责人主持工作,组织动员本地区各有关单位和个人投入抗洪抢险。所有单位和个人必须听从指挥,承担人民政府防汛指挥部分配的抗洪抢险任务。

第三十一条　在紧急防汛期,公安部门应当按照人民政府防汛指挥部的要求,加强治安管理和安全保卫工作。必要时须由有关部门依法实行陆地和水面交通管制。

第三十二条　在紧急防汛期,为了防汛抢险需要,防汛指挥部有权在其管辖范围内,调用物资、设备、交通运输工具和人力,事后应当及时归还或者给予适当补偿。因抢险需要取土占地、砍伐林木、清除阻水障碍物的,任何单位和个人不得阻拦。

前款所指取土占地、砍伐林木的,事后应当依法向有关部门补办手续。

第三十三条　当河道水位或者流量达到规定的分洪、滞洪标准时,有管辖权的人民政府防汛指挥部有权根据经批准的分洪、滞洪方案,采取分洪、滞洪措施。采取上述措施对毗邻地区有危害的,须经有管辖权的上级防汛指挥机构批准,并事先通知有关地区。

在非常情况下,为保护国家确定的重点地区和大局安全,必须做出局部牺牲时,在报经有管辖权的上级人民政府防汛指挥部批准后,当地人民政府防汛指挥部可以采取非常紧急措施。

实施上述措施时,任何单位和个人不得阻拦,如遇到阻拦和拖延时,有管辖权的人民政府有权组织强制实施。

第三十四条　当洪水威胁群众安全时,当地人民政府应当及时组织群众撤离至安全地带,并做好生活安排。

第三十五条　按照水的天然流势或者防洪、排涝工程的设计标准,或者经批准的运行方案下泄的洪水,下游地区不得设障阻水或者缩小河道的过水能力;上游地区不得擅自增大下泄流量。

未经有管辖权的人民政府或其授权的部门批准,任何单位和个人不得改变江河河势的自然控制点。

第五章　善后工作

第三十六条　在发生洪水灾害的地区,物资、商业、供销、农业、公路、铁路、航运、民航等部门应当做好抢险救灾物资的供应和运输;民政、卫生、教育等部门应当做好灾区群众的生活供给、医疗防疫、学校复课以及恢复生产等救灾工作;水利、电力、邮电、公路等部门应当做好所管辖的水毁工程的修复工作。

第三十七条　地方各级人民政府防汛指挥部,应当按照国家统计部门批准的洪涝灾害统计报表的要求,核实和统计所管辖范围的洪涝灾情,报上级主管部门和同级统计部门,有关单位和个人不得虚报、瞒报、伪造、篡改。

第三十八条　洪水灾害发生后,各级人民政府防汛指挥部应当积极组织和帮助灾区群众恢复和发展生产。修复水毁工程所需费用,应当优先列入有关主管部门年度建设计划。

第六章　防汛经费

第三十九条　由财政部门安排的防汛经费,按照分级管理的原则,分别列入中央财政和地方财政预算。

在汛期,有防汛任务的地区的单位和个人应当承担一定的防汛抢险的劳务和费用,具体办法由省、自治区、直辖市人民政府制定。

第四十条　防御特大洪水的经费管理,按照有关规定执行。

第四十一条　对蓄滞洪区,逐步推行洪水保险制度,具体办法另行制定。

第七章　奖励与处罚

第四十二条　有下列事迹之一的单位和个人,可以由县级以上人民政府给予表彰或者奖励:

(一)在执行抗洪抢险任务时,组织严密,指挥得当,防守得力,奋力抢险,出色完成任务者;

(二)坚持巡堤查险,遇到险情及时报告,奋力抗洪抢险,成绩显著者;

(三)在危险关头,组织群众保护国家和人民财产,抢救群众有功者;

(四)为防汛调度、抗洪抢险献计献策,效益显著者;

(五)气象、雨情、水情测报和预报准确及时,情报传递迅速,克服困难,抢测洪水,因而减轻重大洪水灾害者;

(六)及时供应防汛物料和工具,爱护防汛器材,节约经费开支,完成防汛抢险任务成绩显著者;

(七)有其他特殊贡献,成绩显著者。

第四十三条　有下列行为之一者,视情节和危害后果,由其所在单位或者上级主管机关给予行政处分;应当给予治安管理处罚的,依照《中华人民共和国治安管理处罚法》的规定处罚;构成犯罪的,依法追究刑事责任:

(一)拒不执行经批准的防御洪水方案、洪水调度方案,或者拒不执行有管辖权的防汛指挥机构的防汛调度方案或者防汛抢险指令的;

(二)玩忽职守,或者在防汛抢险的紧要关头临阵逃脱的;

(三)非法扒口决堤或者开闸的;

(四)挪用、盗窃、贪污防汛或者救灾的钱款或者物资的;

(五)阻碍防汛指挥机构工作人员依法执行职务的;

(六)盗窃、毁损或者破坏堤防、护岸、闸坝等水工程建筑物和防汛工程设施以及水文监测、测量设施、气象测报设施、河岸地质监测设施、通信照明设施的;

(七)其他危害防汛抢险工作的。

第四十四条　违反河道和水库大坝的安全管理,依照《中华人民共和国河道管理条例》和《水库大坝安全管理条例》的有关规定处理。

第四十五条　虚报、瞒报洪涝灾情,或者伪造、篡改洪涝灾害统计资料的,依照《中华人民共和国统计法》及其实施细则的有关规定处理。

第四十六条　当事人对行政处罚不服的,可以在接到处罚通知之日起15日内,向作出处罚决定机关的上一级机关申请复议;对复议决定不服的,可以在接到复议决定之日起15日内,向人民法院起诉。当事人也可以在接到处罚通知之日起15日内,直接向人民法院起诉。

当事人逾期不申请复议或者不向人民法院起诉,又不履行处罚决定的,由作出处罚决定的机关申请人民法院强制执行；在汛期，也可以由作出处罚决定的机关强制执行；对治安管理处罚不服的，依照《中华人民共和国治安管理处罚法》的规定办理。

当事人在申请复议或者诉讼期间，不停止行政处罚决定的执行。

第八章　附　则

第四十七条　省、自治区、直辖市人民政府，可以根据本条例的规定，结合本地区的实际情况，制定实施细则。

第四十八条　本条例由国务院水行政主管部门负责解释。

第四十九条　本条例自发布之日起施行。

河南省实施《中华人民共和国防汛条例》细则

（1993 年 11 月 27 日河南省人民政府令第 4 号公布　1998 年 4 月 9 日河南省人民政府豫政发〔1998〕第 16 号第一次修改　2011 年 1 月 5 日河南省人民政府令第 136 号第二次修改）

第一章　总　则

第一条　为了做好防汛抗洪工作,保障人民生命财产安全和经济建设的顺利进行,根据《中华人民共和国防汛条例》,结合我省实际情况,制定本细则。

第二条　在本省境内进行防汛抗洪活动,适用本细则。

第三条　防汛工作实行"安全第一、常备不懈、以防为主,全力抢险"的方针,遵循团结协作和局部利益服从全局利益的原则。

第四条　防汛工作实行各级人民政府行政首长负责制,实行统一指挥,分级分部门负责。各有关部门实行防汛岗位责任制。

第五条　任何单位和个人都有参加防汛抗洪的义务。中国人民解放军和武装警察部队是防汛抗洪的重要力量。

第二章　防汛组织

第六条　省防汛指挥机构,在国家防汛指挥机构和省人民政府领导下,负责组织领导全省的防汛抗洪工作,其办事机构分别设在省水行政主管部门和省黄河河道主管机关。

第七条　各省辖市、县(市)人民政府设立防汛指挥机构,由有关部门、当地驻军、人民武装部负责人组成,由各级人民政府首长担任指挥。在上级人民政府防汛指挥机构和同级人民政府的领导下,执行上级防汛指令,制定各项防汛抗洪措施,统一指挥本地区的防汛抗洪工作。其办事机构设在同级政府水行政主管部门和黄河河道主管机关,负责处理所辖范围的防汛日常工作。

第八条　河道管理机构,水利水电工程管理单位和河道沿岸在建工程的建设单位,汛期设立防汛机构,在有管辖权的人民政府防汛指挥机构领导下参加防汛抗洪工作。

第九条　城建部门设立的防汛办事机构,在同级人民政府防汛指挥机构领导下,负责处理城市市区的防汛日常工作。

石油、电力、邮电、铁路、公路、航运、工矿以及商业、物资等有防汛任务的部门和单位,汛期应组成临时防汛组织,在有管辖权的人民政府防汛指挥机构统一领导下,负责做好本行业和本单位的防汛工作。

第十条　县、乡人民政府,应当组织以民兵为骨干的群众性常备防汛队伍,对水库、堤防还应组织防汛抢险预备队,对黄河和其他防汛任务大的河道要建立防汛机动抢险队。行滞洪区应组织迁安与救护队伍。

第三章　防汛准备

第十一条　县级以上人民政府,应当根据流域综合规划、防洪工程实际状况和国家规定的或省确定的防洪标准,制定防汛工作方案(包括防御一般洪水和超标准洪水措施)。

黄河、淮河干流的防御洪水方案报国务院批准施行;洪汝河、沙颍河、卫河、共产主义渠、唐白河、伊洛河、惠济河的防洪方案报省人民政府批准施行;其他河道的防洪方案由有管辖权的人民政府批准施行。

各城市人民政府,应当根据流域综合规划和城市防洪规划和河道的防御洪水方案,制定本城市的防御洪水方案,报上级人民政府或其授权的机构批准后施行。

防御洪水方案经批准后,各级人民政府必须执行。

第十二条　有防汛抗洪任务的企事业单位,应当根据所在地区或者河道的防御洪水方案,制定本单位的防汛抗洪措施,在征得所在地防汛指挥机构同意后,报本单位的上级主管部门批准。

第十三条　大型水库(含按大型管理的中型水库)、重点水闸及主要防洪河道,由省水行政主管部门组织有关市、地和工程管理单位,根据工程规划设计防御洪水方案和工程实际状况,在兴利服从防洪、保证安全的前提下,制定汛期调度运用计划和河道防洪保证任务,报省防汛指挥机构批准。陆浑水库和板桥、宿鸭湖、南湾、鲇鱼山水库汛期调度运用计划分别报黄河水利委员会和淮河水利委员会批准。沿黄的引黄涵闸度汛措施,根据省黄河防汛有关方案,由当地黄河河道主管机关制定。其他水库、水闸、水电站和河道的汛期调度运用计划和防洪保证任务,分别由市(地)、县(市)水行政主管部门组织编制,报同级防汛指挥机构批准。

汛期调度运用计划经批准后,由水库、水电站、水闸和河道管理单位负责执行。

第十四条　各级防汛指挥机构应当在汛前对各类防洪设施组织检查,发现影响防洪安全的问题,责成责任单位限期处理,不得贻误防汛抗洪工作。

各有关部门和单位应将影响防洪安全的问题和处理措施报有直接管辖权的防汛指挥机构,该防汛指挥机构对所报问题必须研究处理,并将处理结果报上级防汛指挥机构备查。

第十五条　河道清障,对壅水、阻水严重的桥梁、引道、码头和其他跨河工程设施的改建或拆除,按国家和本省有关河道管理的法规和规章执行。

第十六条　水库、河道上的除险加固工程汛期前尚未完成,并可能影响防洪安全的,应由建设单位采取临时度汛措施,经上级主管部门审查批准后,报有管辖权的人民政府防汛指挥机构备案,并接受其监督。

第十七条　各级人民政府应当建设和完善河道堤防、水库和行、滞洪区等防洪设施及本地区的防汛通信、预报警报系统。对跨行政区域的通信、预报警报系统建设,由各级人民政府分级负责。

黄河的河道堤防设施、滞洪区的通信及预警系统,由黄河河道主管机关负责建设。

第十八条　行、滞洪区的安全与建设规划按照《关于蓄滞洪区安全与建设指导纲要》的有关规定,由省水行政主管部门会同有关部门和省辖市、县(市)进行规划,报省人民政府批准后实施。

黄河行、滞洪区的安全与建设规划由省黄河河道主管机关制定,经国家防汛指挥机构批准后实施。

各有关省辖市、县(市)人民政府必须对所管辖的行、滞洪区的通信、预报、警报、避洪、撤退道路等安全设施,以及紧急撤离和救生的准备工作进行汛前检查,对影响安全的问题,应及时处理。

第十九条　对山洪、泥石流、山体滑坡易发生地区,当地有关部门应当指定预防监测员及时监测。雨季到来之前,当地人民政府防汛指挥机构应当组织有关单位进行安全检查,对险情征兆明显的地区,应当及时把群众撤离险区。

第二十条　地区之间在防汛抗洪方面发生的水事纠纷,由发生纠纷地区共同的上一级人民政府或其授权的主管部门处理。

前款所指人民政府或者部门在处理防汛抗洪方面的水事纠纷时,有权采取临时紧急处理措施,有关当事各方必须服从并贯彻执行。

第二十一条　储备防汛抢险物资实行分级负责,并采取国家储备与群众储备相结合的办法。

各级防汛指挥机构应当根据防汛任务,合理布设物资储备地点,制定物资储备定额,编制物资储备计划。大型水库(含按大型管理的中型水库)、主要防洪河道按省防汛指挥机构下达的物资储备定额储备;其他水库、河道分别按市(地)、县(市)防汛指挥机构的规定储备。

防汛抢险主要物资由各级计划部门纳入年度计划、保证供应,交通、铁路部门优先组织运输。

对汛期防汛抢险需要的麻袋、草袋、编织袋等物资,由粮食、商业、供销、物资部门将库存和销售动态每旬向同级防汛指挥机构书面报告一次,防汛指挥机构根据情况随时调用,用后结算。

黄河防汛的物资储备按国家有关规定执行。

第二十二条　梢秸软料及其他群众备料,要就地取材,实地估量登记,按"备而不集、用后付款"的办法,汛期统一调配使用。

防汛用的土、砂、石料由水库河道管理单位根据需要提出计划,报当地政府批准后统一储备。

第二十三条　各级防汛指挥机构对防汛抢险物资要加强管理,每年汛后进行清仓盘点。对防汛抢险已用料物和正常损耗,经主管部门批准,有计划地加以补充和更新。

第二十四条　各级人民政府防汛指挥机构汛前应当向有关单位和当地驻军介绍防汛工作方案,组织交流防汛抢险经验。

第四章　防汛与抢险

第二十五条　汛期起止时间由省防汛指挥机构规定,遇特殊情况由省防汛指挥机构另行通知。

当河道、水库的水情接近保证水位或保证流量时,或者防洪工程设施发生重大险情,情况紧急时,县级以上人民政府可以宣布进入紧急防汛期,并报告上级人民政府防汛指挥机构。

第二十六条　在汛期及紧急防汛期,各有关部门、单位和个人应按照《中华人民共和国防汛条例》的有关规定做好防汛与抢险工作。

第二十七条　防汛期内,各级防汛指挥机构必须有负责人主持工作,各级防汛办公室实行日夜值班制度。有关责任人员必须坚守岗位,及时掌握汛情,并按照防汛工作方案和汛期调度运用计划进行调度。

各级防汛指挥机构对所辖范围内的重大险情和洪水灾害情况要及时逐级上报。同时应迅速查明原因,专题报告。

第二十八条　洪水预报方案由水文部门负责编制,黄河洪水的预报方案由黄河河道主管机关编制,分别由省、市(地)防汛指挥机构组织实施和发布。

水文部门应对水文情况进行准确、及时地通报。

县(市)防汛指挥机构根据洪水预报和可能发生的险情,及时组织有关乡、村做好抢险准备工作。

第二十九条　在汛期,大型水库(含按大型管理的中型水库)、重点水闸和主要防洪河道管理单位及其主管部门,在执行汛期调度运用计划时,必须服从黄河、淮河流域防汛指挥机构及省防汛指挥机构的统一调度指挥或监督。在正常运用情况下,按批准的汛期调度运用计划执行;改变原调度运用计划,必须报原批准部门批准。其他水库、水闸和河道的调度运用,应按上述原则,分别由市(地)、县(市)防汛指挥机构负责。

第三十条　在汛期,城镇、工矿区、旅游区、重点文物保护区,要在设计的防洪标准之内保证安全,遇超标准洪水,采取临时抢护措施,做到保人、保重点、保要害部位,尽量减少损失。

第三十一条　在汛期,铁路、公路要在设计的防洪标准内,保证行车安全,遇超标准洪水,采取应急措施,力争线路畅通。

第三十二条　在汛期,各水工程管理单位,除按规定对工程进行正常观测外,对险工、隐患和有异常现象的部位,要重点加测,对监测的情况和资料及时整理分析上报。

第三十三条　在汛期,电力调度通信设施必须服从防汛工作需要。邮电部门必须保证汛情和防汛指令的及时、准确传递。公安部门应加强社会治安管理。电视、广播、无线电管理、公路、铁路、航运、民航、林业、石油等部门,应当运用本部门的通信工具优先为防汛抗洪服务。

电视、广播、新闻单位应当根据人民政府防汛指挥机构提供的汛情,及时向公众发布防汛信息。

第三十四条　当黄河、淮河、洪汝河、沙颍河、卫河、共产主义渠等河道水位或流量达到规定的分洪标准,大型水库遇超标准洪水,需要采取非常泄洪措施时,由省防汛指挥机构根据经批准的方案,采取分洪、泄洪措施。中小型水库遇超标准洪水需要采取非常措施时,分别由市(地)、县(市)防汛指挥机构按批准的方案组织实施。采取前款措施对毗邻地区有危害的,须经有管辖权的上级防汛指挥机构批准,并事先通知有关地区。

实施本条第一款所列措施时,任何单位和个人不得阻拦,如遇到阻拦和拖延时,有管辖权的人民政府有权组织强制实施。

第三十五条　按照水的天然流势或者防洪排涝工程的设计标准,或者经批准的运行方案下泄的洪水,下游地区不得设障阻水或者缩小河道的过水能力,上游地区不得擅自增大下泄流量。

未经有管辖权的人民政府或授权的部门批准,任何单位和个人不得改变河道河势的自然控制点。

第三十六条　任何单位和个人不得侵占,破坏水利水电工程的防汛道路及通信、报汛设施。

第三十七条　在发生洪水灾害的地区,各级人民政府防汛指挥机构和有关部门,应按《中华人民共和国防汛条例》的有关规定,做好善后工作。

第五章　防汛经费

第三十八条　城镇及工业、交通等设施,其防洪保障建设资金,由城镇及工交企业自行解决。

第三十九条　防汛、抗洪所需的通信、交通费用,邮电、交通、无线电管理部门应按国家和我省有关规定给予减免。

第四十条　由财政部门安排的防汛经费,按照分级管理的原则,应分别列入各级人民政府的财政预算,并根据国民经济的发展逐步增加。

黄河防汛经费按国家有关规定办理。

第四十一条　省防御特大洪水经费的使用,由省防汛指挥机构根据需要提出计划,商省财政部门研究后,报省人民政府批准。省辖市、县(市)人民政府可根据防洪任务大小,在财政预算内列入必要的防御特大洪水经费,集中使用,统一管理。

黄河防御特大洪水所需经费,由省黄河河道主管机关根据需要提出计划,经省人民政府同意后报国务院批准,另行安排。

防御特大洪水经费用于汛前应急度汛工程的加固处理以及抗洪抢险和水毁工程修复。

第四十二条 在汛期,有防汛任务地区的单位和个人应根据任务大小承担一定的劳务和费用。县(市)人民政府应安排农村义务工用于防汛抢险。

第四十三条 在紧急防汛期,各级防汛指挥机构有权调用单位和个人的车辆、船只等交通工具,其油料费、生活费由调用的防汛指挥机构予以适当补助。

第六章 奖励与处罚

第四十四条 有下列事迹之一的单位和个人,可以由县级以上人民政府给予表彰或者奖励:

(一)在执行抗洪抢险任务时,组织严密,指挥得当,防守得力,奋力抢险,出色完成任务者;

(二)坚持巡堤查险,遇到险情及时报告,奋力抗洪抢险,成绩显著者;

(三)在危险关头,组织群众保护国家和人民财产,抢救群众有功者;

(四)为防汛调度,抗洪抢险献计献策,效益显著者;

(五)气象、雨情、水情测报和预报准确及时,情报传递迅速,克服困难,抢测洪水,因而减轻重大洪水灾害者;

(六)及时供应防洪物料和工具,爱护防汛器材,节约经费开支,完成防汛抢险任务成绩显著者;

(七)有其他特殊贡献,成绩显著者。

第四十五条 有下列行为之一者,视情节和危害后果,由其所在单位或者上级主管机关给予行政处分;应当给予治安管理处罚的,依照《中华人民共和国治安管理处罚法》的规定处罚;构成犯罪的,依法追究刑事责任。

(一)拒不执行经批准的防御洪水方案,或者拒不执行有管辖权的防汛指挥机构的防汛调度方案或者防汛抢险指令的;

(二)玩忽职守,或者在防汛抢险的紧要关头临阵逃脱的;

(三)水文部门工作人员不准确、及时通报水文情况的;

(四)非法扒口决堤或者开闸的;

(五)挪用、盗窃、贪污防汛或者救灾的钱款或者物资的;

(六)阻碍防汛指挥工作人员依法执行职务的;

(七)盗窃、侵占或者破坏堤防、护岸、闸坝等水工程建筑物和防汛工程设施以及水文监测、测量设施、气象测报设施、河岸地质监测设施、通信照明设施的;

(八)其他危害防汛抢险工作的。

第四十六条 违反本细则规定,有下列行为之一的,由县级以上水行政主管部门或黄河河道主管机关责令其停止违法行为、采取补救措施、给予警告,并可处一万元以下的罚款;后果严重,构成犯罪的,依法追究刑事责任。

(一)擅自向下游增大排泄洪涝流量或者阻碍上游洪涝下泄的;

(二)擅自改变河道河势自然控制点的。

第七章 附 则

第四十七条 本细则执行中的具体问题由省水行政主管部门负责解释。其中黄河防汛的事项由省黄河河道主管机关负责解释。

第四十八条 本细则自发布之日起施行。

中华人民共和国河道管理条例

（1988 年 6 月 10 日中华人民共和国国务院令第 3 号发布　根据 2011 年 1 月 8 日《国务院关于废止和修改部分行政法规的决定》第一次修正　根据 2017 年 3 月 1 日《国务院关于修改和废止部分行政法规的决定》第二次修正　根据 2017 年 10 月 7 日《国务院关于修改部分行政法规的决定》第三次修正　根据 2018 年 3 月 19 日《国务院关于修改和废止部分行政法规的决定》第四次修正）

第一章　总　则

第一条　为加强河道管理,保障防洪安全,发挥江河湖泊的综合效益,根据《中华人民共和国水法》,制定本条例。

第二条　本条例适用于中华人民共和国领域内的河道（包括湖泊、人工水道、行洪区、蓄洪区、滞洪区）。

河道内的航道,同时适用《中华人民共和国航道管理条例》。

第三条　开发利用江河湖泊水资源和防治水害,应当全面规划、统筹兼顾、综合利用、讲求效益,服从防洪的总体安排,促进各项事业的发展。

第四条　国务院水利行政主管部门是全国河道的主管机关。

各省、自治区、直辖市的水利行政主管部门是该行政区域的河道主管机关。

第五条　国家对河道实行按水系统一管理和分级管理相结合的原则。

长江、黄河、淮河、海河、珠江、松花江、辽河等大江大河的主要河段,跨省、自治区、直辖市的重要河段,省、自治区、直辖市之间的边界河道以及国境边界河道,由国家授权的江河流域管理机构实施管理,或者由上述江河所在省、自治区、直辖市的河道主管机关根据流域统一规划实施管理。其他河道由省、自治区、直辖市或者市、县的河道主管机关实施管理。

第六条　河道划分等级。河道等级标准由国务院水利行政主管部门制定。

第七条　河道防汛和清障工作实行地方人民政府行政首长负责制。

第八条　各级人民政府河道主管机关以及河道监理人员,必须按照国家法律、法规,加强河道管理,执行供水计划和防洪调度命令,维护水工程和人民生命财产安全。

第九条　一切单位和个人都有保护河道堤防安全和参加防汛抢险的义务。

第二章　河道整治与建设

第十条　河道的整治与建设,应当服从流域综合规划,符合国家规定的防洪标准、通航标准和其他有关技术要求,维护堤防安全,保持河势稳定和行洪、航运通畅。

第十一条 修建开发水利、防治水害、整治河道的各类工程和跨河、穿河、穿堤、临河的桥梁、码头、道路、渡口、管道、缆线等建筑物及设施,建设单位必须按照河道管理权限,将工程建设方案报送河道主管机关审查同意。未经河道主管机关审查同意的,建设单位不得开工建设。

建设项目经批准后,建设单位应当将施工安排告知河道主管机关。

第十二条 修建桥梁、码头和其他设施,必须按照国家规定的防洪标准所确定的河宽进行,不得缩窄行洪通道。

桥梁和栈桥的梁底必须高于设计洪水位,并按照防洪和航运的要求,留有一定的超高。设计洪水位由河道主管机关根据防洪规划确定。

跨越河道的管道、线路的净空高度必须符合防洪和航运的要求。

第十三条 交通部门进行航道整治,应当符合防洪安全要求,并事先征求河道主管机关对有关设计和计划的意见。

水利部门进行河道整治,涉及航道的,应当兼顾航运的需要,并事先征求交通部门对有关设计和计划的意见。

在国家规定可以流放竹木的河流和重要的渔业水域进行河道、航道整治,建设单位应当兼顾竹木水运和渔业发展的需要,并事先将有关设计和计划送同级林业、渔业主管部门征求意见。

第十四条 堤防上已修建的涵闸、泵站和埋设的穿堤管道、缆线等建筑物及设施,河道主管机关应当定期检查,对不符合工程安全要求的,限期改建。

在堤防上新建前款所指建筑物及设施,应当服从河道主管机关的安全管理。

第十五条 确需利用堤顶或者戗台兼做公路的,须经县级以上地方人民政府河道主管机关批准。堤身和堤顶公路的管理和维护办法,由河道主管机关商交通部门制定。

第十六条 城镇建设和发展不得占用河道滩地。城镇规划的临河界限,由河道主管机关会同城镇规划等有关部门确定。沿河城镇在编制和审查城镇规划时,应当事先征求河道主管机关的意见。

第十七条 河道岸线的利用和建设,应当服从河道整治规划和航道整治规划。计划部门在审批利用河道岸线的建设项目时,应当事先征求河道主管机关的意见。

河道岸线的界限,由河道主管机关会同交通等有关部门报县级以上地方人民政府划定。

第十八条 河道清淤和加固堤防取土以及按照防洪规划进行河道整治需要占用的土地,由当地人民政府调剂解决。

因修建水库、整治河道所增加的可利用土地,属于国家所有,可以由县级以上人民政府用于移民安置和河道整治工程。

第十九条 省、自治区、直辖市以河道为边界的,在河道两岸外侧各 10 千米之内,以及跨省、自治区、直辖市的河道,未经有关各方达成协议或者国务院水利行政主管部门批准,禁止单方面修建排水、阻水、引水、蓄水工程以及河道整治工程。

第三章　河道保护

第二十条　有堤防的河道,其管理范围为两岸堤防之间的水域、沙洲、滩地(包括可耕地)、行洪区,两岸堤防及护堤地。

无堤防的河道,其管理范围根据历史最高洪水位或者设计洪水位确定。

河道的具体管理范围,由县级以上地方人民政府负责划定。

第二十一条　在河道管理范围内,水域和土地的利用应当符合江河行洪、输水和航运的要求;滩地的利用,应当由河道主管机关会同土地管理等有关部门制定规划,报县级以上地方人民政府批准后实施。

第二十二条　禁止损毁堤防、护岸、闸坝等水工程建筑物和防汛设施、水文监测和测量设施、河岸地质监测设施以及通信照明等设施。

在防汛抢险期间,无关人员和车辆不得上堤。

因降雨雪等造成堤顶泥泞期间,禁止车辆通行,但防汛抢险车辆除外。

第二十三条　禁止非管理人员操作河道上的涵闸闸门,禁止任何组织和个人干扰河道管理单位的正常工作。

第二十四条　在河道管理范围内,禁止修建围堤、阻水渠道、阻水道路;种植高秆农作物、芦苇、杞柳、荻柴和树木(堤防防护林除外);设置拦河渔具;弃置矿渣、石渣、煤灰、泥土、垃圾等。

在堤防和护堤地,禁止建房、放牧、开渠、打井、挖窖、葬坟、晒粮、存放物料、开采地下资源、进行考古发掘以及开展集市贸易活动。

第二十五条　在河道管理范围内进行下列活动,必须报经河道主管机关批准;涉及其他部门的,由河道主管机关会同有关部门批准:

(一)采砂、取土、淘金、弃置砂石或者淤泥;

(二)爆破、钻探、挖筑鱼塘;

(三)在河道滩地存放物料、修建厂房或者其他建筑设施;

(四)在河道滩地开采地下资源及进行考古发掘。

第二十六条　根据堤防的重要程度、堤基土质条件等,河道主管机关报经县级以上人民政府批准,可以在河道管理范围的相连地域划定堤防安全保护区。在堤防安全保护区内,禁止进行打井、钻探、爆破、挖筑鱼塘、采石、取土等危害堤防安全的活动。

第二十七条　禁止围湖造田。已经围垦的,应当按照国家规定的防洪标准进行治理,逐步退田还湖。湖泊的开发利用规划必须经河道主管机关审查同意。

禁止围垦河流,确需围垦的,必须经过科学论证,并经省级以上人民政府批准。

第二十八条　加强河道滩地、堤防和河岸的水土保持工作,防止水土流失、河道淤积。

第二十九条　江河的故道、旧堤、原有工程设施等,不得擅自填堵、占用或者拆毁。

第三十条　护堤护岸林木,由河道管理单位组织营造和管理,其他任何单位和个人不得侵占、砍伐或者破坏。

河道管理单位对护堤护岸林木进行抚育和更新性质的采伐及用于防汛抢险的采伐,根据国家有关规定免交育林基金。

第三十一条　在为保证堤岸安全需要限制航速的河段,河道主管机关应当会同交通部门设立限制航速的标志,通行的船舶不得超速行驶。

在汛期,船舶的行驶和停靠必须遵守防汛指挥部的规定。

第三十二条　山区河道有山体滑坡、崩岸、泥石流等自然灾害的河段,河道主管机关应当会同地质、交通等部门加强监测。在上述河段,禁止从事开山采石、采矿、开荒等危及山体稳定的活动。

第三十三条　在河道中流放竹木,不得影响行洪、航运和水工程安全,并服从当地河道主管机关的安全管理。

在汛期,河道主管机关有权对河道上的竹木和其他漂流物进行紧急处置。

第三十四条　向河道、湖泊排污的排污口的设置和扩大,排污单位在向环境保护部门申报之前,应当征得河道主管机关的同意。

第三十五条　在河道管理范围内,禁止堆放、倾倒、掩埋、排放污染水体的物体。禁止在河道内清洗装贮过油类或者有毒污染物的车辆、容器。

河道主管机关应当开展河道水质监测工作,协同环境保护部门对水污染防治实施监督管理。

第四章　河道清障

第三十六条　对河道管理范围内的阻水障碍物,按照"谁设障,谁清除"的原则,由河道主管机关提出清障计划和实施方案,由防汛指挥部责令设障者在规定的期限内清除。逾期不清除的,由防汛指挥部组织强行清除,并由设障者负担全部清障费用。

第三十七条　对壅水、阻水严重的桥梁、引道、码头和其他跨河工程设施,根据国家规定的防洪标准,由河道主管机关提出意见并报经人民政府批准,责成原建设单位在规定的期限内改建或者拆除。汛期影响防洪安全的,必须服从防汛指挥部的紧急处理决定。

第五章　经　费

第三十八条　河道堤防的防汛岁修费,按照分级管理的原则,分别由中央财政和地方财政负担,列入中央和地方年度财政预算。

第三十九条　受益范围明确的堤防、护岸、水闸、圩垸、海塘和排涝工程设施,河道主管机关可以向受益的工商企业等单位和农户收取河道工程修建维护管理费,其标准应当根据工程修建和维护管理费用确定。收费的具体标准和计收办法由省、自治区、直辖市人民政府制定。

第四十条　在河道管理范围内采砂、取土、淘金，必须按照经批准的范围和作业方式进行，并向河道主管机关缴纳管理费。收费的标准和计收办法由国务院水利行政主管部门会同国务院财政主管部门制定。

第四十一条　任何单位和个人，凡对堤防、护岸和其他水工程设施造成损坏或者造成河道淤积的，由责任者负责修复、清淤或者承担维修费用。

第四十二条　河道主管机关收取的各项费用，用于河道堤防工程的建设、管理、维修和设施的更新改造。结余资金可以连年结转使用，任何部门不得截取或者挪用。

第四十三条　河道两岸的城镇和农村，当地县级以上人民政府可以在汛期组织堤防保护区域内的单位和个人义务出工，对河道堤防工程进行维修和加固。

第六章　罚　则

第四十四条　违反本条例规定，有下列行为之一的，县级以上地方人民政府河道主管机关除责令其纠正违法行为、采取补救措施外，可以并处警告、罚款、没收非法所得；对有关责任人员，由其所在单位或者上级主管机关给予行政处分；构成犯罪的，依法追究刑事责任：

（一）在河道管理范围内弃置、堆放阻碍行洪物体的；种植阻碍行洪的林木或者高秆植物的；修建围堤、阻水渠道、阻水道路的；

（二）在堤防、护堤地建房、放牧、开渠、打井、挖窖、葬坟、晒粮、存放物料、开采地下资源、进行考古发掘以及开展集市贸易活动的；

（三）未经批准或者不按照国家规定的防洪标准、工程安全标准整治河道或者修建水工程建筑物和其他设施的；

（四）未经批准或者不按照河道主管机关的规定在河道管理范围内采砂、取土、淘金、弃置砂石或者淤泥、爆破、钻探、挖筑鱼塘的；

（五）未经批准在河道滩地存放物料、修建厂房或者其他建筑设施，以及开采地下资源或者进行考古发掘的；

（六）违反本条例第二十七条的规定，围垦湖泊、河流的；

（七）擅自砍伐护堤护岸林木的；

（八）汛期违反防汛指挥部的规定或者指令的。

第四十五条　违反本条例规定，有下列行为之一的，县级以上地方人民政府河道主管机关除责令其纠正违法行为、赔偿损失、采取补救措施外，可以并处警告、罚款；应当给予治安管理处罚的，按照《中华人民共和国治安管理处罚法》的规定处罚；构成犯罪的，依法追究刑事责任：

（一）损毁堤防、护岸、闸坝、水工程建筑物，损毁防汛设施、水文监测和测量设施、河岸地质监测设施以及通信照明等设施；

（二）在堤防安全保护区内进行打井、钻探、爆破、挖筑鱼塘、采石、取土等危害堤防安全的活动的；

（三）非管理人员操作河道上的涵闸闸门或者干扰河道管理单位正常工作的。

第四十六条 当事人对行政处罚决定不服的，可以在接到处罚通知之日起 15 日内，向作出处罚决定的机关的上一级机关申请复议，对复议决定不服的，可以在接到复议决定之日起 15 日内，向人民法院起诉。当事人也可以在接到处罚通知之日起 15 日内，直接向人民法院起诉。当事人逾期不申请复议或者不向人民法院起诉又不履行处罚决定的，由作出处罚决定的机关申请人民法院强制执行。对治安管理处罚不服的，按照《中华人民共和国治安管理处罚法》的规定办理。

第四十七条 对违反本条例规定，造成国家、集体、个人经济损失的，受害方可以请求县级以上河道主管机关处理。受害方也可以直接向人民法院起诉。

当事人对河道主管机关的处理决定不服的，可以在接到通知之日起，15 日内向人民法院起诉。

第四十八条 河道主管机关的工作人员以及河道监理人员玩忽职守、滥用职权、徇私舞弊的，由其所在单位或者上级主管机关给予行政处分；对公共财产、国家和人民利益造成重大损失的，依法追究刑事责任。

第七章　附　则

第四十九条 各省、自治区、直辖市人民政府，可以根据本条例的规定，结合本地区的实际情况，制定实施办法。

第五十条 本条例由国务院水利行政主管部门负责解释。

第五十一条 本条例自发布之日起施行。

河南省《河道管理条例》实施办法

（1992 年 8 月 15 日河南省人民政府令第 37 号公布　2011 年 1 月 5 日省政府令第 136
号第一次修改　2017 年 4 月 14 日省政府令第 179 号第二次修改）

第一章　总　则

第一条　为加强河道管理,保障防洪安全,发挥河流的综合效益,根据《中华人民共和
国河道管理条例》,结合我省实际情况,制定本办法。

第二条　本办法适用于我省境内除黄河、沁河干流外的一切河道(包括湖泊、人工水
道、行洪区、蓄洪区、滞洪区)。

河道内的航道,同时适用《中华人民共和国航道管理条例》。

第三条　开发利用河流、湖泊水资源和防治水害,应当全面规划,统筹兼顾,综合利
用,讲究效益,服从防洪的总体安排,促进各项事业的发展。

第四条　省人民政府水行政主管部门是全省河道主管机关。

省辖市、县(市)水行政主管部门是本行政区的河道主管机关。

第五条　全省河道实行按水系统一管理和分级管理相结合的原则。

县以上河道主管机关经同级人民政府批准,可以设置专管机构,具体负责辖区内的河
道管理工作。

涉及两省辖市以上的主要河道,由省或授权的省辖市河道主管机关设置专管机构实
施管理,涉及两县(市)以上的主要河道,由省辖市或授权的县(市)河道主管机关设置专管
机构实施管理。

第六条　河道防汛和清障工作实行人民政府行政首长负责制。各级人民政府,要加
强本辖区河道管理工作的领导,充分发挥河道主管机关的作用。

第七条　各级河道主管机关、河道专管机构以及河道监理人员,必须按照国家法律、
法规,加强河道管理,执行供水计划和防洪调度命令,维护水工程和人民生命财产安全。

第八条　一切单位和个人,都有保护河道堤防安全和参加防汛抢险的义务。

第二章　河道整治与建设

第九条　河道的整治与建设,应服从流域综合规划,符合国家规定的防洪、除涝、通航
标准和其他有关技术要求,维护堤防安全,保持河势稳定和行洪、航运通畅。

第十条　修建桥梁、码头和其他设施,必须按照国家规定的防洪标准所确定的河宽进
行,不得缩窄行洪通道。

桥梁和栈桥的梁底必须高于设计洪水位,并按照防洪和航运要求,留有一定的超高。

设计洪水位由河道主管机关根据防洪规划确定。

跨越河道的管道、线路的净空高度必须符合防洪和航运的要求。

第十一条 交通部门进行航道整治,应当符合防洪安全要求,并事先征求河道主管机关对有关设计和计划的意见。

水利部门进行河道整治涉及航道的,应当兼顾航运的需要,并事先征求交通部门对有关设计和计划的意见。

在重要的渔业水域进行河道、航道整治,建设单位应当兼顾渔业发展的需要,并事先将有关设计和计划送同级渔业主管部门征求意见。

第十二条 修建开发水利、防治水害、整治河道的各类工程和跨河、穿河、穿堤、临河的桥梁、码头、道路、渡口、管道、缆线等建筑物及设施,建设单位必须按照河道管理权限,将工程建设方案报送河道主管机关审查同意后,方可按照基本建设程序履行审批手续。建设项目经批准后,建设单位应将施工安排告知河道主管机关。

需要破堤的工程,施工时应有河道管理人员监督施工,竣工后建设单位应按原标准进行修复。跨汛期施工的工程项目,应与河道主管机关商定汛期安全措施。

第十三条 河道上所有新建建筑物及设施,必须经河道主管机关验收合格后方可启用,并服从河道主管机关的安全管理;不符合设计标准或质量有重大缺陷的,不得投入使用。

第十四条 堤防上已修建的涵闸、泵站和埋设的穿堤管道、缆线等建筑物及设施,河道主管机关应当定期检查,对不符合工程安全要求的应限期改建。

第十五条 城乡建设不得占用河道滩地。城镇规划的临河界限,由河道主管机关会同城镇规划等有关部门确定。沿河城镇在编制和审查城镇规划时,应事先征求河道主管机关的意见。

第十六条 河道岸线的利用和建设,应当服从河道整治规划和航道整治规划。计划部门在审批利用河道岸线的建设项目时,应当事先征求河道主管机关的意见。

河道岸线的界限,由河道主管机关会同交通等有关部门报县级以上人民政府划定。

第十七条 河道清淤、加固维修堤防和堤防锥探灌浆取土以及按照防洪规划进行河道整治需要占用的土地,由当地人民政府调剂解决。

因修建水库、整治河道所增加的可利用土地,属国家所有。可以由县级以上人民政府用于移民安置和河道整治工程。

第十八条 省内以河道为边界或跨行政区域的河道的整治与建设,按照下列规定执行:

(一)位于边界的河道和水工程,应严格执行有关方面共同商定的边界水利协议;

(二)在跨行政区域的河道上,未经统一规划和双方协议,上游不准扩大排水,下游不准设置阻水障碍缩小河道的排水能力;

(三)执行协议过程中发生异议,应报请上一级河道主管机关裁决,上级未裁决前,任何一方不得变更协议,强行施工。

第三章　河道保护与管理

第十九条　有堤防的河道,其管理范围为两岸堤防之间的水域、沙洲、滩地(包括可耕地)、行洪区、两岸堤防及护堤地。

无堤防的河道,其管理范围根据历史最高洪水位或者设计洪水位确定。

第二十条　全省河道及其主要水工程的管理范围是:

(一)淮河干流、洪汝河、唐白河、沙颍河、北汝河、澧河、伊洛河、卫河、共产主义渠等河道的重要防洪堤段护堤地临河堤脚外五米,背河堤脚外八米;上述河道的一般堤段和惠济河、涡河、汾泉河等河道堤防护堤地临河堤脚外三米,背河堤脚外五米。险工堤段护堤地,应适当加宽。

(二)水闸、水电站:大型的上、下游各二百米,中型的上、下游各一百米。

(三)滞洪区:滞洪堤临水坡脚外十米,背水坡脚外五米。

(四)其他河道的管理范围,由当地河道主管机关根据本《办法》第十九条规定的原则提出意见,报同级人民政府批准划定。

对已划定的管理范围,由河道管理单位立标定界,实施管理。

第二十一条　在河道管理范围内,水域和土地的利用应服从河道行洪、输水、安全和航运的要求;滩地利用,由当地河道主管机关会同土地管理等有关部门制订规划,报县级以上人民政府批准后实施。

第二十二条　禁止损坏堤防(含护堤林木、草皮)、护岸、闸坝等水工程建筑物和防汛设施、水文监测设施、河岸地质监测设施以及通信照明等设施。

在防汛抢险和雨雪后堤顶泥泞期间,除防汛抢险车辆外,禁止其他车辆通行。

第二十三条　禁止非管理人员操作河道上的涵闸闸门,禁止任何组织和个人干扰河道管理单位的正常工作。

第二十四条　在河道管理范围内禁止进行下列活动:

(一)修建围堤、阻水渠道、阻水道路;

(二)种植高秆作物、荻苇、杞柳和树木(堤防防护林除外);

(三)设置拦河渔具;

(四)弃置或倾倒矿渣、石渣、煤灰、泥土、垃圾等。

第二十五条　在堤防和护堤地内禁止进行下列活动:

(一)在堤身种植农作物、铲草、放牧、晒粮、堆放物料等;

(二)建房、开渠、打井、挖窖、葬坟、建窑;

(三)开采地下资源、进行考古发掘以及开展集市贸易活动。

第二十六条　确需利用堤顶、闸坝或者戗台兼做公路的,须经上级河道主管机关批准。堤身和堤顶公路的管理和维护办法,由省河道主管机关会同交通部门制定。

第二十七条　在河道管理范围内进行下列活动,必须报经河道主管机关批准,涉及其

他部门的,由河道主管机关会同有关部门批准:

（一）采砂、取土、淘金、弃置砂石或者淤泥;

（二）爆破、钻探、挖筑鱼塘;

（三）在河道滩地存放物料、修建厂房或者其他建筑设施;

（四）在河道滩地开采地下资源及进行考古发掘;

（五）在非公路堤段的堤防上通行机动车辆;

（六）修筑拦河工程。

第二十八条 根据堤防的重要程度、堤基土质条件等,河道主管机关报经县级以上人民政府批准,在与河道管理范围相连地域划定堤防安全保护区。

本办法第二十条所列河道的防洪堤防安全保护区为五十米,一般堤防安全保护区不少于三十米。在堤防安全保护区内,禁止采石、取土、挖坑、打井、建窑、葬坟、钻探、爆破、挖筑鱼塘及其他危及堤防安全的活动。

第二十九条 禁止围湖造田和在滞洪区内围田,已经围垦的,应当按照国家规定的防洪标准进行治理、退田。

禁止围垦河流,确需围垦的,必须经过科学论证,并提出书面报告经省河道主管机关审查报省人民政府批准。

第三十条 加强河道滩地、堤防和河岸的水土保持工作,防止水土流失、河道淤积。引黄灌区,应加强引黄退水监测管理,退水含沙量不得超过河道主管机关规定的限额标准。

第三十一条 护堤、护岸林木,由河道管理单位组织营造和管理,其他任何单位和个人不得侵占、砍伐或者破坏。

河道管理单位对护堤、护岸林木进行抚育和更新性质的采伐及用于防汛抢险的采伐,免交育林基金。

第三十二条 在为保证堤岸安全需要限制航速的河段,当地河道主管机关应当会同交通部门设立限制航速的标志,通行的船舶不得超速行驶。

第三十三条 山区河道有山体滑坡、崩岸、泥石流等自然灾害的河段,河道主管机关应当会同地质、交通等部门加强监测。在上述河段,禁止从事开山采石、采矿、开荒等危及山体稳定的活动。

第三十四条 向河道、湖泊排污的排污口的设置和扩大,排污单位在向当地环境保护部门申报之前,应当征得河道主管机关的同意。

第三十五条 在河道管理范围内,禁止堆放、倾倒、掩埋、排放污染水体的物体,禁止在河道内清洗装贮过油类或者有毒污染物的车辆、容器。

河道主管机关应当开展河道水质监测工作,协同环境保护部门对水污染防治实施监督管理;积极协同有关部门改善水源条件,对危害人体健康和农业生产的水源区域,配合有关部门设置有害标志。

第三十六条　所有河道应实行专业管理与群众管理相结合的办法。沿河乡(镇)、城市街道、村(居)民委员会可根据河道管理任务的大小,建立群众性的河道管理组织,协助河道管理单位做好河道管理工作。

第四章　河道清障

第三十七条　河道主管机关对在河道管理范围内的阻水障碍物,按照"谁设障、谁清除"的原则,提出清障计划和实施方案,由防汛指挥部责令设障者在规定的期限内清除。逾期不清除的,由防汛指挥部组织强行清除,并由设障者负担全部清障费用。

河道清障后,应立标划界,严禁再设新的阻水障碍。

第三十八条　对壅水、阻水严重的桥梁、引道、码头、横滩渠、生产堤、拦水坝和其他工程设施,由河道主管机关按照国家规定的防洪标准提出处理意见并报当地县以上人民政府批准,责成原建设单位在规定的期限内改建或者拆除。汛期影响防洪安全的,必须服从防汛指挥部的紧急处理决定。

第五章　经费管理

第三十九条　河道工程的防汛岁修费,按照分级管理的原则,分别由省和省辖市、县(市)财政负担,列入各级财政预算。

第四十条　受益范围内的堤防、护岸、水闸、圩垸和排涝工程设施,河道主管机关可以向受益的工商企业等单位和农户收取河道工程修建维护管理费。收费的具体标准和计收管理办法,由省水利厅会同省物价局、财政厅另行制定,报省政府批准后执行。

第四十一条　在河道管理范围内采砂、取土、淘金,必须按照经批准的范围和作业方式进行,并向河道主管机关缴纳管理费。具体收费标准,按国务院有关部门的规定执行。

第四十二条　任何单位和个人,凡对堤防、护岸和其他水工程设施造成损坏或者造成河道淤积的,由责任者负责修复、清淤或者承担维修费用。

第四十三条　河道主管机关按规定收取的各项费用,应用于河道堤防工程的建设、管理维修和设施的更新改造。资金使用计划,应经上级主管机关批准,受同级财政、审计部门监督,结余资金可以连年结转使用,任何部门不得截取或挪用。

第四十四条　河道两岸的农村和城镇,当地县级以上人民政府可以在汛期组织堤防保护区域的单位或个人义务出工,对河道堤防工程进行维修和加固。

河道主管机关应在每年的汛期前后,将河道维修和度汛需要的义务工数量,报告同级人民政府。

第六章　罚　则

第四十五条　违反《条例》和本办法规定的,由县以上河道主管部门或者有关主管部门按照《条例》第六章规定责令纠正违法行为、采取补救措施、赔偿损失或给予行政处分处

理外,对其中并处罚款的,按下列标准执行:

（一）在堤身建房、建窑、开渠、挖窖、葬坟、开采地下资源以及进行集市贸易的,处五十元至五百元罚款。

（二）在堤防上铲草、放牧、晒粮和在行洪滩地种植高秆作物,处二十元至一百元罚款。

（三）擅自占用堤防、行洪滩地堆放料物、砂石的,处二十元至二百元罚款。

（四）在河道行洪范围内弃置、堆放垃圾、矿渣、煤灰、泥土、石渣等物体的,每立方米罚款八元至十二元。

（五）在行洪滩地内种植阻水林木、条类、荻苇的,每亩处一百元至二百元罚款。

（六）在河道管理范围内修建阻水围堤、阻水渠道、阻水道路的,处一百元至二千元罚款。

（七）未经批准或者不按河道主管机关的规定,在河道管理范围内采砂、取土、淘金、爆破、钻探、挖筑鱼塘的,处五十元至一千元罚款。

（八）盗窃毁坏防汛、水文监测、测量及通信、照明设施的,损毁堤防、护岸、闸坝及建筑物的,除处以三百元至二千元罚款外,视情节依法惩处。

第四十六条　对违反《条例》及本办法规定,造成国家、集体、个人经济损失的,受害方可以请求县级以上河道主管机关处理。受害方也可以直接向人民法院起诉。

当事人对河道主管机关处理决定不服的,可以在接到通知之日起,十五日内向人民法院起诉。

第四十七条　河道主管机关及管理单位的工作人员以及水政监察人员玩忽职守、滥用职权、营私舞弊的,由其所在单位或者上级主管机关给予行政处分;对公共财产、国家和人民利益造成重大损失的,依法追究刑事责任。

第七章　附　则

第四十八条　本办法执行中的具体问题由省水利厅负责解释。

第四十九条　本办法自发布之日起施行。过去我省有关河道管理方面的规定,凡与本办法相抵触的,一律按本办法执行。

河南省水利工程管理条例

（1997 年 7 月 25 日河南省第八届人民代表大会常务委员会第二十七次会议通过　根据 2005 年 3 月 31 日河南省第十届人民代表大会常务委员会第十五次会议《关于修改〈河南省水利工程管理条例〉的决定》修正　根据 2010 年 7 月 30 日河南省第十一届人民代表大会常务委员会第十六次会议通过的《河南省人民代表大会常务委员会关于修改部分地方性法规的决定》第二次修正）

第一章　总　　则

第一条　为了加强水利工程的建设和管理,充分发挥水利工程的综合效益,根据《中华人民共和国水法》及有关法律法规,结合我省实际情况,制定本条例。

第二条　本条例适用于本省行政区域的水库、灌排渠道、涵闸、水电站、排灌站、机井、沟洫、水窖、塘堰等水利工程及其附属设施的建设和管理。

河道、防洪设施、水土保持、水产、供水工程的管理,按有关法律、法规的规定执行。

第三条　鼓励和支持单位和个人按规划兴建水利工程,保护兴建者的合法权益。

水利工程建设坚持谁投资、谁受益、谁管护的原则。

第四条　水利工程建设应当统一规划,合理布局,统筹兼顾,讲究效益。

水利工程的调度运用,必须从全局出发,统筹兼顾。

第五条　国有、集体所有水利工程的管理养护实行专门队伍管护与群众管护相结合的制度。

第六条　各级人民政府应当加强对水利工程建设、管理和保护工作的领导。

各级人民政府的水行政主管部门负责水利工程的行业管理工作。

第七条　水利工程受法律保护。任何单位和个人都有权制止、检举、控告破坏水利工程的行为。

第八条　对在建设管理和保护水利工程工作中做出显著成绩的单位和个人,由县级以上人民政府或水行政主管部门给予表彰或奖励。

第二章　规划与建设

第九条　各级水行政主管部门应当根据流域规划和区域规划,编制水利工程建设专业规划,报同级人民政府批准,并报上一级水行政主管部门备案。

第十条　兴建(包括新建、改建、扩建,下同)水利工程,应当符合规划要求,遵守国家规定的基本建设程序和本条例的有关规定。凡涉及其他地区和行业利益的,建设单位必须事先征求有关地区和部门的意见,并按照规定报上级人民政府或有关主管部门审批。

第十一条　兴建大型水利工程、跨省辖市的水利工程和涉及其他省辖市利益的水利工程,须经省水行政主管部门审查并签署意见。

兴建中型水利工程、跨县(市)的水利工程和涉及其他县(市)利益的水利工程,须经省辖市水行政主管部门审查并签署意见。

兴建其他水利工程,须经县(市、区)水行政主管部门或其派出机构审查并签署意见。

第十二条　承担大中型水利工程设计、施工、监理的单位和打井专业施工队,必须具有相应的资质等级。各级水行政主管部门应加强对打井施工队伍的行业管理。

第十三条　兴建大中型水利工程,应当按照批准的方案组织设计和施工。工程设施的建设必须符合国家规定的安全保障等技术标准。工程竣工后,应当按有关规定验收合格,方能使用。

第十四条　水行政主管部门应当对水利工程建设进行监督检查,保证工程建设按照批准的方案和有关规定实施。

第十五条　在省辖市、县(市、区)边界修建水利工程引起纠纷时,当事各方应当协商解决或由其共同上一级人民政府处理。

第十六条　水利工程建设用地和拆迁安置,依照有关法律、法规的规定办理。

第三章　工程管理

第十七条　水利工程的受益或影响范围在同一行政区域的,由当地水行政主管部门管理;跨越两个行政区域或位置重要、关系重大的工程,可按流域设立管理机构或由上一级水行政主管部门管理。

第十八条　水利工程的调度运用计划,由水利工程管理单位编制。大型、重点中型水利工程的调度运用计划,报省水行政主管部门批准,须经流域机构批准的,还应报经流域机构批准;中型、重点小型水利工程的调度运用计划,报省辖市水行政主管部门批准;小型水库的调度运用计划,报县(市)水行政主管部门批准。

各级人民政府和水利工程管理单位,应严格执行调度运用计划。不经原批准单位同意,不得改变计划。任何单位和个人,不得干扰或阻挠计划的实施。

第十九条　县级以上水行政主管部门应当定期对水利工程进行安全检查,对存在险情的水利工程,应当组织安全论证,限期采取措施,排除险情。

第二十条　未经水行政主管部门批准,任何单位和个人不得擅自改变灌区灌排渠系。不得私开口门,拦截抢占水源。

第二十一条　在水利工程管理范围内进行建设的,应当按照保护水利工程安全的要求提出设计,按水利工程管理权限报水行政主管部门审核同意。

建设施工应当按照批准或水行政主管部门同意的范围、方式、设计方案进行。

建设施工确需阻断或损坏水利工程的,建设单位应当采取临时措施,保证水利工程的效能,并在限期内修复或修建相应的工程设施。

第二十二条　任何单位和个人占用农业灌溉水源、灌排工程设施的,必须事先报请有管辖权的水行政主管部门批准,并兴建与效益损失相当的替代工程。不能兴建替代工程的,占用者应当予以补偿。补偿标准按省有关规定执行。

第二十三条　灌区供水工程、排涝工程的直接受益者,有承担工程清淤、排涝费用的义务。具体承担方式由受益地县级人民政府规定。

第二十四条　水行政主管部门应当加强对边界水利工程的管理。边界水利工程管理单位应当严格执行有关方面共同商定的边界水利协议。上一级水行政主管部门应督促和检查协议的实施。

执行协议过程中发生争议时,由其共同上一级人民政府或其水行政主管部门处理。

第四章　工程保护

第二十五条　水利工程应当根据保证工程安全和维修养护需要,划定管理范围。

水电站的管理范围按照国务院《电力设施保护条例》的规定执行。

水库、水闸的管理范围按照省人民政府规定划定。

排灌站的管理范围:大中型排灌站,引水侧建筑物外划五十米。

渠道的管理范围:大型灌区的干渠,背水坡脚外各划三至五米;中型灌区的干渠及大型灌区的支渠,背水坡脚外各划二至三米。深挖方或高填土渠段,可以适当加宽。

其他水利工程的管理范围,由县级人民政府确定。

第二十六条　国有水利工程的管理范围,由县级以上人民政府划定;集体所有、农户或个人所有的水利工程的管理范围,按照其管理权限分别由乡(镇)人民政府、村民委员会、村民小组划定。划定的管理范围应当立标定界。

根据以前的有关规定或者经协议已经明确划定的水利工程管理范围,大于本条例第二十五条规定标准的,可以不再变更。

第二十七条　国有水利工程管理范围内的土地和附属物,已征用的归国家所有,由管理单位使用,任何单位不得侵占。管理范围内的国有荒山、荒坡、滩地等,由县级以上人民政府依照本条例规定划拨给水利工程管理单位使用。

第二十八条　水利工程管理单位应当加强对工程设施的管理和维护,确保工程安全正常运行。

为维护水利工程的安全和正常运行,在水利工程管理范围内挖砂、取土、采石、堆放物料、压占土地等,不予补偿。

第二十九条　对水利工程及附属设施应当严加保护。

禁止向水库、渠道倾倒或排放垃圾、废渣和有毒有害的污水。

在水利工程及其管理范围内,禁止下列行为:

(一)侵占、破坏水利工程及其附属设施;

(二)在水库、渠道内弃置、堆放阻碍供水、航运的物体;

（三）进行爆破、打井、取土、建窑、葬坟等危害工程安全的活动；

（四）未经批准新建、改建、扩建建筑物；

（五）未经批准或不按照批准的作业方式开采砂石、砂金等；

（六）围垦水库和擅自开垦土地；

（七）擅自启闭闸门，扰乱工程管理。

第三十条　在水利工程管理范围以外，可以根据保护工程安全的需要，划定必要的安全保护区。安全保护区的范围，按照省人民政府的规定划定。

在水利工程的安全保护区内，未经水利工程管理单位同意，并采取有效的防护措施，不得进行挖坑、打井、建房、建窑、钻探、爆破等可能危害工程安全的活动。

第三十一条　水利工程管理单位应当根据水利工程的自然条件，在权属范围内进行绿化。

水利工程管理单位对其所有的管理范围内的林木进行抚育和更新性质的采伐以及用于防汛抢险的采伐，免交育林基金。

第三十二条　水利通信、电力线路应专线专用，严加保护。禁止其他单位和个人在专用线路上接线。

第三十三条　在大型水库，重要水利枢纽工程，可以根据需要设立公安派出机构，负责水利工程的治安保卫工作。

第五章　经营管理

第三十四条　水利工程管理单位应当严格执行水利工程管理的各项规章和操作规程，建立健全岗位责任制，不断提高科学管理水平。

水利工程管理单位在确保工程的安全和正常运行的前提下，应当积极利用管理范围内的水土资源，因地制宜，发展多种经营，提高水利工程的综合效益。

第三十五条　水利工程管理单位有独立的经营自主权。任何单位和个人不得向水利工程管理单位抽调资金，无偿索取或平调各种物资、设备和产品。

第三十六条　大中型水利工程，由工程管理单位统一经营管理；国有小型水利工程的经营管理方式，由其主管部门决定。

集体所有的水利工程的经营方式，由该集体经济组织决定。集体所有的水利工程可以承包、租赁、拍卖。

第三十七条　灌区水利工程实行专门队伍管理与群众管理相结合的制度。

按灌区设立的灌区管理委员会，是灌区群众民主管理水利工程的组织。

灌区水利工程专业管理机构或专业管理人员，由该水利工程的主管部门或所有者根据管理任务的大小设置。专业管理机构负责贯彻实施灌区管理委员会的各项决议、决定。

第三十八条　灌区管理委员会由水利工程主管部门的代表、受益单位指派的代表和水利工程专业管理机构的负责人组成。国有灌区水利工程的管理委员会，由水行政主管部门的代表担任管理委员会主任。

灌区管理委员会履行下列职责:

(一)制定和修改管理委员会章程;

(二)听取灌区专业管理机构的工作报告;

(三)讨论决定灌区各单位的用水分配计划;

(四)讨论决定并组织实施灌区水利工程的清淤和重大维修事宜;

(五)讨论决定灌区管理委员会章程授权的其他事项。

第三十九条　水利工程应当优先供应生活用水。其他用水应当统筹安排,按计划供应。

第四十条　水利工程供水,应当收取水费。水费标准由省物价部门和省水行政主管部门共同制订,报省人民政府批准后执行。

水利工程的用水单位和个人,必须按规定向水利工程管理单位及时交纳水费。收取的水费主要用于水利工程的运行管理、维修、养护和更新改造,任何单位和部门不得截留或挪用。

第四十一条　凡具备国家规定并网条件的地方水电站,可以与电网并网运行。具体实施按《电力法》规定执行。并网后,不得改变地方水电站的产权与管理体制。

第六章　法律责任

第四十二条　违反本条例规定,侵占、破坏水利工程设施,妨碍水利工程建设和正常运行,给他人造成损失的,应当停止侵害,排除妨碍,赔偿损失。

第四十三条　违反本条例第二十九条第二款规定的,依照水污染防治法律、法规的规定予以处罚。

第四十四条　违反本条例第十一条规定,未经审批擅自兴建水利工程,但不违反水利工程建设规划的,由县级以上水行政主管部门给予警告,责令其限期补办手续;违反水利工程建设规划的,责令其停止违法行为,采取补救措施,并处以三千元以上一万元以下罚款。

第四十五条　违反本条例第二十条、第二十一条、第二十二条规定的,由县级以上水行政主管部门责令其停止违法行为,采取补救措施,可以并处三千元以下罚款。

第四十六条　有本条例第二十九条第三款规定行为之一的,或者违反本条例第三十条第二款规定造成水利工程损坏的,由县级以上水行政主管部门责令其停止违法行为,采取补救措施,并处以五百元以上二万元以下罚款。

第四十七条　对违反本条例规定的直接责任人和主管人员,由其所在单位或上级主管部门给予行政处分;构成犯罪的,依法追究刑事责任。

第四十八条　当事人对处罚决定不服的,可以依法申请复议或向人民法院起诉。当事人逾期不申请复议、不向人民法院起诉,又拒不履行处罚决定的,由作出处罚决定的机关申请人民法院强制执行。

第四十九条 水行政主管部门和水利工程管理单位的工作人员玩忽职守、滥用职权、营私舞弊、索贿受贿、乱收费用的,由其所在单位、上级主管部门或监察机关给予行政处分;构成犯罪的,依法追究刑事责任。

第七章 附 则

第五十条 本条例自 1997 年 10 月 1 日起施行。1982 年 4 月 30 日河南省第五届人民代表大会常务委员会第十五次会议原则通过,1982 年 6 月 2 日公布,自 1982 年 8 月 1 日起施行的《河南省水利工程管理条例》同时废止。

河南省《水库大坝安全管理条例》实施细则

（1993 年 6 月 25 日河南省人民政府令第 1 号　2011 年 1 月 5 日省政府令第 136 号修改　2018 年 6 月 27 日省政府令第 185 号第二次修改）

第一章　总　则

第一条　根据国务院《水库大坝安全管理条例》（以下简称《条例》），结合我省实际情况，制定本细则。

第二条　本省行政区域内坝高十五米以上或者库容一百万立方米以上大坝的安全管理，都必须执行《条例》和本细则。

第三条　省、省辖市、县（市）水行政主管部门是其所管辖大坝的主管部门，并会同同级有关主管部门对本行政区域的大坝安全实施监督。

各级人民政府及其大坝主管部门对其所管辖的大坝的安全实行行政领导负责制。

第四条　大坝的建设和管理应贯彻安全第一的方针，对重要城镇、交通干线、重要军事设施、工矿区安全有潜在危险的大坝，应采取相应的强化措施，确保安全。

第五条　任何单位和个人都有保护大坝安全的义务。

第二章　大坝建设

第六条　兴建大坝必须服从流域统一规划，并与经济和社会发展规划相协调，合理布局，充分论证，建设方案报送上级水行政主管部门审查。

兴建大坝必须按照基本建设程序做好勘测、规划、设计，并严格审批手续。

第七条　大坝工程设计必须符合国家及省规定的安全技术标准，由具有相应资格证书的单位承担。

大坝设计除主体工程外应当包括：工程观测、防洪测报、通信、动力、照明、交通、仓库、房屋、生活、水产等设施及绿化、迁赔、管理范围等。

第八条　大坝施工必须由具有相应资格证书的单位承担，按照施工承包合同规定的设计文件、图纸要求和有关技术标准进行施工，不准擅自更改，确需变动设计时，必须征得设计单位同意，并报上级主管部门批准。

设计单位应向大坝建设单位派驻代表。建设单位应成立质检组织，负责施工质量的监督检查。质量不符合设计要求的，必须返工或者采取补救措施。

第九条　大坝开工后，大坝主管部门应当组建大坝管理单位，由其按照工程基本建设验收规程参与质量检查以及各阶段验收和蓄水验收工作。

第十条　兴建大坝时，县级以上人民政府应根据批准的设计，按本细则规定，划定管理范围、保护范围,并树立标志。

已建大坝尚未划定管理和保护范围的,县级以上人民政府应当根据安全管理的需要,划定管理范围、保护范围,并树立标志。

第十一条　大坝确立管理范围后,应依法办理用地手续。大坝管理范围包括:

(一)大坝及其他设施占地。

(二)主坝下游坡脚外:大型水库二百米,其中宿鸭湖水库汝河堵坝坡脚外二百米,洼地段坝下游排水沟下口外五米;中型水库一百米;小型一类与坝高十五米以上的小型二类水库五十米。

(三)副坝下游坡脚外:大型水库五十米至二百米,其中宿鸭湖水库陈小庄坝段与白龟山水库有导渗排水沟的坝段导渗排水沟口外一米,两水库其余坝段坝脚外五米;中型水库三十米至一百米;小型一类与坝高十五米以上的小型二类水库二十米至五十米。

(四)山丘区大坝两头至分水岭之间、平原区两坝头外五十米与大坝上、下游坡脚外二百米延长线之间。

(五)沿库岸迁赔高程线以内。

(六)输、泄水建筑物边线外十米至五十米。

第十二条　建设大坝应根据安全需要,划定保护范围。大坝保护范围包括:

(一)主、副坝管理范围外延三百米;宿鸭湖水库汝河堵坝外延三百米,洼地段外延一百米,其余坝段外延五十米;白龟山水库主坝外延三百米,副坝有导渗沟坝段外延七十米。其余坝段外延五十米。

(二)设计最高洪水位线以内。

第十三条　已经划定的管理范围、保护范围大于上述标准的,不再变更;小于上述标准的,应按以上标准重新划定。

第十四条　建设单位应将管理设施、附属工程与主体工程同步安排施工,并同步做好阶段验收和单项竣工验收。

建设过程中发现原设计有缺陷的,设计单位必须作出补充或修改设计,由建设单位按补充或修改设计完成。

第十五条　大坝竣工后,建设单位应当申请大坝主管部门按照验收规程组织全面验收。有遗留尾工或缺陷的,应由建设单位负责限期完成。

第十六条　险坝处理应依照《条例》第二十六条、第二十七条、第二十八条的规定执行。

第三章　大坝管理

第十七条　大坝工程竣工验收后,大坝主管部门应依据规定的编制配足管理人员,建立健全管理机构和安全管理规章制度。

大坝管理单位运行管理费的收取和使用,按照国家和我省的有关规定执行。

第十八条　大坝主管部门应当建立大坝定期安全检查、鉴定制度。

汛前、汛后以及暴风、暴雨、特大洪水或强烈地震等自然灾害和其他险情发生后,大坝管理单位应进行检查,或由大坝主管部门组织对其所管辖大坝的安全进行检查。

大坝管理单位必须按照有关技术标准,对大坝进行安全监测和检查,对监测资料应当及时整理分析,随时掌握大坝运行状况。发现异常现象和不安全因素时,大坝管理单位应立即报告大坝主管部门,及时采取措施。

第十九条　大坝管理单位必须做好大坝及其附属设施的养护维修工作,保持大坝完整,设备完好,运行正常。

第二十条　大坝运行必须在确保安全的前提下,充分发挥综合效益。大坝管理单位应当根据批准的调度计划和大坝主管部门的指令进行水库的调度运用。汛期的调度运用必须服从上级防汛指挥部的统一指挥。

第二十一条　大坝管理单位必须依据《中华人民共和国防汛条例》等有关法律、法规、规章做好各项防汛准备工作,确保大坝安全。

第二十二条　大坝管理单位和有关部门应当做好防汛抢险准备和气象水情测报、预报、洪水调度与报警工作,并保证通信畅通。

第二十三条　大坝出现险情征兆时,大坝管理单位应当立即报告大坝主管部门和上级防汛指挥部,并采取抢护措施;有垮坝危险时,应采取一切措施向预计的垮坝淹没地区发出警报,做好转移工作。

第二十四条　大坝管理单位应建立技术档案和大事记,对规划、设计、施工及运行管理资料及时整理归档,保持资料完好。

大坝主管部门应按有关规定,对所管辖的大坝进行注册登记,建立技术档案。

第四章　　大坝保护

第二十五条　大坝及水文、测量、通信、动力、照明、道路、桥梁、消防、房屋等设施受国家保护,任何单位和个人不得侵占、破坏。

第二十六条　禁止在坝体修建码头、渠道及危害工程安全、有碍管理的建筑物。

禁止在大坝上放牧、垦殖、堆放杂物及其他有碍安全管理的活动。

第二十七条　大坝坝顶确需兼做公路的,须经科学论证并经县级以上人民政府大坝主管部门批准,并采取相应的安全维护措施。

第二十八条　大坝管理人员操作大坝的闸门及电力、通信、报汛等设施,应当遵守有关的规章制度。非大坝管理人员一律不准操作。禁止任何单位和个人破坏或者干扰大坝的正常管理工作。

第二十九条　大坝管理范围内的土地、山地、河滩及附属物,由大坝管理单位管理使用,其他任何单位和个人不得侵占和破坏。

大坝管理单位对其所属的林木进行抚育和更新性质的采伐及用于防汛抢险的采伐,

免交育林基金。

第三十条 在大坝管理范围内修建码头、鱼塘、库汊、房屋等建筑物和其他设施,须经大坝主管部门批准,影响重大者,报上一级大坝主管部门批准。

第三十一条 禁止在大坝管理保护范围内进行爆破、打井、采石、采矿、采砂、取土、修坟、建窑等危及大坝安全的活动。

第三十二条 禁止在库区内围垦、弃置垃圾,排放或者堆放污染物。大坝主管部门应协同环保部门对水质污染的治理实施监督管理。

第三十三条 禁止在大坝集水区域内乱伐林木、毁林种植以及陡坡开荒等导致水库淤积的活动。

第三十四条 大坝管理单位设立的公安机构要加强大坝保护,防止人为破坏。

第五章 罚 则

第三十五条 违反《条例》及本细则有关规定的,由大坝主管部门责令其停止违法行为、赔偿损失,采取补救措施,并可视情节和后果处以罚款;应当给予治安管理处罚的,由公安机关依法处罚;构成犯罪的,依法追究刑事责任。对并处罚款的,按下列标准执行:

(一)毁坏坝体、输泄水建筑物与设备以及擅自操作大坝的泄洪闸门、输水闸门及其他设备,造成严重后果的,处五千元至一万元罚款;

(二)毁坏水文、测量、通信、动力、照明、道路、桥梁、消防、房屋等设施,处一千元至五千元罚款;

(三)在大坝管理和保护范围内进行爆破、采矿、建窑、采石、采砂、取土、打井、修坟等危害大坝安全活动,处一千元至三千元罚款;

(四)未经许可或者不按批准的方式在大坝管理和保护范围内修建码头、库叉、鱼塘、房屋等设施以及在库区内围垦、弃置垃圾,处五百元至一千元罚款;

(五)在大坝上放牧、垦殖、堆放杂物,不听劝阻或者未经许可在大坝上行驶车辆的,处二百元以下罚款。

第三十六条 违反《条例》和本细则的处罚,由县级以上水行政主管部门裁决执行。二百元以下罚款,可由水行政主管部门委托大坝管理单位执行。

罚没收入,一律上交同级财政部门,不得截留、坐支、挪用。

第三十七条 破坏大坝工程、哄抢或盗窃大坝管理与防汛器材的,依照刑法规定追究刑事责任。

第三十八条 由于勘测设计失误、施工质量低劣、调度运用不当以及滥用职权,玩忽职守,导致大坝事故的,由其所在单位或者上级主管部门对责任人员给予行政处分;构成犯罪的,依法追究刑事责任。

第三十九条 当事人对行政处罚决定不服的,可以依据《行政复议法》或《行政诉讼法》的规定,申请复议或向人民法院起诉。

第六章　附　则

第四十条　本细则由省人民政府水行政主管部门负责解释。

第四十一条　坝高十五米以下或者库容一百万立方米以下的大坝,其安全管理参照本细则执行。

第四十二条　本细则自发布之日起施行。

河南省实施《中华人民共和国抗旱条例》细则
（2010 年）

（2010 年 11 月 25 日河南省人民政府令第 134 号公布　自 2011 年 1 月 1 日起施行）

第一章　总　则

第一条　根据《中华人民共和国抗旱条例》,结合本省实际,制定本细则。

第二条　在本省行政区域内从事预防和减轻干旱灾害的活动,适用本细则。

第三条　抗旱工作坚持以人为本、预防为主、防抗结合和因地制宜、统筹兼顾、局部利益服从全局利益的原则。

抗旱工作应当优先保障城乡居民生活用水,统筹协调生产和生态用水。

第四条　县级以上人民政府应当将抗旱工作纳入本级国民经济和社会发展规划,所需经费纳入本级财政预算,保障抗旱工作正常开展。

第五条　抗旱工作实行各级人民政府行政首长负责制,统一指挥、部门协作、分级负责。

第六条　省防汛抗旱指挥部负责组织、领导全省的抗旱工作。

省人民政府水行政主管部门负责全省抗旱的指导、监督、管理工作,承担省防汛抗旱指挥部的具体工作。省防汛抗旱指挥部的其他成员单位按照各自职责,负责有关抗旱工作。

第七条　县级以上人民政府防汛抗旱指挥机构,在上级防汛抗旱指挥机构和本级人民政府的领导下,负责组织、指挥本行政区域的抗旱工作。

县级以上人民政府水行政主管部门负责本行政区域抗旱的指导、监督、管理工作,承担本级人民政府防汛抗旱指挥机构的具体工作。县级以上人民政府防汛抗旱指挥机构的其他成员单位按照各自职责,负责有关抗旱工作。

第八条　任何单位和个人都有保护抗旱设施和依法参加抗旱的义务,有权对侵占、破坏抗旱水源和抗旱设施的行为进行制止、检举。

第九条　对在抗旱工作中做出突出贡献的单位和个人,由县级以上人民政府或者县级以上人民政府防汛抗旱指挥机构给予表彰和奖励。

第二章　旱灾预防

第十条　县级以上人民政府水行政主管部门会同同级有关部门编制本行政区域的抗旱规划,报本级人民政府批准后实施,并抄送上一级人民政府水行政主管部门。

修改抗旱规划,应当按照原批准程序报原批准机关批准。

第十一条　县级以上人民政府防汛抗旱指挥机构应当根据本行政区域的干旱特点、水资源条件及水工程状况和经济社会发展用水需求,组织编制抗旱预案,经上一级人民政府防汛抗旱指挥机构审查同意,报本级人民政府批准后实施。

经批准的抗旱预案,有关人民政府、部门和单位必须执行。修改抗旱预案,应当按照原批准程序报原批准机关批准。

大型灌区管理单位应当编制抗旱预案,经有管辖权的水行政主管部门审查批准后实施。

第十二条　抗旱预案应当包括以下主要内容:

(一)防汛抗旱指挥机构及成员单位的职责;

(二)干旱等级划分;

(三)旱情的监测和预警;

(四)应急响应启动和结束程序;

(五)不同干旱等级条件下的应急抗旱对策;

(六)旱情紧急情况下的水量调度预案;

(七)旱灾信息的收集、分析、报告、通报等制度;

(八)抗旱保障措施;

(九)善后处理。

第十三条　干旱灾害按照区域耕地和作物受旱的面积与程度以及因干旱导致饮水困难人口的数量,分为轻度干旱、中度干旱、严重干旱、特大干旱四级。

第十四条　发生干旱灾害,县级以上人民政府防汛抗旱指挥机构应当按照批准的抗旱预案,制定应急水量调度实施方案,明确具体的调度水量、调度时间、调度路线及区域相关部门的职责。

跨行政区域调水的应急水量调度实施方案由共同的上一级人民政府防汛抗旱指挥机构制定,其内容应当包括区域水量控制指标、区界流量和水质控制指标及其控制措施、保障措施等。

第十五条　县级以上人民政府防汛抗旱指挥机构应当组织完善抗旱信息系统,实现成员单位之间的信息共享,提高指挥决策支持能力。

气象、水利、农业、黄河河务、供水管理等部门应当按照同级人民政府防汛抗旱指挥机构的要求报送气象、水情、墒情、农情和供水等信息。

第十六条　县级以上人民政府应当根据抗旱工作的需要,加强抗旱服务组织建设,从技术、资金投入等方面加大对抗旱服务组织的扶持力度。

鼓励、引导和扶持社会组织和个人兴办抗旱服务组织,建设、经营抗旱设施,其合法权益受法律保护。

第十七条　县级以上人民政府防汛抗旱指挥机构应当按照抗旱预案的规定,定期开展抗旱检查,发现问题应当及时处理或者责成有关部门和单位限期处理。

抗旱设施的管理单位应当对抗旱设施进行定期检查、维护。

第三章　抗旱减灾

第十八条　发生干旱灾害,县级以上人民政府防汛抗旱指挥机构应当根据抗旱预案规定的权限,及时启动相应干旱等级的抗旱应急响应,组织开展抗旱减灾工作,并及时报告上一级防汛抗旱指挥机构。

第十九条　发生轻度干旱,县级以上人民政府防汛抗旱指挥机构适时发布Ⅳ级干旱预警,启动抗旱Ⅳ级应急响应,监视旱情发展变化,合理利用水资源,实施人工增雨,积极组织抗旱。

第二十条　发生中度干旱,县级以上人民政府防汛抗旱指挥机构适时发布Ⅲ级干旱预警,启动抗旱Ⅲ级应急响应,对旱情进行会商,采取下列措施:

(一)调度行政区域内水库、闸坝等所蓄的水量;

(二)设置临时抽水泵站,开挖输水渠道或者临时在河道沟渠内截水;

(三)适时启用应急备用水源或建设应急水源工程;

(四)组织向人畜饮水困难地区送水;

(五)组织实施人工增雨。

第二十一条　发生严重干旱,县级以上人民政府防汛抗旱指挥机构及时发布Ⅱ级干旱预警,启动抗旱Ⅱ级应急响应,在采取本细则第二十条规定的措施外,县级以上人民政府还可以采取下列措施:

(一)压减供水指标;

(二)限制高耗水行业用水;

(三)限制排放工业污水;

(四)缩小农业供水范围或者减少农业供水量;

(五)开辟新水源,实施跨行政区域、跨流域调水;

(六)其他抗旱应急措施。

第二十二条　发生特大干旱,县级以上人民政府防汛抗旱指挥机构及时发布Ⅰ级干旱预警,启动抗旱Ⅰ级应急响应,除采取本细则第二十条、第二十一条规定的措施外,县级以上人民政府还可以采取下列措施:

(一)暂停高耗水行业用水;

(二)暂停排放工业污水;

(三)限时或者限量供应城镇居民生活用水;

(四)其他抗旱应急措施。

第二十三条　发生特大干旱,严重危及城乡居民生活、生产用水安全,可能影响社会稳定的,省防汛抗旱指挥部经省人民政府批准,可以宣布相关行政区域进入紧急抗旱期,并及时报告国家防汛抗旱总指挥部。

第二十四条　省防汛抗旱指挥部宣布进入紧急抗旱期应当发布公告,公告内容包括进入紧急抗旱期的范围、起始时间、采取的措施等。紧急抗旱期间应准确、及时发布相关信息。

特大干旱旱情缓解后,省防汛抗旱指挥部应当以公告形式宣布结束紧急抗旱期,并及时报告国家防汛抗旱总指挥部。

第二十五条　在紧急抗旱期,有关人民政府防汛抗旱指挥机构应当组织动员本行政区域内各有关单位和个人投入抗旱工作。所有单位和个人必须服从指挥,承担人民政府防汛抗旱指挥机构分配的抗旱工作任务。

第二十六条　在紧急抗旱期,有关人民政府防汛抗旱指挥机构根据抗旱工作的需要,有权在其管辖范围内征用物资、设备、交通运输工具等。

旱情缓解后,有关人民政府防汛抗旱指挥机构应当及时归还紧急抗旱期内征用的物资、设备、交通运输工具等,并按照有关法律规定给予补偿。

第二十七条　实行抗旱信息统一发布制度。旱情由县级以上人民政府防汛抗旱指挥机构统一审核、发布;旱灾由县级以上人民政府水行政主管部门会同同级民政部门审核、发布;农业灾情由县级以上人民政府农业主管部门发布;与抗旱有关的气象信息由气象主管机构发布。

报刊、广播、电视和互联网等媒体,应当及时刊播抗旱信息并标明发布机构名称和发布时间。

第二十八条　旱情缓解后,各级人民政府、有关主管部门应当帮助受灾群众恢复生产和灾后自救。

第二十九条　旱情缓解后,县级以上人民政府防汛抗旱指挥机构应当及时组织有关部门对干旱灾害影响、损失情况以及抗旱工作效果进行分析和评估;有关部门和单位应当予以配合,主动向本级人民政府防汛抗旱指挥机构报告相关情况,不得虚报、瞒报。县级以上人民政府防汛抗旱指挥机构也可以委托具有灾害评估专业资质的单位进行分析和评估。

第四章　保障措施

第三十条　县级以上人民政府应当建立和完善与经济社会发展水平以及抗旱减灾要求相适应的资金投入机制,将抗旱工作经费和抗旱专项经费纳入年度财政预算,保障抗旱减灾投入。

发生严重或特大干旱灾害,县级以上人民政府防汛抗旱指挥机构可以会同本级财政部门,提出增加抗旱应急经费的具体意见,报本级人民政府批准。

第三十一条　抗旱专项经费主要用于:

(一)抗旱应急水源工程设施建设;

（二）抗旱物资的购置及储备；

（三）抗旱服务组织建设；

（四）抗旱指挥系统建设；

（五）解决临时性人畜饮水困难费用补助；

（六）抗旱应急调水及抗旱油、电费用补助；

（七）为抗旱进行人工增雨所发生的飞行费、材料费等作业费用补助；

（八）抗旱新技术推广应用。

第三十二条　县级以上人民政府防汛抗旱指挥机构应当根据抗旱需要储备必要的抗旱物资，并按照权限管理与调用。抗旱物资储备管理的具体办法由省人民政府水行政主管部门会同省财政部门制定。

第三十三条　县级以上人民政府应当建立抗旱调水补偿机制。跨行政区域调水的，调水受益者应当给予调出水源者合理补偿，上级人民政府可给予补助。

第三十四条　石油、电力、供销等单位应当制定具体优惠措施，优先保障抗旱需要。

第三十五条　抗旱经费、抗旱物资和接受捐赠的抗旱救灾款物必须专项使用，任何单位和个人不得截留、挤占、挪用和私分。

各级财政和审计部门应当加强对抗旱经费和物资管理的监督、检查和审计。

第五章　法律责任

第三十六条　违反本细则规定的行为，法律、法规有处罚规定的，从其规定。

第三十七条　违反本细则规定，有下列行为之一的，由所在单位或上级主管机关、监察机关责令限期改正；对直接负责的主管人员和其他直接责任人员依法给予行政处分；构成犯罪的，依法追究刑事责任：

（一）拒不承担抗旱救灾任务的；

（二）擅自向社会发布抗旱信息的；

（三）虚报、瞒报旱情、灾情的；

（四）拒不执行抗旱预案或者旱情紧急情况下水量调度预案以及应急水量调度实施方案的；

（五）拒不服从水量调度命令的；

（六）旱情解除后，拒不拆除临时取水和截水设施的；

（七）截留、挤占、挪用、私分抗旱储备物资的；

（八）不按规定配合旱灾评估工作的；

（九）滥用职权、徇私舞弊、玩忽职守的其他行为。

第六章　附　则

第三十八条　本细则自 2011 年 1 月 1 日起施行。

河南省防汛应急预案
（2020 年 7 月）

1　总　　则

1.1　编制依据

为切实做好防汛抢险救援工作,有效防止和减轻洪涝灾害,最大程度避免人员伤亡和减少财产损失,根据《中华人民共和国突发事件应对法》《中华人民共和国防洪法》《中华人民共和国防汛条例》《河南省实施〈中华人民共和国防洪法〉办法》《河南省政府关于改革完善应急管理体系的通知》《国家自然灾害救助应急预案》《河南省自然灾害救助应急预案》《河南省救灾物资储备管理暂行办法》等,制定本预案。

1.2　适用范围

本预案适用于全省范围内突发性洪涝灾害的预防和应急处置(黄河干流及沁河防汛应急预案另行制定)。

1.3　防洪重点

主要防洪河道、大中型水库、大中城市和交通干线,易发山洪、泥石流地区和有防洪任务的中小河流,防洪任务重的病险水库、尾矿库、淤地坝等。

河南省主要河道涉及淮河、黄河、长江、海河流域,其中淮河流域有淮河干流、洪汝河、沙颍河、涡河及惠济河,黄河流域有伊洛河,长江流域有唐白河,海河流域有卫河、共产主义渠。

2　防汛组织指挥体系及职责

河南省防汛抗旱指挥部负责领导、组织及协调全省防汛工作。县级以上政府负责本行政区域防汛工作。有关单位可根据需要设立防汛指挥机构。

2.1　省防汛抗旱指挥部组织机构及职责

省防汛抗旱指挥部(以下简称省防指)由指挥长、常务副指挥长、副指挥长、秘书长及有关成员单位的负责同志组成,负责领导、组织、协调全省防汛工作,拟订有关政策和制度等,组织制修订《河南省防汛应急预案》,及时掌握全省雨情、水情、汛情、灾情,指导做好洪水调度工作,组织实施抗洪抢险、灾后处置和有关协调工作。

省防指下设省防汛抗旱指挥部办公室(以下简称省防办)和省黄河防汛抗旱办公室。省防办设在省应急厅,承担省防指日常工作。省黄河防汛抗旱办公室设在河南黄河河务局。

省防指成员单位:省发展改革委、教育厅、工业和信息化厅、公安厅、民政厅、财政厅、自然资源厅、住房和城乡建设厅、交通运输厅、水利厅、农业农村厅、文化和旅游厅、卫生健康委、应急厅、广电局、粮食和储备局、农科院、供销社、测绘地理信息局、河南日报报业集团、团省委、武警河南省总队、省消防救援总队、河南黄河河务局、省气象局、中国铁路郑州局集团有限公司、省通信管理局、中石化河南石油分公司、中石油河南销售分公司、省电力公司、机场集团。

2.2 省级防汛应急响应指挥工作组织

2.2.1 省防指工作组设置

省防指启动Ⅰ、Ⅱ级应急响应时,组织成立综合协调组、救援救灾组、兵力调度组、交通运输组、物资资金组、后勤保障组、治安保卫组、通信保障组、医疗防疫组、宣传报道组、技术专家组等11个职能工作组,在省防汛抗旱指挥中心集中办公,成员脱离原单位工作,确保防汛应急高效和指挥及时。

2.2.2 前方指挥部设置

省防指启动Ⅰ、Ⅱ级应急响应时,根据工作需要,经指挥长同意,设立前方指挥部,组织、指挥、协调、实施洪涝灾害现场应急处置工作。前方指挥部指挥长由省委、省政府指定负责同志担任,副指挥长由省级有关部门负责同志及事发地省辖市(济源示范区)党委、政府负责同志担任。

前方指挥部承担处置洪涝灾害现场应急抢险救援各项指挥、协调、保障工作,对照省防指11个职能工作组设置前方指挥部工作组,保障各项应急处置工作上下衔接、协调一致。

2.3 市、县级政府防汛抗旱指挥部

县以上政府设立防汛抗旱指挥机构,在上级防汛抗旱指挥机构和本级政府的领导下,组织和指挥本行政区域内的防汛工作,防汛工作实行各级政府行政首长负责制,统一指挥、分部门负责。防汛抗旱指挥机构由本级政府和各有关部门、人民武装部负责人等组成,其办事机构设在同级应急部门,负责本行政区内防汛组织、协调、监督、指导等日常工作。

2.4 其他防汛抗旱指挥机构

各水利工程管理单位、施工单位及水文部门等在汛期成立相应的专业防汛组织,负责本单位的防汛工作;有防洪任务的重大水利水电工程、大中型企业根据需要成立防汛指挥部,负责本单位的防汛工作。

3 洪涝灾害分级标准

按照洪涝灾害事件的严重程度和影响范围,洪涝灾害事件分为一般(Ⅳ级)、较大(Ⅲ级)、重大(Ⅱ级)和特别重大(Ⅰ级)四级。发生洪涝灾害事件,洪涝灾害影响地区防指应进行先期处置,同时报告上级防指。当发生本预案规定的事件时,省防指启动应急响应,

洪涝灾害主要影响地区防指应急响应级别不得低于省级应急响应级别。

3.1 特别重大洪涝灾害(Ⅰ级应急响应)

出现以下情况之一者,为特别重大洪涝灾害:

(1)在主要流域或多个区域发生严重洪涝灾害,造成农作物受淹、群众受灾、城镇内涝等重大灾情;

(2)主要防洪河道重要河段出现超标准洪水;

(3)主要防洪河道重要河段堤防发生决口;

(4)需要启用蓄滞洪区;

(5)大型水库发生重大险情,或位置重要的中小型水库发生垮坝。

3.2 重大洪涝灾害(Ⅱ级应急响应)

出现下列情况之一者,为重大洪涝灾害:

(1)发生区域性严重洪涝灾害,造成农作物受淹、群众受灾、城镇内涝等严重灾情;

(2)主要防洪河道重要河段接近保证水位;

(3)主要防洪河道一般河段及主要支流堤防发生决口;

(4)大型水库发生较大险情,或位置重要的中小型水库发生重大险情;

(5)小型水库发生垮坝。

3.3 较大洪涝灾害(Ⅲ级应急响应)

出现下列情况之一者,为较大洪涝灾害:

(1)发生区域性洪涝灾害,造成农作物受淹、群众受灾、城镇内涝等灾情;

(2)主要防洪河道堤防发生重大险情;

(3)大中型水库发生较大险情,或小型水库发生重大险情;

(4)山洪灾害危及人民群众生命安全。

3.4 一般洪涝灾害(Ⅳ级应急响应)

出现下列情况之一者,为一般洪涝灾害:

(1)因暴雨洪水造成局部农作物受淹、群众受灾、城镇内涝等灾情;

(2)主要防洪河道堤防出现险情;

(3)大中型水库出现险情,小型水库出现较大险情;

(4)中小型河道堤防出现较大险情;

(5)主要防洪河道超过警戒水位。

4 响应分级和应对原则

4.1 分级标准

省级应急响应一般由高到低分为四级:Ⅰ级、Ⅱ级、Ⅲ级、Ⅳ级。

(1)发生特别重大洪涝灾害,启动Ⅰ级应急响应;

(2)发生重大洪涝灾害,启动Ⅱ级应急响应;

（3）发生较大洪涝灾害,启动Ⅲ级应急响应;

（4）发生一般洪涝灾害,启动Ⅳ级应急响应。

4.2　应对原则

洪涝灾害发生后,发生地政府应当立即采取措施并组织开展应急救援和处置工作。初判发生特别重大、重大洪涝灾害,原则上由省防指负责应对。初判发生较大和一般洪涝灾害,分别由市级和县级防汛抗旱指挥部负责应对,省防指视情派出工作组指导洪涝灾害发生地开展抢险救灾工作。洪涝灾害发生后,省防指组织防汛会商,根据洪涝灾害的紧急程度、发展态势和造成的危害程度,确定响应级别。应急响应启动后,可视洪涝灾害事态发展情况及时调整响应级别。

4.3　应急响应行动

4.3.1　Ⅳ级应急响应行动

当出现一般洪涝灾害时,由省防指副指挥长决定启动Ⅳ级应急响应,实施Ⅳ级应急响应行动。

（1）省防指副指挥长组织应急、水利、气象、自然资源、农业农村等部门会商。

（2）省防指发布防汛工作通知。

（3）省防指副指挥长视情连线有关省辖市（济源示范区）、县（市、区）防指进行动员部署。

（4）省气象局每日8时、14时、20时报告雨情监测及天气预报结果,其间监测分析天气条件有较明显变化时,随时更新预报。

（5）省水利厅每日8时、14时、20时报告洪水预报结果。

（6）省自然资源厅每日8时报告地质灾害监测预警预报结果。

（7）省应急厅每日18时报告洪涝灾害造成损失情况。

（8）省防指其他有关成员单位每日18时向省防指报告工作动态。

（9）洪涝灾害影响地区市级防指每日8时向省防指报告事件进展及工作动态,突发灾情、险情应及时报告。

4.3.2　Ⅲ级应急响应行动

当出现较大洪涝灾害时,由省防指副指挥长决定启动Ⅲ级应急响应,实施Ⅲ级应急响应行动。

（1）省防指副指挥长组织应急、水利、气象、自然资源、农业农村等部门会商。

（2）省防指副指挥长组织动员部署,有关防指成员单位参加,并视情连线有关省辖市（济源示范区）、县（市、区）防指。

（3）省气象局每3小时报告雨情监测及天气预报,其间监测分析天气条件有较明显变化时,随时更新预报。

（4）省水利厅每3小时报告一次洪水预报结果。

（5）省自然资源厅每日8时、18时报告地质灾害监测预警预报结果。

（6）省应急厅每日 8 时、18 时报告洪涝灾害造成损失情况。

（7）省自然资源厅、住房和城乡建设厅、交通运输厅、水利厅、农业农村厅、气象局等单位派员进驻省防指。

（8）省防指其他有关成员单位每日 8 时、18 时向省防指报告工作动态。

（9）洪涝灾害影响地区市级防指每日 8 时、18 时向省防指报告事件进展及工作动态，突发灾情、险情应及时报告。

4.3.3　Ⅱ级应急响应行动

当出现重大洪涝灾害时，省防指常务副指挥长决定启动Ⅱ级应急响应，实施Ⅱ级应急响应行动。

（1）省防指组织成立综合协调组、救援救灾组、兵力调度组、交通运输组、物资资金组、后勤保障组、治安保卫组、通信保障组、医疗防疫组、宣传报道组、技术专家组等 11 个职能工作组，在省防汛抗旱指挥中心集中办公。

（2）根据抢险救灾工作需要，经省防指指挥长同意，设立前方指挥部，组织、指挥、协调、实施洪涝灾害现场应急处置工作。

（3）省防指常务副指挥长组织应急、水利、气象、自然资源、农业农村等部门会商。

（4）省防指发布进一步做好防汛抢险救灾工作的通知。

（5）省防指常务副指挥长组织动员部署，省防指有关成员单位参加，并连线有关省辖市（济源示范区）、县（市、区）防指。

（6）省气象局每 3 小时报告雨情监测及天气预报，其间监测分析天气条件有较明显变化时，随时更新预报。

（7）省水利厅每 3 小时报告一次洪水预报结果。

（8）省自然资源厅每日 8 时、18 时报告地质灾害监测预警预报结果。

（9）省应急厅每日 8 时、18 时报告洪涝灾害造成损失情况。

（10）省防指其他有关成员单位每日 8 时、18 时向省防指报告工作动态。

（11）洪涝灾害影响地区市级防指每日 8 时、18 时向省防指报告事件进展及工作动态，突发灾情、险情及时报告。

4.3.4　Ⅰ级应急响应行动

当出现特别重大洪涝灾害时，省防指指挥长决定启动Ⅰ级应急响应，实施Ⅰ级应急响应行动。

（1）省防指组织成立综合协调组、救援救灾组、兵力调度组、交通运输组、物资资金组、后勤保障组、治安保卫组、通信保障组、医疗防疫组、宣传报道组、技术专家组等 11 个职能工作组，在省防汛抗旱指挥中心集中办公。

（2）根据抢险救灾工作需要，经省防指指挥长同意，设立前方指挥部，组织、指挥、协调、实施洪涝灾害现场应急处置工作。

（3）省防指指挥长组织应急、水利、气象、自然资源、农业农村等部门会商。

（4）省防指发布全力做好防汛抢险救灾工作的紧急通知。

（5）省防指指挥长组织动员部署,省防指全体成员参加,并连线有关省辖市（济源示范区）、县（市、区）防指。

（6）向灾害发生地派出工作组或专家组指导工作。

（7）省气象局每2小时报告雨情监测及天气预报,其间根据监测情况实时更新预报,遇突发情况随时报告。

（8）省水利厅随时报告洪水预报结果。

（9）省自然资源厅每日8时、14时、18时报告地质灾害监测预警预报结果。

（10）省应急厅每日8时、14时、18时报告洪涝灾害造成损失情况。

（11）省防指其他有关成员单位每日8时、14时、18时向省防指报告工作动态。

（12）洪涝灾害影响地区市级防指每日8时、14时、18时向省防指报告事件进展及工作动态,突发灾情、险情随时报告。

5　预防和预警机制

5.1　预防预警信息

5.1.1　气象水文信息

（1）各级气象、水文部门应加强对当地洪涝灾害重要天气的监测和预报,并将结果及时报送有关防汛抗旱指挥机构。

（2）各级指挥机构应当组织水利、气象、水文部门对重大灾害性天气进行联合监测、会商和预报,尽可能延长预见期,对重大气象灾害作出评估,及时报本级政府和防汛抗旱指挥机构。

（3）当预报即将发生严重洪涝灾害时,当地防汛抗旱指挥机构应提早预警,通知有关区域做好相关准备。当河流发生洪水时,水利、水文部门应加密测验时段,及时上报测验结果,雨情、水情应在1小时内报省防指,重要站点水情应在20分钟内报省防指。

5.1.2　工程信息

（1）堤防工程信息。当河流出现警戒水位以上洪水时,各级工程管理单位应加强工程监测,并将堤防、涵闸、泵站等工程设施的运行情况报上级工程管理部门和同级防汛抗旱指挥机构。主要防洪河道重要堤防、涵闸等发生重大险情应在险情发生后2小时内报省防指。当堤防和涵闸、泵站等穿堤建筑物出现险情或遭遇超标准洪水袭击以及其他不可抗拒因素而可能决口或冲毁时,工程管理单位应迅速组织抢险,并第一时间发出预警,同时向上级管理部门和同级防汛抗旱指挥机构准确报告出险部位、险情种类、抢护方案以及处理险情的行政负责人、技术责任人、通信联络方式、除险情况等。

（2）水库工程信息。当水库水位超过汛限水位时,水库管理单位应对大坝、溢洪道、输水洞等关键部位严密监视,并按照有管辖权的防汛抗旱指挥机构批准的洪水调度方案调度,其工程运行状况应向同级防汛抗旱指挥机构报告。当水库出现险情时,水库管理单位应立即向下游预警,并迅速处置险情,同时向上级主管部门和同级防汛抗旱指挥机构报告出险部位、险情种类、抢护方案以及处理险情的行政负责人、技术负责人、通信联络方式、除险情况。大型水库及重点中型水库发生重大险情应在险情发生后2小时内报省防指。当水库遭遇超标准洪水或其他不可抗拒因素而可能溃坝时,应提早发出预警。

5.1.3　洪涝灾情信息

（1）洪涝灾情信息主要包括:洪涝灾害发生时间、地点、范围、受灾人口以及群众财产、农林牧渔、城市受淹、交通运输、邮电通信、水电设施等方面的损失。

（2）洪涝灾情发生后,有关部门及时向防汛抗旱指挥机构报告洪涝受灾情况。防汛抗旱指挥机构应收集动态灾情,全面掌握受灾情况,并及时向同级政府和上级防汛抗旱指挥机构报告。对发生人员伤亡和财产损失的情况,应立即上报;重大灾情在灾害发生后2小时内将初步情况报省防指,组织核实实时灾情并及时上报。

（3）各级政府、防汛抗旱指挥机构应按规定上报洪涝灾情。

5.2　预防预警行动

5.2.1　预防预警准备工作

（1）思想准备。加强宣传,增强全民预防洪涝灾害和自我防护意识。

（2）组织准备。建立健全防汛抗旱组织指挥机构,落实防汛责任人、防汛队伍和山洪易发重点区域的监测预警措施,加强防汛专业机动抢险队的建设。

（3）工程准备。按时修复水毁工程,对存在病险的堤防、水库、涵闸、泵站等各类水利工程设施进行应急除险加固。有堤防防护的大中城市,应及时封闭穿越堤防的输排水管道、交通路口和排水沟;对跨汛期施工的水利工程和病险工程,要落实安全度汛方案。

（4）预案准备。修订完善各类江河湖库和城市防洪预案、洪水预报方案、防洪工程调度规程、堤防决口和水库垮坝应急方案、蓄滞洪区安全转移预案、山丘区防御山洪灾害预案。

（5）物料准备。分级负责、合理配置储备必需的防汛物料。在防汛重点部位应储备一定数量的抢险物料。

（6）通信准备。充分利用社会通信公网,确保防汛通信专网、蓄滞洪区的预警反馈系统完好畅通。健全水文、气象测报站网,确保雨情、水情、工情、灾情信息和指挥调度指令的及时传递。

（7）防汛检查。落实分级检查制度,查组织、查工程、查预案、查物资、查通信。发现薄弱环节的,明确责任限时整改。

5.2.2　河流洪水预警

（1）当河道即将出现洪水时,各级水文部门应做好洪水预报工作,及时向防汛抗旱指挥机构报告水位、流量的实测情况和洪水趋势,为预警提供依据。凡需涉外通报上下游汛情的,按照水文部门的规范程序执行。

（2）各级防汛抗旱指挥机构应按照分级负责原则,确定洪水预警区域、级别和洪水信息发布范围,按权限向社会发布。

(3)水文部门应跟踪分析河道洪水的发展趋势,及时滚动预报最新水情。

5.2.3　山洪地质灾害预警

(1)凡可能遭受山洪地质灾害威胁的地方,应根据灾害的成因和特点,主动采取预防和避险措施。水利、气象、自然资源等部门应密切联系,相互配合,实现信息共享,提高预报水平,及时发布预警信息。

(2)凡可能遭受山洪地质灾害威胁的地方,应由防汛抗旱指挥机构组织水利、自然资源、气象等部门编制防御预案,绘制区域内山洪地质灾害风险图,划分并确定区域内易发生山洪地质灾害的地点及范围,制定安全转移方案,明确组织机构的设置及职责。

(3)山洪地质灾害易发区应建立专业监测与群测群防相结合的监测体系,汛期坚持24小时值班制度。降雨期间,要加密监测、加强巡逻。各乡镇、村、组和相关单位要落实监测预警人员,发现危险征兆要立即预警,组织周边群众快速转移,并报本地防汛抗旱指挥机构。

5.2.4　蓄滞洪区预警

(1)蓄滞洪区工程管理单位应加强工程运行巡查,发现问题及时处理,并报告上级主管部门和同级防汛抗旱指挥机构。

(2)运用蓄滞洪区,当地政府和防汛抗旱指挥机构要将人民生命安全放在首位,迅速发布预警,按照蓄滞洪区运用预案,做好群众安全转移工作。

5.2.5　城市内涝灾害预警

当气象预报将出现较大降雨时,各级防汛抗旱指挥机构应按照分级负责原则,确定可能引发城市内涝灾害的区域、级别,按权限向社会发布,并做好城市重点部位排水排涝等各项准备工作。必要时,通知低洼地区居民及有关单位及时转移。

6　抢险救援处置

接到特别重大、重大洪涝灾情信息,省防指研究决定启动省级洪涝灾害 Ⅰ、Ⅱ级应急响应后,根据洪涝灾害抢险救援需要,组织开展抢险救援应急处置。

6.1　应急准备

(1)防汛救灾物资准备。物资资金组准确掌握全省应急物资储备底数;组织协调水利防汛物资储备部门、粮食物资储备部门或其他有关单位,做好冲锋舟、橡皮船、救生衣、救生圈、编织袋、无纺土工布、铅丝、铅丝笼网片、挡水子堤、照明器材、发电机组、排涝设备等防汛抢险物资装备和板房、帐篷、被褥、棉衣、食品、饮用水和粮食等救灾物资的调用准备工作;负责协调供应抗洪抢险所需炸药,协调做好爆破准备工作;调集必要的防护器材、消毒药品、备用电源和抢救伤员必备器械等。

(2)运输能力准备。交通运输组及时掌握防汛物资储备仓库、粮食物资储备仓库附近运输能力,确保洪涝灾情发生后各类救灾物资调运渠道畅通。

（3）安置场所准备。省防办会同洪涝灾害发生地防汛抗旱指挥部,确定转移群众安置场所,征集调用宾馆、公园、学校、体育馆、文化活动场馆;或划定转移地点,提前准备活动板房、帐篷、被褥、棉衣、方便食品、饮用水等物资。

（4）救援队伍准备。预置综合性消防救援队伍、专业和社会救援力量,做好应对洪涝灾害抢险救灾救助准备;组织协调当地政府成立防疫应急处置队伍,做好灾情抢险处置期间消毒、杀虫、灭鼠等工作。

6.2　救援力量指挥调度

6.2.1　担负任务

根据应急救援需要,救援力量按照编组分配任务。

（1）工程抢险力量。由灾害发生地政府、河南黄河河务局、省水利厅牵头调度,担负工程抢险、封堵决口、防洪设施修复等任务。

（2）人员搜救力量。由灾害发生地政府、省应急厅、省水利厅、消防救援总队牵头调度,担负搜救落水（被困）人员、转移疏散安置群众、保护重要目标安全、堤岸巡护等任务。

（3）空中投送力量。由省军区、灾害发生地政府牵头调度,担负运送救援队伍、物资装备和受灾群众等空中救援任务。

（4）道路抢通力量。由灾害发生地政府、省交通运输厅、省水利厅牵头调度,担负损毁道路抢通、基础设施修复等工程抢险任务。

（5）应急监测力量。由灾害发生地政府调度本级水利、气象、自然资源、生态环境等部门监测技术队伍,省级有关部门给予指导和支持,担负灾情信息实时监测预报、提供灾区卫星影像和遥感数据等任务。

（6）物资供应力量。由灾害发生地政府调度本级防汛、救灾物资管理部门,省级防汛、救灾物资管理部门及时提供补充和支援,担负接收、转运救援物资以及抢险一线所需的大块石、黏土、反滤料、钢筋石笼、油料、电力等供应保障任务。

（7）军队支援力量。根据抢险救援需要,省防指与省军区、武警河南省总队对接提出兵力支援需求,由省军区、武警河南省总队统一指挥调度,担负工程抢险抢修、搜救转移受灾人员、运送物资、医疗救护和处置其他险情等任务。

（8）社会群防应急力量。由灾害发生地政府调度本地石油、电力、邮政、通信、铁路、公路、航运、工矿以及商业、物资等有防汛任务的部门和单位,担负相关行业领域应急救援保障任务。

（9）医疗救治力量。由灾害发生地政府调度本地医疗专家、医疗机构和卫生防疫部门应急力量,担负受伤人员医疗救治和灾区卫生防疫等任务。省卫生健康委根据应急救援需要,派出省级医疗专家组或开展专家远程会诊。

（10）专家支援力量。由河南黄河河务局、省水利厅、省应急厅等部门牵头调度有关技术专家,担负参与研究制定险情处置技术方案和指导抢险救援行动等任务。

6.2.2　力量运用

应急救援按照"属地负责、就近调度"原则,由灾害发生地政府调度本地应急救援先遣力量开展先期处置,在省级洪涝灾害Ⅰ、Ⅱ级应急响应启动后,省防指根据灾情险情先期救援处置情况,研究部署主力、机动、保障等救援力量的编成和规模,必要时提请协调军队应急救援力量和周边省份应急救援专业力量增援。救援力量调度方案由省防办拟定,可参照"全省洪涝灾害抢险救援力量编成表"执行。

6.2.3　力量调度

(1)下达指令。各牵头部门协调联系救援力量、省防办统一下达书面调度指令,灾情险情紧急时,可先通过电话指挥调度,后补发书面指令。各有关部门应及时将灾害信息通报主要救援力量。

(2)快速出动。救援力量接到省防办调度指令后,应立即启动本级应急响应,紧急集结动员,快速做好准备,并将集结情况(包括指挥员、人员、装备、行程路线等信息)报告省防办,征得省防办同意后,立即赶赴救援现场或指定地点。

(3)预置备勤。省防指根据抢险救援工作态势,及时调整救援力量进行兵力部署,下达预备指令,预置备用力量,做好增援准备。

6.2.4　指挥关系

救援力量按照省防办统一调度指令到达抢险救援现场后,接受省防指前方指挥部统一指挥。各救援力量实行指挥员负责制,带队指挥员在严格确保救援安全前提下开展工作,及时向前方指挥部报告情况和问题,提出合理意见建议。军队支援力量调动指挥,按照中央军委兵力调动、指挥有关规定执行。周边省份应急救援专业力量由省应急厅提请应急部协调增援。灾害发生地市、县级政府设立应急救援现场指挥部,履行抢险救援属地责任,在省防指前方指挥部统一领导下,组织有关部门,调动各类救援力量,执行和落实省防指前方指挥部各项部署指令和工作措施。

6.3　抢险救援措施

6.3.1　制定抢险处置方案

协调无人机、遥感、卫星影像等力量实施勘测,派出侦测分队实地勘察,获取相关信息数据;组织专家会商研判,结合水利部门提供的河道(水库)资料,研究制定险情处置方案。

6.3.2　接应队伍、接收物资

有序接应、引导各支救援队伍顺利进入灾害现场,登记人员和装备相关信息,做好救援任务分配和交接。妥善接收、转运各类防汛和救灾物资,登记造册,清点核对,有序分配、发放、使用。

6.3.3　工程抢险措施

主要的险情种类及抢险措施:

(1)堤坝漫溢抢险。在堤防临水侧堤肩修筑子堤(埝)阻挡洪水漫堤,常用的有纯土子堤(埝)、编织袋土子堤、编织袋及土混合子堤等。

(2)渗水抢险。增加阻水层,降低浸润线;临水截渗常用方法有黏土前戗、铺土工膜等临河侧截渗措施;背水导渗常用方法有砂石导渗沟、土工织物导渗沟等。

（3）管涌抢险。常用方法有反滤围井、无滤减压围井、反滤压（铺）盖、透水压渗台等。

（4）漏洞抢险。漏洞险情采用"前截后导"的方法，前截常用方法有塞堵法、盖堵法和钱堤法，后导处理方法与管涌处理方法相同。

（5）滑坡抢险。在滑坡体坡脚处打桩或堆砌土袋、铅丝石笼固脚，同时对滑坡体上部削坡减载，阻止其继续下滑，并在削坡后采用透水的反滤料还坡。

（6）跌窝抢险。常用的方法有翻筑夯实、填塞封堵、填筑滤料等。

（7）坍塌抢险。常用的方法有护脚固基防冲、沉柳缓溜防冲、挂柳缓溜防冲、土工编织布软体排等。

（8）裂缝抢险。常用的方法有开挖回填、横墙隔断、封堵缝口、土工膜盖堵等。

（9）决口抢险。常用方法有立堵、平堵、混合堵。立堵是从口门两端断堤头同时向中间推进，通过在口门抛石块、石龙、石枕、土袋等堵口；平堵是利用打桩架桥，在桥面上或用船进行平抛物料堵口；混合堵一般根据口门大小、流量大小确定采取立堵或平堵结合方式。

6.3.4　人员搜救安置

在确保抢险救援人员安全前提下，组织救援力量全力搜救被困人员，及时救治受伤人员，疏散、撤离并妥善安置有关人员。

6.3.5　抢修基础设施

抢修被损坏的交通、通信、供水、排水、供电、供气等公共设施，短时难以恢复的，要实施临时性过渡方案，保障社会生产生活基本正常。

6.3.6　防止次生灾害

实时监测并科学研判灾情。组织专家和专业救援队伍开展安全巡护，及时处置管涌、渗漏等小型险情，防范和消除次生灾害。在主要险情排除后，及时对抢修工程进行持续加固和安全监护，确保抢修工程、设施等安全。组织协调救援力量和物资有序撤离，逐步恢复灾区周边秩序。

6.4　受灾群众救助

6.4.1　救助程序

（1）省应急厅负责同志带队，省直有关部门负责同志参加，在响应启动后12小时内赴灾区查看灾情，慰问受灾人员，了解灾区政府救灾工作开展情况和灾区需求，指导开展救灾工作。

（2）及时通过新闻媒体向社会通报灾情和救灾工作信息，宣传有关防灾、抗灾、救灾知识和灾后卫生防疫常识。

（3）需要请求上级支持的，以省应急厅、省财政厅名义向应急部、财政部上报请求下拨救灾应急资金和救灾物资的报告，建议以省政府名义向国务院报送请拨救灾款的报告。

（4）省应急厅协调落实有关救灾物资调拨，会同省粮食和储备局完成向灾区紧急调拨救灾储备物资。

（5）根据需要，经省政府同意，组织开展救灾捐赠社会动员。以省政府名义向社会发布接受救灾捐赠的公告，组织开展救灾捐赠活动。省应急厅公布接受捐赠单位和账号，设立救灾捐赠热线电话，统一接收、管理、分配救灾捐赠款物，指导社会组织、志愿者等社会力量参与灾害救助工作。

（6）根据灾区应急需要，省应急厅及时向省政府汇报灾情，并提出下拨救灾应急资金的建议，提出接受捐赠款物分配方案建议；省政府确定下拨救灾资金或收到中央财政拨款后，与省财政厅会商制定资金分配方案，按程序下拨。

（7）灾情基本稳定后，根据灾区省辖市、省直管县（市）的过渡期生活救助和倒损住房恢复重建补助资金申请报告，结合灾情评估报告，统筹使用中央下拨河南省的补助资金，商省财政厅拟定省级过渡期和倒损住房恢复重建资金补助方案，按程序下拨并监督基层救灾应急措施落实和救灾款物发放。

（8）灾情稳定后，开展灾害社会心理影响评估，并组织开展灾后救助和心理援助，指导社会组织、专业社会工作者、志愿者等社会力量有序有效参与灾害救助工作。

6.4.2　救助措施

（1）洪涝灾害发生地政府及时组织启用应急避难场所，并建设临时避难场所；必要时征用体育场、宾馆、学校等场地安置受灾群众。

（2）洪涝灾害发生地政府负责转移安置受灾群众，确保被转移群众有临时住所，保障受灾群众生命健康安全。

（3）粮食和储备、财政等部门负责提供物资和资金支持。根据应急部门提出的本级救灾物资储备需求和动用决策、组织编制的本级救灾物资储备规划、品种目录和标准，确定年度购置计划，并负责本级救灾物资收储、轮换和日常管理，根据应急部门动用指令按程序组织调出，确保帐篷、棉被、棉大衣、毛巾被、毛毯、折叠床、应急包、应急照明灯、发电机、雨鞋等物资保障。

（4）通信管理部门负责组织电信运营企业抢修损坏的通信设施，做好应急通信保障。

（5）工业和信息化部门负责组织做好救灾装备、防护和消杀用品、医药等生产供应。

（6）电力部门负责组织各电力企业做好受灾地区应急电力保障。

（7）住房和城乡建设部门负责指导灾后房屋建筑和市政基础设施工程的安全应急评估等工作。

6.5　安全防护和医疗救护

（1）防汛抗旱指挥机构做出抢险人员进入和撤离现场决定。抢险人员进入现场前，应采取防护措施以保证自身安全。参加一线抗洪抢险的人员，必须穿救生衣。当现场受到污染时，应按要求为抢险人员配备防护设施，撤离时应进行消毒、去污处理。

（2）洪涝灾害发生地防汛抗旱指挥机构应按照当地政府和上级指挥机构的指令，及时发布通告，防止人畜进入危险区域或饮用被污染的水源。

（3）发生洪涝灾害后，事发地政府和防汛抗旱指挥机构应组织卫生防疫部门加强受影响地区的疾病和突发公共卫生事件监测、报告工作,落实各项防治措施,并派出医疗小分队或在现场设立紧急救护所,开展紧急救护。省防指紧急调集省级医疗机构人员,开展受灾地区医疗和卫生防疫工作。

6.6　响应终止

洪涝灾害得到控制且应急抢险救灾救助工作基本完成后,省防指宣布终止应急响应。

7　应急保障

7.1　制度保障

7.1.1　防汛会商制度

(1)汛情会商制度。省防办组织应急、水利、住房和城乡建设、气象、水文等部门和单位不定期会商汛情,为防汛指挥决策提供依据。

(2)抢险技术方案会商制度。省防办负责组织应急、水利、住房和城乡建设及防汛专家,分析会商抢险方案,为防汛指挥提供技术保障。

(3)重大决策会商制度。省防指指挥长、常务副指挥长或副指挥长负责组织有关成员,对抗洪抢险中的重大问题进行会商决策,统一调度指挥。

7.1.2　防汛工作责任制度

(1)防汛工作行政首长负责制。明确各级行政首长承担的防汛工作责任,确保安全度汛。

(2)防汛督查监督机制。省领导对有关市防汛工作进行全面指导;省防指成员单位在履行自身防汛职责的同时,按分工对有关市的防汛工作进行督促检查;省防办对各市防汛物资储备、责任制落实情况等防汛准备工作进行督促检查。

(3)市县领导包堤、包库、包险工责任制。市县领导包一段堤防(一座水库、一个险工险段),包堤(库、险)领导是防汛第一责任人,承担防汛责任。

7.1.3　防汛工作检查制度

汛前各级防汛抗旱指挥机构组织检查防汛准备工作,县(市、区)或基层单位自查,市级或主管部门开展核查,省防指在核查基础上抽查。

7.1.4　洪涝灾害核查统计制度

制定洪涝灾害核查统计制度,统计洪涝灾害发生的基本情况、国民经济和人民生命财产损失,由各级防汛抗旱指挥部门逐级上报,发生重大险情和灾情直接报省防指。

7.1.5　防汛信息发布制度

落实新闻发言人制度,防汛信息由防汛抗旱指挥机构及办事机构统一发布。防汛信息主要包括:防汛、水事方面突发事件情况,汛情分析与预报会商情况,省属重要水文站点水情信息,洪涝灾害等情况。省防指指定新闻发言人统一向新闻单位发布防汛信息。

7.1.6　防汛值班制度

进入汛期(5月15日至9月30日),全省各级防指实行24小时值班制度。平时由各级防办领导带班,出现汛情时由各级应急部门领导带班,出现较大汛情时由各级防指领导带班。值班人员做好值班记录,及时了解掌握水情、工情、灾情等汛情。当出现较大雨情、水情时,要了解有关水库和堤防等防洪工程的运用和防守情况,及时处理险情,主动了解受灾地区范围和人员伤亡情况以及施救情况。

7.2　队伍保障

发生洪涝灾害时,综合性消防救援队伍是应急救援的国家队、主力军,专业应急队伍是应急处置与救援的骨干力量,解放军和武警部队是应急处置与救援的突击力量,社会应急队伍是应急处置与救援的辅助力量。

(1)防洪工程管理单位抢险力量。

防洪工程管理单位抢险力量由各防洪工程管理单位人员组成,承担巡堤查险、防洪工程设施启闭和简单险情隐患的处理,无法处理的及时上报防汛抗旱指挥机构调派抢险队处理。

(2)市县防汛抢险力量。

各市县确定抢险力量人员组成和制定调度方案,承担辖区内抗洪抢险任务,由本级防汛抗旱指挥机构组织调度。

(3)省级防汛机动抢险力量。

省级防汛机动抢险力量由省属机构、部门和相关队伍联合组成,由省防指根据实际统一协调指挥。

7.3　物资及资金保障

7.3.1　资金保障

省财政安排防汛补助费,用于补助各地防汛抢险工作。各级政府应当在本级财政预算中安排资金,用于本辖区遭受严重洪涝灾害的工程修复补助、主要防洪工程维护、其他规定的水利工程维护建设、防汛抢险救援队伍装备和能力建设、救灾物资储存和运送保障。

7.3.2　省级防汛物资

省级防汛物资有:冲锋舟、橡皮船、救生衣、救生圈、编织袋、无纺土工布、铅丝、铅丝笼网片、挡水子堤、照明器材、发电机组、排涝设备等,分别储存在省级水利防汛物资郑州、漯河、驻马店、信阳、新乡仓库。省级防汛物资调用条件:当发生超标准洪水时,各市县优先使用自储防汛物资;不能满足需求的,可向省防指申请使用省级防汛物资。省级防汛物资调运程序:省防汛抗旱指挥部发布物资调度命令,省水利厅负责省级防汛物资具体调运工作。

7.3.3　省级救灾物资

省级救灾物资有:帐篷、棉被、棉衣、棉大衣、睡袋、雨衣、折叠床、救生船、救生衣、应急包、手电筒等,储备在省级救灾物资仓库。

省级救灾物资调用条件:洪涝灾害发生后,受灾市县应先使用本级救灾储备物资,在本级储备物资不能满足救灾需要时,可再申请使用省或中央救灾储备物资。申请调拨救灾物资应逐级上报,发生重特大洪涝灾害时可越级上报。

省级救灾物资调运程序:省防汛抗旱指挥部发布物资调度命令,省粮食和储备局负责省级救灾救助物资调运工作。

7.4　通信与信息保障

出现洪涝灾害后,通信部门应启动应急通信保障预案,迅速调集力量抢修损坏的通信设施,调度应急通信设备保证防汛通信畅通。在紧急情况下,利用广播、电视、短信、移动网络等手段发布群众撤离信息,确保人民群众生命财产安全。

7.5　交通运输保障

交通运输部门负责优先保证抢险人员、救灾物资运输;蓄滞洪区分洪时,负责群众安全转移所需地方车辆、船舶的调配;负责分泄大洪水时河道航行和渡口安全;负责大洪水时及时调配抢险救灾车辆、船舶。

7.6　医疗卫生保障

卫生健康部门负责洪涝灾区疾病防治的业务技术指导;组织医疗卫生队赴灾区巡医问诊,负责灾区防疫消毒、抢救伤员等工作。

7.7　治安保障

公安部门负责做好洪涝灾区治安管理工作,依法严厉打击破坏抗洪救灾行动和工程设施安全行为,保障抗灾救灾顺利进行;负责组织防汛抢险、分洪爆破时的戒严、警卫工作,维护灾区社会治安。

8　善后工作

8.1　善后处置

当地政府应当根据洪涝灾害情况,制定救助、补偿、抚慰、安置等善后工作方案,对洪涝灾害中的伤亡人员、应急处置工作人员,以及紧急调集、征用有关单位及个人的物资,按照规定给予抚恤、补助或补偿。有关部门要做好疫病和环境污染防治工作。

8.2　调查评估

洪涝灾害抢险救援工作完成后,防汛抗旱指挥部应当组织调查洪涝灾害的发生经过和原因,对造成的损失进行评估,并将调查与评估情况报本级政府和向上一级防汛抗旱指挥部报告。

8.3　恢复重建

(1)恢复重建工作由洪涝灾害发生地政府负责。洪涝灾害应急处置工作结束后,当地政府要及时恢复社会秩序,尽快修复被损坏的交通、水利、通信、供水、排水、供电、供气、供热等公共设施。

(2)上一级政府根据实际情况对下一级政府提供资金、物资支持和技术指导,组织其他地区提供支援。省级相关部门可根据洪涝灾害损失情况,出台支持受灾地社会经济和有关行业发展的优惠政策。

（3）灾民家园恢复重建。省应急厅根据各地倒损住房核定情况视情组织评估小组，对因灾倒损住房情况进行评估。以省政府或省应急厅、省财政厅名义向国务院或应急部、财政部报送拨付因灾倒塌、损坏住房恢复重建补助资金的请示。根据省辖市（济源示范区）、县（市、区）政府或其应急管理、财政部门的资金申请，依据评估结果，省应急厅、财政厅确定资金补助方案，及时下拨中央和省级自然灾害生活补助资金，专项用于各地因灾倒房恢复重建。

9　预案管理

9.1　预案编制修订

本预案由省防办负责管理，及时组织预案评估，并适时修改完善。

有下列情形之一的，应及时修订应急预案：

（1）有关法律、法规、规章、标准、上位预案中的有关规定发生变化的；

（2）防汛指挥机构及其职责发生重大调整的；

（3）面临的风险、应急资源发生重大变化的；

（4）在洪涝灾害实际应对和应急演练中发现问题需作出重大调整的；

（5）其他需要修订应急预案的情况。

9.2　预案培训

各级防汛抗旱指挥机构统一组织预案培训。培训工作应结合实际，采取多种组织形式，定期不定期开展培训，每年汛前至少培训一次。要科学合理安排课程，增强针对性，提升各级风险防范意识和应急处置能力。

9.3　预案演练

（1）各级防汛抗旱指挥机构应建立应急演练制度，采取实战演练、桌面推演等方式组织开展应急演练，不断提高应急准备和应急响应能力。

（2）专业抢险队伍应根据本地险情，有针对性地组织开展防汛抢险演练。

（3）乡镇（街道）要组织开展防汛应急演练。居委会、村委会、企业事业单位要结合实际开展防汛应急演练。

9.4　预案实施时间

本预案自印发之日起实施。

河南省抗旱应急预案
（2020 年 11 月）

1　总　则

1.1　编制目的

为做好河南省抗旱工作，做到有计划、有准备地防御旱灾，最大限度地减少旱灾损失，减轻灾害风险，提高抗旱应急工作的科学性、主动性和时效性，保证抗旱救灾工作高效、有序进行，为各级抗旱指挥部门科学决策、实施水资源调配、抗旱救灾提供依据，保障经济社会全面、协调、可持续发展，编制本预案。

1.2　编制依据

依据《中华人民共和国水法》《中华人民共和国水污染防治法》《中华人民共和国突发事件应对法》《中华人民共和国抗旱条例》《河南省实施〈中华人民共和国水法〉办法》《河南省实施〈中华人民共和国抗旱条例〉细则》《河南省节约用水管理条例》《国家防汛抗旱应急预案》《抗旱预案编制大纲》《抗旱预案编制导则》（SL 590—2013）、《区域旱情等级》（GB/T 32135—2015）、《干旱灾害等级标准》（SL 663—2014）、《旱情等级标准》（SL 424—2008）等，制定本预案。

1.3　适用范围

本预案适用于全省范围内干旱灾害的预防和应急处置。

1.4　工作原则

（1）坚持依法抗旱的原则。

（2）抗旱工作实行各级政府行政首长负责制，统一指挥、部门协作、分级负责。

（3）抗旱工作实行以人为本、防抗救结合、因地制宜、统筹兼顾的原则，优先保障城乡居民生活用水，统筹协调生产和生态用水。

2　指挥体系及职责

2.1　省防汛抗旱指挥部

省防汛抗旱指挥部（以下简称省防指）由指挥长、常务副指挥长、副指挥长、秘书长及有关成员单位的负责同志组成，负责领导、组织及协调全省的抗旱工作，拟订有关政策、法规和制度等，组织制订河南省抗旱应急预案，及时掌握全省旱情、灾情，并组织实施抗旱应急措施，组织灾后处置和有关协调工作。

省防指下设省防汛抗旱指挥部办公室（以下简称省防办）和省黄河防汛抗旱办公室。

省防办设在省应急厅,承担省防指日常工作。省黄河防汛抗旱办公室设在河南黄河河务局。

省防指成员单位:省发展改革委、教育厅、工业和信息化厅、公安厅、民政厅、财政厅、自然资源厅、住房和城乡建设厅、交通运输厅、水利厅、农业农村厅、文化和旅游厅、卫生健康委、应急厅、广电局、粮食和储备局、农科院、供销社、测绘地理信息局、河南日报报业集团、团省委、武警河南省总队、省消防救援总队、河南黄河河务局、省气象局、中国铁路郑州局集团有限公司、省通信管理局、中石化河南石油分公司、中石油河南销售分公司、省电力公司、机场集团。

2.2 地方防汛抗旱指挥部

县级以上政府设立防汛抗旱指挥机构,在上级防汛抗旱指挥机构和本级政府的领导下,组织和指挥本行政区域内的抗旱工作。防汛抗旱指挥机构由本级政府和各有关部门、军分区(人民武装部)负责人等组成,其办事机构设在同级应急部门,负责本行政区内抗旱组织、协调、监督、指导等日常工作。

3 预防及预警

3.1 干旱分级标准

省级干旱灾害等级分为:轻度干旱(Ⅳ级)、中度干旱(Ⅲ级)、严重干旱(Ⅱ级)和特大干旱(Ⅰ级)四个级别,并分别用蓝色、黄色、橙色和红色表示。

3.1.1 农业干旱分级标准

根据区域农业旱情评估及临时性饮水困难人口指标,依据干旱等级综合评估标准,将农业干旱分为四级,即轻度干旱、中度干旱、严重干旱、特大干旱。

3.1.1.1 轻度干旱

出现以下情况之一者,为轻度干旱:

(1)区域农业旱情指数 $0.1 \leqslant I_a < 0.5$;

(2)因旱饮水困难人口 $50 \leqslant N_{pd} < 100$(单位:万人);

(3)因旱饮水困难人口占当地总人口比例 $3\% \leqslant P_{pd} < 5\%$。

3.1.1.2 中度干旱

出现以下情况之一者,为中度干旱:

(1)区域农业旱情指数 $0.1 \leqslant I_a < 0.5$,并且因旱饮水困难人口 $50 \leqslant N_{pd} < 100$(单位:万人)或困难人口占当地总人口比例 $3\% \leqslant P_{pd} < 5\%$;

(2)区域农业旱情指数 $0.5 \leqslant I_a < 0.9$;

(3)因旱饮水困难人口 $100 \leqslant N_{pd} < 200$(单位:万人);

(4)因旱饮水困难人口占当地总人口比例 $5\% \leqslant P_{pd} < 10\%$。

3.1.1.3 严重干旱

出现以下情况之一者,为严重干旱:

(1)区域农业旱情指数 $0.5 \leqslant I_a < 0.9$,并且因旱饮水困难人口 $100 \leqslant N_{pd} < 200$(单位:

万人)或困难人口占当地总人口比例 $5\% \leqslant P_{pd} < 10\%$；

（2）区域农业旱情指数 $0.9 \leqslant I_a < 1.5$；

（3）因旱饮水困难人口 $200 \leqslant N_{pd} < 300$（单位：万人）；

（4）因旱饮水困难人口占当地总人口比例 $10\% \leqslant P_{pd} < 15\%$。

3.1.1.4　特大干旱

出现以下情况之一者，为特大干旱：

（1）区域农业旱情指数 $0.9 \leqslant I_a < 1.5$，并且因旱饮水困难人口 $200 \leqslant N_{pd} < 300$（单位：万人)或困难人口占当地总人口比例 $10\% < P_{pd} < 15\%$；

（2）区域农业旱情指数 $1.5 \leqslant I_a \leqslant 4$；

（3）因旱饮水困难人口 $300 \leqslant N_{pd}$（单位：万人）；

（4）因旱饮水困难人口占当地总人口比例 $15\% \leqslant P_{pd}$。

3.1.2　城市干旱分级标准

根据城市干旱缺水率指标，依据干旱等级综合评估标准，将城市干旱分为四级，即轻度干旱、中度干旱、严重干旱、特大干旱。

（1）轻度干旱：城市干旱缺水率 $5\% \leqslant P_g < 10\%$。

（2）中度干旱：城市干旱缺水率 $10\% \leqslant P_g < 20\%$。

（3）严重干旱：城市干旱缺水率 $20\% \leqslant P_g < 30\%$。

（4）特大干旱：城市干旱缺水率 $30\% \leqslant P_g$。

3.2　预防

3.2.1　气象水文信息

各级气象、水文部门应加强对当地干旱期天气预报、土壤墒情和水量监测，并将结果及时报送有关防汛抗旱指挥部。当预报即将发生严重旱灾时，当地防汛抗旱指挥部应及时预警，通知有关区域做好相关准备。

3.2.2　工程信息

水行政主管部门要加强对水库、河道、灌区等工程的管理，按要求将水库、河道、灌区来水、蓄水、灌溉情况及工程运行状况向有关防汛抗旱指挥部报告。

3.2.3　旱情信息

（1）旱情信息主要包括：干旱发生的时间、地域、程度、受旱范围、受旱面积、影响人口，以及对城乡生活、工农业生产、生态环境等方面造成的影响。

（2）防汛抗旱指挥部应及时了解当地的旱情、水情、农情等情况，掌握水雨情变化、工程蓄水情况、农田土壤墒情、作物长势和城乡供水情况。地方各级防汛抗旱指挥部应按照规定上报受旱情况。遇旱情急剧发展时应及时加报。

3.2.4　信息报告制度

遇干旱时，气象部门监测的雨情、土壤相对湿度、气温、蒸发量应每旬上报；遇特大或严重干旱时，要加大雨情、土壤相对湿度、蒸发量的报送频率。遇干旱时，水文部门监测的地下水位变化情况、水库和河道蓄水情况应每旬上报;遇特大干旱和严重干旱时,监测的水库、河道蓄水情况要逐日上报,监测的地下水位变化情况要及时上报监测结果。

遇特大干旱和严重干旱时,水文部门要加强水质监测,及时向同级防汛抗旱指挥部报告水质监测结果;需要调水时,要加密监测;出现水污染事件时,要每日上报水污染情况。县级以上防汛抗旱指挥部(简称省防指)应当根据国家统计部门批准的干旱灾害统计报表制度的要求,及时统计和核实所管辖范围内的旱情、旱灾和抗旱行动情况等抗旱信息,及时报上一级防汛抗旱指挥部和本级政府。省防指成员单位负责掌握的有关干旱信息及职责履行情况,应及时报告省防指。

3.2.5　信息发布制度

抗旱信息实行统一发布制度。旱情由县级以上政府水行政主管部门审核、发布;旱灾由县级以上政府应急管理部门审核、发布;农业灾情由县级以上政府农业主管部门审核、发布;与抗旱有关的气象信息由气象主管部门发布。各有关单位信息发布要严格按照指挥部的统一要求,准确及时公布信息,确保客观性和权威性。报刊、广播、电视和互联网等媒体,应当及时刊播经当地防汛抗旱指挥部核发的旱情及抗旱信息,并标明发布机构名称和发布时间。

3.2.6　预防准备工作

(1)思想准备。加强宣传,增强全民预防干旱灾害和自我保护的意识,做好抗大旱、抗长旱的思想准备。

(2)组织准备。建立健全抗旱组织指挥机构,落实抗旱责任人、抗旱队伍和预警措施,加强抗旱服务组织的建设,从政策、技术等方面加大对抗旱服务组织的扶持力度。

(3)工程准备。水工程管理单位应当对管护范围内的抗旱设施进行定期检查和维护,对存在影响抗旱的各类抗旱设施和水源工程进行应急修复;应急调水的城市,要认真落实应急调水方案。

(4)预案准备。修订完善各级抗旱预案,针对主要缺水城市,还要制定专门的应急调水方案。

(5)物资准备。按照分级负责的原则,储备必要的抗旱物资。

(6)信息准备。县级以上防汛抗旱指挥部应当组织完善抗旱信息系统,实现成员单位之间的信息共享,提高指挥决策支持能力。

(7)通信准备。充分利用社会通信公网,确保抗旱通信畅通。健全水文、气象测报站网,确保墒情、雨情、水情、工情、灾情信息和指挥调度指令的及时传递。

(8)抗旱检查。各级防汛抗旱指挥部应当组织对抗旱责任制、抗旱预案、抗旱设施、抗旱物资储备等定期进行检查。发现问题的应当及时处理或者责成有关部门和单位限期处理。

3.3　预警

3.3.1　预警发布

省抗旱应急预案的干旱预警等级按旱情等级来确定,同时考虑区域内城市干旱缺水情况,分为四级,即Ⅳ级预警(轻度干旱)、Ⅲ级预警(中度干旱)、Ⅱ级预警(严重干旱)和Ⅰ级预警(特大干旱)。

省干旱预警信息发布单位:由省防指负责干旱预警信息发布和宣布干旱预警解除。

预警信息发布内容:主要包括干旱等级、干旱发生的时间、地域、程度、受旱范围、受旱面积、影响人口,以及对城乡生活、工农业生产、生态环境等方面的影响。

预警信息发布程序:旱情发生后,由省防指组织有关防指成员单位和专家对全省旱情进行综合评估,确定干旱灾害等级。当旱情达到轻度干旱或以上时,发布干旱预警。当发生特大干旱,严重危及城乡居民生活、生产用水安全,可能影响社会稳定的,省防指经省政府批准,可以宣布相关行政区域进入紧急抗旱期,并及时报告国家防汛抗旱总指挥部(简称国家防总)、应急管理部。

预警信息发布方式:利用突发事件预警信息发布系统和广播、电视、报纸或网站等新闻媒体向社会发布。

3.3.2　预警行动

3.3.2.1　干旱灾害预警

(1)各级防汛抗旱指挥部应针对干旱灾害的成因、特点,因地制宜采取预警防范措施。

(2)各级防汛抗旱指挥部应建立健全旱情监测网络和干旱灾害统计队伍,实时掌握旱情、灾情,并预测干旱发展趋势,根据不同干旱等级提出相应对策,为抗旱指挥决策提供科学依据。

(3)各级防汛抗旱指挥部应当加强抗旱服务体系建设,鼓励和支持社会力量开展多种形式的社会化服务组织建设,以防范干旱灾害的发生和蔓延。

3.3.2.2　干旱风险图

各级防汛抗旱指挥部应组织工程技术人员,研究绘制本地区的干旱风险图,为抗旱救灾决策的技术依据。

4　应急响应行动

4.1　应对原则

按照旱灾的严重程度和范围,将应急响应分为四级,应急响应等级与干旱预警等级相对应。当发生本预案规定的事件时,省防指启动应急响应,旱灾主要影响地区防汛抗旱指挥部应急响应级别不得低于省级应急响应级别。旱灾发生后,发生地政府应当立即采取措施控制事态发展,组织开展应急救援和处置工作。初判发生特大、严重旱灾,原则上由省防指负责应对。初判发生中度和轻度旱灾,分别由市级和县级防汛抗旱指挥部负责应对,省防指视情派出工作组指导旱灾发生地开展应急处置工作。

旱灾发生后,省防指组织会商,根据旱情的紧急程度、发展态势和造成的危害程度,确定响应级别。应急响应启动后,可视旱情发展情况及时调整响应级别。

4.2　Ⅳ级应急响应

4.2.1　启动条件

当农业干旱等级或城市干旱等级为轻度干旱时,发布Ⅳ级干旱预警,经省防指副指挥长批准,启动Ⅳ级抗旱应急响应。

4.2.2　响应行动

（1）省防办主任组织应急、水利、气象、农业农村等单位和专家进行旱情会商,分析研判旱情发展变化趋势,提出意见和建议。

（2）省防指密切监视旱情发展变化,下发抗旱工作通知,积极组织抗旱。

（3）省气象局每3日报告雨情监测及天气预报结果,其间监测分析天气条件有较明显变化时,随时更新预报。

（4）省水利厅每3日报告全省水情和旱情监测情况。

（5）省农业农村厅每3日报告农业受旱和因旱造成损失情况。

（6）省应急厅每3日报告旱灾造成全省损失情况。旱灾影响地区市级防汛抗旱指挥部每3日向省防指报告旱情发展、抗旱措施和因旱损失情况。

（7）省防指成员单位按照各自职责,做好抗旱工作。

4.2.3　抗旱应急措施

合理利用水资源,适时开展人工增雨。

4.2.4　宣传动员

受旱灾影响市防指及时向新闻媒体通报旱情,报道有关旱情和抗旱工作开展信息,提高广大群众的节水意识,组织动员群众开展抗旱工作。

4.3　Ⅲ级应急响应

4.3.1　启动条件

当农业干旱等级或城市干旱等级为中度干旱时,发布Ⅲ级干旱预警,经省防指副指挥长批准,启动Ⅲ级抗旱应急响应。

4.3.2　响应行动

（1）省防指副指挥长主持会商,应急、水利、气象、农业农村、住建等成员单位和相关专家参加,通报当前旱情和各地抗旱活动情况,分析研判旱情发展,提出会商意见,部署抗旱工作。

（2）省防指下发抗旱工作通知,并根据情况召开全省抗旱工作会议,派出工作组指导地方抗旱工作。

（3）省气象局每2日报告雨情监测及天气预报结果,其间监测分析天气条件有较明显变化时,随时更新预报。

（4）省水利厅每2日报告全省水情和旱情监测情况。

（5）省农业农村厅每2日报告农业受旱和因旱造成损失情况。

（6）省应急厅每2日报告旱灾造成全省损失情况。

（7）旱灾影响地区市级防汛抗旱指挥部每 2 日向省防指报告旱情发展、抗旱措施和因旱损失情况。

（8）省防指成员单位按照各自职责，做好抗旱工作。

4.3.3　抗旱应急措施

省防指采取措施应对干旱，优化配置供水水源；实行计划用水，合理安排用水次序，确保抗旱用水。县级以上防汛抗旱指挥部还可以采取下列措施：

（1）调度行政区域内水库、闸坝等所蓄的水量；

（2）设置临时抽水泵站，开挖输水渠道或者临时在河道沟渠内截水；

（3）适时启用应急备用水源或建设应急水源工程；

（4）组织救援力量向人畜饮水极度困难地区送水；

（5）组织实施人工增雨。

4.3.4　宣传动员

受旱灾影响市级防汛抗旱指挥部及时向新闻媒体通报旱情，报道有关旱情和抗旱工作开展信息，提高广大群众的节水意识，组织动员群众开展抗旱工作。

4.4　Ⅱ级应急响应

4.4.1　启动条件

当农业干旱等级或城市干旱等级为严重干旱时，发布Ⅱ级预警，经省防指常务副指挥长批准，启动Ⅱ级抗旱应急响应。

4.4.2　响应行动

（1）省防指常务副指挥长主持会商，省防指领导、省防指成员单位和有关专家参加，通报当前全省旱情和抗旱情况，分析研判旱情发展，提出抗旱应对措施，全面安排部署抗旱工作。

（2）省防指下发抗旱工作紧急通知，动员全社会参与抗旱。

（3）省防指加强值班力量，密切监视旱情的发展变化，及时派工作组及专家组赴一线指导、组织抗旱工作。

（4）省防指向省政府和国家防总、应急管理部上报旱灾的发展变化情况。请示国家防总、应急管理部派出工作组现场帮助指导工作，提供技术、资金和物资支援，申请跨区域开展应急水源调度。

（5）省气象局每日 8 时报告雨情监测及天气预报结果，其间监测分析天气条件有较明显变化时，随时更新预报。

（6）省水利厅每日 8 时报告全省水情和旱情监测情况。

（7）省农业农村厅每日 8 时报告农业受旱和因旱造成损失情况。

（8）省住房和城乡建设厅每日 8 时报告城市居民饮水困难人数和因旱造成损失情况。

（9）省应急厅每日 8 时报告旱灾造成全省损失情况。

（10）旱灾影响地区市级防汛抗旱指挥部每日 8 时向省防指报告旱情发展、抗旱措施和因旱损失情况。

（11）省防指成员单位按照各自职责，做好抗旱工作。

4.4.3 抗旱应急措施

省防指立即启动制定的抗旱应急方案，包括抗旱水量调度方案、节水限水方案以及各种抗旱措施。除采取Ⅲ级响应条件下的应对措施外，还可采取以下措施：

（1）压减供水指标；

（2）限制高耗水行业用水；

（3）限制排放工业污水；

（4）缩小农业供水范围或者减少农业供水量；

（5）开辟新水源，实施跨行政区域、跨流域调水；

（6）其他抗旱应急措施。

4.4.4 宣传动员

（1）由省防指定期通过媒体向社会统一发布旱情信息。

（2）报刊、广播、电视和互联网等媒体，应及时刊播旱情信息。

（3）新闻宣传部门开辟专栏、专题，精心组织宣传旱情信息、抗旱措施等。

4.5 Ⅰ级应急响应

4.5.1 启动条件

当农业干旱等级或城市干旱等级为特大干旱时，发布Ⅰ级干旱预警，经省防指指挥长批准，启动Ⅰ级应急响应。当旱情持续发展，严重危及城乡居民生活、生产用水安全，可能影响社会稳定的，省防指经省政府批准，可以宣布相关行政区域进入紧急抗旱期，并及时报告国家防总、应急管理部。

4.5.2 响应行动

（1）省防指指挥长主持会商，省防指领导和省防指成员单位参加，通报当前全省旱灾情况和抗旱救灾情况，评估旱灾损失，提出抗旱救灾措施，全面做出抗旱应急工作部署。

（2）省防指下发抗旱工作紧急通知，动员全社会参与抗旱。

（3）省防指加强值班力量，密切监视旱情的发展变化，及时派工作组及专家组赴一线指导、组织抗旱工作。

（4）省防指向省政府和国家防总、应急管理部上报旱灾的发展变化情况。请示国家防总、应急管理部派出工作组现场帮助指导工作，提供技术、资金和物资支援，申请跨区域开展应急水源调度。

（5）省气象局每日8时报告雨情监测及天气预报结果，其间监测分析天气条件有较明显变化时，随时更新预报。

（6）省水利厅每日8时报告全省水情和旱情监测情况。

（7）省农业农村厅每日8时报告农业受旱和因旱造成损失情况。

（8）省住房和城乡建设厅每日8时报告城市居民饮水困难人数和因旱造成损失情况。

（9）省应急厅每日 8 时报告旱灾造成全省损失情况。

（10）旱灾影响地区市级防汛抗旱指挥部每日 8 时向省防指报告旱情发展、抗旱措施和因旱损失情况。

（11）省防指成员单位按照各自职责，做好抗旱工作。

4.5.3　抗旱应急措施

省防指立即启动制定的抗旱应急方案，包括抗旱水量调度方案、节水限水方案以及各种抗旱措施，采取切实有效的措施应对旱灾。除采取 Ⅱ 级和 Ⅲ 级响应条件下的应对措施外，还可采取以下措施：

（1）暂停高耗水行业用水；

（2）暂停排放工业污水；

（3）限时或者限量供应城镇居民生活用水；

（4）其他抗旱应急措施。

4.5.4　宣传动员

（1）由省防指每天通过媒体向社会统一发布旱情信息，发布《旱情通报》报道旱情及抗旱措施。

（2）报刊、广播、电视和互联网等媒体，应及时循环刊播旱情信息。

（3）新闻宣传部门开辟专栏、专题，宣传各地抗旱减灾措施，大力宣传节水知识，增强全社会节水意识，引导正确舆论导向，确保灾区社会稳定。

（4）各级防指做好动员工作，组织社会各方面力量全力投入抗旱救灾工作。

4.6　响应结束

（1）当干旱程度减轻，按相应干旱等级标准降低预警和响应等级，按原程序进行变更发布。当极度缺水得到有效控制时，事发地的防汛抗旱指挥部可视旱情，宣布结束紧急抗旱期。

（2）依照有关紧急抗旱期规定，征用、调用的物资、设备、交通运输工具等，在抗旱期结束后应当及时归还；造成损坏或者无法归还的，按照有关规定给予适当补偿或者作其他处理；已使用的物资按灾前市场价格进行结算。

（3）紧急处置工作结束后，事发地的防汛抗旱指挥部应协助当地政府进一步恢复正常生活、生产、工作秩序，修复基础设施。

5　应急保障

5.1　资金保障

县级以上政府应当建立和完善与经济社会发展水平以及抗旱减灾要求相适应的资金投入机制，将抗旱工作经费和抗旱专项经费纳入年度财政预算，保障抗旱减灾投入。发生严重或特大干旱灾害，县级以上防汛抗旱指挥部可以会同本级财政部门，提出增加抗旱应急经费的具体意见，报本级政府批准。县级以上政府应当建立抗旱调水补偿机制。跨行政区域调水的,调水受益者应当给予调出水源者合理补偿,上级政府可给予补助。

5.2 物资保障

县级以上防汛抗旱指挥部应当根据抗旱需要储备必要的抗旱物资,并按照权限管理与调用。对储备的抗旱物资,要按规定登记造册,实行专库、专人管理,并明确调运管理办法,严格调运程序。抗旱物资的调用,由本级防汛抗旱指挥部根据需要负责调用。石油、电力、供销等单位应当制定具体措施,优先保障抗旱需要。抗旱减灾结束后,针对抗旱物资征用和消耗情况,按照分级负责的原则,各级财政应安排专项资金及时补充到位。

5.3 水源保障

县级以上防汛抗旱指挥部要督促城乡供水部门和水工程管理单位加强对水源和抗旱设施的管理和维护,在重点地区、重点部位落实应急备用水源,确保城乡供水安全。特别是干旱缺水城市,要根据实际需要,划定城市生活用水水源,当发生严重或特大干旱时,严格限制非生活用水,储备必要的应急水源;对容易出现农村饮水困难的地方,县级水行政主管部门要根据当地的水源状况,控制农业灌溉,预留必要的饮用水源。

5.4 队伍保障

当发生旱灾时,应急队伍的任务主要是调运应急水源、开展流动灌溉,进行抗旱设备的维修、配套,为饮水困难的地区送水等。在抗旱期间,地方各级政府和防汛抗旱指挥部应组织动员社会公众力量投入抗旱救灾工作,任何单位和个人都有参加抗旱救灾的义务。县级以上政府防汛抗旱指挥部应及时组织抗旱服务深入旱情严重的地区,为农村群众提供解决人畜饮水困难、流动灌溉、维修抗旱机具、租赁抗旱设备、销售抗旱物资和抗旱技术咨询、推广抗旱新技术、承担应急供水等任务。

5.5 医疗保障

医疗卫生防疫部门主要负责旱灾区疾病防治的业务技术指导;组织医疗卫生队赴灾区巡医问诊,负责灾区防疫消毒、抢救伤员等工作。

5.6 治安保障

公安部门主要负责做好旱灾区的治安管理,依法严厉打击破坏抗旱救灾行动和工程设施安全的行为,保证抗灾救灾工作的顺利进行。

5.7 社会动员保障

(1)各级防汛抗旱指挥部应根据旱灾的发展,做好动员工作,组织社会力量投入抗旱。

(2)各级防汛抗旱指挥部的组成部门,在严重旱灾期间,应按照分工解决抗旱的实际问题,同时充分调动本系统的力量,全力支持抗旱救灾和灾后重建工作。

(3)各级政府应加强对抗旱工作的统一领导,组织有关部门和单位,动员全社会的力量,做好抗旱工作。在抗旱的关键时期,各级抗旱行政首长应靠前指挥,组织广大干部群众全力抗灾减灾。

5.8 技术保障

充分利用旱情监测预报系统、灾情分析评估系统和抗旱调度决策支持系统为抗旱工作提供技术保障。各级防汛抗旱指挥部应建立抗旱专家库。当发生旱灾时,由防汛抗旱指挥部统一组织,为抗旱指挥决策提供技术支持。

5.9　信息宣传

旱情、灾情及抗旱工作等方面的公众信息交流,实行分级负责制,由本级防汛抗旱指挥部通过媒体向社会发布。抗旱的重要公众信息交流,实行新闻发言人制度,经本级政府同意后,由防汛抗旱指挥部指定的发言人,通过本地新闻媒体统一向社会发布。

6　善后工作

发生旱灾的当地政府应组织有关部门做好灾区生活供给、卫生防疫、救灾物资供应、治安管理、恢复生产等善后工作。

6.1　救灾救助

在遭受旱灾影响的地区,各级防汛抗旱指挥部的成员单位应按照职责分工,及时做好旱灾救助工作,妥善安排好受旱地区群众的生活,并帮助群众恢复生产和灾后自救。

(1)应急管理部门负责遭受严重旱灾群众的紧急救助,应及时调配救灾款物,组织安置受灾群众,做好临时生活安排,保证受灾群众有粮吃、有水喝,切实解决受灾群众的基本生活问题。

(2)医疗卫生防疫部门负责调配医务技术力量,抢救因灾伤病人员,对污染源进行消毒处理,对灾区重大疫情、病情实施紧急处理,防止疫病的传播、蔓延。

(3)农业部门负责种植业结构调整,科学规划合理布局作物种植结构,采取切实可行措施,加强田间管理,抓好种子、化肥等农资的协调供应,指导落实好改补种,做好农业救灾和生产恢复工作。旱情缓解后,县级以上政府水行政主管部门应当对水利工程进行检查评估,并及时组织修复遭受干旱灾害损坏的水利工程;县级以上政府有关主管部门应当将遭受干旱损坏的水利工程,优先列入年度修复建设计划。

(4)当地政府应组织对可能造成环境污染的污染物进行清除。

6.2　灾后工程修复

在抗旱结束后,应及时拆除河道、渠道临时拦水建筑物,恢复河道、渠道等原有功能。督促各地及时回收临时抗旱机械,加强养护和管理,以备下次干旱时使用。

6.3　抗旱工作评估

旱情缓解,预警解除后,县级以上防汛抗旱指挥部应当及时组织有关部门对干旱灾害影响、损失情况以及抗旱工作效果进行分析和评估,征求社会各界和群众对抗旱工作的意见,从抗旱工程的规划、设计、运行、管理以及抗旱工作的各个方面提出改进建议,以进一步做好抗旱工作。

7　预案管理

7.1　预案编制与修订

本预案由省防办负责编制,及时组织预案评估,并适时修改完善。

有下列情形之一的,应及时修订应急预案:

(1)有关法律、法规、规章、标准、上位预案中的有关规定发生变化的;

(2)防汛抗旱指挥机构及其职责发生重大调整的;

(3)面临的风险、应急资源发生重大变化的;

(4)在旱灾实际应对和演练中发现问题需作出重大调整的;

(5)其他需要修订应急预案的情况。

7.2　预案宣传培训

各级防汛抗旱指挥机构采取分级负责的原则,组织预案宣传培训。宣传培训工作应结合实际,采取多种组织形式,定期或不定期开展,每年至少组织培训一次。要科学合理安排课程,增强针对性,提升各级旱灾风险防范意识和应急处置能力。

7.3　预案实施时间

本预案自印发之日起实施。

8　附　则

名词术语定义:

(1)干旱风险图:融合地理信息、社会经济信息、水资源特征信息,通过资料调查、水资源计算和成果整理,以地图形式直观反映某一地区发生干旱后可能影响的范围,用以分析和预评估不同干旱等级造成的风险和危害的工具。

(2)抗旱服务组织:由水利部门组建的事业性服务实体,以抗旱减灾为宗旨,围绕群众饮水安全、粮食安全、经济发展安全和生态环境安全开展抗旱服务工作。国家支持和鼓励社会力量兴办各种形式的抗旱社会化服务组织。

(3)干旱评估标准说明:

①土壤相对湿度

土壤相对湿度是土壤平均含水量占田间持水量的比值。

计算公式:
$$W = \frac{\theta}{F_c} \times 100\%$$

式中　W——土壤相对湿度,%;

　　　θ——土壤平均重量含水量,%;

　　　F_c——土壤田间持水量,%。

②降水量距平百分率

某一时段内降水量与多年同期平均降水量之差占多年同期平均降水量的比值,以百分率表示。

计算公式:
$$D_p = \frac{P - \bar{P}}{\bar{P}} \times 100\%$$

式中　D_p——降水量距平百分率,%;

P——计算时段内降水量，毫米；

$\bar{P}$—多年同期平均降水量，毫米，宜采用近 30 年的平均值。

③作物缺水率

缺水量与总需水量的百分比。缺水率法主要用于水田插秧前受旱情况的评估。

计算公式：
$$D_\mathrm{w} = \frac{W_\mathrm{r} - W}{W_\mathrm{r}} \times 100\%$$

式中　D_w——作物缺水率，%；

　　　W_r——计算期内作物实际需水量，立方米；

　　　W——同期可用或实际提供的灌溉水量，立方米。

④因旱饮水困难评估

因旱饮水困难指由于干旱造成城乡居民临时性的饮用水困难（属于长期饮水困难的不应列入此范围）。因旱饮水困难应同时满足条件一［取水地点因旱改变或基本生活用水量小于 20 L／（人·d）］和条件二（因旱饮水困难持续时间 $d > 15$），其中条件一任意一项符合即可。可采用因旱饮水困难人数或因旱饮水困难人口占当地总人口的比例来评价。

⑤城市干旱缺水率

城市干旱缺水率是指城市日缺水量与城市正常日供水量的比值。

计算公式：
$$P_\mathrm{g} = \frac{Q_\mathrm{z} - Q_\mathrm{s}}{Q_\mathrm{z}} \times 100\%$$

式中　P_g——城市干旱缺水率，%；

　　　Q_z——城市正常日供水量，立方米；

　　　Q_s——因旱城市实际日供水量，立方米。

⑥农业干旱灾害评估指标及等级标准

农业干旱灾害评估指标包括粮食因旱损失量和粮食因旱损失率两个指标。粮食因旱损失量和粮食因旱损失率指标适用于夏粮、秋粮和全年粮食因旱损失评估。当采用粮食因旱损失指标评估农业干旱灾害时，具体按以下规定执行：

a. 计算粮食因旱损失量

$$W_\mathrm{gl} = q\big[(A_1 - A_2)20\% + (A_2 - A_3)55\% + A_3 90\%\big]$$

式中　W_gl——评估区粮食因旱损失量，千克；

　　　q——评估区正常年份的粮食平均单产量，千克／千公顷（评估年前 5 年的平均值）；

　　　A_1、A_2、A_3——评估区粮食作物因旱受灾、成灾和绝收的面积，千公顷。

b. 计算粮食因旱损失率

$$P_\mathrm{gl} = \frac{W_\mathrm{gl}}{W_\mathrm{gt}} \times 100\%$$

式中　P_gl——评估区粮食因旱损失率，%；

　　　W_gl——评估区粮食因旱损失量，千克；

W_{gt}——评估区正常年份或夏(秋)粮的粮食总产量,千克。

⑦区域综合旱情

区域综合旱情是指某一区域内农业、受旱和城乡居民因旱饮水困难的综合情况。

区域农业旱情评估采用区域农业旱情指数法。

计算公式:

$$I_a = \sum_{i=1}^{4} A_i \times B_i$$

式中　I_a——区域农业旱情指数(指数区间为 0~4);

i——农作物旱情等级(i = 1、2、3、4 依次代表轻度、中度、严重和特大干旱);

A_i——某一旱情等级农作物面积与耕地总面积之比,%;

B_i——不同旱情等级的权重系数(B_1 = 1、B_2 = 2、B_3 = 3、B_4 = 4,),依次代表轻度、中度、严重和特大干旱。

附录 2　名词解释

（一）水资源

指通过水循环年复一年得以更新的地表水资源和地下水资源。

（二）水资源承载能力

指在一定的流域或区域内，其自身的水资源能够持续支撑经济社会发展的能力（包括工业、农业、社会、人民生活等），并维系良好的生态系统的能力。这种承载能力不是无限的，同时，它还有一个前提，就是要在保持可持续发展，也就是保证生态用水和环境用水的前提下，再去谈经济发展用水。各地的经济发展要根据水资源状况去确定发展什么，发展多大规模，多快的发展速度。各地需下功夫研究经济用水和生态用水的比例。

（三）降水量

从空中降落的雨、雪、雹等以及由水汽凝结的露、霜等的总数量，以毫米计，是雪、雹等应化成水的深度。按时段统计有：以降水起止时计算的一次降水量，以一日、一月及一年计算的日降水量、月降水量及年降水量。降水的主要部分是雨或全部是雨，因此降水量又叫作降雨量。一般所说某地年降雨量若干毫米，是包括了各种形式的降水。

（四）流域平均雨量

又叫面雨量。水文工作中常需推求整个流域面上的平均降雨量。最常用的方法是算术平均法和垂直平分法（又叫作泰森多边形法），也有用绘制等雨量线图来推求的。

（五）蒸发

水或冰雪变成水汽的一种物理过程。在水文气象观测中，蒸发是指水分由地表的水面、土壤、植物体逸入空中的自然现象。蒸发的水量以水层深度毫米数计。它是气象、水文的重要因素，与农业生产的关系很密切。

（六）暴雨

中国气象上规定，24 小时降水量为 50 毫米或以上的强降雨称为"暴雨"。由于各地降水和地形特点不同，所以各地暴雨洪涝的标准也有所不同。特大暴雨是一种灾害性天气，往往造成洪涝灾害和严重的水土流失，导致工程失事、堤防溃决和农作物被淹等重大的经济损失。特别是对于一些地势低洼、地形闭塞的地区，雨水不能迅速宣泄造成农田积水和土壤水分过度饱和，会造成更多的地质灾害。

（七）洪水

洪水是由暴雨、急骤融冰化雪、风暴潮等自然因素引起的江河湖海水量迅速增加或水位迅猛上涨的水流现象。当流域内发生暴雨或融雪产生径流时，都依其远近先后汇集于河道的出口断面处。当近处的径流到达时，河水流量开始增加，水位相应上涨，这时称洪水起涨。及至大部分高强度的地表径流汇集到出口断面时,河水流量增至最大值称为洪峰流量,其相应的最高水位,称为洪峰水位。到暴雨停止以后的一定时间,流域地表径流及存蓄在地面、表土及河网中的水量均已流出出口断面时,河水流量及水位回落至原来状态。洪水从起涨至峰顶到回落的整个过程连接的曲线,称为洪水过程线,其流出的总水量称洪水总量。

(八)蒸发能力

指充分供水条件下的陆面蒸发量,可近似用 E601 型蒸发器观测的水面蒸发量代替。

(九)干旱指数

指年蒸发能力与年降水量的比值,是反映气候干湿程度的指标。

(十)径流

由于降水而从流域内地面与地下汇集到河沟,并沿河槽下泄的水流的统称。可分地面径流、地下径流两种。径流引起江河、湖泊水情的变化,是水文循环和水量平衡的基本要素。表示径流大小的方式有流量、径流总量、径流深、径流模数等。

(十一)地面径流

指降水后除直接蒸发、植物截留、渗入地下、填充洼地外,其余经流域地面汇入河槽,并沿河下泄的水流。地面径流由于降水形态的不同,又可分为雨洪径流与融雪径流。前者是由降雨形成的,后者是由融雪产生的。它们的性质和形成过程是有所不同的。

(十二)地下径流

降水到达地面,渗入土壤及岩层成为地下水,然后沿着地层空隙向压力小的方向流动,称为地下径流。地下径流是河流的一种水源。河流的枯季径流,主要由地下径流补给。

(十三)径流量

在水文上有时指流量,有时指径流总量,即单位时间内通过河槽某一断面的径流量,以立方米/秒计。将瞬时流量按时间平均,可求得某时段(如一日、一月、一年等)的平均流量,如日平均流量、月平均流量、年平均流量等。在某时段内通过的总水量叫作径流总量、如日径流总量,月径流总量,年径流总量等,以立方米、万立方米或亿立方米计。

(十四)多年平均径流量

指多年径流量的算术平均值,以立方米/秒计。用以总括历年的径流资料,估计水资源,并可作为测量或评定历年径流变化、最大径流和最小径流的基数。多年平均径流量也可以多年平均径流深度表示,即以多年平均径流量转化为流域面积上多年平均降水深度,以毫米数计。水文手册上,常以各个流域的多年平均径流深度值注在各流域的中心点上,绘出等值线,叫作多年平均径流深度等值线。

(十五)净雨

指降雨量中扣除植物截留、下渗、填洼与蒸发等各种损失后所剩下的那部分量,也叫作有效降雨。净雨量就等于地面径流,因此又叫作地面径流深度。在湿润地区,蓄满产流情况下,净雨就包括地面径流和地下径流两部分。

(十六)水资源量

水资源总量是指降水所形成的地表和地下的产水量,即河川径流量和降水入渗补给量之和。

(十七)水文地质参数

包括给水度、弹性释水系数、渗透系数、导水系数、压力传导系数、越流系数、降水入渗补给系数、潜水蒸发系数、河道渗漏补给系数、渠系渗漏补给系数、渠灌田间入渗补给系数及井灌回归补给系数等。

(十八)地表水资源可利用量

指在可预见的时期内,统筹考虑生活、生产和生态环境用水,协调河道内与河道外用水的基础上,通过经济合理、技术可行的措施可供河道外一次性利用的最大水量(不包括回归水重复利用量)。

(十九)地下水资源可开采量

指在可预见的时期内,通过经济合理、技术可行的措施,在不致引起生态环境恶化条件下允许从含水层中获取的最大水量。

(二十)水资源可利用总量

指在可预见的时期内,在统筹考虑生活、生产和生态环境用水的基础上,通过经济合理、技术可行的措施在当地水资源中可资一次性利用的最大水量。

(二十一)灌溉

指人工补给农田水分。借助工程设施,从水源(河流、水库或井泉)取水通过渠道(管道)送水到田间。灌溉不仅能满足作物对水分的需要,还可达到培肥地方、调节地温、淋洗土壤盐分等不同目的,如培肥灌溉(淤灌、污水灌溉、肥水灌溉)、调温灌溉(降温、防冻)及冲洗灌溉(改良盐碱地)等。根据取水时水源的水位高出或低于田面的情况,有自流灌溉和提水灌溉;根据湿润土壤的方式,有地面灌溉、地下灌溉、喷灌和滴灌。灌溉必须适时适量,与农业技术措施密切配合,才能充分发挥水的作用,获得高产稳产。

(二十二)灌溉面积

又叫净灌溉面积。一般指具有一定的水源和灌溉设施,可以适时进行灌溉的耕地面积。如果还包括灌区的沟渠系统和它的建筑物及田间道路等所占的面积,就叫作毛灌溉面积。

(二十三)农田有效灌溉面积

指具有一定的水源,地块比较平整,灌溉工程或设备已经配套,在一般年景下当年能够进行正常灌溉的耕地面积。

(二十四)灌溉用水量

灌区作物所需的灌溉用水量,以万立方米计。可分一个时段的及整个生育期的灌溉用水量。前者常按月、旬划分时段统计,可得灌溉用水过程,即按作物的灌溉制度;在各时段内作物的灌水定额乘以种植面积即得各时段的净灌溉用水量,其和就是整个生育期的净灌溉用水量。如计入灌溉系统的输水损失,即得毛灌溉用水量。有了各年的灌溉用水量,就可与各年来水配合进行调节计算,据此确定可灌面积和水库库容。

(二十五) 灌溉工程

为灌溉农田而兴修的水利工程的总称。有蓄水、引水、提水、输水、配水及泄水等项工程。蓄水工程指拦蓄河流来水或地面水的水库、塘坝。引水工程指从河流或湖泊引水的渠首工程如引水坝、进水闸等,或从区外引水而开挖的渠道及其上的建筑物。提水工程指从低处向高处送水的抽水站、水轮泵站。输水工程指渠首以下的干渠段以及渠道经山丘、溪谷、河流、道路或地质松散地带的建筑物如隧洞、渡槽、倒虹吸、座槽、涵洞等。也有将各级渠道笼统地称为输水渠而包括在内。配水工程指控制和分配水量的建筑物如节制闸、分水闸、斗门,一般并将干渠分水闸以下的各级渠道叫作配水渠而包括在内。泄水工程指保障渠系安全放空渠道用的泄水闸、泄水道。

(二十六) 田间水利用系数

为田间有效利用的水量(指计划湿润层内实际灌入的水量,也即净灌溉水量)与进入毛渠的水量的比值,通常以 $\eta_{田}$ 表示。它是衡量田间工程质量和灌水技术水平的指标。

(二十七) 喷灌

以喷洒方式灌溉农田的方法。由动力机带动水泵从水源(水塘、井、渠)取水并加压,通过管道输送到田间,再通过喷头向空中散成细小水滴,均匀洒布在灌溉土地上。也可利用高处水源的自然落差,进行喷洒。与地面灌溉相比,喷灌的优点是省水,节省土地、劳力,可避免土壤的冲刷和深层渗漏,不受地形限制,适应所有农作物,还可防霜冻、降且喷灌的进一步发展,可结合施化肥、农药同时进行。其缺点是受风力影响,喷洒不匀,设备投资也较高。喷洒技术要求是:喷灌强度低,水滴大小适度,喷洒均匀。规划喷灌系统时,必须根据地形、水源、作物、农业气象、土壤等因素,结合动力、器材、设备等条件,综合分析,确定最合适的喷灌系统式喷灌机组,以充分发挥喷灌的最大效益。

(二十八) 供水量

供水量是指在不同来水条件下,工程设计根据需水要求可提供的水量。

(二十九) 可供水量

可供水量分为单项工程可供水量与区域可供水量。一般来说,区域内相互联系的工程之间,具有一定的补偿和调节作用,区域可供水量不是区域内各单项工程可供水量单相加之和。区域可供水量是由新增工程与原有工程所组成的供水系统,根据规划水平年的需水要求,经过调节计算后得出。

(三十) 蓄水工程

指水库和塘坝(不包括专为引水、提水工程修建的调节水库),按大、中、小型水库和塘坝分别统计。

（三十一）引水工程

指从河道、湖泊等地表水体自流引水的工程（不包括从蓄水、提水工程中引水的工程），按大、中、小型规模分别统计。

（三十二）提水工程

指利用扬水泵站从河道、湖泊等地表水体提水的工程（不包括从蓄水、引水工程中提水的工程），按大、中、小型规模分别统计。

（三十三）调水工程

指水资源一级区或独立流域之间的跨流域调水工程，蓄、引、提工程中均不包括调水工程的配套工程。

（三十四）地下水利用

研究地下水资源的开发和利用，使之更好地为国民经济各部门（如城市给水、工矿企业用水、农业用水等）服务。农业上的地下水利用，就是合理开发与有效地利用地下水进行灌溉或排灌结合改良土壤以及农牧业给水。必须根据地区的水文地质条件、水文气象条件和用水条件，进行全面规划。在对地下水资源进行评价和摸清可开采量的基础上，制订开发计划与工程措施。

在地下水利用规划中要遵循以下原则：

（1）充分利用地面水，合理开发地下水，做到地下水和地面水统筹安排；

（2）应根据各含水层的补水能力，确定各层水井数目和开采量，做到分层取水，浅、中、深结合，合理布局；

（3）必须与旱涝碱咸的治理结合，统一规划，做到既保障灌溉，又降低地下水位、防碱防渍；既开采了地下水，又腾空了地下库容；使汛期能存蓄降雨和地面径流，并为治涝治碱创造条件。在利用地下水的过程中，还须加强管理，避免盲目开采而引起不良后果。

（三十五）供水量

指各种水源工程为用户提供的包括输水损失在内的毛供水量，按受水区统计。

（三十六）径流调节

指在河流上修建一些水利工程，如筑坝（闸）形成水库来控制河道流量变化，按照需要人为地把河流水量在时间上重新加以分配，叫作径流调节。通过开挖渠道进行跨流域调水，解决水量在地区分布不均的现象，从广义上说，也属径流调节范围。按其任务，有防洪调节、兴利调节，如灌溉、发电、航运、给水等；按调节周期的长短，有日调节、年调节及多年调节；按径流调节的程度，有完全调节（全部径流被利用）及不完全调节（部分径流废泄）

（三十七）水库调度

一种控制运用水库的技术管理方法。是根据各用水部门的合理需要，参照水库每年蓄水情况与预计的可能天然来水及含沙情况，有计划地合理控制水库在各个时期的蓄水和放水过程，也即控制其水位升、降过程。一般在设计水库时，要提出预计的水库调度方案，而在以后实际运行中不断修订校正，以求符合客观实际。在制定水库调度方案时，要考虑与其他水库联合工作互相配合的可能性与必要性。

(三十八)兴利库容

又叫有效库容、调节库容。指死水位以上到正常高水位之间的容积。是调节径流、保证水库兴利(如灌溉、水力发电、航运、给水、漂水、过鱼等)用水所必需的容积。

(三十九)溢洪道

溢洪道是水库等水利建筑物的防洪设备,多筑在水坝的一侧,像一个大槽,当水库里的水位超过安全限度时,水就从溢洪道向下游流出,防止水坝被毁坏。

(四十)灌溉入渗补给系数

灌溉水入渗补给地下水的量与灌溉水量之比。它是衡量灌溉水补给地下水的数量指标。

(四十一)渠系渗漏补给系数

指渠系渗漏补给量 $Q_{渠系}$ 与渠首引水量 $Q_{渠首引}$ 的比值。

(四十二)降水入渗补给量

指降水(包括坡面漫流和填洼水)渗入到土壤中并在重力作用下渗透补给地下水的水量。

(四十三)渠系

指干、支、斗、农、毛各级渠道的统称。

(四十四)地表水体补给量

指河道渗漏补给量、库塘渗漏补给量、渠系渗漏补给量、渠灌田间入渗补给量及以地表水为回灌水源的人工回灌补给量之和。

(四十五)潜水蒸发量

指潜水在毛细管作用下,通过包气带岩土向上运动造成的蒸发量(包括棵间蒸发量和被植物根系吸收造成的叶面蒸散发量两部分)。

(四十六)河川基流量

指河川径流量中由地下水渗透补给河水的部分,即河道对地下水的排泄量。

(四十七)浅层地下水蓄变量

指计算时段初地下水储存量与计算时段末地下水储存量的差值。

(四十八)干旱

指在当前的农业生产水平条件下,较长时段内因降水量比常年平均值特别偏少,引起供水量不足,导致工农业生产和城乡居民生活遭受影响,生态环境受到破坏的自然现象。从形式上可分为农业干旱、城市干旱和生态干旱。

(四十九)农业干旱

指由外界环境因素造成作物体内水分失去平衡,发生水分亏缺,影响作物正常生长发育,进而导致减产或失收的现象。

（五十）城市干旱

指由于干旱造成城市供水水源不足（河流、水库、湖泊来水、蓄水少，地下水位下降等），或者由于突发性事故使城市供水水源遭到破坏，导致城市实际供水量低于正常用水量，城市正常生活、生产和生态环境受到影响。这里的城市是指经国家批准的建制市，分为直辖市、地级市和县级市，统计范围限定在城区范围内。

（五十一）水田缺水

指在水稻栽插季节，因水源不足造成适时泡田、整田或栽插秧苗困难。

（五十二）旱地缺墒

指在播种季节，将要播种的耕地 20 厘米耕作层土壤相对湿度低于 60%，影响适时播种或需要造墒播种。

（五十三）因旱饮水困难

指因干旱造成临时性的人、畜饮用水困难。属于正常饮水困难的不列入统计范围。

（五十四）受旱作物

指因供水不足使作物正常生长受到明显抑制，造成长势不良的作物。

（五十五）作物受旱面积

指由于降水少，河川径流及其他水源短缺，发生干旱，作物正常生长受到影响的面积。

（五十六）旱灾

指干旱对工农业生产、城乡经济、居民生活和生态环境造成的损害。

（五十七）农业旱灾面积

（1）受灾面积：指农作物产量因受旱而比正常年份减少 10% 以上的面积。

（2）成灾面积：指农作物产量因受旱而比正常年份减少 30% 以上的面积。

（3）绝收面积：指农作物产量因受旱而比正常年份减少 80% 以上的面积。

（五十八）旱情

干旱的表现形式和发生发展的过程，包括干旱历时、影响范围、受旱程度和发展趋势等。

（五十九）抗旱

指组织社会力量，采取工程措施和非工程措施，合理开发、调配、节约和保护水源，预防和减少因水资源短缺对城乡居民生活、生产和社会经济发展产生的不利影响的各种活动。

在界定抗旱时，主要应当明确以下几点；一是抗旱不同于正常情况下的城乡居民生活、生产供水，抗旱活动必须通过动员和组织社会的力量来进行，不仅包括农村的抗旱活动，而且包括城镇的抗旱活动；二是抗旱所包括的措施不仅包括工程措施，也包括非工程措施；三是抗旱不仅包括旱情发生及发展过程中所采取的各种应急性抗灾、救灾措施，也包括预防措施。

(六十) 抗旱服务组织

指由水利部门组建的事业性服务实体,以抗旱减灾为案旨,围绕群众饮水安全、粮食用水安全、经济发展用水安全和生态环境用水安全开展抗旱服务工作。国家支持和鼓励社会力量兴办各种形式的抗旱社会化服务组织。

(六十一) 人工降雨

指利用人为的方法,增加云中的冰晶或使云中的冰晶和水滴增大而形成降水。目前人工降雨是一种用飞机把冷却剂(干冰或其他化学药剂)撒播到云中,使云内温度显著下降,使细小的水滴冰晶迅速增多加大,迫使它下降形成降水;另一种是在云中撒播吸湿性强的凝结核(如食盐、氯化钙等),使云滴增大为雨滴降落下来;还有利用高炮、火箭向云层轰击产生强大的冲击波,使云滴与云滴发生碰撞,合并增大成雨滴降落下。

(六十二) 干旱风险图

指融合地理、社会经济信息、水资源特征信息,通过资料调查、水资源计算和成果整理,以地图形式直观反映某一地区发生干旱后可能影响的范围,用以分析和预评估不同干旱等级造成的风险和危害的工具。

(六十三) 抗旱预案

指在现有工程设施条件和抗旱能力下,针对不同等级、程度的干旱,而预先制定的对策和措施,是各级防汛抗旱指挥部门实施指挥决策的依据。

附　图